国家级一流本科专业建设成果教材

化学工业出版社"十四五"普通高等教育规划教材

应用电化学

Applied Electrochemistry

孙春文　编著

化学工业出版社

·北京·

内容简介

《应用电化学》是电化学相关专业的基础教材，介绍了电化学发展历史和电化学应用领域发展现状以及电化学理论基础（包括电化学体系构成、电化学热力学和动力学等）、研究方法（包括各种常见的电化学测试方法）、电催化过程（包括氢电极反应、氧电极反应、有机反应的电催化氧化、CO_2 电还原、电化学合成氨）与应用实践（化学电源、金属表面精饰、无机物电解、有机电解合成、电化学传感器和电化学腐蚀与防护），构建了完整的应用电化学知识体系。书中内容深入浅出、图文并茂，且注重理论联系实际，并融入科研项目的研究成果以及相关领域的国际前沿研究进展，反映了电化学学科在服务国家"双碳"战略和新兴产业发展中的重要作用。

本书既适合作为高等院校储能科学与工程、氢能科学与工程、新能源科学与工程、碳储科学与工程等专业的电化学课程教材，也适合化学工业、冶金、能源、环境保护、机械制造等领域从事与电化学相关工作的科技人员参考使用。

图书在版编目（CIP）数据

应用电化学 / 孙春文编著. -- 北京：化学工业出版社，2025. 9. --（国家级一流本科专业建设成果教材）（化学工业出版社"十四五"普通高等教育规划教材）.
ISBN 978-7-122-48815-2

Ⅰ. O646

中国国家版本馆 CIP 数据核字第 20255BB572 号

责任编辑：于 水　　　　　　　　装帧设计：张 辉
责任校对：田睿涵

出版发行：化学工业出版社
　　　　（北京市东城区青年湖南街 13 号　邮政编码 100011）
印　　装：北京科印技术咨询服务有限公司数码印刷分部
787mm × 1092mm　1/16　印张 19　字数 470 千字
2025 年 11 月北京第 1 版第 1 次印刷

购书咨询：010-64518888　　　　　　售后服务：010-64518899
网　　址：http://www.cip.com.cn
凡购买本书，如有缺损质量问题，本社销售中心负责调换。

定　　价：69.00 元　　　　　　　　　版权所有　违者必究

序

《应用电化学》内容涵盖了电化学应用领域各重要专题，包括电化学理论基础、电化学研究方法、电催化过程、化学电源、金属表面精饰、无机物电解、有机电合成、电化学传感器和电化学腐蚀与防护以及各应用的发展趋势等。该书的一个特点是注重理论框架的建立，并融入相关领域国际前沿研究进展，构建了完整的应用电化学知识体系，因此具有广泛的适用性，既可作为高等学校教材，又可为新能源科学与工程、储能科学与工程、氢能科学与工程、碳储科学与工程等专业技术人员提供重要参考。

我国的能源结构是"富煤、少气、缺油"。党的二十大报告指出："积极稳妥推进碳达峰碳中和"，"推动能源清洁低碳高效利用，推进工业、建筑、交通等领域清洁低碳转型"。 2015 年，习近平主席倡议构建全球能源互联网，以清洁和绿色方式满足全球电力需求。这就需要大力发展可再生能源，亟需发展储能。储能的主体将是电化学储能，特别是锂离子电池和钠离子电池。在碳达峰碳中和的大背景下，电化学学科遇到了前所未有的发展机遇，但同时也面临着巨大的挑战。

中国矿业大学（北京）孙春文教授长期从事二次电池和固体氧化物燃料电池相关的研究，编著的《应用电化学》结合了作者多年的教学和科研工作，并反映了相关领域最新研究进展，由化学工业出版社出版。希望该书的出版能对我国应用电化学教学、研究和产业化做出重要贡献，大力促进"双碳"目标的实现。

热烈祝贺该书的出版。

中国工程院院士、中国科学院物理研究所研究员
2025 年 9 月 22 日于北京

前 言

电化学是研究电能与化学能以及电能与物质之间相互转换及其规律的学科。电化学是物理化学的一个重要组成部分，不仅与无机化学、有机化学、分析化学和化学工程等学科有关，还交叉渗透到能源科学、材料科学、生物学、信息科学等领域。

电化学学科既是基础学科又是应用学科，在能源、新材料、环境保护、信息技术和生物医学等领域具有独特的应用优势，特别是在化石能源日趋减少、环境污染日益严重的今天，电化学能源以其高效率、无污染的特点，在化石能源清洁高效利用、可再生能源开发、电动交通、节能减排等人类社会可持续发展的重大领域中发挥着越来越重要的作用。此外，高端电子电镀是未来芯片封装集成和新兴电子元器件研发不可或缺的核心技术。

党的二十大报告指出，"积极稳妥推进碳达峰碳中和""推动能源清洁低碳高效利用，推进工业、建筑、交通等领域清洁低碳转型"。在碳达峰碳中和的大背景下，电化学学科遇到了前所未有的发展机遇，但同时也面临着巨大的挑战。近年来，教育部在多所高校新成立了新能源科学与工程、储能科学与工程、氢能科学与工程、碳储科学与工程等与电化学相关的本科新专业，将大力培养与这些新质生产力相关的毕业生。

本书编写的初衷是较全面系统地介绍电化学的基本原理、方法及应用，既能作为电化学专业学生的教科书，也能作为电化学相关领域研究者的参考书。

本教材的编写从新时代对培养应用电化学专业人才的现实需要出发，结合作者多年来为本科生和研究生开设的应用电化学、能源材料、国际学术前沿等课程教学经验，并融入作者主持的国家重点研发项目等重要研究成果。本教材具有以下特色：①内容体系完整，涵盖从基础理论到前沿应用的完整知识链；②学科交叉性强，整合能源、材料、环境等多领域应用；③方法论突出，详细阐述各类电化学研究方法与技术；④前沿性显著，包含固态电池、电合成氨、高端电子电镀等新兴方向；⑤教学适用性强，章节编排由浅入深，系统阐述电化学基本原理，满足教学与自学双重需求。

编写教材是一项责任重大的工作，在编写过程中，笔者力争做到精益求精，但由于能力所限，疏漏和不足之处在所难免，敬请广大读者批评指正。

孙春文

2025 年 4 月

目 录

第3章　电化学研究方法　52

第4章　电催化过程　84

第 5 章　化学电源　　121

第6章 金属的表面精饰 192

第7章 无机物的电解工业 · 229

第8章 有机物的电解合成 · 251

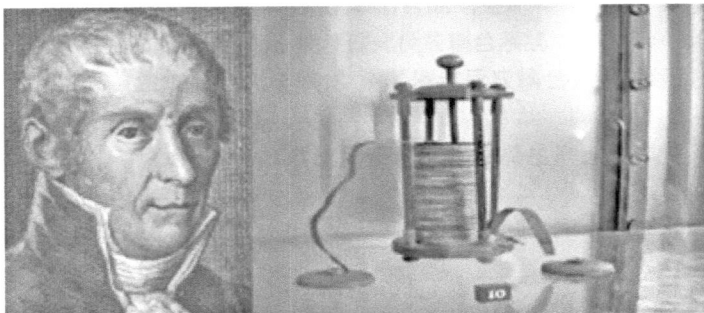

图 1.2　1799 年伏打发明利用电化学原理连续供电的伏打电堆

1833 年法拉第（Faraday）通过大量的实验，总结出了通电电量与化学反应之间的规律，即法拉第定律，这是一个里程碑定律，为电化学研究和应用提供了理论基础。

20 世纪的前半叶，电化学研究主要集中在电解质理论和原电池热力学，出现了企图用化学热力学理论处理一切问题的倾向，人们认为电流通过电极时，电极反应总是可逆的，能斯特（Nernst）方程可以应用于一切电化学过程。这导致了这一时期内，电化学研究和应用发展迟缓。

1950 年后，通过弗鲁姆金（Frumkin）等的研究工作，人们广泛地承认了只有从化学动力学角度来研究电流通过电极时所引起的变化，才能得出正确的结论，并逐步发展形成了以研究有关电极反应速率及各种因素对它的影响为主的电极过程动力学。目前，已发展成为电化学的重要组成部分。

20 世纪 50 年代以后，电化学学科迅猛发展，在非稳态传质过程动力学、复杂电极过程动力学等理论方面以及界面交流阻抗法、暂态技术、线性电位扫描、旋转圆盘电极等实验技术方面都有了突破性发展。

20 世纪 60 年代开始，又进入了用量子理论解释电化学的新时期。在电极反应中电子跃迁的距离只有几个埃，显然用量子理论来处理电子转移过程，才能进一步接触到反应的实质。这方面的理论虽然处于发展阶段，但已逐步形成量子电化学这一新学科。

电化学虽然是一门古老的学科，但由于它与能源、化工、冶金、材料、电子、机械、航天、环境保护等科学技术部门有着密切的关系，电化学的应用范围仍在与日俱增，其理论方法与技术应用越来越多地与其他自然科学或技术学科相互交叉渗透，形成了许多交叉学科。例如，近年来发展起来的生物电化学、类脑忆阻器等。

1833 年法拉第电解定律（Faraday's Law）的发现为电化学奠定了定量基础。19 世纪电极过程热力学和 20 世纪 30 年代溶液电化学的研究，形成了电化学发展史上两个重要的阶段。19 世纪下半叶，赫姆霍兹（Helmholtz）和吉布斯（Gibbs）的工作，赋予了电池电动势明确的热力学含义；1889 年能斯特通过热力学推导出了参与电极反应的物质浓度与电极电势的关系，即著名的能斯特方程；1923 年德拜（Debye）和休克尔（Hückel）提出了强电解质溶液理论，大大促进了电化学在理论探讨和实验方法方面的发展。1924 年，捷克化学家海洛夫斯基（Heyrovsky）创立了极谱技术，还因此获得 1959 年的诺贝尔化学奖。

20 世纪后 50 年，电化学在理论、实验和应用领域均有长足的发展，并且主要集中在界面电化学（包括界面结构、界面电子传递和表面电化学）；还发展了现在称之为传统电化学研究方法的稳态和暂态技术，尤其是后者，为研究界面结构和快速的界面电荷传递反应打下了基础。但是因为缺乏分子水平和原子水平的微观实验事实，电化学理论仍旧停留在宏观、唯象和经典统计处理的水平上。20 世纪 70 年代兴起的电化学现场（*in situ*）表面光谱技术（例如紫外可见反射光谱、拉曼光谱、红外反射光谱、二次谱波、和频光谱等技术）、电化学现场波谱技术以及非现场（*ex situ*）的表面和界面表征技术，尤其是许多高真空谱学技术，使界面电化学的分子水平研究成为可能。20 世纪 80 年代出现的以扫描隧道显微镜（STM）为代表的扫描微探针技术，迅速被发展为电化学现场和非现场显微技术，尤其是电化学现场 STM 和原子力显微镜（AFM），为界面电化学的研究提供了原子水平信息。总之，20 世纪后 50 年，由于上述各种实验技术的发展，促进了电化学在分子和原子水平的研究，为这一时期的电化学在理论和应用上取得一些突破性进展奠定了基础。

美国加州理工学院的马库斯（Marcus）由于在电子转移反应理论研究中的杰出贡献，荣获 1992 年度诺贝尔化学奖。"固/液"界面的电子传递是电化学反应动力学的中心基元步骤。电化学中至今还流行的界面电荷反应动力学方程——Butler-Volmer 方程，是建立在实验参数基础上的宏观唯象方程。

20 世纪 70 年代，美国纽约州立大学的 Stanley Whittingham（斯坦利·惠廷厄姆）教授发明了由二硫化钛为正极、金属锂为负极的可充电二次锂电池，但开路电压只有 2.5V；1980 年，当时在英国牛津大学工作的约翰·古迪纳夫（John B Goodenough）教授采用层状结构的金属氧化物钴酸锂为正极，同样以金属锂为负极构筑了新型二次锂电池，开路电压达到 4V；1985 年，日本吉野彰（Akira Yoshino）发现了可容纳锂离子的焦炭，替代金属锂作为负极，并开发了首个接近商用的锂离子电池。他们三人所开发的正负极材料都是基于锂离子嵌入和脱出的新机制，为 1991 年日本索尼公司第一个商用锂离子电池的问世以及锂离子电池的进一步发展奠定了基础。为此，2019 年诺贝尔化学奖授予了 John B. Goodenough、M. Stanley Whittingham 和 Akira Yoshino 三位科学家，以表彰他们在锂离子电池领域做出的重要贡献。目前，锂离子电池在我们生活当中发挥着越来越重要的作用，从手机、笔记本电脑等的便携式电源，到新能源汽车的动力电池，再到太阳能、风能等可再生能源的大规模存储，都离不开锂离子电池[3]。

2021 年 4 月 10 日，美国 *Science* 杂志公布的《125 个科学问题——探索与发现》中，多个科学问题与电化学能源紧密相关。例如，能量存储的未来是怎样的？我们如何突破当前的能量转换效率的极限？氢能的未来是怎样的？我们可以生活在一个去化石燃料的世界中吗？电化学在当代生活中的重要性可见一斑。

1.2　电化学应用领域

经典电化学的主要理论支柱是电化学热力学、界面双电层模型和电极过程动力学。电化学热力学适用于平衡电化学体系，电极过程动力学适用于非平衡电化学体系，界面双电层则为二者变化的桥梁。现代电化学又将统计力学和量子力学引入电化学的理论体系，开辟了在微观水平研究电化学的新领域。

电化学最早的研究对象是电池、电解、电镀过程，所以最初把电化学看作是研究电能与化学能相互转换的科学。但随着研究的深入，出现了电渗析、电泳涂装、化学镀、电化学腐蚀、电化学合成等新的研究对象，电化学的定义拓展为研究电子导体与离子导体形成的带电界面性质及其上所发生变化的科学。近年来，随着电化学理论的发展及其与各学科领域的交叉，出现了量子电化学、光电化学、固态电化学、纳米电化学、能源电化学、绿色合成电化学等许多新的研究领域，研究方法和理论模型开始深入到分子水平，建立和发展了在分子水平上检测电化学界面的电化学原位谱学技术。可以说，电化学已经发展成为控制离子导体、电子导体、半导体、量子半导体、介电体的本体及界面间荷电粒子状态与传输的科学。电化学的实验技术也成为表界面、能源、环境以及生物医学等领域的重要研究方法。

电化学研究横跨多个尺度，体系复杂，影响因素多。理论电化学包括电化学基本原理、方法、测试技术（CV、LSV、EIS 等）的发展，主要包括电化学热力学和电化学动力学。电化学热力学涉及电能与化学能的转换、电极表面现象等；而电化学动力学涉及电极过程、电极过程催化等。应用电化学涉及电化学应用基础研究，电化学理论、技术在生产中的应用研究。

应用电化学和理论电化学的关系：理论不断指导实践应用，实践过程不断提出新问题，发现新的领域。应用电化学涉及我们生活和生产的方方面面，例如化学电源、电合成、电镀、腐蚀与防护、冶金、传感器等。

（1）电催化

氢和氧是我们最常碰到的气体电极过程，很多水溶液反应体系都涉及氧还原反应（ORR）、析氧反应（OER）和析氢反应（HER），它们是清洁能源制取过程中的核心反应。ORR 和 OER 往往是影响系统整体能量效率的关键步骤，由于涉及 4 电子转移，导致高过电位和能量损耗，因此开发高效氧电极催化剂对提升燃料电池和金属空气电池等器件的性能具有决定性的意义。HER 是工业电解的主反应，如电解水制氢或分离氢同位素，也是电镀的阴极副反应以及一些二次电池充电时的负极副反应，而这种副反应往往是有害的。此外，近年来新兴的将 CO_2 电催化转化为高附加值的精细化工产品也是电催化的重要应用，开发稳定的、具有高催化活性、低成本的催化剂是其产业化的关键。

电催化反应动力学的精准数学描述是建立电催化基本原理、完善电化学科学的重要目标之一。理论预测已经可以揭示催化剂-中间体的相互作用，并建立反应动力学和反应路径的活性描述符（如吸附自由能和 d 带中心），它们可以指导高效电催化剂的设计。

（2）化学电源和储能

中国出口新三样（包括电动载人汽车、锂电池、太阳能电池）是近年来随着科技进步和产业升级而兴起的。新三样代表了中国制造业向高端化、智能化、绿色化转型的方向，它们的快速增长不仅展示了中国在新能源和高新技术领域的竞争力，也体现了中国对外贸易结构的优化和升级。新三样的崛起，为中国外贸注入了新的活力，成为了拉动出口增长的重要力量。

在碳达峰碳中和目标引领下，我国正在加快构建清洁低碳安全高效的新型能源体系，积极发展清洁能源，推进新型电力系统建设。储能是能源革命的关键技术，是支撑新能源发挥主体电源作用，实现电力系统安全稳定运行的重要保障，也是催生国内能源新业态、抢占国际战略新高地的重要领域。目前，主要的电化学储能技术包括锂离子电池、铅蓄电池、液流电池、钠离子电池、超级电容器等。

目前，锂离子电池已经成为汽车动力及储能电池产业的主流，其主体地位在相当长时间内不会发生根本性改变，未来发展需要突破技术极限，实现"更安全、更可靠、更便利"，促进产业高质量发展。

超越锂离子电池（指固态电池、锂-空气电池、钠离子电池等）技术已经成为动力及储能电池产业的主流方向，近年来呈现加速发展态势，预计未来 3～5 年全固态锂离子电池技术将取得突破，支撑我国保持和扩大动力及储能电池产业的领先优势[4]。

随着锂离子电池的大规模应用，开发电池智能化技术势在必行，欧盟"BATTERY 2030＋"提出，在电池内部植入智能传感器，增加电池自愈合功能，通过智能传感器、电池管理系统、自愈合的协同作用，实现电池智能化，提升电池安全性、可靠性、循环寿命。

"中国制造 2025"确定的技术目标是 2020 年锂电池能量密度达到 300Wh/kg，2025 年能量密度达到 400Wh/kg，2030 年能量密度达到 500Wh/kg。在提高电芯能量密度的同时，工作状态下的电池安全性问题显得尤为重要。然而液态电解质本征的可燃性依然是电池安全性最大的挑战。固态电解质由于不可燃、不泄漏、易封装及工作温度范围宽等特性具有更高的安全性和易操作性。固态电解质具有较宽的电化学稳定窗口，当与高电压的电极材料配合使用时，可进一步提高电池的能量密度。因此，固体电解质为实现高能量密度和高安全性电池带来了曙光。

特种化学电源的研发，要求对电池材料复杂的构效关系能精准认识，对于电池在制造和服役过程中的失效机制有全面的理解，对各种控制策略的效果能提供可靠的科学依据，亟须理论和方法的创新来支撑。在基础研究和工程技术应用研究中需要着力解决关键科学问题，以最终解决瓶颈问题，提供创新的、更好的技术解决方案。

（3）燃料电池及电解池

燃料电池是一种将燃料的化学能直接转化为电能的装置，具有能量转换效率高、模块化设计、低的环境污染和噪声污染等优点。燃料电池是高能量密度的新能源，是影响国家经济繁荣与安全的尖端高技术，是《国家中长期科学和技术发展规划纲要（2006—2020 年）》的重点发展方向，在清洁高效发电、电动交通、大型可再生能源储存等方面都将有重要的应用。

随着网络化、信息化与智能化的深度融合，对电力供给提出了挑战。据国际能源署（IEA）统计，使用 OpenAI 的 ChatGPT 进行一次对话会消耗 2.9Wh 的电量，耗电量相当于普通谷歌搜索的 10 倍。随着生成式 AI 的普及，数据中心的需求激增，导致计算资源紧张和空置率下降，进而影响了数据中心与电网的互联，造成电网供电不稳定和数据中心能源短缺。此外，数据中心的碳排放预计在未来十年将持续增长，因此需要在保持性能提升的同时，采用可持续的能源解决方案。在这一背景下，固体氧化物燃料电池（SOFCs）技术凭借其卓越的能源效率、强大的发电能力和稳定的电力输出，有望成为最佳电力解决方案之一。

为了实现中国政府提出的"碳达峰、碳中和"战略目标，需要大力发展可再生能源。目前，太阳能、风能、地热能等可再生能源存在很多问题，例如，时空分布不均匀、呈间歇性和波动性特点、并网能力差等。为了提高可再生能源的并网能力，有效地调节电网输配，发展合适的电池储能技术显得尤为重要。可逆固体氧化物电池（reversible solid oxide cells, RSOCs）有可能解决季节性长时储能的挑战。当电网剩余电能可用时，RSOCs 在固体电解池（SOEC）模式下运行，将 H_2O 和/或 CO_2 转化为 H_2 和/或 CO 以及附加值更高的碳氢化合物燃料；在用电高峰期或需要额外的电能来补充太阳能和风能时，可逆燃料电池可以在

了锂离子在电极之间的循环。在阴极室中，卤水中的锂离子嵌入 $FePO_4$ 电极，并转化为 $LiFePO_4$，同时在阳极室中，$LiFePO_4$ 电极释放锂离子并转化回 $FePO_4$。Ag/AgX 电极在这一过程中协助卤素阴离子从卤水转移到提取溶液。通过这种设计，实现了从 Mg/Li 比例高达 3258 和锂浓度低至 0.15mmol 的卤水中提取高纯度（＞99.95％）的碳酸锂。通过高效利用卤水的渗透能，能耗降低 21.5％[7]。

（6）有机电合成

我国化学工业规模已达世界第一。然而与美国、欧洲、日本等发达国家和地区相比，我国化学工业的精细化率还很低，目前仅为 40％ 左右。高附加值精细化学品绿色合成技术的开发和应用推广已成为我国化学工业结构调整的一个重要任务，特别是 CO_2 电解转换为高附加值的精细化工产品。

有机电合成借助电子这一最清洁的氧化还原试剂，通过调节电压和电流（电流密度）控制反应速率，是实现传统有机合成工艺绿色化的一条重要途径，也已经成为解决传统合成工艺、降低能耗、减少污染、提高产品质量等重大问题的有效方法。近几十年来，英国、美国、日本、德国等工业发达国家把电化学制备技术作为化学品合成中减少污染、降低能耗、提高产品质量的重要方法，特别是近年来已经在一些化工产品生产过程中充分发挥了作用。与发达国家相比，我国的有机电合成工业在技术和规模上还存在相当大的差距，缺乏工程经验，设计出的电解槽结构不够理想，缺乏标志性工业应用技术范例。

对于一个绿色电化学过程，电能是一个可持续发展的原料，是生态兼容的。目前世界上所使用的电能主要来自不可再生的化石能源，随着未来风能、太阳能等可再生能源的应用开发，电合成技术大有发展前景，将在科技、经济、社会、环境等方面发挥重要的作用。

（7）电化学传感器

炼钢高炉中氧含量的监测和控制对钢的品质至关重要，其中所采用的传感器就是基于氧离子导体电解质的固态传感器。此外，每年有数百万的废气传感器安装在汽车尾气后处理系统中。几乎所有的由汽油内燃机驱动的汽车都配备了至少一个氧化锆废气氧传感器（λ 传感器）用于检测空燃比或 λ 值。虽然国内在氮氧化物传感器性能测试系统的研发上已取得了一些进展，但是缺乏快速高效全面的检测手段以及在检测过程中存在对氮氧化物传感器输出信号测量精度有限、测量信号单一等问题仍然存在。

电化学生物传感器的不断发展为各种生物分子的定量检测提供了新的途径，为临床诊断和疾病分析提供了可靠的理论依据。然而，随着科学研究的不断深入，需要对生物分子进行痕量，甚至单分子检测分析，这对电化学生物传感器提出了新的挑战。对多种信号放大方法有机结合、背景信号降低以及新型高选择性探针分子筛选方面的研究将会为超灵敏电化学生物传感器的研制提供有力支撑。此外，常规高灵敏电化学生物传感器通常依赖酶或纳米材料进行信号放大，增加了其复杂性和检测成本。无酶/无纳米材料信号放大方法以及均相电化学检测技术的发展将逐渐成为解决这一问题的有效途径。

基于传统的微流控技术发展的高通量芯片技术，对未来生物能在核酸检测以及界面控制和调控方面都非常重要，此外 AI 智能也可以在这样的平台上发展。因此，可以整合传感技术、微流技术、微芯片技术和电极表面的构筑，并且结合信息学最终发展新一代的电化学生物传感器器件。另外，随着可穿戴材料的快速发展，为提高传感器器件的便捷性提供了新机遇，因此应当进一步发展可穿戴式的电化学生物传感器器件，在医疗和军事等领域将会发挥重要的作用。

（8）金属腐蚀与防护

我国每年为腐蚀付出的经济代价达到 4 万亿～5 万亿元，占我国国内生产总值（GDP）的 3.4%～5.0%，远大于所有自然灾害损失的总和。从高铁电网到大飞机、核电、航母、氢能，我国已经形成了每年产值超万亿元的防腐蚀产业。

金属腐蚀学中的大气腐蚀、海洋腐蚀、土壤腐蚀等都需要用电化学解释机理，由此催生了以金属腐蚀电极为研究对象的腐蚀电化学。金属防腐蚀的方法与电化学密切相关，如采用缓蚀剂、防腐涂层、电化学阴极保护与阳极钝化等方法进行金属的电化学保护以及腐蚀监控传感技术等。

任何事物都有两面性，腐蚀也并非总是有害的，它也可被人类所利用。例如，利用腐蚀提升制造业水平，聚焦离子束和半导体工业用的刻蚀都利用了腐蚀过程；此外，利用腐蚀的去合金化反应，在材料表面富集一些高活性的金属或合金，可以制备具有高催化活性的催化剂。

（9）电化学环境治理技术

电化学技术在环境污染物的治理方面发挥了不可低估的作用，同时也为检测、预防提供了重要的技术方法。环境污染物的电化学处理和监测方法有多种形式：利用电还原或电氧化处理废水及含重金属、砷、氰化物类废水；利用电化学方法去除二氧化硫、氮氧化物；利用电气浮和电絮凝可大幅度降低金属加工、造纸、纤维、油脂、食品加工等工业部门排放水中悬浮物或油污的含量；利用电动力学进行土壤修复；利用电化学监测和自控对污染大气、江河湖海进行监测，并对污染源进行控制。

许多电化学技术已经进入商业化阶段，这意味着电化学技术可以与其他替代技术在市场上竞争。然而，电化学处理系统和工艺参数都会影响电化学方法的有效性和可靠性，所以要根据电化学机理和它所涉及的各种参数（处理器的几何形状、电流密度、电解时间、电极材料和工序设计）完善电化学处理技术，使其发展成为一种可行的污染处理技术。

电化学环境污染处理技术今后的重点将主要集中在对电化学处理过程、先进电极材料可行性和应用的研究、电解反应器的开发和优化、降低技术成本和能耗等方面。

（10）电化学的一些新应用

近年来，科学家们也将电化学知识扩展到一些新的应用领域。例如，提升糖尿病病人溃疡局部氧气的供应是治疗糖尿病溃疡的重要策略，因此，电化学制氧机制备无菌氧气用于医疗领域。例如，中国科学技术大学吴宇恩教授团队研制的电化学柔性微针产氧贴片，可以向糖尿病人患处均匀弥散式供氧，促进氧气向血液扩散，能够适应人体伤口的不规则形状，方便患者随时随身治疗。此外，电催化除氧设备可极大地降低半导体制造业中水的用量。

电化学在有机和生物领域的影响力也是显而易见的，电化学可以在这方面做出很大的贡献，尤其是神经递质和大脑如何运作，这些仍有待探索，而其中的许多过程也与电化学密切相关。例如，剑桥大学 George G. Malliaras 教授团队[8] 最新发表在 *Nature Materials* 上的成果，介绍了一种新型的电化学激活微电极，用于与外周神经界面连接，以诊断和治疗神经性疾病。该研究团队利用软体机器人执行器和柔性电子学的进步，开发了一种高度适应性的神经套袖，这种套袖结合了电化学驱动的导电聚合物软执行器和低阻抗微电极。这些套袖可以在微小电压下主动抓取或包裹外周神经，避免了复杂的植入手术和潜在的神经损伤。这项研究提供了一种微创的、可控的外周神经界面技术，为生物电子医学干预提供了新的可能性，特别是在慢性神经病变疼痛、运动障碍、代谢疾病和假肢控制等领域。

受生物系统的启发，神经形态传感和处理是一种有前景的方法，可以创建能够准确感知、快速响应和适应环境变化的生物电子和机器人系统。这些系统仅在发生变化时使用基于事件的传感来捕获和处理数据，从而呈现对快速变化的环境的全面感知。由于它们能够在边缘处理实时感官信息，这些系统可以帮助推进机器人、可穿戴设备、假肢和生物电子医学。

神经形态传感和处理有可能用于创建生物电子和机器人系统，这些系统能够准确、快速地感知、响应和适应环境变化。然而，在神经形态传感器中，对硅或其他无机材料作为人工神经元基础的依赖限制了此类系统的灵活性、生物相容性和多感官能力。

1.3　电化学测试技术发展趋势

为了揭示电极界面纳米尺度电化学反应的本征特性，电化学研究方法追求高的时间分辨、空间分辨、分子分辨和外场调制[1]。

目前，使用大数据手段，针对电极材料的研究主要是通过规则指引，搜索大量潜在的材料，从而加快电极材料的开发和应用[9]。这一方法基于可靠的筛选标准，以高通量计算来降低实验成本。但需要有明确的筛选标准和可靠的计算方法，主要获取的是计算模拟数据。机器学习等技术也可以应用于电化学实验设计和数据库建立。

此外，原位实验会生成大量的图像和光谱数据集，正确处理和分析这些数据是一项耗时且复杂的任务。结合机器学习（ML）、人工智能和先进表征技术，可以加速数据采集和分析，降低劳动强度并减少人为错误，从而提高吞吐量和自动化水平。这将为解决电化学界面表征中的挑战提供新的机遇。通过机器学习方法整理分析现有文献数据将是电化学大数据库建立的重要方向。

📖 **拓展阅读**

为了实现中国政府提出的"碳达峰、碳中和"战略目标，我国可再生能源将从补充能源变为主体能源，化石能源将从主体能源变为兜底能源，为此，近年来，很多高校都成立了储能科学与工程专业、氢能科学与工程专业和碳储科学与工程专业等，将为国家能源安全和可持续发展提供有力的人才保障，毫无疑问，电化学都将成为这些新专业的专业基础课。从个人职业规划角度看，同学们只有将个人的专业进步与国家的战略目标相结合，才能更好地服务社会，并实现自己的人生价值。

应用电化学和理论电化学的关系：理论不断指导实践应用，实践过程不断提出新问题，发现新的领域。应用电化学涉及我们生活和生产的方方面面，例如能源、电合成、电镀、腐蚀、冶金、传感、分析检测等，如图1.5所示。

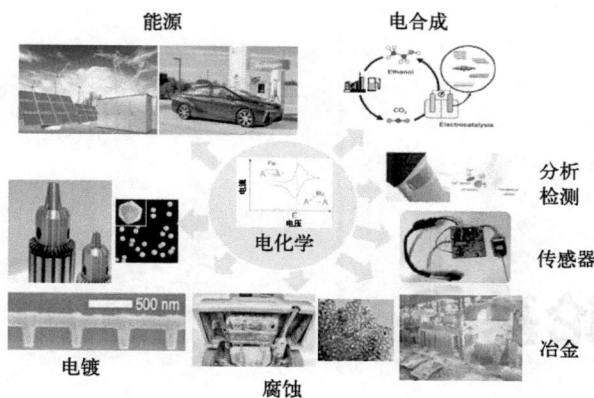

图 1.5　与电化学相关的工业领域

◆ 参 考 文 献 ◆

[1] 中国科学院. 中国学科发展战略——电化学［M］. 北京：科学出版社，2021.

[2] 谢德明，童少平，曹江林. 应用电化学基础［M］. 北京：化学工业出版社，2024.

[3] 黄云辉. 锂电诺奖与科学精神［J］. 大学化学，2020，35（1）：1-6.

[4] 陈海生，李泓，徐玉杰，等. 2023 年中国储能技术研究进展［J］. 储能科学与技术，2024，13（5）：1359-1397.

[5] Sun C W. Advances in nanoengineering of cathodes for next-generation solid oxide fuel cells［J］. Inorganic Chemistry Frontiers，2024，11：8164-8182.

[6] Tian N，Zhou Z Y，Sun S G，et al. Synthesis of tetrahexahedral platinum nanocrystals with high-index facets and high electro-oxidation activity［J］. Science，2007，316（5825）：732-735.

[7] Li Z，Chen I C，Cao L，et al. Lithium extraction from brine through a decoupled and membrane-free electrochemical cell design［J］. Science，2024，385：1438-1444.

[8] Dong C Q，Carnicer-Lombarte A，Bonafè F，et al. Electrochemically actuated microelectrodes for minimally invasive peripheral nerve interfaces［J］. Nat. Mater.，2024，23：969-976.

[9] Xiao J，Adelstein N，Bi Y J，et al. Assessing cathode-electrolyte interphases in batteries［J］. Nat. Energy，2024，9：1463-1473.

第2章
电化学理论基础

2.1　导体和电化学体系

2.1.1　两类导体

电化学是研究两类导体（电子导体、离子导体）形成的带电界面现象及其上所发生的变化的科学。

能导电的物体称为导体。有些导体依靠电子传送电流，可称之为电子导体。导体中电子流动的方向与电流的方向相反。例如，金属、石墨、某些金属氧化物（如 MnO_2、PbO_2）、金属碳化物（如 WC、Mo_2C）等都属于此类导体。另一些导体依靠离子的移动来实现其导电任务，它们被称为离子导体，例如熔融盐电解质（熔融的 $NaCl$，$NaCl：AlCl_3 = 1：1.63$）、固体电解质［如氧化钇稳定的氧化锆（YSZ），聚全氟磺酸膜（Nafion）］以及由水或其他有机物为溶剂而形成的电解质溶液（KOH 或 H_2SO_4 水溶液，$LiPF_6$-碳酸乙烯酯（EC）和碳酸二甲酯（DMC）等都属于离子导体。此外，有些导体也是电子和离子混合导体（MIECs），例如高温固体氧化物燃料电池使用的电极材料 $La_{1-x}Sr_xCo_{1-y}Fe_yO_{3-\delta}$ 就是电子和氧离子混合导体。

不同导体的导电机制也不同。电子导体的导电机制主要基于自由电子的定向运动。在金属的晶格结构中，原子核与外层电子之间的相互作用形成了一些区域，称为能带。价带与导带之间的能隙很小，自由电子可以跃过这个能隙自由移动。当外加电势作用于金属时，电子将沿着电势方向移动并形成电流。

对于半导体，除了电子导电外，还有空穴导电。空穴是由晶体中构成原子间共价键的电子，获得足够能量摆脱共价键束缚而成为可自由移动的电子后，在共价键上留下的荷正电的缺位。因为相邻共价键上的电子随时都可以跳过来填补这个缺位，所以空穴也是可以移动的。在外电场作用下空穴接受了相邻原子上的电子，使相邻原子上产生新的空穴。表面上看，似乎是荷正电的空穴在移动传导电流，但实质仍然是电子在移动。因此，半导体仍然属于电子导体。

离子导体的导电机制涉及离子在电场作用下的定向移动。这种移动可以通过多种方式实现，如晶体点阵中的热空位、间隙位、聚合物中链段运动导电等。在电场作用下，离子会克服能量势垒进行长距离迁移，从而形成电流。

电解质水溶液是最常见的离子导体。溶液中带正电的离子和带负电的离子总是同时存在（例如 $CuSO_4$ 溶液可电离形成 Cu^{2+} 和 SO_4^{2-}），而且正电荷和负电荷数量相等，保持着溶液的电中性。这两种离子在外电场作用下分别沿着一定方向移动而导电。正离子移向阴极，而负离子则向阳极方向移动。两种离子的移动方向相反，但它们的导电方向却是一致的。

固体电解质是指在电场作用下由于离子移动而具有导电性的固态物质。由于固体电解质中的离子可以在外电场作用下快速移动，故固体电解质有时也称为快离子导体。在电池内，离子作为载流子将电荷从一个界面传输到另一个界面。

2.1.2 电化学体系的基本单元 [1]

所有电化学体系至少含有浸在电解质溶液中或紧密附于电解质上的两个电极，而且在许多情况下有必要采用隔膜将两个电极分隔开。

（1）电极

电极（electrode）是与电解质溶液或电解质接触的电子导体或半导体，为多相体系。电化学体系借助于电极实现电能的输入或输出，电极是电极反应发生的场所。一般电化学体系为三电极体系，相应的三个电极为工作电极、参比电极和辅助电极。化学电源的电极一般分为正、负极；而对于电解池，电极则分为阴、阳极。现介绍如下。

工作电极（working electrode，WE）又称研究电极，是指所研究的反应在该电极上发生。一般来讲，对工作电极的基本要求是所研究的电化学反应不会因电极自身所发生的反应而受到影响，并且能够在较大的电位区域中进行测定；电极必须不与溶剂或电解液组分发生反应；电极面积适中，其表面应是均一、平滑的，且能够通过简单的方法进行表面净化等。工作电极可以是固体，也可以是液体，各种能导电的固体材料均能用作电极。通常根据研究的性质来预先确定电极材料，但最常见的"惰性"固体电极材料是玻璃碳、铂、金、银、铅和导电玻璃等。采用固体电极时，为了保证实验的可重复性，必须对电极进行合适的预处理，以保证电极表面光洁，且不存在吸附的杂质。在液体电极中，汞和汞齐（汞合金）是最常用的工作电极，它们都是液体，都有可重现的均相表面，制备和保持清洁都较容易，同时电极上高的氢析出超电势提高了在负电位下的工作窗口，已被广泛用于电化学分析中。

辅助电极（counter electrode，CE）又称对电极，该电极和工作电极组成回路，使工作电极上电流畅通，以保证所研究的反应在工作电极上发生。由于工作电极发生氧化或还原反应时，辅助电极上可以发生气体的析出反应或工作电极反应的逆反应，以使电解液组分不变，即辅助电极的性能一般不显著影响研究电极上的反应。但减少辅助电极上的反应对工作电极的干扰的最好办法可能是用烧结玻璃、多孔陶瓷或离子交换膜等来隔离两电极区的溶液。为了避免辅助电极对测量到的数据产生任何特征性影响，对辅助电极的结构还是有一定的要求。如与工作电极相比，辅助电极应具有大的表面积，使得外部所加的极化主要作用于工作电极上，辅助电极本身电阻要小，并且不容易极化，同时对其形状和位置也有要求，例如在电镀时对于形状复杂的工件，需要采用象形阳极才能保证得到的镀层均匀。

参比电极（RE）是已知的、接近理想不极化的电极，基本无电流通过，用于测定研究电极的相对电势。在控制电位实验中，其固定电势使外加电势的变化直接体现于工作电极/

研究），因为体积大，耗液量多。

② 工作电极和辅助电极最好分腔放置。一般当工作电极上发生氧化（或还原）反应时，辅助电极上肯定要发生对应的还原（或氧化）反应，分腔放置可以避免两个电极上的反应物和产物之间相互影响，分腔放置的方法是使用隔膜；同时工作电极和对电极的放置应使整个工作电极上的电流分布均匀。

③ 参比室应有一个液体密封帽；此外，因在不同溶液间造成接界，同时应选择合适的盐桥和 Luggin 毛细管位置，以降低液接电势和 IR 降。

④ 进行电化学测量时常常需要通高纯氮气或氩气，以除去溶液中存在的氧气，因此，电化学电解池设计时还要注意留有气体的进出口。

⑤ 如要温度保持恒定，必须考虑恒温装置；此外，为了保证有效传质，还要考虑搅拌。

此外，辅助电极的位置也必须放置得当。常见的电解槽有单室、双室和三室电解槽等。图 2.2 为几种三电极体系电解池的示意图[1]。

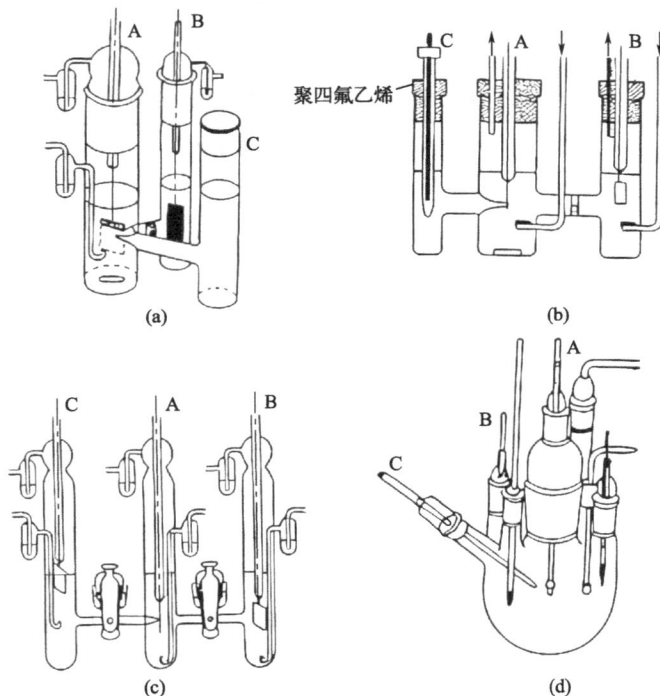

图 2.2　电化学研究用的几种简单电解池[1]

A—工作电极；B—对电极；C—参比电极

2.2　两类电化学装置

我们经常碰到的能够独立工作的电化学装置主要有两类：一类是在两电极与外电路中负载接通后，能够自发地将电流送到外电路中做功，称为原电池；另一类则是在两电极与直流电源连接后，可强迫电流在电解质溶液中通过的装置，称为电解池[4]。

电化学中规定，电流通过两类导体界面时，使正电荷由电极进入溶液的电极叫作阳极

（anode），使正电荷自溶液进入电极的电极称为阴极（cathode）。前已提及，电流通过两类导体界面时，必然有化学反应发生。在正电荷自电极进入溶液的电极上，将有氧化反应发生，电子流向外电路。与之相反，正电荷离开溶液进入电极时，应发生还原反应，以消耗外电路流入电极的电子。所以说，阳极上发生氧化反应，而阴极上则有还原反应发生。于是通常也习惯认定发生氧化反应的电极为阳极，将发生还原反应的电极称为阴极。两个电极反应之和就是整个原电池或电解池中发生的总的化学反应。

根据电流的方向可知，原电池中的负极向外电路输出电子，发生氧化反应，故为阳极；而其正极要接受外电路中流过来的电子，因而有还原反应发生，应当是阴极。也就是说，原电池中的负极是阳极，而正极为阴极。在电解池（槽）中的电流方向，则刚好相反，发生氧化反应的电极，电位较正，为正极；发生还原反应的电极，电位较负，为负极。即电解池的正极就是阳极，负极就是阴极。在电化学中必须特别注意原电池与电解池（槽）中的这种差别。

无论是原电池，还是电解池，在讨论其中的单个电极时，阳极上总是发生氧化反应，而还原反应又总是在阴极上发生。也就是说，在讨论单个电极时，不必考虑它用于何处。

值得注意的是，在原电池转变为电解池（例如蓄电池放电后的重新充电）时，它们的正负极符号不变，但原来的阴极变为阳极，而原来的阳极则转变为阴极。出现的这种与电极反应方向相对应的变化，在实际工作中显然不太方便。所以，国际纯粹与应用化学联合会（IUPAC）强烈建议在原电池中使用正极（positive electrode）和负极（negative electrode）术语；这也正是人们在讨论原电池中的电极时，总是愿意使用正负极术语，而不用阳阴极的原因。

2.3 法拉第定律

法拉第电解定律是描述电解过程中物质的质量与通过电解池的电量之间关系的基本定律，提供了电量与化学反应间的定量关系，奠定了电解电镀等化学工业的理论基础，成为联系物理学和化学的桥梁。以下是两个定律的具体内容。

法拉第第一定律：电解过程中，电极上析出（或溶解）的物质的质量与通过电极的电量呈正比。

$$m = kQ = kIt \tag{2.1}$$

式中，m 为电极上析出或溶解金属的质量，g；Q 为通过电解池的电量，C；I 为电流，A；t 为时间，s；k 为比例常数，称为电化当量，g/C，即单位电量析出或溶解物质的质量。

法拉第第二定律：当以相同电量通过串联的不同电解槽时，在各电极上析出（或溶解）的各物质的质量与其化学当量（摩尔质量与电荷数的比值）呈正比。

$$m = (M/zF)Q \tag{2.2}$$
$$m = (M/zF)It \tag{2.3}$$

式中，M 为物质的摩尔质量，g/mol；z 为各电极反应进行时电荷数的变化；F 为法拉第常数（96485 C/mol，即 1mol 电子所带的电量）。

法拉第定律是从大量实践中总结出来的，它对电化学的发展作用巨大。温度、压力、电解质溶液的组成和浓度、溶剂的性质、电极与电解槽的材料和形状等，都对这个定律没有任何影响。但是应当注意，法拉第定律仅适用于纯电解过程，即无副反应或电流效率为100%。当存在副反应或次级反应时，实际析出金属的质量需要乘以电流效率。例如，镀锌时，虽然电极上通过 96500C 电量，但阴极上得到的金属锌的质量（以克表示）不足其相对原子质量的一半。这是因为在 Zn^{2+} 还原反应（$Zn^{2+}+2e^- \Longrightarrow Zn$）进行的同时，还有其他反应发生，主要是 H^+ 的阴极还原，即 $2H^++2e^- \Longrightarrow H_2$。如果把这两个反应产物的质量分别按其电化当量计算出与二者相应的电量加在一起，则仍然符合法拉第定律。因为 H_2 不是镀锌过程中所需要的产物，对于 Zn^{2+} 还原的主反应来说，通常将这种情况下的 H^+ 还原反应称为副反应。

又如在电解食盐水溶液时，阳极反应为：$2Cl^--2e^- \Longrightarrow Cl_2$。当电极上通过 96500C 电量时，在阳极获得的 Cl_2 量也常会与法拉第定律不符。这是因为在阳极生成的 Cl_2 又部分地溶解在电解液中，形成次氯酸盐：$Cl_2+2NaOH \Longrightarrow NaCl+NaClO+H_2O$。可以将电极反应产物进一步转化为其他物质的这类反应，称为次级反应。

副反应和次级反应的产物，都不是我们所需要的。所以，对于所需要的产物来说，存在效率问题，因而提出了电流效率的概念，用它来表示用于主反应的电量在总电量中所占的百分数。通常可将电流效率定义如下：

$$电流效率 = \frac{当一定电量通过时，在电极上实际获得的产物质量}{同一电量通过时，根据法拉第定律应获得的产物质量} \times 100\% \qquad (2.4)$$

在法拉第定律的基础上，可以根据电解过程中电极上析出产物的量（质量或体积）来计量电路中所通过的电量，这种测量电量的仪器称为电量计或库仑计。显然，在电量计中所选用的电化学反应的电流效率应为 100%，或者十分接近 100%。

2.4 电解质溶液与固体电解质

2.4.1 电解质的活度

对于热力学体系来说，任何物质都有自化学势高的状态向化学势低的状态变化的趋势，而且可将化学势看作是化学反应和一些物理过程的推动力。

化学势 μ_i 是体系中 1mol 组分 i 的吉布斯自由能，也就是说，μ_i 代表在恒温、恒压下于无限大的体系中加入 1mol 组分 i 后，体系所做的有用功增加的量。因为只有将 1mol 组分 i 加入到无限大的体系中才能认为体系的组成没有变化。

根据热力学理论，可将理想溶液中某组分 i 的化学势 μ_i 表示为：

$$\mu_i = \mu_{x,i}^{\ominus} + RT\ln x_i \qquad (2.5)$$

式中，$\mu_{x,i}^{\ominus}$ 为与溶液同温同压下组分 i 标准状态下的化学势；R 为气体常数；T 为热力学温度；x_i 表示组分 i 在溶液中的摩尔分数（这是物质浓度的一种表示方法）。当 $x_i=1$ 时，$\mu_i = \mu_{x,i}^{\ominus}$。

实际工作中很少遇到真正的理想溶液。但是无限稀溶液（指向溶液中再加入一定量的溶剂，已不再有任何热效应的稀溶液）可以作为使溶液性质趋向于理想溶液的一个途径。这是因为无限稀溶液中离子间距离已经非常远了，它们之间的相互作用自然可被忽略。

在无限稀溶液中，溶质对溶剂性质的影响完全可以忽略，故溶剂的化学势仍可用式

(2.5) 表示。但是，无限稀溶液中溶质所处的状态却与纯溶质完全不同（例如溶剂中的溶质是溶剂化的，纯溶质可能是固态的）。由于向非常稀的溶液中再加入一定量的溶剂，对溶质粒子在溶液中的状态不会发生任何影响，故无限稀溶液中溶质的化学势也可用式（2.5）表示。也就是说，这时已将无限稀溶液看作是理想溶液了。不过，将式（2.5）用于无限稀溶液中的溶质时，$\mu_{x,i}^{\ominus}$ 已经不再代表同温同压下纯溶质的化学势，它只是一个在一定温度和压力下与溶质有关的常数。

对于实际工作中经常遇到的真实溶液，不能应用式（2.5）。为了寻求能用于真实溶液的热力学公式，有两种方法。一个是根据实验数据或理论计算，提出 μ_i 与 x_i 的新关系，这种新关系将与式（2.5）的形式完全不同。可以想象，它将十分复杂，用起来很不方便。现在大家普遍采用的是由路易斯（Lewis）提出的另一种方法，笼统地用一个新变量活度 $a_{x,i}$ 来代替 x_i，维持式（2.5）的形式基本上不变（但其内容已完全不同），然后再设法通过实验求出 $a_{x,i}$ 与 x_i 的关系，即以式（2.6）给出活度的定义：

$$\mu_i = \mu_{x,i}^{\ominus} + RT\ln a_{x,i} \tag{2.6}$$

这里活度 $a_{x,i}$ 与式（2.5）中 x_i 的地位相当，实际上可把它看作是有效浓度。式中的 $\mu_{x,i}^{\ominus}$ 是标准状态下的化学势，即 $a_{x,i}=1$ 时 1mol 组分 i 的吉布斯自由能。它是温度与压力的函数，与浓度无关。

通常用式（2.7）表示 $a_{x,i}$ 与 x_i 的关系：

$$f_i = a_{x,i}/x_i \tag{2.7}$$

式中，f_i 表达出真实溶液与理想溶液性质上的偏差，称为活度系数。其值与温度、压力和浓度都有关系。

在讨论电解质溶液中某组分化学势时，对于溶剂的浓度一般采用摩尔分数表示。但对于溶质的浓度，除了用摩尔分数外，更多的是使用质量摩尔浓度 m_i（例如每 1000g 溶剂中含有的溶质的物质的量）和物质的量浓度 c_i（例如每升溶液中含有的溶质的物质的量）。

由于浓度表示方法不同，对于理想溶液，相应的化学势可分别表示为：

$$\mu_i = \mu_{m,i}^{\ominus} + RT\ln(m_i/m^{\ominus}) \tag{2.8}$$

$$\mu_i = \mu_{c,i}^{\ominus} + RT\ln(c_i/c^{\ominus}) \tag{2.9}$$

式中，$m^{\ominus}$ 表示标准质量摩尔浓度，mol/kg；$c^{\ominus}$ 表示标准物质的量浓度，单位为 mol/L。而对于实际溶液，相应的化学势可用浓度分别表示为：

$$\mu_i = \mu_{m,i}^{\ominus} + RT\ln a_{m,i} \tag{2.10}$$

$$\mu_i = \mu_{c,i}^{\ominus} + RT\ln a_{c,i} \tag{2.11}$$

相应的活度系数 $\gamma_i = a_{m,i}/(m_i/m^{\ominus})$，$y_i = a_{c,i}/(c_i/c^{\ominus})$，或将活度表示为 $a_{m,i} = \gamma_i(m_i/m^{\ominus})$，$a_{c,i} = y_i(c_i/c^{\ominus})$。可见，活度是个比值，无量纲。

对于电解质溶液，活度和活度系数的概念特别重要。因为对于非电解质溶液，当溶液变稀时，随分子间距离的增加，分子相互作用减弱，所以非电解质的稀溶液接近理想溶液；但电解质溶液却不同，即使浓度相当稀，离子间距离很大，离子间的静电作用仍不可忽视，故必须引入活度来校正浓度。

2.4.2　离子在电场作用下的运动

在外电场作用下溶液中的荷电离子将从杂乱无章的随机运动转变为沿一定方向的运动。

离子在电场力推动下进行的运动，叫作电迁移。电解质溶液导通电流的能力主要基于溶液中离子在电场作用下于两电极间发生的定向电迁移作用。离子发生电迁移时，单位时间单位面积上通过的离子的物质的量，称为电迁流量。

（1）电导率

不同的导体具有不同的导电能力。在金属导体中，银的导电能力最好，铜次之。一般说来，电解质溶液的导电能力要比金属小得多。为了比较不同物质导电能力的大小，需要引入电导率的概念。实验结果表明，导体的电阻 R 与其长度 l 呈正比，而与其横截面积 A 呈反比：

$$R = \rho \frac{l}{A} \tag{2.12}$$

式中，ρ 是比例常数，称为电阻率。电阻率的倒数称为电导率，用符号 σ 表示，单位为 S/m 或 S/cm。即：

$$\sigma = \frac{1}{R} \times \frac{l}{A} \tag{2.13}$$

由于电阻的倒数称为电导，故 σ 是指长为 1m、横截面积为 $1m^2$ 的导体的电导。

电解质离解度、离子电荷数、溶剂的离解度与黏度、溶液的浓度和温度等因素均对电解质溶液的电导率有很大的影响。影响溶液导电能力的因素可分为两类：一类是量的因素，指溶液中含有的导电离子的数量及离子电荷数的多少；另一类则是质的因素，即离子运动速度的快慢。

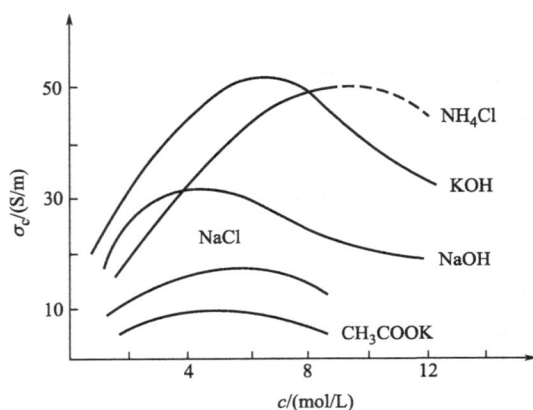

图 2.3　电导率与电解质浓度的关系
（20℃水溶液）

不同温度时的电导率与电解质浓度关系如图 2.3 所示[4]。在溶液浓度很低时，随着浓度增加单位体积中离子数目增多，量的因素是主要的，故电导率增大。若溶液浓度过大，则离子间相互作用力相当突出，对离子运动速度的影响很大，于是使质的因素占了主导地位，电导率又将随浓度的增大而减小。因此，电解质溶液电导率与浓度关系中会出现极大值。升高温度，溶液的黏度下降，离子迁移速度加大，故电导率往往随温度的升高而增大。

对于晶体固体电解质来说，离子传输主要依赖于晶体点阵中的空位和间隙，离子电导率随缺陷浓度的变化呈先增大后减小的变化趋势，这是因为掺杂的异价离子会"捕获"空位或间隙形成复合物，只有自由的空位是可移动的，当掺杂元素达到一定浓度时，异价的杂质和阴离子空位之间会形成缺陷对（defect pair）、四极或更大的团簇（larger clusters），从而导致固体电解质的离子电导率下降[5]。

（2）当量电导率

在两个距离为单位长度的平行板电极间的溶液中含有 1mol 电解质时，溶液所具有的电导率就是摩尔电导率 Λ_m。

电解质溶液的电导率还与离子所带的电荷数和离子的运动速度有关。当我们比较不同电解质的导电能力时都把带有 1mol 单位电荷的物质作为基本单元，这样负载的电流量才相同。所以指定物质的基本单元是十分重要的。例如，对于 HCl、H_2SO_4、$La(NO_3)_3$ 和 $Al_2(SO_4)_3$，它们的基本单元分别是 HCl、$1/2\ H_2SO_4$、$1/3\ La(NO_3)_3$ 和 $1/6\ Al_2(SO_4)_3$。在两个距离为单位长度的平行板电极间放置含有 1mol 单位电荷的溶液，此时溶液所具有的电导率称为当量电导率 Λ。如对于 H_2SO_4，$\Lambda=0.5\Lambda_m$。

设溶液中某电解质离解为正、负两种离子，其浓度分别为 c_+ 和 c_-（mol/m^3），离子价数分别为 z^+ 和 z^-。定义 c_N 为该电解质的当量电荷浓度，当完全电离时有 $c_N=z^+c_+=|z^-|\,c_-$。如 $c=1mol/L$ 的 HCl 溶液，$c_N=c=1mol/L$；而 $c=1mol/L$ 的 H_2SO_4 溶液，$c_N=2c=2mol/L$。显然当量电导率可以表示为：

$$\Lambda=\sigma/c_N \tag{2.14}$$

式中，Λ 的单位为 $S\cdot m^2/mol$，c_N 的单位为 mol/m^3。

（3）离子的淌度

溶液中正离子和负离子在电场力作用下沿着相反的方向电迁移。前已提及负离子向阳极电迁移所引起的导电作用与正离子向阴极的电迁移量相当，它们的导电效果相同。

设正离子与负离子在电场作用下的迁移速度分别为 v_+ 和 v_-（m/s），电解质溶液的截面积为 $1m^2$，溶液中两种离子的浓度分别为 c_+ 和 c_-（mol/m^3）。由图 2.4 可看出，如果液面 2 与 1 的距离为 v_+（m），那么位于液面 2 与 1 之间的正离子在电场作用下 1s 内将全部通过液面 1。这是因为在这两个液面间 1s 内不但离液面 1 近的正离子会通过液面，而且离它最远的正离子，也能在 1s 内走完 v_+ 的路程。因此可由液面 1 与 2 之间的离子总量计算出通过液面 1 的正离子电迁流量：

$$q_+=c_+v_+$$

若以电流密度 J_+ 表示，则

$$J_+=|z_+|Fq_+=|z_+|Fc_+v_+ \tag{2.15（a）}$$

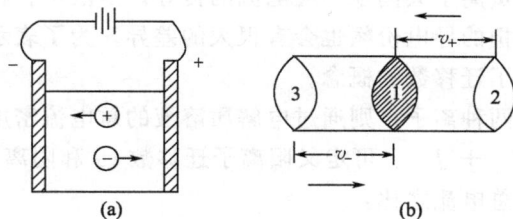

图 2.4　离子的电迁移

注：（b）为（a）中溶液取出的截面为 $1m^2$ 的液柱

同样的，根据图 2.4 液面 1 与 3 之间的负离子通过液面 1 的总量，可以计算出负离子的电迁流量：

$$q_-=c_-v_-$$

和相应的电流密度：

$$J_-=|z_-|Fq_-=|z_-|Fc_-v_- \tag{2.15（b）}$$

总电流密度 J 应当是正负两种离子所迁移的电流密度之和：

$$J=J_-+J_+=|z_+|Fc_+v_++|z_-|Fc_-v_- \tag{2.16}$$

式（2.16）中的 $|z_+|c_+$ 和 $|z_-|c_-$ 表示离子的电荷浓度，若电解质完全解离，则

离子的电荷浓度等于电解质的电荷浓度；即 $c'_N = |z_+|c_+ = |z_-|c_-$，得：

$$J = c'_N F(v_+ + v_-) \tag{2.17}$$

若以电流密度 J 和电场强度来表示，则有

$$J = \sigma E_f \tag{2.18}$$

合并式（2.17）和式（2.18）后，可得出：

$$\frac{\sigma_c}{c_N} = F\left(\frac{v_+}{E_f} + \frac{v_-}{E_f}\right) \tag{2.19}$$

令 $u_+ = v_+/E_f$，$u_- = v_-/E_f$。式中，u_+ 和 u_- 分别表示单位电场强度（1V/m）下离子的迁移速度，称为离子常用淌度，简称离子淌度，单位为 $m^2/(V \cdot s)$。

应当指出，讨论离子在某种推动力作用下的运动速度，才能反映出不同离子的特性，更有普遍意义。常用淌度是指离子在单位电场下的运动速度，因此，定义离子在单位电场力作用下的运动速度为离子的绝对淌度，用 $\overline{u}_i$ 表示，单位为 $m/(N \cdot s)$。例如，正离子的绝对淌度可以表示为 $\overline{u}_+$：

$$\overline{u}_+ = v_+/F_e \tag{2.20}$$

式中，F_e 表示电场力；场强 E_f 为单位电量的电荷所受到的电场力，故对电量为 $z_+ e^-$ 的离子来说，所受电场力 $F_e = z_+ e^- E_f$，代入式（2.20）中，得

$$\overline{u}_+ = \frac{v_+}{|z_+||e^-|E_f} = \frac{u_+}{|z_+||e^-|} \tag{2.21(a)}$$

同样的，负离子的绝对淌度：

$$\overline{u}_- = \frac{v_-}{|z_-||e^-|E_f} = \frac{u_-}{|z_-||e^-|} \tag{2.21(b)}$$

这两个公式表达了绝对淌度与常用淌度的关系。

（4）离子迁移数

电解质溶液中的正、负离子共同承担着电流的传导。溶液中各种离子的浓度不同、淌度不同，在导电时它们所承担的导电份额也会有很大的差异。为了表示溶液中某种离子所传导的电流份额的大小，提出了迁移数的概念。

若溶液中只含正、负两种离子，则通过电解质溶液的总电流密度应当是两种离子迁移的电流密度之和，即 $J = J_+ + J_-$。可定义阳离子迁移数 t_+ 和阴离子迁移数 t_- 分别为阳离子和阴离子输送的电流与总电流之比：

$$t_+ = \frac{J_+}{J_+ + J_-}, t_- = \frac{J_-}{J_+ + J_-} \tag{2.22}$$

显然 $t_+ + t_- = 1$。因电量与电流呈正比，也可将迁移数定义为溶液中某种离子所迁移的电量在各种离子迁移的总电量中所占的分数。将式（2.21）以及淌度定义式 $u_+ = v_+/E_f$、$u_- = v_-/E_f$ 代入式（2.22），可得：

$$t_+ = \frac{|z_+|u_+c_+}{|z_+|u_+c_+ + |z_-|u_-c_-}, t_- = \frac{|z_-|u_-c_-}{|z_+|u_+c_+ + |z_-|u_-c_-} \tag{2.23}$$

如果两种以上的离子存在于电解质溶液中，则依照上式的写法，可用下列通式来表示溶液中某种离子的迁移数：

$$t_i = \frac{|z_i|u_ic_i}{\sum |z_i|u_ic_i} \tag{2.24}$$

这时溶液中所有离子迁移数之和也应等于 1。

由于离子淌度随浓度而改变，迁移数也与浓度有关。此外，影响离子迁移数的因素还有温度、支持电解质等。在电化学研究中经常需要加入大量支持电解质以降低电活性粒子的电迁移传质速度，用以消除电迁移效应。

离子淌度反映出离子在电场力推动下的运动特征，而扩散系数表达出离子在化学势梯度这样一种假想推动力作用下的运动特征。对同一离子来说，不管是什么力推动它，它本身所反映出来的特性都是一样的。因此，离子淌度（$\overline{u}_i$）与扩散系数（D）之间必然存在着某种关系：

$$D_i = kT\overline{u}_i \tag{2.25}$$

这个公式称为爱因斯坦（Eienstein）关系式。把式 [2.21(a)] 代入上式后，根据玻耳兹曼常数 k 与气体常数 R 的关系：$k = R/N_A$ 以及 $F = e^- N_A$，可导出离子扩散系数与常用淌度的关系为：

$$D_i = \frac{RT}{|z_i|F}u_i \tag{2.26}$$

式中，R 的单位是 J/（mol·K）；F 的单位是 C/mol。

2.4.3　离子氛理论

对于电解质溶液来说，离子与离子间的相互作用是比较复杂的。相对而言，非缔合式电解质稀溶液处理起来比较简单。由于是稀溶液，离子间距离较远，碰撞、成键、缔合等各种近程作用可以略去不计。因此，只有远程力，即离子间的库仑力在起作用。在这个基础上德拜（Debye）和休克尔（Hückel）在 1923 年提出了能解释稀溶液性质的离子氛理论[6]。随后，昂萨格（Onsager）又进一步发展了该理论，本节将简要介绍该理论的基本思想。下面介绍离子氛的概念

溶液中离子是带电的，它们之间存在着库仑力，在库仑力作用下，离子倾向于按一定规则排列。但是离子在溶液中的热运动则趋向于破坏这种结构，使离子均匀地分散在整个溶液中。离子在稀溶液中所处的状态，正是库仑作用和热运动相互制衡的结果。

假设选择一个正离子作为中心离子，由于这个中心离子排斥正离子、吸引负离子，所以统计平均来看，距中心离子越近，正离子出现的概率越小，负离子出现的概率越大。中心离子周围的大部分正、负电荷相互抵消，但总的效果是负电荷超过正电荷，所超过的电量与中心离子大小相等，符号相反。中心离子就好像是被一层符号相反的电荷包围着。我们将中心离子周围的这层电荷所构成的球体称为离子氛。把离子氛与中心离子作为一个整体来看，它是电中性的。如图 2.5 所示，溶液中的每一个离子都将在其周围建立带相反电荷的离子氛。

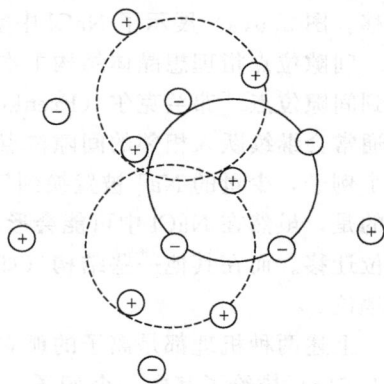

图 2.5　溶液中离子氛示意图

为了正确地理解离子氛，还需要在概念上明确几点。首先，离子氛由大量正、负离子形成，且每个离子都是被多个离子氛所共有的。其次，中心离子既可以是正离子，也可以是负离子。每个离子既可作为中心离子，又是其他离子氛的一部分。最后，溶液中离子不断地运动，离子氛只是统计平均的结果。

离子氛概念的提出，对于研究离子间库仑相互作用有着重大的意义。中心离子电荷与离子氛电荷大小相等，符号相反。将中心离子与离子氛合在一起考虑，它是电中性的，与溶液中其他部分之间不再存在库仑力，故可以单独研究。从而将研究大量离子与离子间的相互作用简化为研究中心离子与离子氛间的相互作用，使问题大大简化。

离子氛的形成是库仑力和热运动相互制衡的结果，它的厚度与离子所带电荷、离子浓度、温度、溶剂相对介电常数等因素有关。离子的电荷多、浓度高，则库仑力强，离子间互吸作用变大，于是离子氛厚度减小。溶剂的相对介电常数增大，则库仑力减小，离子间互吸作用减弱，故离子氛厚度变大。温度升高，离子的热运动增强，离子氛厚度增大；但温度升高将引起相对介电常数的减小，使得库仑力增强，离子氛厚度又应减小。所以，温度对离子氛厚度的影响比较复杂。

距离中心离子一定距离时，在中心离子周围的离子氛的电荷密度会达到极大值，此值通常可近似作为离子氛的半径。

2.4.4　固体电解质[7]

（1）离子传导机理

研究人员很早就认识到某些晶态固体具有高的离子电导率，尽管这些晶态固体当时还比较少见。大多数离子型固体都是绝缘体，它们仅在高温（接近熔点）下才表现出较高的离子电导率。而对于这一类被称作超离子导体或快离子导体的固体电解质材料而言，它们往往能在远低于熔点温度甚至室温下，因存在自由可移动离子组成的亚晶格而表现出极高的离子导电性。

离子的传导是通过晶体结构中的离子从一个位点跃迁到另一个位点而实现的，因此离子传导的必要条件是能量上等价或近似等价的位点是部分占据的。一般可将离子传导机理分为两大类，即空位迁移和间隙迁移。在空位迁移中，理想情况下应该被占据的许多位点实际上都是空缺的。这在一定程度上是由于热运动诱导的肖特基（Schottky）缺陷（阴、阳离子空位对）的产生或带电杂质的存在。与空位相邻的离子有机会跃入其中，从而使其原来占据的位点空缺。这个过程即被认为是空位迁移，尽管此时真正发生的是离子的迁移而不是空位的迁移。图 2.6(a) 展示了 NaCl 中空位的迁移[7]。

间隙位点指理想晶体结构中本应是空置的位点。实际情况下，离子可能会从晶格位点转移到间隙位点［弗兰克尔（Frenkel）缺陷的形成］。一旦发生这种情况，处于间隙位点的离子通常会继续跃入相邻的间隙位点，从而实现离子的长程传导。图 2.6(b) 描绘了该情况的一个例子，少量的 Na^+ 被置换到四面体间隙位点，随后跃入相邻的四面体位点。但值得注意的是，虽然在 NaCl 中可能会形成少量的 Frenkel 缺陷，但其离子传导的主要方式依然是空位迁移。而在其他一些结构（如 AgCl 中），则是通过 Frenkel 缺陷进行的离子传导占主导地位。

上述两种机理都是离子的孤立跃迁，然而在固体电解质中有时会发生离子的协同迁移。图 2.6(c) 描绘了其中一个例子，即所谓的推填机理或敲除机理。如图所示，在 β-氧化铝"传导平面"的间隙位点中，钠离子 A 发生移动的先决条件是它周围的三个钠离子 B、C 或 D 中的一个先发生移动。在离子 A 往 1 方向运动的同时，离子 B 跳出原来的晶格位点往 2 或 2′方向运动。被普遍接受的观点是，AgCl 中间隙的 Ag^+ 即是通过上述推填机理发生迁移的，而不是直接的间隙迁移。

Na	Cl	Na	Cl		Na	Cl	Na	Cl
Cl		Cl	Na		Cl	Na	Cl	Na
Na	Cl	Na	Cl		Na	Cl	Na	Cl
Cl	Na	Cl	Na		Cl	Na	Cl	Na

(a)　　　　　　　　　(b)

(c)

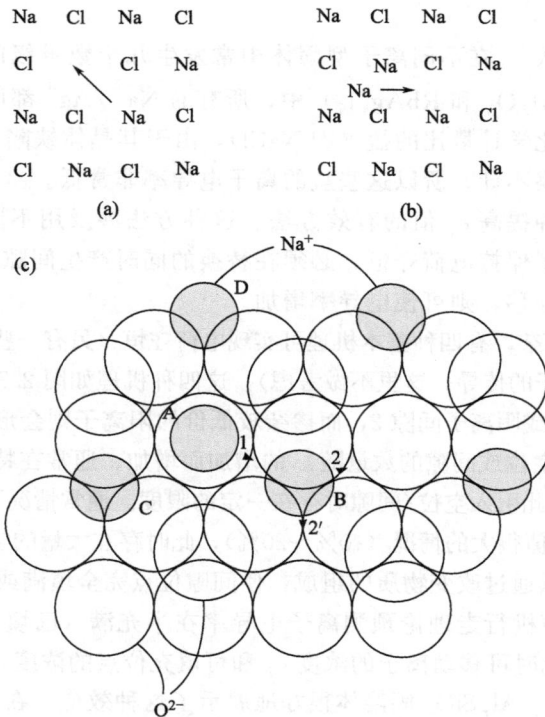

图 2.6　(a) 空位、(b) 间隙和 (c) 推填传导机理

[在 (c) 中，A 位上的 Na^+ 只有在 B 位的 Na^+ 从其位点迁移后才能发生移动]

在晶态电解质中，可移动离子根据材料结构的不同，可分别在一维、二维或三维方向上穿透"不可移动离子亚晶格"发生迁移。例如，在图 2.6(c) 所示的 β-氧化铝中，Na^+ 只能在二维平面内迁移。由图可见，包含可移动离子的位点未被完全占据，并通过开放的通道或瓶颈与其他部分占据或空缺的相邻位点连接，以实现离子的传导。在晶态电解质中，可移动离子的位点由不可移动离子构成的亚晶格结构（晶态电解质与熔融物不同，后者没有固定的位点）明确地固定。因此，离子传导是通过离子在相邻位点之间发生的一系列跃迁进行的。在大多数情况下，"可移动"离子处于特定的位点，并在平衡位点发生热振动。在偶然的情况下，它们会从原位点脱离，并迅速跃迁到相邻位点。在发生进一步迁移（继续向其他位点跃迁或跳回原位点）之前，它们可能会在该位点停留很长时间。

上述离子随机跃迁的概念是构成随机行走理论的基础，该理论被广泛用于离子电导率的半定量分析或描述中。在绝大多数固体电解质中，很少有证据表明离子能在无需热活化的情况下像在溶液中一样自由移动。同样很少有证据表明离子可被活化为完全自由运动的状态，即几乎不存在类似自由或近似自由电子运动的离子。

离子电导率 (σ_i) 可近似通过移动物种（间隙离子或空位）的浓度 c_i、它们所带的电荷 q 及离子淌度 u_i 的乘积来表示：

$$\sigma_i = c_i q u_i \tag{2.27}$$

当然，该方程也可用于描述金属、半导体和绝缘体的一般电子行为。由于很难独立估计 c_i 和 u_i 的值，因此式 (2.27) 在离子传导的定量分析方面受到了限制。Hall 效应的测量可解决上述问题，但与离子传导相关的 Hall 电压通常很小（纳伏级），以至于无法准确测量。此外，跃迁导体上 Hall 测量的有效性依然存在争议。

（2）离子掺杂效应

式（2.27）中的参数 c_i 在不同离子型固体中常发生几个数量级的变化。在导电性好的固体电解质（如 Na-β''-Al$_2$O$_3$ 和 RbAg$_4$I$_5$）中，所有的 Na$^+$/Ag$^+$ 都可发生移动，因此 c_i 值很大。与之相反的是纯化学计量比的盐（如 NaCl），由于其晶体缺陷，即空位和间隙离子的浓度在室温下几乎可忽略不计，所以这些盐的离子电导率非常低。

掺杂异价离子是一种提高 c_i 值的有效方法。这种方法涉及用不同价态的离子对原有的离子进行部分替换。为了保持电荷守恒，必须在替换的同时产生间隙离子或空位。如果离子能通过间隙或空位发生迁移，则可使电导率增加。

对于阳离子的异价掺杂，有四种基本机理可实现电荷守恒（另有一些电子补偿机理可以产生电子/空穴并可能发生电子的传导，这里不做考虑），这四种机理如图 2.7 所示。掺杂较高价的阳离子可形成阳离子空位 1 或阴离子间隙 2，而掺杂较低价的阳离子则会形成阳离子间隙 3 或阴离子空位 4。在图 2.7 中，空位或间隙的数量随 x 的增加而增加。通常在特定的材料中，由于要保证形成均匀的固溶体，因此引入空位/间隙时存在一定的限度。通常情况下，该限定值很小（$x \ll 1\%$）；但同样存在一些该值很大的情况（$10\% \sim 20\%$），此时存在大量的空位或间隙缺陷。

因此，研究人员可以通过改变物质的组成，使间隙位点完全填满或使特定的晶格位点完全空缺。在这种情况下，随机行走理论预测离子电导率在半充满（已填充位点和空位的浓度相等）时达到最大，因为此时可移动离子的浓度 c_i 和可填充位点的浓度（$1-c_i$）的乘积最大。

图 2.7(a) 中的 Li$_{4-3x}$Al$_x$SiO$_4$ 固溶体很好地展示了这种效应。在整个 $x=0 \sim 0.5$ 的范围内，该固溶体都是均匀单相。当 $x=0$ 时，即化学计量比的 Li$_4$SiO$_4$，所有 Li$^+$ 的位点都被占据，因此电导率很低。随着 x 的增加，晶体结构中 Li$^+$ 的某个位点开始发生空缺，并在 $x=0.5$ 时完全空缺，即 Li$_{2.5}$Al$_{0.5}$SiO$_4$。如图 2.8 所示，这种效应导致了离子电导率的剧烈变化。当 $x=0.25$ 时，电导率达到最大值，此时可移动 Li$^+$ 位点处于半充满状态（$n_c=0.5$，n_c 为离子位点的占据率）。向两侧变化时，电导率急剧降低，并在 $x \rightarrow 0$（$n_c \rightarrow 1$）以及 $x \rightarrow 0.5$（$n_c \rightarrow 0$）时达到最小值[7]。

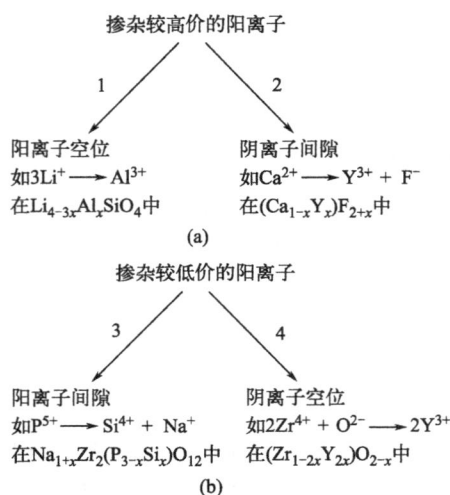

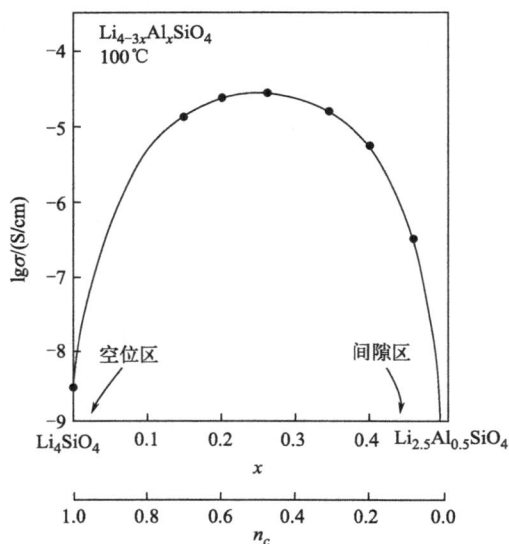

图 2.7　通过异价离子的掺杂形成固溶体[7]

图 2.8　Li$_{4-3x}$Al$_x$SiO$_4$ 固溶体电导率随离子位点占据率 n_c 的变化[7]

在大多数固体电解质体系中，一般不能仅通过改变其组成就使可移动离子浓度范围完整地从 $n_c = 0$ 变到 $n_c = 1$。通常这些特性限定于图 2.8 所示曲线的一侧，具体情况取决于空位或间隙位的引入。

（3）离子捕获效应

掺杂的异价离子可能会"捕获"空位或间隙形成复合物。例如，用于高温固体氧化物燃料电池或氧传感器的氧离子导体材料 $(Zr_{1-x}Ca_x)O_{2-x}$ 的石灰-稳定的氧化锆体系，其中氧离子为导电离子，置换机理为：

$$Zr^{4+} + O^{2-} \Longrightarrow Ca^{2+}$$

这里用 Kröger-Vink 标记法记录此处物种的缺陷电荷，分别用 ˙、′ 和 × 代表正、负和中性物种，上述方程可改写为

$$Zr^{\times} + O^{\times} \Longrightarrow Ca''_{Zr} + V_O^{\cdot\cdot}$$

Ca 取代 Zr 后该位点带两个负电荷，而产生的氧空位 V_O 等效为两个正电荷。由于异价的杂质和阴离子空位带有相反的有效电荷，所以它们之间存在强烈的吸引作用，从而导致了偶极、四极或更大团簇的产生。空位的移动需要先脱离团簇的约束，而团簇的吸引作用增加了传导的活化能。

2.5　电化学热力学[4]

在一个电化学体系中，电势差与该体系的自由能变化有关。对于原电池而言，通过热力学研究能知道该电池反应对外电路所能提供的最大能量。

一般来说，任何两个导体相接触界面都会建立起一定的界面电势差。原电池中包含着一系列界面电势差，显然，原电池电动势应当是其内部各相界面间电势差的总和。但是单个界面电势差是无法测量的，所以本节要讨论界面电势差是如何建立的，从而深入理解电极电势的内涵。

2.5.1　相间电势与可逆电池

原电池是由两个电子导体与离子导体相接触而形成的能自发地将电流输送到外电路中的电化学装置。原电池中包含两个电极，在没有电流通过的情况下，两极间的电势差就是原电池的电动势，用 E 表示。原电池电动势的大小是由电池中进行的反应或其他条件（温度、浓度等）决定的，与电池的尺寸和构造无关。电极的电势差与相间电势有关，故先来介绍内电势及外电势的概念。

（1）内电势与外电势

在显示原电池电动势时应选用正确断路的原电池（图 2.9）。所谓正确断路是指电池的两个终端相在化学与物理性质上彼此相同（即处于相同状态的同一种金属），但其两相内部的电位并不一样。这里以锌与镀上一层 AgCl 的银插入 $ZnCl_2$ 溶液中构成的电池为例。电池反应为：

$$Zn + 2AgCl \Longrightarrow ZnCl_2 + 2Ag$$

可用下式表示图 2.9 所示的原电池：

$$Cu \mid Zn \mid ZnCl_2(m) \mid AgCl(s) \mid Ag \mid Cu$$

在本书中原电池的负极总是列在左边,右边的电极则为正极。式中的竖线表示电池中两相间界面。这里为了正确断路,两个电极均连接上铜(铜导线)。如果不是这样,而是在锌电极上连接银,或者将锌连接在银上,也同样可以形成正确的断路。

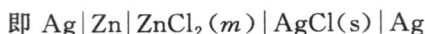

$$即 \quad Ag \mid Zn \mid ZnCl_2(m) \mid AgCl(s) \mid Ag$$

$$或 \quad Zn \mid ZnCl_2(m) \mid AgCl(s) \mid Ag \mid Zn$$

不过通常为了简单,在原电池的表达式中也可不必以正确断路的形式标出。

在真空中(无任何电荷)某一物相可由于释放出电子或者吸附了离子而产生静电位 ψ(外电位)。它在数值上等于将一单位正电荷(试验电荷)自无限远处一点(此点电位为零)移至紧靠物体但相距约 10^{-4} cm 处所需做的功,此电位可称为外电位或伏打(Volta)电位,如图 2.10 所示,其值是可以测定的。位置限定在 10^{-4} cm 左右是为了消除镜像力的干扰。试验电荷与物体表面距离小于 10^{-4} cm 时,会在物体表面诱导出一个大小相等而符号相反的电荷,即镜像电荷。它与试验电荷之间的库仑力就是镜像力。

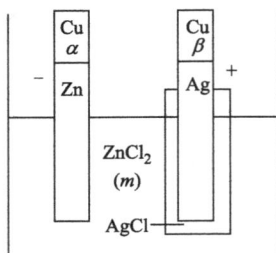

图 2.9 正确断路的原电池　　　　　图 2.10 内电位与外电位

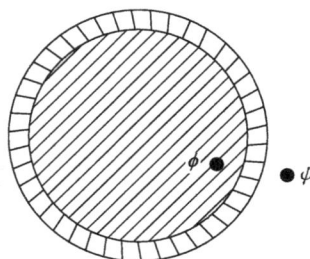

若将此试验电荷移入物体内部则需穿过界面,由于界面上存在着偶极(例如水分子)的定向,或是金属表面正电荷(金属离子)重心与负电荷(电子)重心不相重合以及离子或极性分子在界面发生的吸附等原因引起电位差 χ,故需要电功来克服此表面层的库仑力。因此,物相内部的电位,即内电位或伽伐尼(Galvani)电位 ϕ,应为 ψ 与 χ 之和,即

$$\phi = \psi + \chi \tag{2.28}$$

因为 χ 是无法测定的,故也不能由实验测出 ϕ,尽管它是表征体系特征的参量。

原电池电动势应是两电极的内电势差。在测量电动势时总是采用相同金属材料制成的导线(如铜线)将电池的两个电极与电位计接通,这样一来就自然而然地形成了正确断路(图 2.9)。由于这时两个终端相的物理状态与化学组成均相同,表面电位差也自然相同,故直接测量出的两终端相的外电位差,就等于它的内电位差。即如图 2.10 中的 β 与 α 两相电位差。

$$\psi^{\beta} - \psi^{\alpha} = \phi^{\beta} - \chi - (\phi^{\alpha} - \chi) = \phi^{\beta} - \phi^{\alpha} \tag{2.29}$$

通过正确断路,使得内电位差成为可测量的参量。

(2)可逆电池

只有可逆电池才能用热力学方法来处理,因而必须明确地指出可逆电池的含义。形成可逆电池的必要条件是电极必须可逆。这一方面意味着相反方向的电流通过电极时,所进行的电极反应必须刚好相反;另一方面也说明电极通过的电流无限小,电极反应都是在平衡条件下进行的。即反应进行时,溶液的组成和浓度基本上不变,它自然也不会影响电极的电位。

但是必须指出，仅电极可逆并不是构成可逆电池的充分条件。除了电极以外，在电池中所进行的其他过程也必须是可逆的。例如将铜浸入 $CuSO_4$ 溶液与锌浸入 $ZnSO_4$ 溶液中而构成的丹尼尔（Daniell）电池：

$$Zn \mid ZnSO_4(m_1) \vdots CuSO_4(m_2) \mid Cu$$

式中垂直虚线表示两种溶液相接触的界面。在电池工作时，除了负极进行锌的氧化和正极发生 Cu^{2+} 还原外，在 $ZnSO_4$ 与 $CuSO_4$ 两溶液接界处，还要发生 $ZnSO_4$ 溶液中的 Zn^{2+} 向 $CuSO_4$ 溶液中电迁移的过程。若反向电流在丹尼尔电池中通过，尽管两个电极反应可以逆向进行，但在两溶液接界处所进行的过程已不再是 Zn^{2+} 的电迁移，而是 $CuSO_4$ 溶液中的 Cu^{2+} 向 $ZnSO_4$ 溶液中电迁移，因此整个电池中所进行的过程，实际上是不可逆的。所以说这个电池并不是可逆电池。

严格来说，凡是由两个不同电解质溶液构成的具有液体接界的电池，都是热力学不可逆的。由图 2.9 表示的原电池，当然可以满足可逆电池的条件。这就是说，两个可逆电极浸在同一电解质溶液中构成的电池，在无限小电流通过的条件下才是真正的可逆电池。

（3）电化学势

一个中性组分化学势的性质是由其温度、压力及化学组成所决定的。某一组分在两相中的分布达到平衡时，它们的化学势相等。但带电组分的性质除受上述各因素影响外，还与其带电状态有关。例如一种金属所带的负电荷越多，则自其中取出电子所需的功越少。为了表示带电组分的这个特点，古根海姆（Guggenheim）采用了一个新的状态函数，电化学势 $\overline{\mu}_i$ 来强调它与中性组分有着本质的差别。即

$$\begin{aligned}\overline{\mu}_i &= \mu_i + N_A z_i e\phi \\ &= \mu_i + z_i F\phi \\ &= \mu_i + z_i F(\psi + \chi)\end{aligned} \tag{2.30}$$

式中，$\overline{\mu}_i$ 代表将 1mol 带电粒子 i（每一粒子荷电量为 $z_i e$）转移至带电物相内部时所涉及的能量变化。可将 $\overline{\mu}_i$ 看作由两部分组成：一部分是荷电粒子所需的电功，这是电的部分；另一部分则是由于荷电粒子与带电物相间的化学作用所引起的偏摩尔吉布斯自由能的变化，可将它作为化学部分。应当指出，将电化学势区分为化学部分和电部分，只是为了便于理解。因为将电荷与物质截然分开是没有物理意义的。显然，对于带电组分来说，它们在两相中的分配达到平衡的条件，应是它们的电化学势相等。

电化学势是化学势和静电势的综合，同时考虑了载流子（电子和离子）的扩散和电迁移，即

$$\varphi = \mu + zF\phi \tag{2.31}$$

式中，F 是法拉第常数，约为 96500C/mol，ϕ 是静电势，z 是带电粒子所带的电荷数。例如，锂离子储存材料中锂的化学势为：

$$\mu_{Li} = \mu_{Li}^{\ominus} + RT \ln a_{Li} \tag{2.32}$$

（4）费米（Fermi）能级

对于带电组分来说，它们在两相中的分配达到平衡的条件，应是它们的电化学势相等。所以带电粒子 B 在相互接触的金属 M 相与溶液 S 相之间转移达到平衡时，满足 $\overline{\mu}_B^M = \overline{\mu}_B^S$。

在某一相（设为 α 相）中电子的电化学势 $\overline{\mu}_e^\alpha$ 称为 Fermi 能级，它对应于一个电子能级 E_F^α。Fermi 能级是指在 α 相中有效电子（即可转移的）的平均能量，与电子在此项中的化

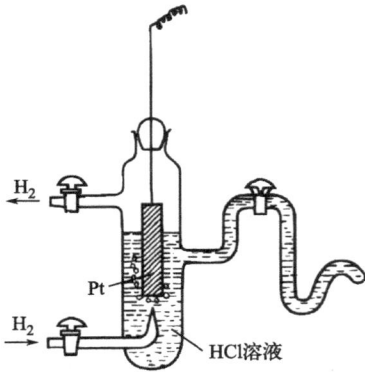

图 2.11 氢电极示意图[4]

在电化学普遍使用的电极电位的概念，绝非单个电极与溶液界面间的真实电位差，而是指该电极与标准氢电极所组成的原电池两个终端相的电位差，可称之为氢标电极电位。

氢标准电极电位是一种特殊电池的电动势，这个电池是由某个待测电极与标准氢电极组成的。一般电池中到底哪个电极是负极，视两电极的电位相对大小而定，总是维持电动势为正值。但在这个特殊的电池中，标准氢电极永远是负极，发生氧化反应。故氢标准电极电位值可能是正的，也可能是负的。

标准氢电极是由分压为 100kPa 的氢气饱和的镀铂黑的铂电极浸入 H^+ 活度为 1 的溶液中构成的（图 2.11）[4]。以待测电极为正极，标准氢电极为负极组成下列电池，即

$$Pt, H_2(p=100kPa)|H^+[a(H^+)=1]||M^{z+}+[a(M^{z+})]|M$$

该电池的电动势称为某待测电极的氢标电极电位，简称电极电位，以 φ 表示。根据上述定义，如果正极也是标准氢电极，则所组成的原电池电动势自然为零。即

$$Pt, H_2(p=100kPa)|H^+[a(H_2)=1]|H_2(p=100kPa)|Pt$$

标准氢电极电位为零。而且从上式可看出它在任何温度下皆为零。

因 φ 系特定可逆电池的电动势，故也能用式（2.47）表示它与反应物和生成物活度间的关系。其相应的电极电位均为平衡电极电位 φ_e。

例如，电池 $Pt, H_2(p=100kPa)|H^+[a(H^+)=1]||Cu^{2+}[a(Cu^{2+})]|Cu$

其反应为：

$$H_2+Cu^{2+}==2H^++Cu$$

此铜电极的平衡电极电位为：

$$\varphi_e = \varphi^\ominus - \frac{RT}{2F}\ln \frac{a^2(H^+)a(Cu)}{[p(H_2)/p^\ominus]a(Cu^{2+})} \tag{2.47}$$

式中，$p^\ominus$ 表示标准状态下的压力，其值为 100kPa；$\varphi^\ominus$ 表示铜电极的标准电极电位。标准状态下纯铜的活度为 1，H^+ 与 H_2 的活度也是 1，则上式可简化为：

$$\varphi_e = \varphi^\ominus + \frac{RT}{2F}\ln a(Cu^{2+}) \tag{2.48}$$

这个表达式是针对标准氢电极以外的另一电极（铜电极）的电极反应得出的。

$$Cu^{2+}+2e^-==Cu$$

通常将金属与溶液中金属离子组成的电极称为金属电极。铜电极就是其中的一个。由于 Cu^{2+} 被 H_2 还原的反应能自发进行，故此处 $\varphi_e > 0$。

还可举出另一个例子，即锌电极与标准氢电极组成的原电池：

$$Pt, H_2(p=100kPa)|H^+[a(H^+)=1]||Zn^{2+}[a(Zn^{2+})]|Zn$$

电池反应 $Zn^{2+}+H_2==Zn+2H^+$ 不能自发进行。可依照前面的方法列出与锌电极反应 $Zn^{2+}+2e^-==Zn$ 相对应的电极电位表达式：

$$\varphi_e = \varphi^\ominus + \frac{RT}{2F}\ln a(Zn^{2+}) \tag{2.49}$$

但这里的 φ_e 值是负的，锌电极也是个金属电极。

　　对于一般的氧化态物质（电极反应式左方不见得是一种物质）接受 z 个电子被还原为还原态物质（电极反应式右方也不见得只有一种物质）的电极反应，可以下式表示：

$$氧化态 + z e^- \Longrightarrow 还原态$$

　　因此，对任一电极的氢标准电极电位，可用普遍化的形式表示如下：

$$\varphi_e = \varphi^\ominus + \frac{RT}{zF} \ln \frac{a(氧化态)}{a(还原态)} \tag{2.50}$$

　　式（2.50）通常叫作平衡电极电位方程式或称电极电位的能斯特公式。

　　标准氢电极中规定 $a(H^+) = 1$，而且在上面介绍的许多平衡电极电位方程式中也含有金属离子的活度。这些单种离子的活度本来是无法测定的，故在实际工作中应用这些公式时，自然会碰到困难。但由于在可逆电池电动势的表达式中最后总会出现正负离子活度的乘积，所以在氢标准电极电位方程式中可以用电解质的平均活度来代替单种离子的活度。对于标准氢电极，一般可用电解质平均活度为 1 的 HCl 水溶液。在 25℃ 下这种 HCl 溶液的浓度为 1.184mol/L。不过这里应当注意，对于一些只与单种离子活度有关的不可逆过程，不得随便采用平均活度来代替单种离子活度。

　　标准电极电位可通过实验测定给出，有时也可通过热力学函数来计算。现将常见的一些电极反应的标准电极电位及其温度系数列于表 2.2 中[4]。

表 2.2　25℃ 下水溶液中标准电极电位及其温度系数（标准状态压力 $p^\ominus = 100kPa$）

电极反应	$\varphi^\ominus/V$	$\dfrac{d\varphi^\ominus}{dT}/(mV/K)$	电极反应	$\varphi^\ominus/V$	$\dfrac{d\varphi^\ominus}{dT}/(mV/K)$
$Li^+ + e^- \Longrightarrow Li$	-3.045	-0.534	$Tl^+ + e^- \Longrightarrow Tl$	-0.3363	-1.327
$Rb^+ + e^- \Longrightarrow Rb$	-2.98	-1.245	$Co^{2+} + 2e^- \Longrightarrow Co$	-0.28	$+0.06$
$K^+ + e^- \Longrightarrow K$	-2.931	-1.08	$Ni^{2+} + 2e^- \Longrightarrow Ni$	-0.257	$+0.06$
$Cs^+ + e^- \Longrightarrow Cs$	-2.92	-1.197	$Mo^{3+} + 3e^- \Longrightarrow Mo$	-0.200	—
$Ba^{2+} + 2e^- \Longrightarrow Ba$	-2.912	-0.395	$Sn^{2+} + 2e^- \Longrightarrow Sn$	-0.1377	-0.282
$Ca^{2+} + 2e^- \Longrightarrow Ca$	-2.868	-0.175	$Pb^{2+} + 2e^- \Longrightarrow Pb$	-0.1264	-0.451
$Na^+ + e^- \Longrightarrow Na$	-2.71	-0.772	$2H^+ + 2e^- \Longrightarrow H_2$	0.0000	0.0000
$La^{3+} + 3e^- \Longrightarrow La$	-2.522	$+0.085$	$Cu^{2+} + 2e^- \Longrightarrow Cu$	0.3417	$+0.008$
$Ce^{3+} + 3e^- \Longrightarrow Ce$	-2.483	—	$\frac{1}{2}O_2 + H_2O + 2e^- \Longrightarrow 2OH^-$	0.401	-0.44
$Mg^{2+} + 2e^- \Longrightarrow Mg$	-2.372	$+0.103$	$Cu^+ + e^- \Longrightarrow Cu$	0.521	-0.058
$Be^{2+} + 2e^- \Longrightarrow Be$	-1.847	$+0.565$	$I_2 + 2e^- \Longrightarrow 2I^-$	0.5353	-0.148
$Al^{3+} + 3e^- \Longrightarrow Al$	-1.662	$+0.504$	$Hg_2^+ + 2e^- \Longrightarrow 2Hg$	0.788	-0.31
$Ti^{2+} + 2e^- \Longrightarrow Ti$	-1.630	—	$Ag^+ + e^- \Longrightarrow Ag$	0.7994	-1.00
$Mn^{2+} + 2e^- \Longrightarrow Mn$	-1.185	-0.08	$Hg^{2+} + 2e^- \Longrightarrow Hg$	0.854	—
$2H_2O + 2e^- \Longrightarrow H_2 + 2OH^-$	-0.8279	-0.80	$Br_2 + 2e^- \Longrightarrow 2Br^-$	1.065	-0.629
$Zn^{2+} + 2e^- \Longrightarrow Zn$	-0.762	$+0.091$	$Pt^{2+} + 2e^- \Longrightarrow Pt$	1.118	—
$Cr^{3+} + 3e^- \Longrightarrow Cr$	-0.744	$+0.468$	$\frac{1}{2}O_2 + 2H^+ + 2e^- \Longrightarrow H_2O$	1.229	-0.85
$S + 2e^- \Longrightarrow S^{2-}$	-0.4764	—	$Cl_2 + 2e^- \Longrightarrow 2Cl^-$	1.3581	-1.260
$Fe^{2+} + 2e^- \Longrightarrow Fe$	-0.447	$+0.052$	$Au^{3+} + 3e^- \Longrightarrow Au$	1.498	—
$Cd^{2+} + 2e^- \Longrightarrow Cd$	-0.4032	-0.093	$F_2 + 2e^- \Longrightarrow 2F^-$	2.866	-1.83

从标准电极电位的数值可以初步判断出电极发生氧化反应或还原反应的难易程度。显然，其值越负，还原态物质越易被氧化；其值越正，氧化态物质越易被还原。

标准氢电极是气体电极，需要有一套氢气的发生和纯化系统，而且它达到电位稳定的时间，甚至要长达 1h 以上，铂表面镀铂黑又容易中毒，所以用它作为比较的标准显然不太方便。因此在电化学中常用一些性能相当稳定而且使用很方便的电极来取代氢电极作为相互比较的标准，通常称它们为参比电极。当然这种电极的氢标准电极电位是早已经过准确测定的。

通常使用的参比电极大多是由被金属难溶化合物（如金属盐与氧化物）覆盖的金属电极浸在含有与难溶物有共同负离子的溶液中组成的。这类电极常可称之为金属-难溶物电极。它们的电极电位相当稳定，而且在测量中是可重复的。例如甘汞电极：

$$Hg \mid Hg_2Cl_2(固) \mid KCl(a)$$

电极反应为：

$$Hg_2Cl_2 + 2e^- \rightleftharpoons 2Hg + 2Cl^-$$

电极电位为：

$$\varphi_e(Hg/Hg_2Cl_2) = \varphi^\ominus(Hg/Hg_2Cl_2) + \frac{RT}{F}\ln\frac{1}{a(Cl^-)} \qquad (2.51)$$

从上式可看出，这种电极已将原来对正离子（金属离子）可逆转变成对负离子（Cl^-）可逆了。

常用的甘汞电极可以选用三种不同的 KCl 浓度，即 0.1mol/L、1mol/L 和饱和溶液。

银-氯化银电极也是一种常用的参比电极：

$$Ag \mid AgCl(固) \mid KCl(0.1mol/L)$$

电极反应为：
$$AgCl + e^- \rightleftharpoons Ag + Cl^-$$
电极电位为：

$$\varphi_e(Ag/AgCl) = \varphi^\ominus(Ag/AgCl) + \frac{RT}{F}\ln\frac{1}{a(Cl^-)} \qquad (2.52)$$

汞-氧化汞电极 $Hg \mid HgO(固) \mid OH^-(a)$ 在碱性溶液中也常用作参比电极。其电极反应 $HgO(固) + H_2O + 2e^- \rightleftharpoons Hg + 2OH^-$ 及相应的电极电位为：
$$\varphi_e(Hg/HgO) = \varphi^\ominus(Hg/HgO) + RT/F\ln[1/a(OH^-)]$$

实践中可根据测量体系的特点选用不同种类和不同浓度的参比电极。表 2.3 中列出 298.15K 下几种常见参比电极的电极电位[4]。表中 Pb（Hg）系表示 Pb 溶于 Hg 中形成的汞齐电极，它也是可逆电极的一种。

表 2.3　298.15K 下几种常见参比电极的电极电位[4]

电极名称	电极组成	φ/V
0.1mol/L 甘汞电极	$Hg \mid Hg_2Cl_2(固)，KCl(0.1mol/L 溶液)$	0.3337
1mol/L 甘汞电极	$Hg \mid Hg_2Cl_2(固)，KCl(1mol/L 溶液)$	0.2801
饱和甘汞电极	$Hg \mid Hg_2Cl_2(固)，KCl(饱和溶液)$	0.2444

续表

电极名称	电极组成	φ/V
银-氯化银电极	Ag｜AgCl(固)，KCl(0.1mol/L 溶液)	0.2880
氧化汞电极	Hg｜HgO(固)，NaOH(0.1mol/L 溶液)	0.164
硫酸亚汞电极	Hg｜Hg$_2$SO$_4$(固)，SO$_4^{2-}$($a=1$)	0.6158
硫酸铅电极	Pb(Hg)｜PbSO$_4$(固)，SO$_4^{2-}$($a=1$)	-0.3507

相对于氢电极以外的参比电极测出的电极电位，很容易换算成氢标电极电位，但是为了简便起见，在只需考虑其相对大小的情况下，也不一定非要把测量结果换算成氢标电位。但需注意这时对所列出的电极电位值必须标明是相对于哪个参比电极测得的。

2.5.3 液体接界电势

当两种不同的电解质溶液，或组分相同但浓度不同的两种电解质溶液相接触时，离子会从浓度高的一边向浓度低的一边扩散，阴、阳离子由于淌度不同，即运动速率不同，在界面两侧就会有过剩电荷积累，产生电势差，称为液体接界电势（liquid junction potential），简称液接电势，用 φ_j 表示。

由于液接电势无法准确测定，故它的存在会影响电池电动势的测定，使电动势的数值丧失热力学意义。因此，在实际工作中，必须设法将液接电势减小到可以忽略的程度。最常用的方法就是在两个溶液间连接一个盐桥。

在选择盐桥溶液时，应使盐桥溶液内阴、阳离子的扩散速度尽量相近，且溶液浓度要大。这样在液接界面上主要是盐桥溶液向对方扩散，在盐桥两端产生的两个液接电势的方向相反，相互抵消后总的液接电势大大减小，甚至可忽略不计。在多数情况下，盐桥中采用浓的 KCl 溶液。例如下列连接有盐桥的电池可表示为：

$$Hg｜Hg_2Cl_2(s)｜HCl(0.1mol/L)\ \|\ KCl 浓溶液 \|\ NaCl(0.1mol/L)｜Hg_2Cl_2(s)｜Hg$$

如果电池中的电解质能与盐桥中 KCl 溶液起反应，例如电解质中含有银盐，则也可采用 KNO$_3$ 或 NH$_4$NO$_3$ 等浓溶液来作盐桥，这是因为在这些电解质中两种离子的淌度相差不多，25℃下无限稀溶液中 NH$_4^+$ 与 NO$_3^-$ 的当量电导率分别为 0.00734S·m/mol 和 0.00714S·m/mol。有机电解质溶液中的盐桥可采用苦味酸四乙基胺或高氯酸季铵盐溶液。如果 KCl、NH$_4$NO$_3$ 在该有机溶剂中能溶解，则也可采用 KCl、NH$_4$NO$_3$ 溶液。

2.6 非法拉第过程及电极/溶液界面的性能 [1]

电极上发生的反应过程有两类：一类是电荷经过电极/溶液界面进行传递而引起的某种物质发生氧化或还原反应时的法拉第过程，其规律符合法拉第定律，所引起的电流称法拉第电流；另一类是在一定条件下，当在一定电势范围内施加电位时，界面并不发生电荷传递反应，仅仅是电极/溶液界面的结构发生变化，这种过程称为非法拉第过程，如吸附和脱附过程。无论外电源怎样给它施加电位，均无电流通过电极/溶液界面进行传递的电极称为理想极化电极（IPE）。当理想极化电极的电位改变时，由于电荷不能穿过其界面，所以电极/溶液界面的行为就类似于电容器。

2.6.1 电极的电容和电荷

电容器（capacitor）是由介电材料分开的两块金属薄片组成的，对于特定材料制成的电容器，其电容的值是确定的，电容器的行为符合以下方程式：

$$C = q/E \tag{2.53}$$

式中，q 是电容器的电量（C）；E 是施加于电容器上的电位（V）；C 是电容器的电容（F）。当对电容器施加一个电位时，电荷将在金属板上积累起来，直到满足方程（2.53），而且定向排列在电容器两个极板上的电荷数目相等，符号相反，同时在电容器的充电过程中就会有充电电流通过（图 2.12）。

电极/溶液界面的性质类似于一个电容器。对于电极/溶液界面，在一个给定的电位下，如果金属电极上带的电荷为 q^M（正、负号由界面的电势和溶液的组成共同决定），溶液中带的电荷为 q^S，总有关系式 $q^M = -q^S$ 成立，如图 2.13 所示。由于电极和溶液界面带有的电荷符号相反，故电极/溶液界面上的荷电物质能部分地定向排列在界面两侧，称为双电层（double layer）。因而，在给定的电位下，电极/溶液的界面特性可由双电层电容来表征。

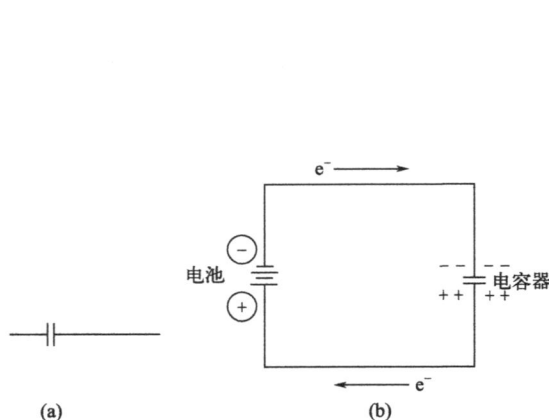

图 2.12　(a) 电容器；(b) 电池给电容器充电

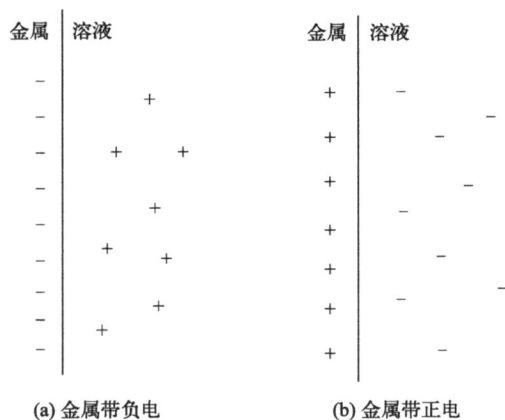

图 2.13　类似于电容器的金属/溶液界面

2.6.2 双电层理论

双电层理论的发展经历了几个主要发展阶段：从 Helmholtz 模型，到 Gouy-Chapman 模型，再到 Stern 和 Grahame 模型，体现了人们对双电层由简单到复杂，由粗糙到精确，由现象到本质的认识过程。

电极/溶液界面区最早的模型是 19 世纪末 Helmholtz 提出的平板电容器模型（也称紧密层模型），他认为金属表面过剩的电荷必须被溶液相中靠近电极表面的带相反电荷的离子层所中和，两个电荷层间的距离约等于离子半径，如同一个平板电容器。这种由符号相反的两个电荷层构成的界面区的概念，便是"双电层"一词的起源。Helmholtz 模型虽然对早期电动现象的研究起到了推动作用，但它有着无法克服的缺陷：①只考虑了反离子受到的静电力，而忽视了其自身的热运动；②不能解释带电颗粒的表面电势与颗粒运动时固液相之间电势差（ζ 电势）的区别；③没有考虑带电粒子的水合作用，明显不符合实际情形。

继 Helmholtz 之后，Gouy 和 Chapman 在 20 世纪初分别对 Helmholtz 模型进行修正，提出了扩散双电层模型。他们考虑到界面溶液侧的反离子不仅受金属上电荷的静电吸引，还受自身热运动的影响，因此，电极表面附近溶液层中的符号相反离子的浓度是沿着远离电极的方向逐渐变化的，直到最后与溶液本体呈均匀分布。该模型认为在溶液中与电极表面离子电荷相反的离子只有一部分紧密地排列在电极/溶液界面的溶液一侧（称为紧密层，层间距离约为 1～2 个离子的厚度），另一部分离子与电极表面的距离则可以从紧密层一直分散到本体溶液中（称为扩散层），在扩散层中离子的分布可用玻耳兹曼分布公式表示。Gouy-Chapman 模型的缺点是忽略了离子的尺寸，把离子视为点电荷，只能说明极稀电解质溶液的实验结果。

1924 年，Stern 吸取了 Helmholtz 模型和 Gouy-Chapman 模型的合理因素，提出整个双电层由紧密层和扩散层组成，从而使理论更加切合实际。Stern 还指出离子特性吸附的可能性，可是没有考虑它对双电层结构的影响。直至 1947 年，Grahame 才首次明确指出当物种在电极/溶液界面发生特性吸附时，紧密层具有更为精细的结构。Grahame 把金属/电解质溶液界面区分为扩散层（diffuse layer）和内层（或紧密层，inner or compat layer）两部分，两者的边界是 OHI（outer helmholtz plane），即最接近金属表面的溶剂化离子的中心所在的平面。当存在特性吸附离子时，它们更加贴近电极表面，其中心所在平面即 IHP（inner helmholtz plane）。Grahame 修正的 GCS（Gouy-Chapman-Stern）模型便是现代双电层理论的基础。但是 Grahame 没有考虑吸附溶剂分子对双电层性质的影响，溶剂分子层的作用成为 20 世纪 60 年代以来双电层理论的主要议题之一。

目前普遍公认的在 GCS 基础上发展起来的 BDM（Bckris-Davanathan-Muller）模型最具有代表性，其要点如下。

电极/溶液界面的双电层的溶液一侧被认为是由若干"层"组成的。最靠近电极的一层为内层，它包含溶剂分子和所谓的特性吸附物质（离子或分子），这种内层也称为紧密层、Helmholtz 层或 Stern 层，如图 2.14 所示。实际上，大多数溶剂分子（如水）都是强极性分子，能在电极表面定向吸附形成一层偶极层。因此通常贴近在电极表面第一层的便是水分子层，第二层才是由水合离子组成的剩余电荷层。特性吸附离子的电中心位置叫作内 Helmholtz 层（IHP），它在距离为 x_1 处。溶剂化离子只能接近到距电极为 x_2 的距离处，这些最近的溶剂化离子中心的位置称外 Helmholtz 层（OHP）。溶剂化离子与电极的相互作用仅涉及远程的静电力，这些离子被称为非特性吸附离子。同时，非特性吸附离子由于电场的作用会分布于称为分散层（扩散层）的三维区间内并延伸到本体溶液。在 OHP 层与溶液本体之间是分散层。图 2.15 为电极/溶液界面双电层电位分布示意图。

内层特性吸附离子总的电荷密度是 σ^i，分散层中过剩的电荷密度为 σ^d，因而在双电层的溶液一侧，总的过剩电荷密度 σ^S 存在如下关系：

$$\sigma^S = \sigma^i + \sigma^d = -\sigma^M \tag{2.54}$$

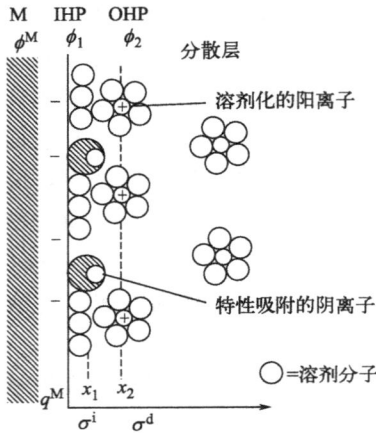

图 2.14 电极/溶液界面双电层区模型

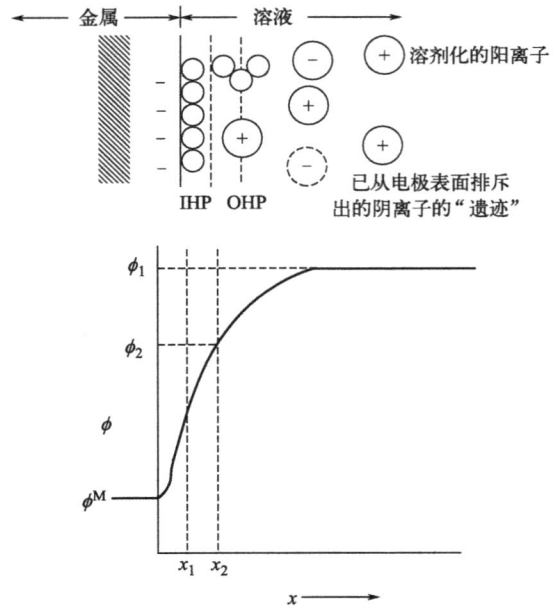

图 2.15 电极/溶液界面双电层电位分布示意图

在非法拉第过程中，电荷没有越过电极界面，但电极电位、电极面积或溶液组成的变化都会引起外电流的流动，其机理实际上是类似于双电层电容器的充电或放电，因此这部分电流称为充放电电流，或非法拉第电流。值得注意的是，一般情况下，法拉第过程和非法拉第过程常同时存在，因此电极反应动力学分析所需的法拉第电流应是外电路电流与充电电流之差。特别是当电极表面发生吸附时，非法拉第电流的影响常常是不能忽略的。由于电极/溶液界面的双电层受电极材料、电极表面物种和溶液中物种等的影响，因此，双电层结构能影响电极过程进行的速度。在电化学研究中一般不能忽略双电层电容或充电电流的存在，通常采用背景扣除的方法加以清除。需要指出的是，对于一些电化学体系（如生物膜）的研究，因电极/溶液界面并不发生电荷传递反应，故而研究电极/溶液界面的双电层性质就成为其主要研究方法。

双电层理论是现代电化学的基础之一，建立起电极平衡与电极过程动力学的联系。电极反应速率受到电势差的强烈影响，在电极界面上，双电层厚度仅 0.1nm，施加 0.1V 的电压，就能够形成 $1\times10^9\,V/m$ 的电场强度，可以极大地提高反应速率。

双电层理论是电化学超级电容器的理论基础，在电解液中插入两个电极，并加上一个小于分解电压的电压，这样，正负离子在电场作用下会迅速向两极移动，并形成致密的电荷层，这一结构类似于平板电容器，从而产生电容效应。由于双电层之间的距离比正常电容器要小得多，所以具有更高的电容量。

双电层理论也是表面化学和胶体化学的重要理论基础。胶体稳定的 DLVO 理论、描述胶体聚沉规律的 Schulze-Hardy 规则都与双电层模型密不可分。

在电化学分析领域，利用双电层对电毛细现象进行了成功的解释，以及由此发展起来的极谱法，均为该理论的具体应用。

在电化学的一些应用领域，双电层的作用也非常显著。如在镉镍二次电池中，为了防止镉负极的钝化，常常在制备时加入一些表面活性剂；再如在电镀镍时，在镀液中加入 1.4-

丁炔二醇和糖精等物质，可以改善镀层质量，得到光亮镀层，加入十二烷基磺酸钠可以避免镀层出现针孔。究其原因，主要是由于这些物质都具有一定的表面活性，能被吸附在电极/溶液界面上，从而改变了电极/溶液界面的双电层结构和性质，影响了电极过程。有关双电层几种模型的数学处理可查看有关参考书。

2.6.3　零电荷电势与表面吸附

由于物种在电极与溶液接触的界面上具有的能量与其在溶液本体中所具有的能量是不同的，这就导致界面张力 γ 的存在。界面张力与电极电位 φ 有关，随电极电位的变化而变化。这种界面张力与电极电位之间具有一定依赖关系的现象称为电毛细现象（electrocapillarity）。如果将电极体系极化到不同的电极电位，同时测定相应一系列界面张力值，作 γ-φ 图，可制得图 2.16 中曲线 1 所示的曲线，称为电毛细管曲线，其形状很接近抛物线。

从图 2.16 曲线 1 的形状可以看到：第一，γ-φ 曲线具有最高点。这是因为在纯汞电极的表面上，当不存在过剩电荷时，它的界面张力最大。第二，最高点的左边（称左分支）表示汞电极表面存在过剩的正电荷，右边（称右分支）表示汞电极表面存在过剩的负电荷。

研究电极/溶液界面上的界面张力对电极电位的依赖关系具有重要意义，因为从这种关系的测定结果，能够了解双电层的构造和电极表面带过剩电荷的情况，有助于研究电极反应的热力学和动力学，也有助于掌握通过静电吸附方法制备化学修饰电极时条件的控制。

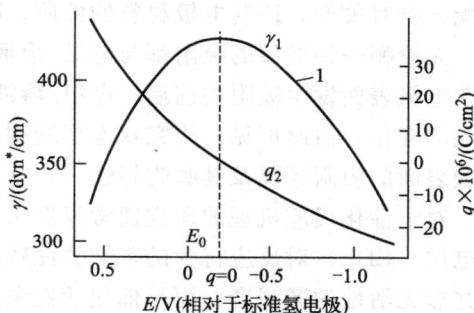

图 2.16　汞电极上的 γ 与 q
随电极电位 φ 的变化曲线

[1dyn（达因）$=10^{-5}$N]

在 γ、φ 和电荷密度 q 之间存在一定的内在联系，它们之间存在的定量关系可以通过热力学关系导出，即

$$q = -(\partial\gamma/\partial\varphi)_{\mu_1,\mu_2\cdots,T,p} \tag{2.55}$$

式（2.55）通常称为 Lippman 公式，表示在一定的温度和压力下，在溶液组成不变的条件下，γ、φ 和 q 之间的定量关系。根据式（2.55），可以由毛细曲线中任意一点上的斜率求出该电极电位下的表面电荷密度 q。在图 2.16 中 γ-φ 曲线的左分支上，$d\gamma/d\varphi > 0$，故 $q < 0$，表明电极表面带负电。在曲线的最高点，$d\gamma/d\varphi = 0$，即 $q = 0$，表明电极表面不带电，这一点相应的电极电势称为"零电荷电势"（zero charge potentinl，ZCP），用 φ_z 表示。

零电荷电势可以用实验方法测定，主要的方法有电毛细曲线法及微分电容曲线法（稀溶液中）。除此之外，还可以通过测定气泡的临界接触角、固体的密度、润湿性等方法来确定。由于测量技术上的困难，还不是所有金属的零电荷电势都已测定到。

各种阴离子在"电极/溶液"界面或多或少地具有表面活性，其顺序一般为 $I^- > Br^- > Cl^- > SO_4^{2-} > ClO_4^- > F^-$，同一种电极在不同的阴离子体系中的零电荷电势值 φ_z 有所不同。

零电荷电势是研究电极/溶液界面性质的一个基本参考点。在电化学中有可能把零电荷电势逐渐确定为基本的参考电位，把相对于零电荷电势的电极电势称为"合理电势"（rational potential），用（$\varphi - \varphi_z$）表示。"电极/溶液"界面的许多重要性质都与"合理电势"

有关，主要有：①表面剩余电荷的符号和数量；②双电层中的电势分布情况；③各种无机物种上的吸附行为；④电极表面上气泡的附着情况和电极被溶液润混的情况等都与"合理电势"有关。因此，零电荷电势具有一定的参考意义。

在电毛细曲线（图 2-16）最高点的左边表示电极表面存在过剩的正电荷，右边表示电示表面存在过剩的负电荷。当电极带电时，在静电作用下，双电层中反号离子的浓度高于其本体浓度（正吸附），而与电极电荷同号的离子的浓度低于其本体浓度（负吸附）。当无机离子或有机物种在电极/溶液界面上发生吸附时，电极/溶液界面的双电层结构和带电情况都会或多或少地发生改变。因此，研究双电层结构和电极/溶液界面荷电情况有助于研究物种在电极表面的吸附情况及其吸附特性。

第五种类型：前四种类型的吸附速度较快，而该类吸附需要一定时间才能完成。在这类吸附过程中，配合物中的金属能与电极形成金属-金属键，但其速度很慢。这类吸附除与金属配合物有关外，还与电极材料的性质、电极表面的荷电情况有关。

无论哪一种类型的吸附都与电极/溶液界面的双电层结构和电极表面荷电性质有关，同时在电极表面发生吸附的前后，电极/溶液界面的双电层结构和电极表面荷电性质也会发生相应的变化。由此可见，研究双电层结构和电极/溶液界面荷电情况可以有助于研究物种在电极表面的吸附情况及其吸附特性。

对电催化反应机理的研究通常仅聚焦于吸附质与催化剂表面之间的共价相互作用，而对双电层（EDL）对反应行为的影响关注较少。然而，越来越多的研究表明，双电层中的阳离子并非无活性的旁观者，而是催化活性和选择性的关键调节因子。这些阳离子位于外亥姆霍兹平面（OHP）附近，通过与水分子网络、反应中间体以及催化剂结构的相互作用，显著影响电催化反应中关键步骤的热力学特性和动力学行为，包括反应路径、选择性和效率[8]。

2.7　电化学动力学 [1, 8, 9]

2.7.1　电极反应种类

电极上发生的过程有两种类型，即法拉第过程和非法拉第过程。电极反应实际上是一种包含电子的、向或自一种表面（一般为电子导体或半导体）转移的复相化学过程。本部分主要讨论涉及电荷传递的电极反应。基本电荷迁移过程有阴极还原过程：$Ox + ne^- \longrightarrow Red$，和阳极氧化过程：$Red \longrightarrow Ox + ne^-$，其主要反应种类如下。

① 简单电子迁移反应。指电极/溶液界面的溶液一侧的氧化或还原物种借助于电极得到或失去电子，生成还原态或氧化态的物种而溶解于溶液中，而电极在经历氧化-还原后其物理化学性质和表面状态等并未发生变化，如在 Pt 电极上发生的 Fe^{3+} 还原为 Fe^{2+} 的反应：$Fe^{3+} + e^- \longrightarrow Fe^{2+}$。

② 金属沉积反应。溶液中的金属离子从电极上得到电子还原为金属，附着于电极表面，此时电极表面状态与沉积前相比发生了变化。如 Cu^{2+} 在 Cu 电极上还原为 Cu 的反应。

③ 表面膜的转移反应。覆盖于电极表面的物种（电极一侧）经过氧化-还原形成另一种附着于电极表面的物种，它们可能是氧化物、氢氧化物、硫酸盐等。如铅酸电池中正极的放电反应，PbO_2 还原为 $PbSO_4$，

$$PbO_2(s) + 4H^+ + SO_4^{2-} + 2e^- \longrightarrow PbSO_4(s) + 2H_2O$$

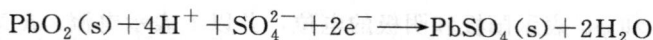

④ 伴随着化学反应的电子迁移反应。指存在于溶液中的氧化或还原物种借助于电极实施电子传递反应之前或之后发生的化学反应。如碱性介质中丙烯腈的还原反应。

⑤ 多孔气体扩散电极中的气体还原或氧化反应。指气相中的气体（如 O_2 或 H_2）溶解于溶液后，再扩散到电极表面，然后借助于气体扩散电极得到或失去电子，气体扩散电极的使用提高了电极过程的电流效率。

⑥ 气体析出反应。指某些存在于溶液中的非金属离子借助于电极发生还原或氧化反应，产生气体而析出。在整个反应过程中，电解液中非金属离子的浓度不断减小。

⑦ 腐蚀反应（亦即金属的溶解反应）。指金属或非金属在一定的介质中发生溶解，电极的重量不断减轻。

电极反应的种类很多，除简单电子迁移反应外，绝大多数电极反应过程是以多步骤进行的，如伴随着电荷迁移过程的吸、脱附反应和化学反应。

无论是原电池反应还是电解池反应，要确定电极反应的种类和机理，测定电化学体系的热力学和动力学有关常数，掌握电化学体系的一些性质，就必须运用化学的、电化学的和光谱的方法对体系进行详细的研究。

对于一个体系的电化学研究，需要维持电化学池（包括原电池和电解池）某些变量恒定，观察其他变量（如电流、电量、电位和浓度）如何随受控量的变化而变化，从而全面了解影响电化学体系的变量。

从广义概念看，对于一个未知体系的研究，通常是向体系施加一个激励信号（如热信号、电信号、光信号），然后观察体系其他性质的变化情况，从而了解体系的一些性质，这将在下一章电化学测试方法中详细介绍。

2.7.2　不可逆的电极过程

依照热力学观点，自然界的变化总是自发地趋向于静止，这个最后达到的静止状态就是平衡状态。也就是说，任何体系若是不受外界环境的影响，它们总是单方向地趋向于达到平衡状态。只有在平衡状态下进行的过程才是可逆过程。显然，这只是一种理想情况，在实际工作中并不存在，只是在一些条件下有些过程的进行与它很接近罢了。严格来说，自然界发生的任何过程都是不可逆的，即一涉及速度，过程也就成为不可逆的了。对于电化学过程，当然也是如此。

对于两个可逆电极浸在同一溶液中的电化学装置来说，仅仅在电流趋近于零时，才可以认为反应是可逆的，两极间电位差可以用它们的平衡电极电位之差来表示。只要有一定大小的电流通过电化学装置，两电极的电极反应都是不可逆过程，其电极电位将或多或少地偏离平衡电位。而且，纵然电极电位维持不变，与电化学装置中的一系列电阻（主要是溶液的电阻）相对应的电位降，也要引起两极间电位差的变化。实验结果表明，对原电池来说，这个电位差变小，即电池做电功的能力变小；而对电解池来说，电位差应当变大，即电解过程要消耗的电能增多。随着电流的增大，这种变化更加明显。对电流通过电化学装置的现象加以分析后，可以了解到两极间电位差发生变化的原因。

电化学装置是包含两类导体串联的体系。两极间电位差应当包括两个电极电位之差、两极间溶液的欧姆电位降以及电极本身和各连接点间的欧姆电位降等几个部分。因为一般情况下，电子导体的电阻比离子导体小得多，常常可将电极本身和各连接点间的欧姆电位降略去不计。若分别以 φ_A 和 φ_K 表示阳极和阴极的电位，并以 I 表示电流，R 表示系统中的电阻，考虑到欧姆电位降使电池所做的电功减小，那么原电池端点的电位差为：

$$V = \varphi_K - \varphi_A - IR \tag{2.56}$$

相反，电流在电解池中通过时，装置中的欧姆电位降却促使电解池中消耗的电能增大，即电解池的端电压为：

$$V' = \varphi_A - \varphi_K + IR \tag{2.57}$$

所以说，在有明显电流通过电化学装置时，不管电极是否可逆，在欧姆电位降存在的条件下发生的电能损耗，会使得整个装置中所进行的全部过程变成不可逆。

2.7.3 电极极化及影响电极反应速率的因素[4]

（1）电极的极化

为了深入地了解电化学装置中所发生的变化的实质，必须对每个电极上的过程进行仔细研究。具有普遍性的是研究电流与电极电位之间的关系。

电化学装置中无电流通过时，$I = 0$ 和 $IR = 0$，由式（2.56）和式（2.57）可知：

$$V = \varphi_{K,e} - \varphi_{A,e} \tag{2.58}$$
$$V' = \varphi_{A,e} - \varphi_{K,e} \tag{2.59}$$

式中，$\varphi_{K,e}$ 和 $\varphi_{A,e}$ 分别表示阴极和阳极的平衡电极电位。

有电流通过时，$I > 0$ 和 $IR > 0$，则：

$$V < \varphi_{K,e} - \varphi_{A,e}$$
$$V' > \varphi_{A,e} - \varphi_{K,e}$$

也就是说，若电化学装置中有电流通过，在 V 与 $(\varphi_{K,e} - \varphi_{A,e})$ 之间及 V' 与 $(\varphi_{A,e} - \varphi_{K,e})$ 之间就要出现差异。如果这种差异全部都是由 IR 引起的，φ_K 仍然等于 $\varphi_{K,e}$ 且 φ_A 仍为 $\varphi_{A,e}$，则在有电流通过时，$(\varphi_{K,e} - \varphi_{A,e}) - V$ 和 $V' - (\varphi_{A,e} - \varphi_{K,e})$ 均应等于 IR。实际上，并非如此，即 V 的减小值和 V' 的增大值都超过 IR。这就表明，在有电流通过电化学装置时，$\varphi_K \neq \varphi_{K,e}$，$\varphi_A \neq \varphi_{A,e}$，电极电位偏离其平衡值，而且随着电极上通过电流的大小不同，φ_K 与 φ_A 的变化也不一样。电化学中将电流通过电极时电极电位偏离其平衡值的现象称为电极的极化。不过在电化学中也常将极化看作使某电极与外电源（电解时）或另一电极（原电池中）接通后引起该电极的电位或电流发生变化的措施，例如恒电位极化、恒电流极化等。

实验结果表明，在电化学装置中有电流通过的情况下，阴极的电极电位总是要变得比平衡电极电位负些，即电极电位向负的方向移动，可称之为阴极极化；而阳极的电极电位总是变得比平衡电极电位还正，即电极电位向正的方向移动，叫作阳极极化。在一般情况下，随着电流的增大，电极电位离开其平衡电极电位越来越远。以实验测出的电流 I 与电极电位 φ 的关系作图得出的曲线，称为极化曲线。对于阴极极化曲线来说，电极电位随电流的增大向负的方向变化。如果是阳极，曲线变化的方向刚好相反。阴阳两极的极化曲线沿着相反方向变化的结果，使得原电池与电解池两极间电位差的变化趋势迥然不同。

（2）影响电极反应速率的因素[1]

对于一个电极反应，如 $Ox + ze^- \longrightarrow Red$，其反应速率的大小与通过的法拉第电流密切相关。依据库仑定律和法拉第定律：

$$i = dQ/dt \tag{2.60}$$

$$\mathrm{d}n = \mathrm{d}Q/zF \tag{2.61}$$

依据化学动力学知识，单位时间内生成或消耗的物质的量，即反应速率可表示为：

$$\nu = -(\mathrm{d}n_{\mathrm{Ox}}/\mathrm{d}t) = -(\mathrm{d}n_{\mathrm{e}}/\mathrm{d}t) = \mathrm{d}n_{\mathrm{Red}}/\mathrm{d}t = i/zF \tag{2.62}$$

式中，i 表示电化学反应的电流，Q 表示电化学反应通过的电量，t 表示电流通过的时间，z 表示电极反应电子的计量数，$\mathrm{d}n_{\mathrm{Ox}}$ 等分别表示电解产生或消耗的各对应物质的量和电子的物质的量，ν 为电极反应的速率。从式（2.62）可见，在不同情况下电化学反应速率的大小可以通过流过的电流大小表示。

由于电极反应是在电极/电解液两相界面上发生的异相过程，因而解释电极反应速率往往较认识一个均相反应更为复杂。由于电极反应是异相的，其反应速率通常用单位面积的电流密度来描述，即：

$$\nu = i/zFA = j/zF \tag{2.63}$$

式中，A 为电极表面积；j 是电流密度。通过式（2.63），电化学反应速率可以随时通过测量电流值而求得，它为定量处理电化学反应提供了方便。

对于发生于异相界面的电极反应，施加在工作电极上的电位大小反映了电极反应的难易程度，而流过的电流则表示了电极表面上所发生反应的速度。电极反应速率除受通常的动力学变量的影响之外，还与物质传递到电极表面的速度以及各种表面效应有关。总的电极反应是由一系列步骤组成的。一般来讲，电极反应的速率由一系列过程所控制，这些过程可能包括以下几种。

① 物质传递。反应物从溶液本体相传递到电极表面以及产物从电极表面传递到本体溶液。

② 电极/溶液界面的电子传递（异相过程）。

③ 电荷传递反应前置或后续的化学反应。这些反应可能是均相过程，也可能是异相过程。

④ 吸脱附、电沉积等其他表面反应。

对于一个总的电极反应，其反应速率具体受何种步骤控制，要由实验来确定。最简单的电极反应过程包括反应物向电极表面的传递。非吸附物质参加的异相电子传递以及产物向本体溶液的传递。常见的更为复杂的反应过程可能包括一系列的电子传递和质子化步骤，是多步机理，或电极反应涉及了平行途径或电极的改性等。图 2.17 显示了一般电极反应的反应途径。需要指出的是，与连串化学反应一样，电极反应速率的大小决定于受阻最大、进行得

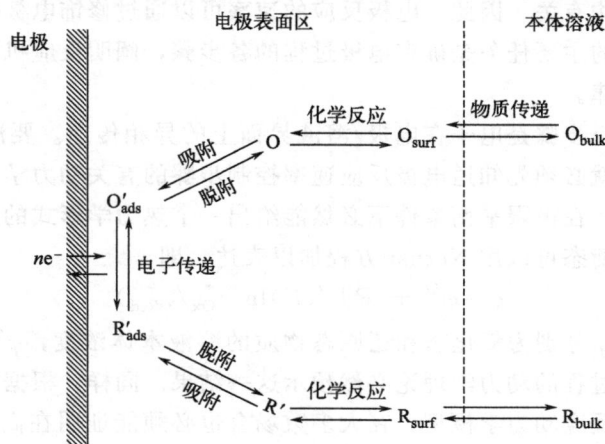

图 2.17 一般电极反应的途径

最慢的步骤，这一步骤称为决定电极反应速率的速率控制步骤（r.d.s）。

电化学体系研究中电极反应的信息常常通过测定电流与电势的函数关系获得。当法拉第电流通过电极时，电极电位或电池电动势对平衡值（或可递值或 Nernst 值）会发生偏离，这种偏离称为极化（polarization）。电极电位或电池电动势偏离平衡值越大，表明极化的程度就越大。极化的程度是通过过电势或超电势 η（overpotential）来衡量的，$\eta = E - E_{eq}$。阴极极化使电极电位变负（$\eta_c = \varphi_{eq} - \varphi_c$），阳极极化使电极电位变正（$\eta_a = \varphi_a - \varphi_{eq}$）。一般来讲，对于同一电化学体系，通过的电流越大，电极电位偏离平衡值也越大，亦即超电位越大。

由于总电极反应是由一系列步骤组成的，因而极化的类型也不尽一样。极化的类型通常分为因电解液或导线欧姆阻抗引起的欧姆极化、电荷传递步骤控制的电化学极化以及浓度梯度存在而导致的浓差极化；相应的超电势分别为欧姆超电势（η_{ohm}）、电化学活化超电势（η_{act}）和浓差超电势（η_{con}）。需要说明的是，对于一定的电极反应，在一定条件下可以对应于单一的极化类型，即某一类型的极化为电极反应的速度控制步骤，但更多的是几种极化协同作用的结果，其反应的超电势可以看作是有关的不同反应步骤的各种超电势之和。即使如此，为了揭示电极过程的规律，实验上必须创造合适条件使得某些因素的影响降至最小，从而使被研究的影响因素突出地表现出来，即通常在分析处理时抓住影响电极反应过程的速度控制步骤，而忽略其他极化对电极反应的影响。

2.7.4　稳态极化电流通过时的动力学公式

前已述及，电极反应是伴有电极/溶液界面上电荷传递的多相化学过程。电极反应虽然具有多相化学反应的一般特征，但也表现出自身的特点。首先，电极反应的速率不仅与温度、压力、溶液介质、固体表面状态、传质条件等有关，而且受施加于电极/溶液界面电位的强烈影响。在许多电化学反应中，电极电位每改变 1V 可使电极反应速率改变 10^{10} 倍。然而，对于一般化学反应而言，如果反应活化能为 40kJ/mol，反应温度从 25℃ 升高到 1000℃ 时反应速率才提高 10^5 倍。电极反应的速度可以通过改变电极电势加以控制，因为通过外部施加到电极上的电位可以自由地改变反应的活化能，这是电极反应的特点和优点。此外，电极反应的速度还依赖于电极/电解质溶液界面的双电层结构，因为电极附近的离子分布和电位分布均与双电层结构有关。因此，电极反应的速率可以通过修饰电极的表面来改变。

电极反应动力学的主要任务是确定电极过程的各步骤，阐明反应机理和速度方程，从而掌握电化学反应的规律。

电化学反应的核心步骤是电子在电极/溶液界面上的异相传递。要准确地认识整个电极反应的动力学规律，就必须先知道电极反应速率控制步骤的有关动力学信息。任何动力学过程的准确动力学描述，在极限平衡条件下必然能给出一个热力学形式的方程，对于一个可逆的电极反应来说，平衡态可以用 Nernst 方程加以表达，即

$$\varphi = \varphi^{\ominus'} + (RT/zF)\ln(c_{Ox}^* / c_{Red}^*) \qquad (2.64)$$

式中，c_{Ox}^* 和 c_{Red}^* 分别为氧化态和还原态物质的溶液本体浓度，$\varphi^{\ominus'}$ 为形式电位。在相应条件下，任何电极过程的动力学理论必然预示这一结果。同样，根据物理化学中学过的知识，一个成功的电极反应动力学模型，在大多数场合也必须能证明在高超电位下 Tafel 方程（$\eta = a + b\lg i$）的正确性。

大部分电化学反应涉及一个以上的电子转移，同时，这些电子的转移过程也不可能是一

次完成的，可能是各单电子步骤转移过程的组合。本部分仅讨论简单电子迁移的情形，其电极反应可以表示为：

$$Ox + ze^- \underset{k_b}{\overset{k_f}{\rightleftharpoons}} Red \tag{2.65}$$

式中，k_f 和 k_b 分别表示上述反应正向进行和逆向进行时速率常数的大小。由于电极反应是发生在电极表面上的异相反应，所以电极反应的速率一般用电极单位面积的反应速率来表示，因此，速率常数的量纲为 cm/s。

（1）电化学反应速率的表示式

电极反应是一个异相过程，发生于电极/溶液的界面，所以反应物向界面的扩散和产物由界面向溶液本体的扩散是必不可少的步骤，这就决定了电极表面物种的浓度不同于本体溶液相。假设电极表面附近氧化态物质 Ox 和还原态物质 Red 的浓度分别为 c_{Ox}^s 和 c_{Red}^s，则依据化学动力学有关知识所讨论的电极反应正、逆反应速率为

正向速度：
$$v_f = k_f c_{Ox}^s \tag{2.66}$$

逆向速度：
$$v_b = k_b c_{Red}^s \tag{2.67}$$

净速度：
$$v_{net} = v_f - v_b = k_f c_{Ox}^s - k_b c_{Red}^s \tag{2.68}$$

前已提及，对于电极反应，其反应速率可直接用电流 i 或电流密度 j 表示，由动力学知识和法拉第定律可以推出 $v = i/zFA$ 及动力学表达式：

$$i_f = zFAv_f = zFAk_f c_{Ox}^s \tag{2.69}$$

$$i_b = zFAv_b = zFAk_b c_{Red}^s \tag{2.70}$$

$$i_{net} = i_f - i_b = zFA(k_f c_{Ox}^s - k_b c_{Red}^s) \tag{2.71}$$

对于电极反应，电极电位是可以控制的量，即可通过电极电位来控制反应速率的大小和 k_f、k_b。与一般化学反应不同，电化学反应的速率和电极电位 φ 有关，其关系式可以表示为：

$$k_f = k_f^{\ominus} \exp[-(\alpha z F/RT)\varphi] \tag{2.72}$$

$$k_b = k_b^{\ominus} \exp[(\beta z F/RT)\varphi] \tag{2.73}$$

式中，φ 是工作电极相对于参比电极的电极电位，故 $k_f^{\ominus}$ 和 $k_b^{\ominus}$ 应是电极电位等于该参比电极电位（即 $\varphi = 0$）时正、逆向反应的速率常数；α，β（$\beta = 1 - \alpha$）为电子传递系数（$\alpha \geqslant 0$，$\beta < 1$），是描述电极电位对反应活化能（或反应速率）影响程度的物理量，其物理意义在于可用来说明电场强度并不能全部用于改变反应的活化能。实验证明电极电位对速率常数的影响也呈指数关系，即对正向还原反应来说，φ 值变负，速率常数 k_f 呈指数增加；对逆向氧化反应，φ 值变正，速率常数 k_b 呈指数式增加。应注意的是，φ 值对速率常数 k 的影响并不是电能 zFE 的 100%，而是它的一部分，即 $\alpha z FE$ 或 $(1-\alpha) zFE$。如 $\alpha = 0.50$，则意味着在所施加的电位中，只有 50% 是对阴极电荷传递产生有效影响的部分，另外 50% 用于影响阳极反应的速率。

将式（2.72）、式（2.73）代入式（2.71）可得到反映电极反应的净速度，即外电路上流过的电流大小和电极电位关系的速率方程式，即著名的 Butler-Volmer（B-V）方程：

$$i = zFA\{k_f^{\ominus} c_{Ox}^s \exp[-(\alpha z F/RT)\varphi]$$
$$- k_b^{\ominus} c_{Red}^s \exp[(\beta z F/RT)\varphi]\} \tag{2.74}$$

B-V 方程是电化学中最基本的动力学方程式，它准确地描述了电流与电极电位之间的关系，为理解和研究电极反应动力学提供了重要的理论基础。它揭示了电极反应的速率不仅与

45

反应物和产物的浓度有关，还与电极电位密切相关，通过改变电极电位可以控制电极反应的方向和速率。

当被研究的溶液中 $c_{Ox}^* = c_{Red}^*$，且电极界面与溶液处于平衡态时，$c_{Ox}^s = c_{Red}^s$，这样可以推出：$k_f^\ominus = k_b^\ominus = k^\ominus$，$k^\ominus$ 为标准速率常数，则

$$i = zFAk^\ominus \{c_{Ox}^s \exp[-(\alpha zF/RT)\varphi] - c_{Red}^s \exp[(\beta zF/RT)\varphi]\} \quad (2.75)$$

式（2.74）和式（2.75）表明了电极反应发生在电极电位 φ 值时，用电流表示的反应净速率的大小，$k^\ominus$ 是反映氧化还原电对动力学难易程度的量，一个体系的 $k^\ominus$ 较大，说明它达到平衡较快；反之，体系的 $k^\ominus$ 较小，则达到平衡较慢。需要指出的是，速率常数的大小反映了电极反应速率的快慢。一般情况下，当速率常数 $k > 10^{-2}$ cm/s 时，认为电荷传递步骤的速度很快，电极反应是可逆进行的；当速率常数 10^{-4} cm/s $< k < 10^{-2}$ cm/s 时，认为电荷传递步骤进行得不是很快，此时处于电荷传递步骤和传质步骤的混合控制区，电极反应可以准可逆进行；而当速率常数 $k < 10^{-4}$ cm/s 时，电荷传递步骤的速度被视为很慢，此时电极反应可看成完全不可逆。

（2）平衡电位下的电极反应速率-交换电流

在前面介绍的电极反应动力学基础上，现在讨论当所施加电位等于平衡电极电位时的情况。当施加电位等于平衡电极电位时，电极反应处于平衡态，通过的净电流为零，有 $i = i_f - i_b = 0$，故可推导出 $i_0 = i_f = i_b$，i_0 称为交换电流（exchange current），是描述平衡电位下电极反应能力大小的物理量。同时，当电极反应处于平衡状态时，即 $\varphi = \varphi_{eq}$ 时，$c_{Ox} = c_{Ox}^*$，$c_{Red} = c_{Red}^*$。由式（2.74）可得到：

$$i_0 = zFAk_f^\ominus c_{Ox}^s \exp[-(\alpha zF/RT)\varphi_{eq}] \quad (2.76)$$

$$i_0 = zFAk_b^\ominus c_{Red}^s \exp[(\beta zF/RT)\varphi_{eq}] \quad (2.77)$$

将式（2.76）和式（2.77）联立可推导出：

$$k_f^\ominus c_{Ox}^s / k_b^\ominus c_{Red}^s = \exp\{[(\beta zF/RT) - (-\alpha zF/RT)]\varphi_{eq}\}$$
$$= \exp[(zF/RT)\varphi_{eq}] \quad (2.78)$$

即

$$\varphi_{eq} = (RT/zF)\ln(k_f^\ominus / k_b^\ominus) + (RT/zF)\ln(c_{Ox}^s / c_{Red}^s)$$
$$= \varphi^\ominus + (RT/zF)\ln(c_{Ox}^* / c_{Red}^*) \quad (2.79)$$

式中，$\varphi^\ominus$ 为标准电极电位，是与相应电极反应速率常数相关的物理量。公式（2.79）是 Butler-Volmer 方程在平衡态时推导出的 Nernst 方程，这一结果部分地证明了 Butler-Volmer 方程的正确性。

虽然平衡时净电流为零，但注意并不表示电极反应的正、逆向速率为零。对于平衡条件下，交换电流 $i_0 = i_b = i_f$，所以将式（2.79）代入式（2.77）可得：

$$i_0 = zFA[k_b^\ominus e^{\beta(\ln k_f^\ominus / k_b^\ominus)}]c_{Red}^s (c_{Ox}^s / c_{Red}^s)^\beta$$
$$= zFAk_0 c_{Ox}^{s\,\beta} c_{Red}^{s(1-\beta)}$$
$$= zFAk_0 c_{Ox}^{*(1-\alpha)} c_{Red}^{*\,\beta} \quad (2.80)$$

因此，平衡时交换电流与 k_0 呈正比，动力学方程中 k_0 常可用交换电流来代替，交换电流有时也转化为交换电流密度来表示，$j_0 = i_0 / A$。由于 k_0 的大小反映了电极反应速率的快

慢，同样，电极反应速率的大小也可以用交换电流或交换电流密度的大小表示。

对于同一电化学反应，若在不同电极材料上进行，则可通过动力学方法测定 k_0 和 i_0 的值，由此可以判断电池材料对该反应催化活性的大小。k_0 和 i_0 越大，表示电极材料对反应的催化活性越高；反之，k_0 和 i_0 越小，电极材料对反应催化活性越低。

（3）电流与超电势的关系

前已述及，电极电位与超电势的关系式 $\varphi = \eta + \varphi_{eq}$，将其代入式（2.74），并利用式（2.72）、式（2.73），不难推导出：

$$i = i_0 \{ \exp[-(\alpha z F / RT)\eta] - \exp[(\beta z F / RT)\eta] \} \qquad (2.81)$$

该式表明了电流 i 与超电势 η 的关系，即超电势对电化学反应速率的影响，该方程同样可以称为 Butler-Volmer 方程。图 2.18 为电化学极化控制的电极反应的电流与超电势的关系。显然，对于电化学步骤控制的电极反应，电流随着超电势的变化而变化，当超电势增大到一个足够大的数值时，电流将陡直上升，并不出现极限电流。

下面将介绍 i-η 方程的几种近似处理。

① 低超电势时的线性特性。依据数学知识，当 x 值很小时，$e^x \approx 1 + x$，因此，对于足够小的超电势，方程（2.81）可以简化为：

$$i = -i_0 (z F / RT)\eta \qquad (2.82)$$

该式表示了在接近平衡电势 φ_{eq} 的狭小范围内（类似于图 2.18 中超电势趋近于 0 的线性部分，此时施加的电势近似于平衡电势），电极反应的电流密度与超电势呈线性关系。$-\eta/i$ 具有电阻的因次，通常称为电荷传递电阻 R_{ct} 或电化学反应电阻，表示为

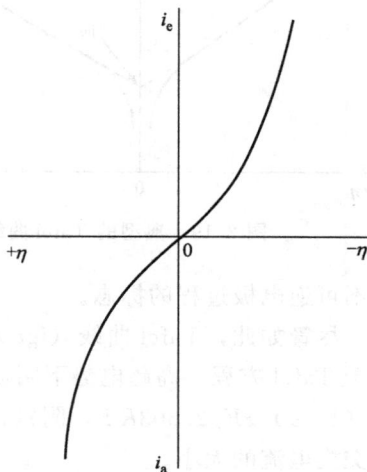

图 2.18 电化学极化控制的电极反应的电流与超电势的关系

$$R_{ct} = RT / z F i_0 \qquad (2.83)$$

显然，当 $k^{\ominus}$ 很大，即 i_0 很大时，R_{ct} 接近于零。实际上，电极反应电流的大小包括了电化学步骤的电流和扩散步骤的电流等。只不过在电流数值比较小时，主要表现出电化学步骤控制的特征，电流与超电势呈指数关系。但当超电势增加到一定数值后，电流增加的趋势趋于缓和，即扩散步骤控制的特征逐步显现出来，最后出现平阶，则转入由扩散步骤控制的区域，得到极限电流。中间阶段会有一个由电化学步骤控制转化为扩散步骤控制的混合控制区。对于扩散控制的电极反应的理论处理将在下一节加以介绍。

② 高超电势时的 Tafel 行为。高超电势时，方程（2.81）右式两项中的一项可以忽略。当电极上发生阴极还原反应，且 η 很大时（此时，电极电位非常负，阳极氧化反应是可以忽略的），$\exp[(-\alpha z F / RT)\eta] \gg \exp[(\beta z F / RT)\eta]$，方程（2.81）可以简化为：

$$i = i_0 \exp[(-\alpha z F / RT)\eta] \qquad (2.84)$$

或 $$\eta = (RT / \alpha z F) \lg i_0 - (RT / \alpha z F) \lg i \qquad (2.85)$$

对于一定条件下在指定电极上发生的特定反应，$(RT / \alpha z F) \ln i_0$ 和 $-RT / \alpha z F$ 为一确定的值，即方程（2.85）可以简化为：$\eta = a + b \lg i$。因此，在强极化的条件下，由 Butler-Volmer 方程可以推导出 Tafel 经验方程。Tafel 方程中的 a 和 b 可以确定为：

$$a = (2.303RT/\alpha zF)\lg i_0 \tag{2.86}$$
$$b = -2.303RT/\alpha zF$$

阳极氧化高超电势时，i-η 的 Tafel 关系可通过上述方法得到：

$$\eta = (RT/\beta zF)\ln i_0 - (RT/\beta zF)\ln i \tag{2.87}$$

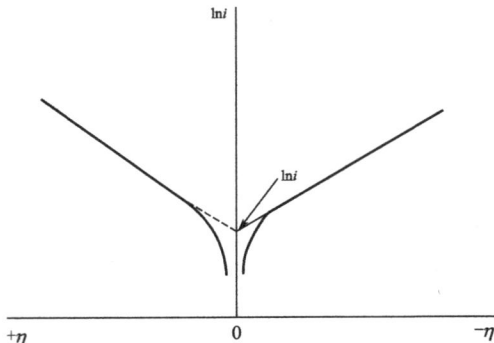

图 2.19　典型的 Tafel 曲线

根据式（2.85）和式（2.87），以 $\ln i$ 对超电势 η 作图，应得直线，如图 2.19 所示，此图通常称为 Tafel 曲线。根据图上直线的截距可以求出交换电流密度 i_0 的值，根据直线的斜率可以求出电荷传递系数 α 和 β 的值。

③ Tafel 方程。Tafel 方程是人类经验的总结，方程只适用于不存在物质传递对电流产生影响（即极化超电势较大）的情况。如果电极反应动力学过程相当容易，在超电势不是很大时，就能够达到物质传递的极限电流，对这样的体系，Tafel 方程就不适用。Tafel 行为是完全不可逆电极过程的标志。

尽管如此，Tafel 曲线（$\lg i$ 对 η 的曲线）仍然是求解电极过程动力学参数的有力工具。对于 Tafel 方程，高超电势下阴极支的斜率为 $-\alpha zF/2.303RT$，高正超电势下阳极支的斜率为 $(1-\alpha)zF/2.303RT$，阴极、阳极的 $\lg i$-η 曲线外推到 $\eta = 0$ 可得到截距 $\lg i_0$，从而可求得交换电流的大小。

2.7.5　双电层结构对电子转移步骤反应速率的影响

前面各节的动力学公式推导中，均假定双电层中分散层的影响可以忽略。然而，在稀溶液中，特别是当电极电位接近于零电荷电势时，双电层主要由分散层构成，此时 ψ_1 随电势的变化就比较明显；若发生了离子的特性吸附，则 ψ_1 的变化更大。

分散层对动力学的总体影响表现为：由于 ψ_1 随（$\varphi - \varphi_z$）而变化，故表观量 k 和 j_0 与电极电位呈函数关系。由于 ψ_1 与支持电解质浓度有关，故表观量 k 和 j_0 也是支持电解质浓度的函数。通常把上述影响称为效应。Frumkin 最早阐述了这一现象，故有时也称为 Frumkin 效应。

由于 j_0 随 φ 变化，故即使是单纯的电化学极化，在 ψ_1 效应较明显时，高过电势区的 Tafel 曲线也不再是线性关系。另外，应该注意到，由于反应粒子所带的电荷数 z_0 的符号可正可负，故 ψ_1 对阴、阳离子反应速率的影响是不同的。

2.8　物质传递控制反应

2.8.1　物质传递的形式

电极过程是由一系列单元步骤组成的，当电荷传递反应的速度很快（即电化学极化较小），而溶液中反应物向电极表面的传递或产物离开电极表面的液相传质速度跟不上时，总的电极反应速率就由传质步骤所控制，即传质步骤是电极反应的速率控制步骤（r.d.s.），表现在 i-η 关系图上，即电流出现了极限值。在此条件下，电化学反应通常可以用一种较简单的方法处理，即①异相电荷传递速度快，均相反应认为处于平衡态；②参加法拉第过程的物质的表面浓度可以通过 Nernst 方程式与电极电位相联系。此时，电极反应净速度 v_{net} 可以用传质速度 v_{mt} 来表示：

$$v_{net} = v_{mt} = i/zFA \tag{2.88}$$

物质传递是指存在于溶液中的物质（可以是电活性的，也可以是非电活性的）从一个位置到另一个位置的运动，它的起因是由于两个位置上存在的电位差或化学势的差别，或是由于溶液体积单元的运动。物质传递的形式有三种，即扩散（diffusion）、电迁移（migration）、对流（convertor）。

扩散是指在浓度梯度的作用下，带电的或不带电的物质由高浓度区向低浓度区的移动。扩散过程可以分为非稳态扩散和稳态扩散两个阶段。当电极反应开始的瞬间，反应物扩散到电极表面的量赶不上电极反应消耗的量，这时电极附近溶液区域各位置上的浓度不仅与距电极表面的距离有关，还和反应进行的时间有关，这种扩散称为非稳态扩散。随着反应的继续进行，虽然反应物扩散到电极表面的量赶不上电极反应消耗的量，但有可能在某一定条件下，电极附近溶液区域各位置上的浓度不再随时间改变，仅是距离的函数，这种扩散称为稳态扩散。稳态扩散中，通过扩散传递到电极表面的反应物质可以由 Fick 扩散第一定律推导出；而对于非稳态扩散，物种扩散到电极表面物质的量可以由 Fick 扩散第二定律推导出。

菲克（Fick）扩散定律是描述物质的流量和浓度与时间和位置间函数关系的微分方程。

Fick 第一定律：
$$-J_O(x,t) = D_O \frac{\partial c_O(x,t)}{\partial x} \tag{2.89}$$

阐明物质的流量与浓度梯度呈正比的关系。

Fick 第二定律：
$$\frac{\partial c_O(x,t)}{\partial t} = D_O \left(\frac{\partial^2 c_O(x,t)}{\partial x^2} \right) \tag{2.90}$$

是关于 O 浓度随时间变化的定律。

电迁移是指在电场的作用下，带电物质的定向移动。在远离电极表面的本体溶液中，浓度梯度的存在通常是很小的，此时反应的总电流主要通过所有带电物质的电迁移来实现。电荷借助电迁移通过电解质，达到传输电流的目的。

2.8.2　稳态物质的传递

当物质传递过程是电极反应过程的速度控制步骤时，电极反应不断进行，导致电极表面反应物浓度和生成物浓度与本体溶液中的浓度不尽相同，这就造成了电极电位偏离平衡值，亦即电极上发生了极化。这种因扩散浓度缓慢而造成电极表面与本体溶液浓度的差别而引起的极化叫作浓差极化，与浓差极化相对应形成的超电势称为扩散超电势或浓差超电势。电极反应发生时，如果电化学步骤的极化很小，这样电子传递速度很快，电化学步骤仍处于平衡，浓差极化的电极电位仍可以用 Nernst 方程表示：

$$\varphi = \varphi^{\ominus} + \frac{RT}{zF} \ln \frac{a_{Ox}^s}{a_{Red}^s}$$

$$= \left(\varphi^{\ominus} + \frac{RT}{zF} \ln \frac{r_{Ox}}{r_{Red}} \right) + \frac{RT}{zF} \ln \frac{c_{Ox}^s}{c_{Red}^s} \tag{2.91}$$

现讨论氧化态物质 Ox 在阴极上还原时稳态物质传递是速度控制步骤时的情况。对于氧化态物质 Ox 在阴极上的还原，当不存在电迁移时，物质传递速度 v_{mt}（亦即扩散速度）与电极表面的浓度梯度呈正比，即

$$v_{mt} \propto \left[\frac{\partial c_{Ox}(x)}{\partial x} \right]_{x=0} \tag{2.92}$$

式中，x 是氧化态物种 Ox 距电极表面的距离。这一关系可近似表达为：

$$v_{mt} = m_{Ox}(c^*_{Ox} - c^s_{Ox}) \tag{2.93}$$

式中，c^*_{Ox} 和 c^s_{Ox} 分别为氧化态物种 Ox 在本体相和电极表面的浓度，m_{Ox} 为比例常数，称为物质 Ox 的传质系数，单位为 cm/s。取阴极还原电流为正，则方程（2.93）可表示为：

$$i/zFA = m_{Ox}(c^*_{Ox} - c^s_{Ox}) \tag{2.94}$$

电极反应在净阳极反应条件下，同样可以得到类似的表达式：

$$i/zFA = m_{Red}(c^*_{Red} - c^s_{Red}) \tag{2.95}$$

式中，i 为阳极氧化的电流，c^*_{Red} 和 c^s_{Red} 分别为还原态物种 Red 在本体相和电极表面的浓度，m_{Red} 为还原物质 Red 的传质系数。

当电极表面 Ox 的浓度远小于本体浓度时，即 $c^*_{Ox} - c^s_{Ox} \approx c^*_{Ox}$ 时，此时出现 Ox 传递的最高速度。在此条件下，电流的值称为极限电流 i_1，由关系式（2.94）可得：

$$i_1 = zFAm_{Ox}c^*_{Ox} \tag{2.96}$$

由方程式（2.94）和式（2.96）联立可得：

$$c^s_{Ox}/c^*_{Ox} = 1 - (i/i_1) \tag{2.97}$$

$$c^s_{Ox} = (i_1 - i)/zm_{Ox}FA \tag{2.98}$$

因此，存在于电极表面上物种 Ox 的浓度与电流 i 呈线性关系。

了解和掌握电极反应的动力学规律对于探索实际的电化学过程非常重要。例如，为了使电合成反应能在较理想的条件下进行，必须确定所施加的电流和电位值。只有电解池通过的电流足够大，才能得到较多的产品，提高生产效率。但是大的电流必然会导致高的超电势，从而使反应物处于较高的活泼状态，结果会导致副反应相对增加，降低了反应的选择性，增加了分离的困难。因此对于一个实用电化学体系的研究，首先必须了解反应的热力学和动力学方面的基本规律，并对过程进行优化设计。要了解这些基本规律，就必须运用电化学和一些现代分析技术对体系进行定性的或定量的研究，下一章将介绍常用的电化学研究方法。

拓展阅读

2021 年美国 Science 发布了全世界最前沿的 125 个科学问题（125 questions：exploration and discovery），其中能源科学问题有五个与电化学相关，足以可见电化学的重要性。这五个科学问题如下：

① 能量存储的未来是怎样的？（What is the future for energy storage?）

② 我们如何突破当前的能量转换效率的极限？（How can we break the current limit of energy conversion efficiencies?）

③ 我们可以生活在一个去化石燃料的世界中吗？（Could we live in a fossil-fuel-free world?）

④ 氢能的未来是怎样的？（What is the future of hydrogen energy?）

⑤ 我们能把过量的二氧化碳存储到何处？（Where do we put all the excess carbon dioxide?）

近年来提出的中国出口新三样，是随着科技进步和产业升级而兴起的出口商品，包括电动载人汽车、锂电池、太阳能电池等。新三样代表了中国制造业向高端化、智能化、绿色化转型的方向，它们的快速增长不仅展示了中国在新能源和高新技术领域的竞争力，也体现了中国对外贸易结构的优化和升级。新三样的崛起，为中国外贸注入了新的活力，成为了拉动出口增长的重要力量。

◆ 思考题 ◆

1. 简述电化学体系的基本单元及特点。

2. 简要描述双电层理论模型及其应用。

3. 简述影响电极极化的因素有哪些。

4. 简述化学势、静电势和电化学势的概念以及用电压表测量得到的是电池的什么电势。

5. 请简述 Tafel 方程的适用条件，并画图说明如何求得交换电流密度 i_0 和电荷传递系数 α 和 β 的值。

◆ 参考文献 ◆

[1] 杨辉，卢文庆. 应用电化学 [M]. 北京：科学出版社，2001.

[2] Suo L M, Borodin O, Gao T, et al. "Water-in-salt" electrolyte enables high-voltage aqueous lithium-ion chemistries [J]. Science, 2015, 350 (6263)：938-943.

[3] Xu J J, Ji X, Zhang J X, et al. Aqueous electrolyte design for super-stable 2.5 V $LiMn_2O_4 \parallel Li_4Ti_5O_{12}$ pouch cells [J]. Nat. Energy, 2022, 7：186-193.

[4] 郭鹤桐，姚素薇. 基础电化学及测量 [M]. 北京：化学工业出版社，2009.

[5] Kilner J A. Defects and conductivity in ceria-based oxides [J]. Chem. Lett, 2008, 37：1012-1015.

[6] 高鹏，朱永明，于元春. 电化学基础教程 [M]. 北京：化学工业出版社，2020.

[7] 彼得·布鲁斯. 固态电化学 [M]. 陈立桅，彭章泉，沈炎宾译. 北京：科学出版社，2024.

[8] Wu Q, Xu Z C. Mechanistic insights to cation effects in electrolytes for electrocatalysis [J]. Angew. Chem. Int. Ed., 2025, DOI：10.1002/anie.202505022.

[9] 查全性. 电极过程动力学导论 [M]. 3 版. 北京：科学出版社，2002.

[10] 阿伦 J. 巴德，拉里 R. 福克纳. 电化学方法、原理和应用 [M]. 邵元华，朱国逸，董献堆等译. 北京：化学工业出版社，2020.

第3章

电化学研究方法

3.1 稳态和暂态 [1]

电极过程是一个复杂的过程，电极反应包含许多步骤。要研究复杂的电极过程，就必须首先分析各过程及相互间的联系，以求抓住主要矛盾。一般来说，对于一个体系的电化学研究，主要有以下三个步骤，即实验条件的选择和控制、实验结果的测量以及实验数据的解析。实验条件的选择和控制必须在具体分析电化学体系的基础上根据研究的目的加以确定，通常是在电化学理论的指导下选择并控制实验条件，以抓住电极过程的主要矛盾，突出某一基本过程。在选择和控制实验条件的基础上，可以运用电化学测试技术测量电势、电流或电量变量随时间的变化，并加以记录，然后用于数据解析和处理，以确定电极过程和一些热力学、动力学参数等。

电化学研究方法笼统地讲可以分为稳态和暂态两种。稳态系统的条件是电流、电极电位、电极表面状态和电极表面物种的浓度等基本上不随时间而改变。对于实际研究的电化学体系，当电极电位和电流稳定不变（实际上是变化速度不超过一定值）时，就可以认为体系已达到稳态，可按稳态方法来处理。需要指出的是：稳态不等于平衡态，平衡态是稳态的一个特例，稳态时电极反应仍以一定的速率进行，只不过是各变量（电流、电势）不随时间变化而已；而电极体系处于平衡态时，净反应速率为零。稳态和暂态是相对而言的，从暂态到达稳态是一个逐渐过渡的过程。在暂态阶段，电极电位、电极表面的吸附状态以及电极/溶液界面扩散层内的浓度分布等都可能与时间有关，处于变化中。稳态的电流全部是由于电极反应所产生的，它代表着电极反应进行的净速度，而流过电极/溶液界面的暂态电流则包括了法拉第电流和非法拉第电流。暂态法拉第电流是由电极/溶液界面的电荷传递反应所产生，通过暂态法拉第电流可以计算电极反应的量，暂态非法拉第电流是由于双电层的结构改变引起的，通过非法拉第电流可以研究电极表面的吸附和脱附行为，测定电极的实际表面积。

稳态和暂态的研究方法是各种具体的电化学研究方法的概述，下面将介绍几种常见的电化学研究方法。

3.2 三电极体系与电流、电位的测定[1]

3.2.1 三电极体系

稳态法就是测定电极过程达到稳态时的电流密度与电极电位之间的关系，即测定稳态极化曲线。通过稳态极化曲线可以获得电极过程控制步骤的动力学参数，研究电极过程的动力学规律及其影响因素。为了测定单个电极的稳态极化曲线，必须同时测量电极电位及通过电极的电流。测量电极电位及流过电极的电流（称极化电流）通常采用三电极体系，其基本测量电路如图 3.1 所示。图中被测体系由研究电极"研"、参比电极"参"和辅助电极"辅"组成，因此称为三电极体系。图中 B 为极化电源，D 为多孔陶瓷板，E 为电极电位测量装置，G 为盐桥，F 为参比体系溶液，L 为鲁金毛细管，测量电路的简化示意图如图 3.2 所示。

三电极体系中的研究电极、辅助电极和参比电极是电化学研究方法中重要的组成部分，已在第 2 章中详细介绍，此处不再赘述。

为了防止溶液间的相互作用和污染，在选择参比电极时，应选用与研究体系相同的离子溶液。如研究体系的溶液为 NaCl 溶液时应采用甘汞电极；为 H_2SO_4 溶液时应采用硫酸亚汞电极；为碱性溶液时应采用氧化汞电极；而在中性氯化物溶液中则应采用氯化银电极或甘汞电极。

图 3.1 和图 3.2 中的 B 为极化电源，为研究电极提供极化电流；mA 为电流表，用以测量极化电流。E 为测量电极电位的仪器。从图 3.1 和图 3.2 可以看出，三电极体系构成了两个回路：极化回路（图中左侧）和测量回路（图中右侧）。下面介绍两个回路。

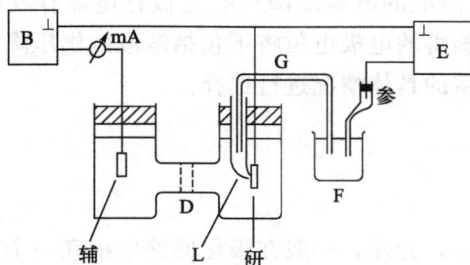

图 3.1 测定稳态极化曲线的装置示意图   图 3.2 测量电路的简化示意图

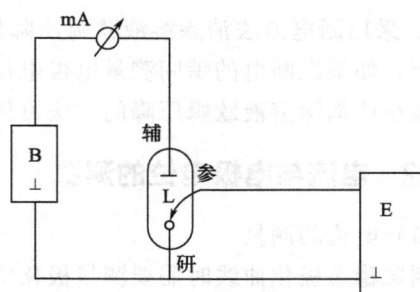

① 极化回路。由辅助电极、研究电极和极化电源构成，它的作用是保证在研究电极上发生我们所希望的电化学反应和极化状态。因此，极化回路中有极化电流通过，测量电流的大小在极化回路中进行。

② 测量回路。由参比电极、研究电极和电位测量仪器构成，它的作用是控制或测量研究电极相对于参比电极的电位。为了提高控制电极电位或测量电极电位的精度，在测量中必须注意下述几方面的问题。

首先参比电极的电位必须稳定。而参比电极电位的稳定性除了它本身的性能外，还需特别注意在测量过程中不允许有电流通过参比电极，也就是说在测量回路中几乎没有电流通过（电流＜10^{-7}A）。其目的是使参比电极不会因流过的电流过大而产生极化，从而偏离标准电极电位值，影响参比电极电位的稳定性。

其次，还必须考虑消除液体接界电位的影响。液体接界电位的产生显然会对电极电位的测量带来误差，因此，必须设法予以消除。

常用的消除液体接界电位的方法是采用盐桥，通过盐桥使两个不同体系的溶液导通。

采用盐桥的另外一个作用是减少研究体系溶液与参比电极体系溶液的相互污染，因为两个体系的溶液被盐桥溶液隔离开，它们相互扩散的速度大大减小，由此产生的相互污染大大减小。

此外，必须考虑溶液欧姆压降的影响，当极化电流通过电解池时，从鲁金毛细管口（图 3.1 和图 3.2 中 L）到研究电极表面这段溶液所产生的压降称为溶液的欧姆压降。欧姆压降的存在无疑会对电位的控制和测量带来误差，因而必须设法减小或消除它的影响。

减小或消除溶液欧姆压降的方法有以下几种。

a. 被测体系的电解液中加入导电盐，以降低溶液的欧姆电阻。

b. 采用直径合适的鲁金毛细管，使鲁金毛细管口（盐桥的尖嘴部分）尽量靠近研究电极表面，此时溶液的欧姆压降可用下式估算：

$$\Delta \varphi = \frac{J l}{\sigma_c} \qquad (3.1)$$

式中，J 为极化电流密度；l 为鲁金毛细管口至研究电极表面的距离；σ_c 为溶液电导率。式（3.1）表明，减小 l 就能减小 $\Delta \varphi$。但是鲁金毛细管口也不能无限制地靠近研究电极表面，因为毛细管本身会对研究电极表面电力线的分布产生屏蔽作用。所以通常把毛细管拉得很细（如 0.1mm 直径），控制管口离电极表面的距离不能小于毛细管本身的直径。

c. 利用恒电位仪中的欧姆补偿装置进行补偿。欧姆补偿的基本原理是利用溶液欧姆压降与极化电流呈正比的关系，采用电压正反馈的方法对溶液的欧姆电阻进行补偿。

d. 采用断电流法消除溶液欧姆压降的影响。溶液的欧姆压降只有在极化电流存在时才会产生，如果在断电的瞬间测量电极电位，那么测得的电极电位将不包括溶液欧姆压降。

减小或消除溶液欧姆压降的方法可根据实验室的具体情况进行选择。

3.2.2 电流与电极电位的测量

（1）电流的测量

测定稳态极化曲线时需要测量极化电流的大小，为此，一般在极化回路中串联一个适当量程和精度的电流表，如微安表、毫安表等。电流表的正端应该接在电路中靠近电源正极的一端，负端接到靠近电源负极的一端。如果被测电流范围在三个数量级以上，则应选用多量程电流表。

在某些情况下，极化电流可用电压测量仪器进行测量或记录，这时在极化回路中串联一个精密电阻，测得该电阻上的电压降再除以电阻就是被测电流值。

在某些极化曲线的测量中，电流密度可在几个数量级范围内变化，例如金属从活化转为钝化，电流可从数十毫安迅速降到几微安。在这种情况下，为了把变化幅度很大的电流记录在一张幅度有限的记录纸上，常用对数转换器将电流密度 J 转换成对数 $\lg J$。这样，在坐标纸上就可以把大电流压缩，把小电流放大。不然，记录了大电流，就不能记录小电流。另外，将电流密度转换成对数，可直接测得 φ-lg$J$ 半对数极化曲线，便于进行数据处理，计算电化学参量。

（2）电极电位的测定

在图3.1中，要测量研究电极的电位，就必须通过盐桥（G）和中间溶液（F）把它与参比电极连接起来组成测量电池。测量电极电位时，将测量电池的正极和负极分别接到电压测量仪器的正极和负极，这样测得的电动势为正值；如果接反，则测得的电动势为负值。电池的电动势等于正极的电位减去负极的电位，如果忽略液体接界电位和金属接触电位，那么电动势 E 为

$$E = \varphi_+ - \varphi_- \qquad (3.2)$$

设待测电极的电位为 $\varphi_研$，参比电极的电位为 $\varphi_参$，当参比电极为测量电池的正极时，则

$$\varphi_研 - \varphi_参 = E \qquad (3.3)$$

当参比电极为测量电池的负极时，则

$$\varphi_研 = \varphi_参 + E \qquad (3.4)$$

$\varphi_参$ 可根据计算或查表得到。所以由测得的 E（包括符号）代入式（3.3）或式（3.4）就可算出被测电极电位。

测量电池的电动势时必须选用高输入阻抗的测量仪器，以避免因测量回路的电流过大而带来误差。例如不能用伏特表来测量电池的电动势，因为伏特表的输入阻抗低，造成流过测量回路的电流偏大，引起研究电极和参比电极发生极化（极化值为 $\Delta\varphi$）。同时还会使测量电池产生 Ir 压降（I 为极化电流，r 为测量电池的内阻）。这样，伏特表上的读数只代表测量电池的端电压 V，$V = E - \Delta\varphi - Ir$。因此，只有当通过测量电池的电流 I 足够小（$I < 10^{-7}$A）时，才可使极化值 $\Delta\varphi$ 及测量电池的欧姆压降 Ir 忽略不计。实验室广泛应用的真空管伏特计、pH 计、直流数字电压表等，其输入阻抗都大于 $10^7\,\Omega$，因此可用于电极电位的测量。

直流数字电压表是实验室用得最广泛的电位测量仪器，它的优点是输入阻抗高，测量速度快，且结果能直接显示。

恒电流法与恒电位法。稳态法分为控制电流法与控制电位法。控制电流法也叫恒电流法，控制电位法也叫恒电位法。所谓稳态极化曲线就是稳态电流密度 J 与稳态电极电位 φ（或过电位 η）的关系曲线。过电位 η 通常取正值，所以

$$阴极过程：\eta_k = -\Delta\varphi = \varphi_e - \varphi \qquad (3.5)$$

$$阳极过程：\eta_A = \Delta\varphi = \varphi - \varphi_e \qquad (3.6)$$

式中，φ_e 为平衡电位，φ 为电流密度为 J 时的电极电位。

恒电流法就是将研究电极的电流密度依次恒定在不同数值，同时测量相应的稳态电极电位，也就是给定电流密度 J，测量电极电位 φ，φ-J 之间的函数关系为 $\varphi = f(J)$。然后把测得的一系列不同电流密度下的电极电位绘制出来，就可得到恒电流法测得的稳态极化曲线。

恒电位法是将研究电极的电位依次恒定在不同的数值，同时测量相应的稳态电流密度，也就是给定电极电位 φ，测量电流密度 J，J-φ 之间的函数关系为 $J = f(\varphi)$。把测得的一系列 J 和 φ 画成曲线，就得到恒电位法测得的稳态极化曲线。

恒电流法和恒电位法各有特点，要根据具体情况选用。对于单调函数的极化曲线，即对应一个电流密度只有一个电极电位，或者对应一个电极电位只有一个电流密度的情况下，用恒电流法与恒电位法可测得同样的稳态极化曲线。在这种情况下用哪种方法都可以。由于恒电流法所使用的仪器简单，容易控制，因此应用较为普遍。但是，当一个电流密度对应两个

或两个以上电极电位时，则不可采用恒电流法，只能采用恒电位法进行测量。随着电子技术的迅速发展，恒电位法的应用也越来越普遍。

对于测定具有钝化行为的阳极极化曲线，例如测量不锈钢在 0.5mol/L 硫酸溶液中的阳极极化曲线（图 3.3），只能用恒电位法测定，因为极化曲线中一个电流值对应几个电极电位值。如果用恒电流法进行测量，只能得到正程曲线 *ABEF*，或返程曲线 *FEDA*，不能测得真实的、完整的极化曲线。

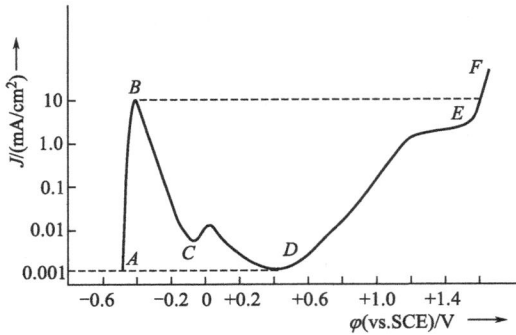

图 3.3　不锈钢在 0.5mol/L 硫酸溶液中的
阳极极化曲线

不锈钢在 0.5mol/L 硫酸溶液中的阳极极化曲线（图 3.3）可以分为四个区域：①*AB* 区，电流随电位的升高而增大，称为活化溶解区；②*BC* 区，电流随着电位的升高迅速减小，称为活化-钝化过渡区；③*CD* 区，随着电位的升高，电流只有很小的变化或基本不变，称钝化区或稳定钝化区；④*DE* 区，电流再次随着电位的升高而迅速增大，称超钝化区。这可能是由于阳极溶解形成高价离子，使金属的溶解速度重新增大。或者发生了其他反应，如 OH^- 在阳极上放电而析出氧气。在有些情况下，这两种情况同时发生。

图中对应于 *B* 点的电流称为致钝电流或临界钝化电流，该点对应的电位称为致钝电位或临界钝化电位。*C* 点所对应的电位称为维钝电位、*D* 点所对应的电位称为超钝电位。*CD* 电位区称为钝化电位范围。钝化区的电流称为钝态电流或维钝电流。由此可见，通过测定恒电位极化曲线可以获得一系列重要参量。所以恒电位法是研究金属钝化行为的重要手段，是判别金属是否发生钝化的有效方法。

经典恒电流方法是将一组高压直流电源、一高阻值的可变电阻器和待测电解池组成串联回路，当有电流流过电解池时，由于电极极化、溶液的欧姆极化或电极的钝化等原因将引起电解池的阻抗发生变化，这种变化相对于电路中高阻值的可变电阻而言是微不足道的，电流仍然维持不变，达到了恒流目的。由高压直流电源与高阻值可变电阻串联组成的电路是最简单易得的恒流电源。

一般采用恒电位仪来测量恒电位和恒电流。

3.3　线性电位扫描法 [1]

控制研究电极的电位，使其随时间线性地变化（$\nu = d\varphi/dt$），测量通过电极的电流响应，从而得到电流与电位（J-φ）之间的关系曲线，这种方法叫作线性电位扫描法。线性电位扫描法是暂态法，只有当电位扫描速度足够慢时，才能够得到前面曾讨论过的电极稳态极化曲线。一般来说，线性电位扫描法的电位扫描速度都比较快，每秒扫描数毫伏、数十毫伏以上，甚至可高达 1000V/s。这种测量方法通常称为线性电位扫描伏安法（LSV），或简称伏安法。如果电极的电位由起始值 φ_1 起扫描至某一电位 φ_2 止，再以相同的扫描速度回扫

至起始值 φ_1 停止，这种测量方法叫作循环伏安法（CV）。

线性电位扫描法的电位扫描方式，通常采用如图 3.4 所示的几种方法，可分为单程线性电位扫描［图 3.4(a)］、三角波电位扫描［图 3.4(b)］和连续三角波电位扫描［图 3.4(c)］等。

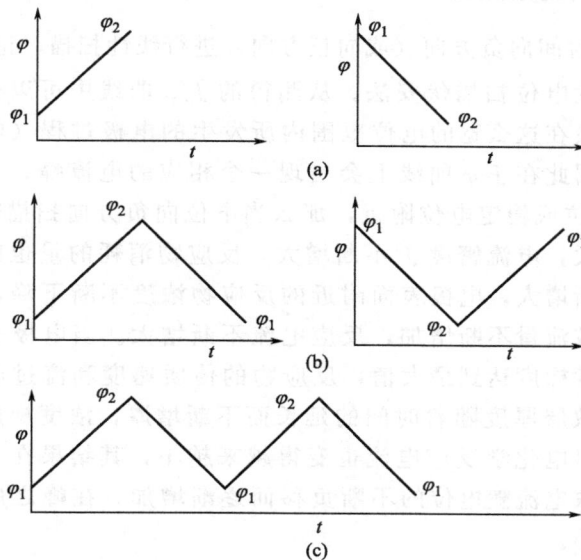

图 3.4　线性电位扫描法的电位扫描方式
（a）单程线性电位扫描；（b）三角波电位扫描；（c）连续三角波电位扫描

电位扫描速度的快慢对 J-φ 曲线的形状影响很大，当电位扫描速度较快时，可以得到带有波峰的 J-φ 曲线；当电位扫描速度变慢时，曲线中波峰的高度降低；当电位扫描的速度足够慢时，曲线中的波峰消失，J-φ 曲线成为稳态极化曲线。

在电位扫描过程中，流过电极的电流可能包括两个部分，电极双电层电容的充放电电流 J_c 和电化学反应电流（或称法拉第电流）J_r。因为在电位发生变化时，电极的双电层会随之充电或放电，产生一定的电容电流 J_c 流过电极；同时，电极上若有电化学反应发生，就会有一定的法拉第电流 J_r 流过电极，所以流过电极的总电流 J 应为这两部分之和。即

$$J = J_c + J_r \tag{3.7}$$

虽然电位的扫描速度 $\nu = \mathrm{d}\varphi/\mathrm{d}t =$ 常数，但因为电位扫描是在较大范围内变化的，电极双电层电容将会随电位的变化而改变。所以，在扫描过程中电容的充放电电流 J_c 并不能维持恒定，且随扫描速度的增加而增加，J_c 在总电流中所占的比例也随电位扫描速度的增加而增大。扫描速度越快，J_c 相对越大，相反，扫描速度越慢，J_c 就越小。只有当扫描速度足够慢时，J_c 相对于 J，才会小到可以忽略不计，这时测量的电流才能真正代表电极的反应速率，J-φ 曲线才能真正代表电极反应速率与电极电位之间的关系，这就是在测量电极的稳态极化曲线时一定要选用很小的电位扫描速度的一个重要原因。如果在某一电位范围内电极上无电化学反应发生，则电极相当于一个理想极化电极，此时 J-φ 曲线反映的是双电层电容的充放电电流与电极电位之间的关系。

线性电位扫描法可以在感兴趣的电位范围内进行电位扫描，既可单程扫描，也可循环扫描。在扫描的电位范围内可以观察到电极上可能发生的电化学反应，研究电极反应过程机

理，判断电极过程的可逆程度，研究电极表面的吸脱附行为及电极反应的中间产物，研究金属电结晶过程和腐蚀过程，还可以用于定量和定性分析。

3.3.1　单程线性电位扫描法

由起始电位 φ_i 随时间向负方向（或向正方向）进行线性扫描，记录电极的 J-φ 曲线，这种方法叫作单程线性电位扫描伏安法。从测得的 J-φ 曲线中可以得到许多信息。由于扫描电位范围宽，电极在这么宽的电位范围内所发生的电极过程（电化学反应）都将受到扩散步骤的控制，因此在 J-φ 曲线上会出现一个相应的电流峰，如图 3.5 所示。如果起始电位 φ_i 在平衡电位或稳定电位附近，那么当电位向负方向扫描时，电极得电子的还原反应速率将不断增大，电流密度 J 不断增大，反应物消耗的量也随之不断增多。随着电化学反应速率的不断增大，电极表面附近的反应物浓度不断下降，这时反应物由溶液内部向电极表面的扩散流量不断增加，反应电流不断增大。当电极表面处反应物的浓度下降为零时，此时浓度梯度达到最大值，反应物的传质速度和流过电极的电流均达到最大值。之后，由于扩散层厚度随着时间的延长而不断增厚，浓度梯度逐渐减小，扩散流量变得越来越小，所以电化学反应电流也变得越来越小，其结果在 J-φ 曲线上形成一个电流峰。在峰之前扩散电流随电位的不断负移而逐渐增加，在峰之后扩散电流又随电位的不断负移而逐渐减小。

伏安曲线上有三个表征电极过程的重要参量，即峰电流 J_p、峰电位 φ_p 和半峰电位 $\varphi_{p/2}$。出现峰电流的电极电位 φ_p 叫作峰电位，峰电位对应的电流值 J_p 叫作峰电流，半峰电流处的电极电位称为半峰电位 $\varphi_{p/2}$。J-φ 曲线的形状及在不同电位扫描速度下的 φ_p 及 J_p 数值，可以反映电极过程的特征。φ_p 与 $\varphi_{p/2}$ 之差反映电流峰的陡度，可逆电极反应较不可逆电极反应的电流峰来得快，峰陡；而不可逆电极反应的电流峰则较宽且平坦。

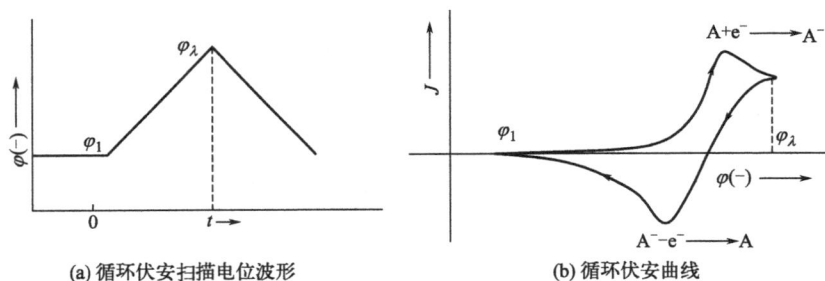

(a) 循环伏安扫描电位波形　　　　　(b) 循环伏安曲线

图 3.5　循环扫描电位波形与循环伏安曲线

3.3.2　循环伏安法 [1]

（1）循环伏安曲线

研究电极电位由图 3.5(a) 中的 φ_1 起始，以速度 ν 扫描至 φ_λ 时，又以同样的速度 ν 进行回扫，扫描至 φ_1 停止，记录 J-φ 关系曲线。这种方法叫作循环伏安法（CV），或称为三角波电位扫描法。

若正向扫描发生的是阴极还原反应 $Ox + ze^- \Longrightarrow Red$，反向扫描发生的则是阳极氧化反应 $Red \Longrightarrow Ox + ze^-$，循环伏安曲线如图 3.5(b) 所示。通过伏安曲线的形状、峰电流和峰电位的特征，可以研究电极上可能发生的电化学反应；判断电极过程的可逆程度；研究电极表面的吸脱附行为；测量电极过程动力学参量；进行定性和定量分析。所以循环伏安法在电化学研究中得到了广泛的应用。

对于可逆电极体系且反应产物稳定，那么循环伏安曲线中的阳极峰电流 J_{PA} 和阴极峰电流 J_{PK} 相等，即 $J_{PA}/J_{PK}=1$；峰电位 φ_p 不随扫描速度的变化而变化。此外，可逆电极体系的阳极峰电位 φ_{PA}、阴极峰电位 φ_{PK} 之间的距离 $\Delta\varphi_p$ 是判断电极反应可逆性的重要参量，对于可逆反应：

$$\Delta\varphi_p = \varphi_{PA} - \varphi_{PK} = \frac{2.3RT}{zF} \tag{3.8}$$

25℃时，$\Delta\varphi_p = 59/z$ mV，$\Delta\varphi_p$ 与扫描速度无关，始终维持定值。

如果测试的 J-φ 不出现上述特征，则电极上发生的反应不可逆。φ_p 随扫描速度 ν 的变化而发生较大变化的反应，其不可逆性也较大。不可逆电极反应随着扫描速度的增加，阴极支的峰电位 φ_{PK} 向负向移动，而阳极支的峰电位 φ_{PA} 向正向移动，$\Delta\varphi_p$ 随扫描速度 ν 的增大而增大，反应的不可逆性越大，则 $\Delta\varphi_p$ 越大。

（2）电极反应与吸脱附行为的研究

研究吸脱附行为在电化学理论研究和电化学工业技术方面都有十分重要的意义，吸脱附现象在燃料电池、电催化、电镀及有机电氧化还原等领域经常被使用，因此吸脱附现象被广泛地进行研究。

循环伏安曲线可以用来研究有机物或无机物对电极过程的影响，与未加添加物的伏安曲线相比，观察电流峰是得到加强还是被减弱或者消失，就能够说明添加物质对电极过程（电化学反应）的增强、阻滞或抑制。图 3.6 是铂黑电极在 0.5mol/L 硫酸溶液中的循环伏安曲线，扫描范围为 0.3～1.7V。当溶液中不含苯时，在循环伏安曲线的阳极支上（1.0V 附近）出现电流峰 1，它对应着 H_2O 的电化学氧化并生成吸附氧的反应，在峰之后对应着氧的不断析出。在回扫的伏安曲线的阴极支上只出现一个电流峰 3，它对应着吸附氧的还原脱附反应。从图 3.6 中可以看出，氧的吸附电位和脱附电位距离比较远，说明该电极过程的不可逆程度较大。

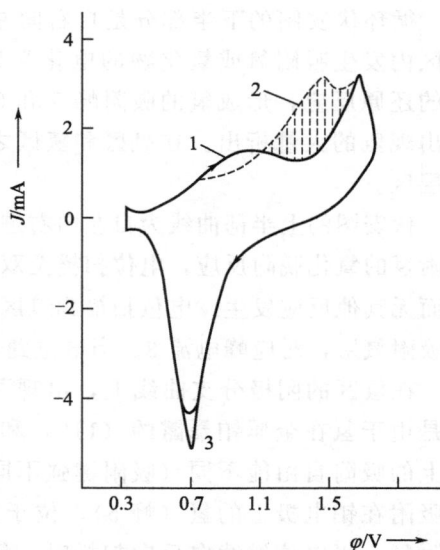

图 3.6　铂黑电极在 0.5mol/L 硫酸溶液中的循环伏安曲线

当溶液中添加苯时，在 J-φ 曲线（虚线所示）的阳极支上，1.0V 附近的电流峰 1 被削弱，同时，在 1.5V 附近出现一个新的电流峰 2。这是由于苯在铂黑电极上的竞争吸附而使得氧的吸附减弱，又由于吸附苯发生了电化学氧化反应，所以产生了一个新的电流峰 2。

图 3.6 曲线显示，溶液中加入苯的 J-φ 曲线（虚线），氧的吸附减弱，并在峰 2 处出现一个吸附苯的电化学氧化峰，图中阴影部分的电量相当于吸附苯氧化所消耗的电量，求出该电量即可计算苯在铂电极上的吸附量和吸附覆盖度。在回扫的阴极支上未观察到相应的还原反应峰，说明苯在铂电极上的阳极氧化过程是一个不可逆过程。

线性电位扫描法和循环伏安法对研究吸附现象起重要作用，从伏安曲线中可以获得许多信息。例如图 3.7 为光滑铂电极在硫酸溶液中的循环伏安曲线，曲线充分反映了析氢、析氧电极过程的特点以及氢和氧的吸脱附行为。在 0～1.22V 的电位范围内，根据不同电位区间电极反应的特征，可将整个伏安曲线分成三个区间：氢区、双电层区和氧区（氧吸附区和氧析出区）。在氢区内发生氢的吸脱附反应；在氧区发生氧的吸附、氧的析出以及吸附氧或氧化物的还原反应；在双电层区只发生双电层的充电或放电过程，而无电化学反应发生。

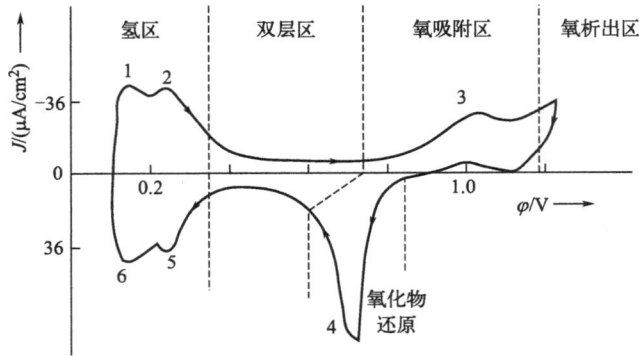

图 3.7　铂电极在硫酸溶液中的循环伏安曲线

　　循环伏安图的下半部分是自右向左的电位扫描，曲线为循环伏安曲线的阴极分支，在氧区内发生吸附氧或氧化物的电化学还原反应；在氢区首先发生氢离子得电子生成吸附氢的还原反应，形成氢的吸附峰 5 和 6。如果电位到达 0.1V 后又继续向更负值扫描，则将出现氢的大量析出。在氧区和氢区之间是一个只存在很小的双电层充放电电流 J_c 的双电层区。

　　伏安图的上半部曲线为自左向右进行电位扫描，曲线称阳极分支。在氢区首先发生的是吸附氢的氧化脱附反应，电位扫描至双电层区时，电极上的电流降至很小，只有双电层的充电而无其他反应发生。电位扫描到氧区后，首先发生 H_2O 的电化学氧化生成氧的反应，形成吸附氧层，对应峰电流 3。当电位到达 1.22V 以后，伴随大量氧的析出。

　　在氢区的阴极分支曲线上，出现两个电流峰：峰 5 和峰 6（氢大量析出之前）。这可能是由于氢在金属铂暴露的（110）和（100）两个晶面上吸附所引起的，氢在这两个晶面上的吸附自由能不同（吸附键强不同），因而氢的吸附发生在两个不同的电位之下。首先吸附在铂电极上的氢（峰 5），位于氢的低覆盖区，与金属铂形成较强的吸附，称为强吸附氢。当电位继续向反向扫描时，氢离子还原生成的氢原子继续吸附在铂电极的表面，形成电流峰 6，位于氢的高覆盖区。此时的氢原子与铂电极结合得比较弱，容易脱附，称为弱吸附氢。

　　在阳极分支上存在两个氢的吸附峰 1 和 2，它们与阴极分支上吸附氢的氧化脱附峰 6 和 5 相对应，弱吸附氢很容易脱附，所以，当电位改为正向扫描时，弱吸附氢（峰 6）首先发生氢的还原反应，形成脱附峰 1。电位继续向正向扫描，强吸附氢（峰 5）才开始发生还原反应，形成脱附峰 2。两个吸附峰与两个脱附峰的峰电位（峰 1 与峰 6，峰 2 与峰 5）相差甚小，峰电流也近似相等，这表明氢在铂电极上电化学吸脱附过程接近可逆过程。

　　由氧区可以看到，阳极分支上吸附氧形成的峰（峰 3）与阴极分支上吸附氧（或氧化物）的还原峰（峰 4）之间的距离很大，表明氧在铂上的吸脱附过程是一个不可逆过程。

（3）定性和定量在分析上的应用

对于给定的电极体系，不管反应是否可逆，当电位扫描速度一定时，线性扫描伏安曲线上电流峰的峰电位 φ_p 为定值，而峰电流 J_p 总是与溶液中反应物的主体浓度 c_O^0 呈正比，可利用这一关系进行定性和定量分析。虽然提高扫描速度可以提高 J_p，从而提高分析的灵敏度，但是，随着扫描速度的增加，分析误差也在增大。因为一方面双电层电容充放电电流 J_c 随扫描速度的增加而增大，这使 J_c 在总的极化电流中所占的比例增大，导致 J_p 在总电流中所占的比例降低。另一方面，因为欧姆极化与通过电极的极化电流呈正比，在电流增大至峰值的过程中，欧姆极化也在逐渐增加，这会使实际电极电位的改变速度逐渐减小，导致测得的 J_p 值比理论值低。因此，伏安法用于定量分析时应该注意这两个方面的问题。

3.4 单电势阶跃法[2]

控制电位的暂态实验是按指定规律控制电极电位，同时测量通过电极的电流或电量随时间的变化，进而计算反应过程的有关参数。前面介绍的循环伏安法就是控制电位技术的一种方式。电势阶跃法包括单电位阶跃和双电位阶跃两种，本部分只介绍单电位阶跃的方法。

单电势阶跃是指在暂态实验开始以前，电极电位处于开路电位，实验开始时，施加于工作电极上的电极电位突跃至某一指定值，同时记录电流-时间曲线（计时电流法，chronoam-perimetry）或电量-时间曲线（计时电量法，chronocoulometry），直到实验结束为止。图3.8 为单电位阶跃实验的电势-时间曲线和得到的相应的电流-时间响应曲线。刚开始时电流迅速增加达到最大值，此时暂态电流可能由于双电层充电引起，达到最大值后电流又随时间延长而下降，说明电极反应可能是扩散控制或电化学步骤和扩散联合控制。通过分析实验得到的电流-时间曲线同样可以确定电极反应的机理和测定动力学参数等，本部分只介绍扩散控制下的电位阶跃法处理结果。

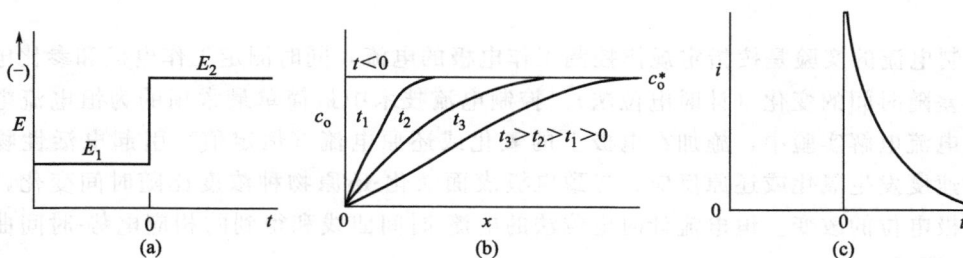

图 3.8 单电位阶跃实验的电位-时间曲线（a）和相应的在不同响应时间下的浓度-距离关系（b）以及电流-时间响应（c）

常用的阶跃电流波形如下。

① 电流阶跃。在开始实验以前，电流为 0；实验开始（$t=0$）时，电流由 0 突跃到某一数值，直至实验结束。电流波形如图 3.9(a) 所示。

② 断电流。在开始暂态实验前，通过电极的电流为某一恒定值，当电极过程达到稳态

后，实验开始（$t=0$），电极电流 i 突然切断为零。电流波形如图3.9(b)所示。在电流切断的瞬间，电极的欧姆极化消失为零。

③方波电流。电极电流在某一指定恒值 i_1 下持续 t_1 时间后，突然跃变为另一指定恒值 i_2，持续 t_2 时间后，又突变回 i 值，再持续 t_1 时间。如此反复多次，形成方波电流。当 $t_1=t_2$，$i_1=-i_2$ 时，该方波应称为对称方波，电化学实验中，采用更多的是对称方波。其波形如图3.9(c)所示。

④双脉冲电流。在暂态实验开始以前，电极电流为零，实验开始（$t=0$）时，电极电流突然跃变到某一较大的指定恒值 i_1，持续时间 t_1 后，电极电流突然跃变到另一较小的指定恒值 i_2（电流方向不变），直至实验结束。通常 t 很短（$0.5\sim1\mu s$），$i_1>i_2$。电流波形如图3.9(d)所示。一般情况下双脉冲电流法可提高电化学反应速率的测量上限，这时所测的标准反应速率常数可达到 $k^{\ominus}=10cm/s$。

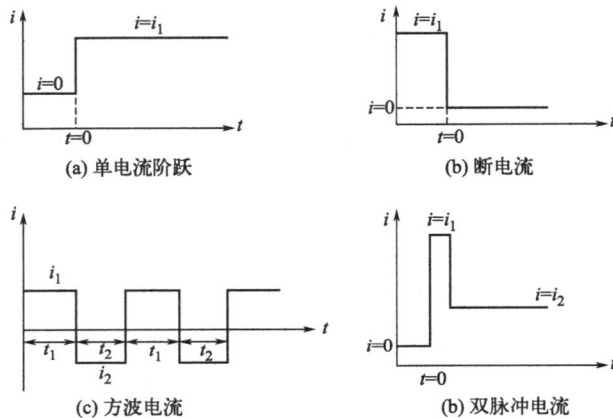

图 3.9　几种常用的控制电流波形

3.5　恒电流法 [2]

控制电流的实验是按指定规律控制工作电极的电流，同时测定工作电极和参比电极间的电势差随时间的变化（计时电位法）。控制电流技术中最简单最常用的为恒电流电解技术。恒电流电解实验中，施加在电极上的氧化或还原电流（恒定值）引起电活性物质以恒定的速度发生氧化或还原反应，导致电极表面氧化-还原物种浓度比随时间变化，进而导致电极电位的改变。恒电流计时电位法的电流-时间曲线和得到的相应电势-时间曲线如图3.10所示。

对于恒电流电解实验，施加于工作电极上的氧化或还原电流随时间的延长，工作电极表面还原态物种或氧化态物种浓度逐渐降低，直到为零，此时电极电位将快速地向更正电位或更负电位方向变化，直到另一个新的氧化或还原过程开始为止。施加恒电流后到电位发生转换的那段时间称为过渡时间 τ。过渡时间 τ 与物种浓度和扩散系数有关。通过实验得到的电势-时间曲线，同样可以判别电极反应的可逆性和反应机理，计算有关的动力学参数。

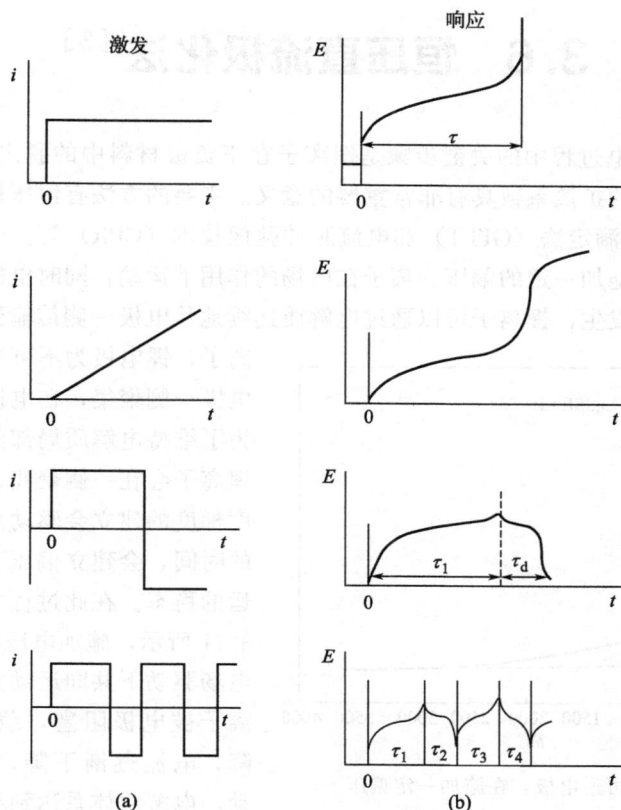

图 3.10　电流计时电位法的电流-时间关系（a）和得到的电势-时间响应（b）曲线

对于恒电流电解，当电极反应开始只有氧化物种 Ox 时，依据 Butler-Volmer 动力学方程：

$$i = nFAk^{\ominus}\left[c_{Ox}^{s}\exp\left(-\frac{\alpha nF}{RT}\varphi\right) - c_{Red}^{s}\exp\left(\frac{\beta nF}{RT}\varphi\right)\right] \tag{3.9}$$

当时间进行到特定的过渡时间 τ 时，电极表面的氧化态物种或还原态物种的浓度下降到零，此时式（3.9）中括号内一项可以忽略，这样依据电势-时间关系图上过渡时间 τ 时电势的值可以找出动力学参数和电极表面物种浓度的关系。同时恒电流电解时还满足下列桑德方程：

$$\frac{i\tau^{1/2}}{c_{Ox}^{*}} = \frac{nFAD_{Ox}^{1/2}\pi^{1/2}}{2} \tag{3.10}$$

$$c_{Ox}^{s}(t) = c_{Ox}^{*} - \frac{2it^{1/2}}{nFAD_{Ox}^{1/2}\pi^{1/2}} \tag{3.11}$$

$$c_{Red}^{*}(t) = \frac{2it^{1/2}}{nFAD_{Red}^{1/2}\pi^{1/2}} \tag{3.12}$$

电流 i 值已知的情况下测出的 τ 值（或不同电流下得到的 $i\tau^{-1/2}$ 值）可以用来确定 c_{Ox}^{*} 和扩散系数 D_{Ox} 的值。

3.6　恒压直流极化法[3]

锂离子电池充放电过程中的关键步骤是锂离子在正负极材料中的脱出/嵌入，因此测定锂离子在正负极材料中的扩散系数具有非常重要的意义。主要的方法有恒压极化法、电位阶跃法（PSCA）、恒电流间隙滴定法（GITT）和电流脉冲弛豫技术（CPR）等。电解质两侧使用锂的可逆电极，向电解质施加一定的偏压，离子在电场的作用下运动，同时电极发生锂的溶解及沉积。由于电极反应的发生，锂离子可以通过电解质连续地从电极一侧传输到另一侧；而对于阴离子，锂电极为不可逆电极，阴离子会在电极一侧聚集，在电极另一侧耗尽，同时为了维持电解质局部的电荷平衡，相应的锂离子会在一侧聚集，在另一侧耗尽。浓度梯度的建立会驱动离子扩散，经过一定的时间，会建立偏压下电解质内部离子输运的稳态。在此过程中，电流的变化如图3.11所示，施加电压的瞬间，正负离子在电场驱动下共同运动贡献电流，其后，负离子被电极阻塞，载流子的数目逐渐下降，电流逐渐下降，最后只有锂离子运动，电解质体系达到稳态，电流达到一个稳定值。

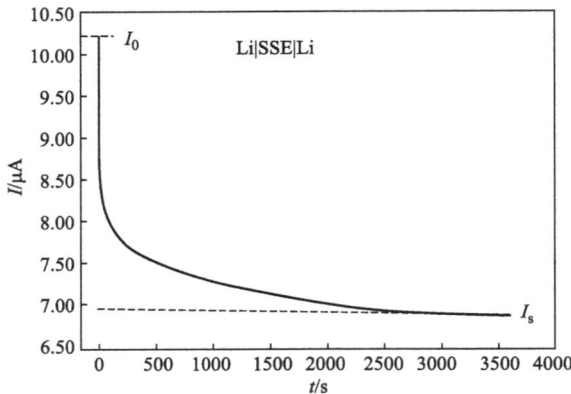

图 3.11　采用锂的可逆电极，在施加一定偏压下，电流随时间的变化曲线

经过 Bruce、Vincent 以及 Abraham 的校正之后，可以用式（3.13）表示：

$$t_{\mathrm{Li}}^{+} = \frac{I_{\mathrm{s}} R_{\mathrm{b}}^{0} \left[\Delta V - I_{0} R_{1}^{0} \right]}{I_{0} R_{\mathrm{b}}^{\mathrm{s}} \left[\Delta V - I_{\mathrm{s}} R_{1}^{\mathrm{s}} \right]} \tag{3.13}$$

式中，ΔV 为极化电压，I_0 和 I_{s}（μA）分别为恒电位直流极化测试得到的初始电流和稳定电流，R_{b}^{0} 和 $R_{\mathrm{b}}^{\mathrm{s}}$（k$\Omega$）分别是恒电位直流极化测试前和测试后的界面电阻。

该方法测试步骤简单、易操作、数据较准确、适用性广。但是当电解质与金属锂的界面稳定性较差时，测试时间较长。

3.7　恒电流间歇滴定技术（GITT）[3, 4]

恒电流间歇滴定技术（galvanostatic intermittent titration technique，GITT）是通过分析电位与时间的变化关系而得到反应动力学行为信息的测试技术，是一种暂态测量方法，最早是由德国科学家 W. Weppner 提出的。GITT 测试是一个脉冲-恒电流-弛豫的循环过程。其中脉冲指一个短暂电流经过的过程，弛豫指无电流经过的过程。基本原理是：单位时间 τ 内，施加恒电流 I 进行充电或放电，之后电流断开并保持一定时间，使离子在活性物质内部充分扩散达到平衡状态，同时记录恒电流过程和弛豫过程的电压变化情况，如图 3.12 所示。一个完整的 GITT 测试由多组 "电流阶跃" 单元构成。通过分析电极电位的变化和弛豫时间的关系，再结合活性材料的理化参数，即可推测和计算离子在内部的扩散系数和反应。

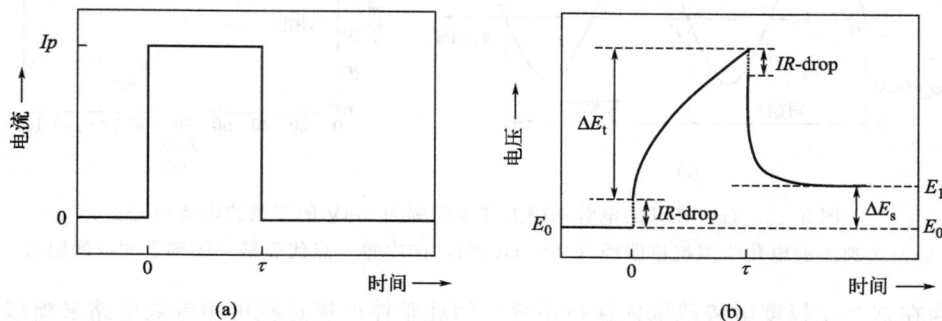

图 3.12　恒电流间歇滴定技术（GITT）原理示意图

具体步骤可参考下例：以 0.2C 的恒电流对 NCM/Li 半电池充电 10min，然后搁置 1h 使之达到平衡状态，继续循环该过程至上限电压。放电过程可参考充电过程。

图 3.12(a) 为恒电流脉冲示意图；图 3.12(b) 为电位响应；参数 τ 为恒流脉冲时间；ΔE_t 为恒流脉冲过程中电池电位总的变化；ΔE_s 为稳态电位的变化。从菲克第二定律可推导出锂离子扩散系数的表达式：

$$D^{GITT} = \frac{4}{\pi\tau}\left(\frac{m_B V_M}{M_B S}\right)^2\left(\frac{\Delta E_s}{\Delta E_t}\right)^2 \tag{3.14}$$

式中，m_B 表示质量；V_M 表示摩尔体积；M_B 表示摩尔质量。

3.8　电化学交流阻抗谱[5]

前面介绍的电势阶跃法和循环伏安法，都是应用大幅度电势或电流扰动信号，浓差极化不可忽略，采用方程解析的方法，通过求解菲克第二定律来进行研究的。除此之外，在暂态测量方法中，还有一类是应用小幅度扰动信号，一定条件下浓差极化可以忽略，电极处于电荷传递过程控制，可采用等效电路的方法来进行研究，最典型的就是电化学阻抗谱（electrochemical impedance spectroscopy，EIS）方法。

在基准电势（一般选择开路电势，也可以根据需要选择某一直流极化电势）基础上，对电极施加一定频率的小幅正弦波电势信号，测量电极系统的阻抗随正弦波频率的变化，进而分析电极过程动力学信息和电极界面结构信息的方法就是电化学阻抗谱方法。此方法在早期的电化学文献中也称为交流阻抗法。

EIS 测量施加到工作电极上的电势波形如图 3.13(a) 所示。测得的典型的 EIS 曲线如图 3.13(b) 所示。

在进行电化学阻抗谱测试时，基准电势一般选择开路电势以保持体系稳定。在施加极化阻抗信号时，正弦波电势的振幅应限制在 10mV 以下（一般采用 5mV），相当于对研究电极不断进行交替的阴阳极极化，且过电势小于 10mV，在这种极化条件下，电化学极化电流与电势满足线性关系，电荷传递过程可以等效为一个电阻（R_{ct}），而且双层微分电容（C_d）

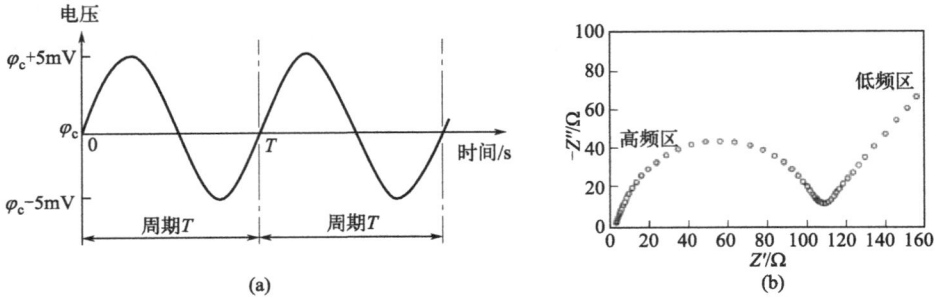

图 3.13 （a）在开路电势基础上施加振幅为 5mV 的正弦波电势信号；
（b）为典型的电化学阻抗谱曲线（Nyquist 图），图中每一点代表某一频率下测得的阻抗

也可认为在这个小幅度电势范围内保持不变，因此整体电极过程可用等效电路来模拟，可通过电工学方法来研究电极体系的电阻、电容等参数，进而研究反应机理。

阻抗谱要在一个非常宽的频率范围进行测量（最高可达 $10^6 \sim 10^{-5}$ Hz，常用 $10^5 \sim 10^{-3}$ Hz），从高频到低频选择不同的频率进行阻抗测量，据此绘制该频率范围内的阻抗谱图，如阻抗复平面图、导纳复平面图、阻抗波特（Bode）图等，其中最常用的是阻抗复平面图。阻抗复平面图是以阻抗的实部为横轴，以阻抗虚部为纵轴绘制的曲线，也叫奈奎斯特（Nyquist）图。

电化学阻抗谱是一种频率域的测量方法，也可绘制阻抗 Bode 图。阻抗 Bode 图由两条曲线组成。一条曲线描述阻抗的模值随频率的变化关系，即 $\lg|Z| \sim \lg f$ 曲线，称为 Bode 模图；另一条曲线描述阻抗的相位角随频率的变化关系，即 ϕ-$\lg f$ 曲线，称为 Bode 相图。通常，Bode 模图和 Bode 相图要同时给出，才能完整描述阻抗的特征。

在高频、中频、低频三个区域中，相位角的变化揭示了不同反应过程的时间常数和电荷传递机制。Bode 图通常能够直观地展示电容-电阻并联的行为。

通常，文献中 Nyquist 图更常见，因此本节将重点介绍 Nyquist 图的原理与解析。

3.8.1 电工学基础知识

一个正弦交流电压信号如图 3.14(a) 所示。正弦量变化一次所需要的时间（s）称为周期 T，每秒内变化的次数（Hz）称为频率 f。正弦量变化的快慢还可用角频率 ω 来表示：

$$\omega = 2\pi/T = 2\pi f \tag{3.15}$$

式中，ω 的单位是 rad/s。

一个正弦量可以用旋转的有向线段表示，如图 3.14(b) 所示。而有向线段可以用复数表示，因此正弦量可以用复数来表示。把正弦量用复数表示，可以把烦琐的三角函数运算转

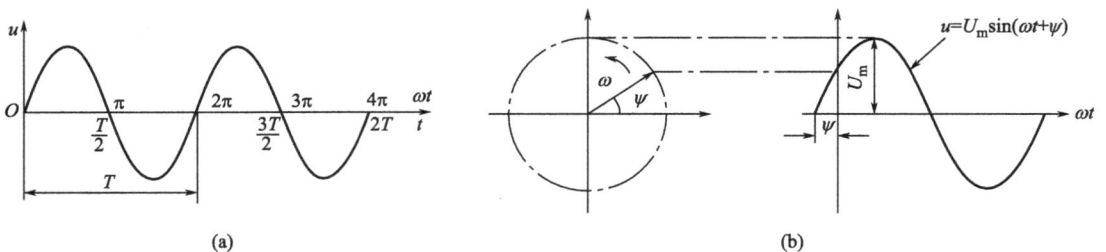

图 3.14　正弦交流电压信号（a）及其相量表示（b）

变成代数运算，大大简化了交流电路分析。由复数知识可知，虚数单位 j 为 90°旋转因子，任意一个相量乘上＋j，即向前旋转了 90°；乘上－j，即向后旋转了 90°。

交流阻抗是一个电工学概念。在具有电阻、电容和电感的电路里，它们对交流电流所起的阻碍作用就叫交流阻抗，常用 Z 表示，它是一个复数：

$$Z = Z' + jZ'' \tag{3.16}$$

式中，Z' 为阻抗的实部；Z'' 为阻抗的虚部；j 为虚数单位，$j = \sqrt{-1}$。复数阻抗的实部为"阻"，虚部为"抗"。

通过电工学知识可知，对于电阻元件，其阻抗只有实部，就是电阻 R（Ω）：

$$Z_R = R \tag{3.17}$$

电阻是阻抗的基本组成元件，通常用于表示溶液中离子导电的难易程度，即溶液电阻。电解质溶液的电阻在 EIS 中通常处于高频区域，影响因素包括离子浓度、温度及电极表面的导电性能。溶液电阻不仅提供了关于溶液性质的直接信息，还在进一步拟合和校正其他参数时起到参考作用。例如，电解质较浓的情况下，溶液电阻会较小，而对于稀溶液，电阻会增大。这种参数常用于电极界面分析，如腐蚀体系中可帮助判断介质对金属的侵蚀程度。

对于电容元件，其阻抗只有虚部，由电容 C 决定：

$$Z_C = -j \frac{1}{2\pi fC} = -j \frac{1}{\omega C} = \frac{1}{j\omega C} \tag{3.18}$$

式中，$1/\omega C$ 称为电容的容抗，单位是 Ω。

电容代表双电层电容，是电极和溶液界面上电荷分布产生的效应。电极表面在与溶液接触时，由于电荷分离形成双电层，这种双电层具备电容特性。电容的大小与电极表面的物理和化学特性密切相关。比如，当双电层的电容较高时，通常意味着电极表面活性高或电极表面具有较大的比表面积，因此在分析反应界面特性时，电容是衡量电极表面活性的重要参数。

对于电感元件，其阻抗也只有虚部，由电感 L 决定：

$$Z_L = j2\pi fL = j\omega L \tag{3.19}$$

式中，ωL 称为电感的感抗，单位是 Ω。

电感元件通常用于描述某些电化学系统中的感抗行为，特别是在高频区域显现。电感通常与导线或连接器的寄生电感效应相关，但在某些特定的电化学体系中（例如具有磁性或强电流效应的材料），电感可以用于模拟电流突变或感应效应。电感的阻抗 $Z_L = j\omega L$ 与频率呈正比，表现出正的虚数阻抗。在 Nyquist 图中，电感元件往往表现为高频区域的上升趋势。虽然在大多数标准电化学反应中，电感效应较少，但在特定条件下（如高频测量或大电流密度）会变得明显。电感的引入能够帮助更准确地描述实际电路的行为，为复杂电化学系统的分析提供了额外的维度。例如，在快速充放电电池系统中，导线和电极连接的寄生电感会影响电流的响应速度，电感元件在这种情况下对等效电路的精确拟合十分关键。此外，在某些腐蚀系统中，较大的感抗可能预示着金属表面氧化膜的变化或某些反应中间体的生成。因此，电感在某些复杂体系的 EIS 分析中具有实际意义。

在交流电路中，阻抗最常见的连接形式是串联和并联。当电路中有多个元件串联时，总的阻抗等于各串联元件的阻抗之和。例如一个电阻 R 和一个电容 C 串联时，总阻抗为：

$$Z = Z_R + Z_C = R - j/\omega C \qquad (3.20)$$

当电路中有多个元件并联时，总阻抗的倒数等于各并联阻抗的倒数之和。例如一个电阻 R 和一个电容 C 并联时，总阻抗的倒数为：

$$\frac{1}{Z} = \frac{1}{Z_R} + \frac{1}{Z_C} = \frac{1}{R} + j\omega C \qquad (3.21)$$

故总阻抗为：

$$Z = \frac{R}{1 + j\omega RC} = \frac{R}{1 + (\omega RC)^2} - j\frac{\omega R^2 C}{1 + (\omega RC)^2} \qquad (3.22)$$

3.8.2 阻抗复平面图

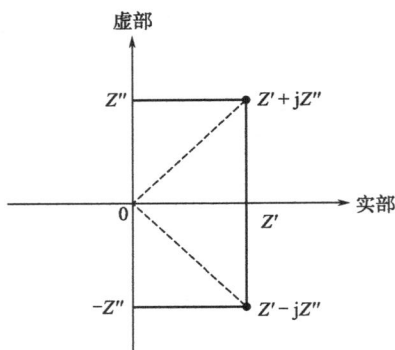

图 3.15 复数阻抗在复平面
图上对应的点

任何一个复数都可以用复平面上的一个点来表示。所谓复平面，就是它的横坐标是实数轴，以实数 1 为标度单位，它的纵坐标为虚数轴，以虚数单位 j 为标度单位。复数阻抗 $Z' + jZ''$ 和 $Z' - jZ''$ 在复平面上对应的点如图 3.15 所示。

在电化学阻抗谱的数据解析中，需要把不同频率下测得的阻抗点放在同一个复平面图上观察，这就是阻抗复平面图，即 Nyquist 图。在电化学等效电路中，主要电路元件是电阻（R）和电容（C），由 RC 串联或并联电路的总阻抗式（3.20）和式（3.21）都是 $Z' - jZ''$ 的形式，对应的点应该在复平面图的第四象限，但为了方便观察阻抗谱，通常把 Nyquist 图的虚轴的负方向朝上，这样就可以把 $Z' - jZ''$ 对应的点画到第一象限。

对于电阻元件，它的阻抗就是电阻 R，与电压信号频率无关，在 Nyquist 图中表现为实轴上的一个点。对于电容元件，如式（3.18），它的阻抗只有虚部 $-1/\omega C$，所以某一频率下的电容阻抗在 Nyquist 图中表现为虚轴上的一个点，又因为它的阻抗随电压频率变化，所以不同频率下的点连起来就是一条与虚轴负半轴重合的射线。

对于 RC 串联电路，如式（3.20），它的阻抗实部是电阻 R，虚部是容抗 $-1/\omega C$，所以其 Nyquist 图为一条与实轴相交于 R 而与虚轴负半轴平行的射线，如图 3.16(a) 所示。

对于 RC 并联电路，如式（3.21），它的阻抗实部 $Z' = R/[1 + (\omega RC)^2]$，虚部 $Z'' = -\dfrac{\omega R^2 C}{1 + (\omega RC)^2}$。

通过数学推导可得出 Z' 和 Z'' 之间有如下关系：

$$\left(Z' - \frac{R}{2}\right)^2 + Z''^2 = \left(\frac{R}{2}\right)^2 \qquad (3.23)$$

式（3.23）代表一个圆心为（R/2，0），半径为 R/2 的圆方程。由于实部 $Z' > 0$，虚部 $Z'' < 0$，所以其 Nyquist 图为一个位于第一象限的半圆，如图 3.16(b) 所示。根据图中半圆与实轴的交点可以直接读出电阻 R 的数值。

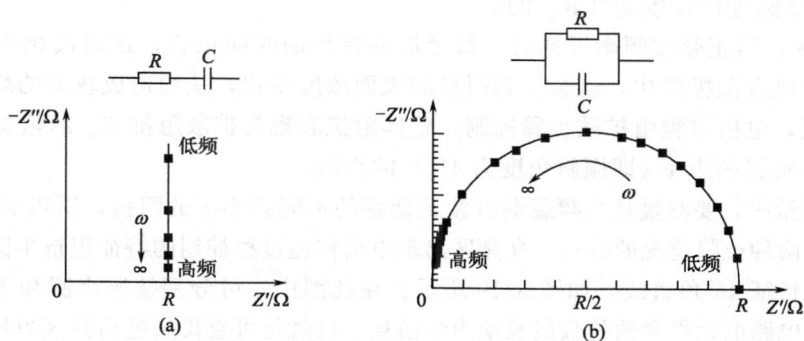

图 3.16　RC 串联电路 (a) 与 RC 并联电路 (b) 的 Nyquist 图

3.8.3　电化学体系的等效电路与阻抗谱

如果能用一系列的电学元件来构成一个电路，它的阻抗谱同测得的电化学阻抗谱一样，那么就称这个电路为电化学体系的等效电路，而所用的电学元件就叫作等效元件。

在三电极测量体系中，电极体系的基本等效电路如图 3.17(a) 所示，图中 A 端代表研究电极，B 端代表参比电极，R_L 代表工作电极与参比电极鲁金毛细管口之间的溶液电阻（如果工作电极自身的电阻不可忽略，则为未补偿电阻 R_u），R_{ct} 代表电荷传递电阻（反映电化学极化），C_d 代表电界面双层微分电容，Z_w 代表 Warburg 半无限扩散阻抗（反映浓差极化）。此等效电路可通过以下分析得出。如 3.8.2 节所述，如果不考虑扩散过程，R_{ct} 和 C_d 之间是并联关系，R_L 与之串联。扩散传质和电荷传递是电极过程中接续进行的两个基本元步骤，两个步骤进行的速度是相同的，因此，R_{ct} 和 Z_w 之间是串联关系。因为界面极化电势由浓度极化过电势和电化学极化过电势两部分组成，也就是说，Z_w 两端电压与 R_{ct} 两端电压之和为总电压。很明显，总电压是通过改变双电层荷电状态建立起来的，就等于双层电容 C_d 两端的电压。因此，三个元件之间的关系是：R_{ct} 和 Z_w 串联，然后整体与 C_d 并联。

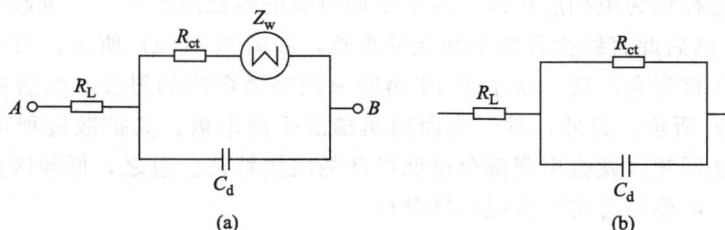

图 3.17　电极体系的基本等效电路 (a) 及其在高频区的简化 (b)

这个等效电路的总阻抗比较复杂，下面把它在高频区和低频区分别简化来进行讨论。

① 高频区。当正弦波频率足够高时，在电极上交替进行的阴极过程与阳极过程每半周期持续时间都很短，不会引起明显的浓度极化及表面状态变化，也不会引起表面浓度变化的积累性发展。在此情况下，浓度极化可以忽略，电极过程由电荷传递过程控制，因此可忽略扩散阻抗 Z_w，等效电路简化为图 3.17(b)。此时的阻抗就是在 $R_{ct}C_d$ 并联电路阻抗的基础上加上一个电阻 R_L，所以其 Nyquist 图仍然是一个半圆，只不过此半圆在实轴上的起点由 0 变为了 R_L，如图 3.18 所示。该图的特点非常明显，可以方便地从图中半圆起点直接读

R_L 的值，从半圆直径直接读出 R_{ct} 的值。

② 低频区。当正弦波频率很低时，每半周期持续的时间很长，这时候相当于进行长时间的阴极极化或者阳极极化，就会引起明显的表面浓度变化，从而造成较大的浓度极化。因此在低频区域，电极过程由扩散步骤控制，整体阻抗表现为扩散阻抗 Z_W 的阻抗特征，研究表明，它是一条斜率为 1（即倾斜角度为 45°）的直线。

在实际测量中，要测量从高频逐渐过渡到低频的不同频率下的阻抗，所以实际的 Nyquist 图结合了上述两种极限情况的特点：高频区出现电荷传递过程控制的特征阻抗半圆，低频区出现扩散控制的特征 45°角直线，如图 3.19 所示。在此图中，可分别按照半圆和直线的分析方法，得到等效电路的元件参数的数值及动力学信息，也就是可直接通过高频区阻抗半圆的起点和半径读出 R_L 和 R_{ct} 的值，然后可通过对低频区直线的分析估算扩散系数。

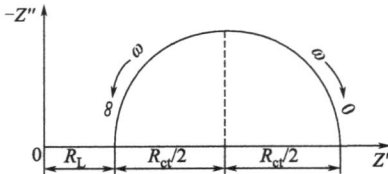

图 3.18　图 3.17(b) 所示等效电路的
Nyquist 图

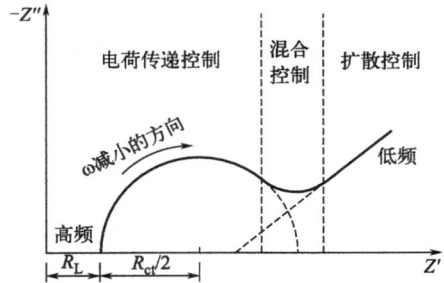

图 3.19　图 3.17(a) 所示等效电路的
Nyquist 图

对于低频区的扩散阻抗，只有满足平面电极的半无限扩散条件才会出现 45°角的直线，如果不满足此条件，则低频区的阻抗谱会出现不同情况的变形。比如对于球电极的半无限扩散，其低频区首先会出现一条小于 45°角的斜线，当频率继续降低时，此斜线开始向下弯曲，最后会逐渐下弯直至与实轴相交，形成一个扁的半圆弧，如图 3.20 所示。再比如，如果在离电极表面距离为 l 处有一个壁垒阻挡传质，于是扩散过程只能在厚度为 l 的溶液层中进行，这种扩散过程称为阻挡层扩散。对于平面电极的阻挡层扩散，其低频区首先会出现一条 45°角的直线，然后此直线会急剧上翘接近垂直，如图 3.21(a) 所示。对于球电极的阻挡层扩散，其低频区首先会出现一条小于 45°角的末端略微弯曲的斜线，然后此斜线会急剧上翘，如图 3.21(b) 所示。另外，对于表面很粗糙的平面电极，其扩散过程可能会部分地相当于球面扩散，在低频区就会出现部分球面扩散的阻抗特征。总之，低频区扩散阻抗的图谱通常会比较复杂，需要结合实际情况具体分析。

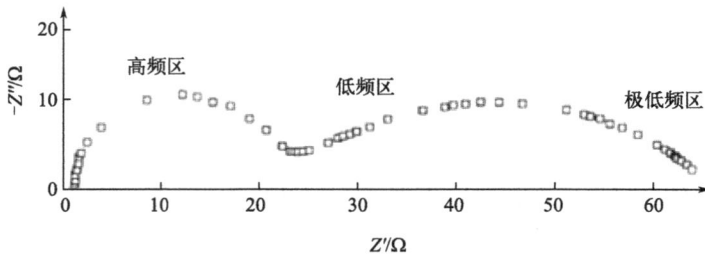

图 3.20　球电极的半无限扩散 Nyquist 图

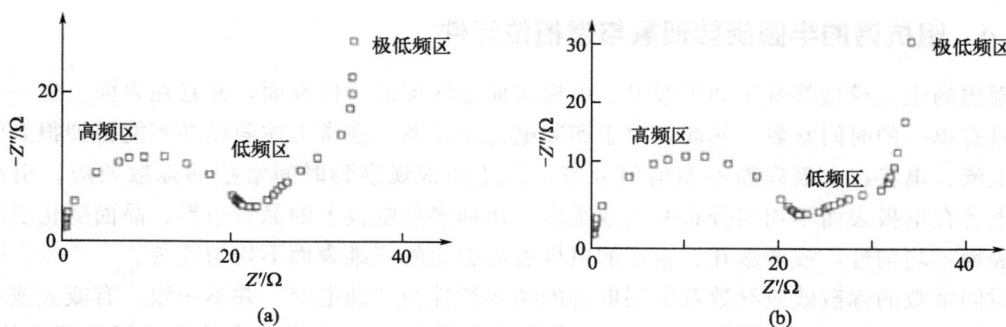

图 3.21 平面电极（a）和球面电极（b）的阻挡层扩散 Nyquist 图

此外，有时交流阻抗实验是在两电极体系（如微电极体系或锂离子纽扣电池体系）中进行的，极化电压施加在整个电解池两端，因此整个电解池体系的等效电路要包括研究电极和辅助电极两部分，如图 3.22(a) 所示，图中 A 端代表研究电极，B 端代表辅助电极，R_s 代表研究电极和辅助电极之间的溶液欧姆电阻（如果研究电极和辅助电极自身的电阻不可忽略，则为未补偿电阻 R_u），R_{ct1} 和 R_{ct2} 分别代表研究电极和辅助电极的电荷传递电阻，C_{d1} 和 C_{d2} 分别代表研究电极和辅助电极的界面双层电容（F），Z_{w1} 和 Z_{w2} 分别代表研究电极和辅助电极的 Warburg 扩散阻抗。Warburg 元件是用于模拟扩散控制的电化学系统，特别是在低频区域表现出重要特征。在许多实际电化学反应中，反应物和生成物浓度的变化常常受到扩散限制的影响，Warburg 元件因此产生。它在阻抗图谱的低频区呈现出 45° 的直线，说明扩散过程在此区域主导反应速率。例如在电池系统中，锂离子在电极中的扩散速率直接影响电池的放电性能；在腐蚀体系中，腐蚀产物的扩散特性决定了腐蚀速度。因此，Warburg 元件在 EIS 中为扩散现象的表征提供了精确的模型。

这些元件在模型中的精确性能够帮助我们直观理解电极反应的不同方面，例如电极-电解质界面电荷的传输阻力、界面双电层的电容效应等。因此，熟练理解各元件的物理含义，能够更好地选择并组合出符合实际情况的电路模型。

若辅助电极面积很大，远大于研究电极，则 C_{d2} 远远大于 C_{d1}，由于容抗（$1/\omega C$）和电容量呈反比，因此辅助电极的容抗很小，C_{d2} 支路相当于短路状态，因而辅助电极的阻抗可以忽略，等效电路可进一步简化为图 3.22(b)，这样研究电极的阻抗部分就被孤立出来了，可以看出，图 3.22(b) 和图 3.17(a) 中的等效电路具有完全相同的结构，所以此时两电极体系的阻抗谱就和三电极体系的特点一致了。

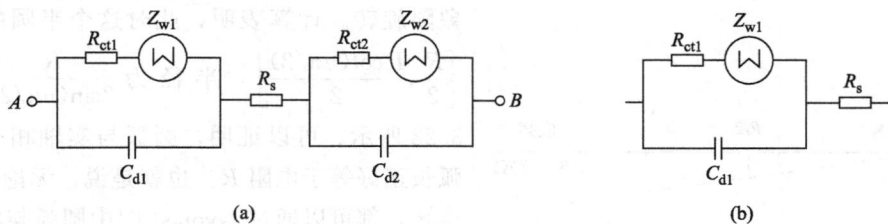

图 3.22 两电极体系的基本等效电路（a）及其在辅助电极阻抗可忽略时的简化（b）

如果辅助电极的阻抗不能忽略，则 Nyquist 图的高中频区会出现两个连续的半圆，两个半圆的直径分别是 R_{ct1} 和 R_{ct2}。至于哪个半圆对应 R_{ct1}，哪个半圆对应 R_{ct2}，则要根据相应的电容拟合数值和体系实际情况来综合判断分析。

3.8.4 阻抗谱的半圆旋转现象与常相位元件

理想的阻抗模型都基于如下假设：电极表面为均匀的活性表面，并且在表面上每一个反应都具有单一的时间常数。然而，对于实际电化学体系，通常上述假设并不能得到很好的满足，电流、电势在电极表面不能均匀分布，因此经常观察到时间常数的弥散效应。引起电流、电势在电极表面不均匀分布的因素很多，比如多晶电极上的晶粒边界、晶面变化引起的二维表面不均匀性，或者多孔、粗糙的电极表面引起的三维表面不均匀性等。

时间常数的弥散效应导致双电层电容的频响特性与"纯电容"并不一致，有或大或小的偏离，进而导致了阻抗半圆的旋转现象，即测出的阻抗曲线或多或少地偏离了半圆的轨迹，而表现为一段实轴以上的圆弧。在等效电路中，一般要使用常相位角元件（constant phase element，CPE）来代替纯电容元件，才能对旋转的半圆取得较好的拟合效果。常相位元件是一种非理想电容，用于描述实际电极表面双电层偏离理想电容的情况。由于表面粗糙度、材料微结构的不同，电极的阻抗行为往往偏离理想的电容特性，此时 CPE 通过相位角调整来模拟这一偏离。常相位元件在多孔材料、腐蚀不均的电极中尤其有效，能够表征如生物膜、电化学涂层中常见的非理想界面行为。常相位元件的引入让我们能够更精确地模拟实际条件下的电极表面，是 EIS 中不可或缺的元素。

CPE 元件常用符号 Q 来表示，其阻抗为：

$$Z_Q = \frac{1}{Y_0 \omega^n} \cos\left(\frac{n\pi}{2}\right) - j \frac{1}{Y_0 \omega^n} \sin\left(\frac{n\pi}{2}\right) \qquad (3.24)$$

上式有两个参数：一个是 Y_0，单位是 S^n/Ω，由于 Q 是用来描述双电层偏离纯电容 C 的等效元件，所以它的参数 Y_0 与电容的参数 C 一样，总是取正值；另一个是 n，它是无量纲的指数，有时也被称为"弥散指数"。随着 n 的取值不同，CPE 元件也表现出不同的阻抗特性：

当 $n=0$ 时，Q 就相当于一个电阻 R，$Z_Q = R$；

当 $n=1$ 时，Q 就相当于一个电容 C，$Z_Q = -j(1/\omega C)$；

当 $n=0.5$ 时，Q 就相当于由半无限扩散引起的 Warburg 阻抗；

当 $0.5 < n < 1$ 时，Q 具有电容性，可代替双电层电容作为界面双电层的等效元件。

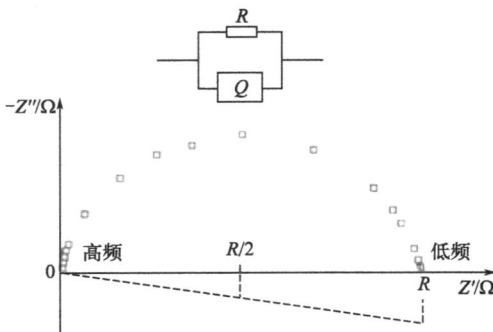

图 3.23　RQ 并联电路的 Nyquist 图

对于 RC 并联电路，其阻抗是 Nyquist 图中位于第一象限的半圆（图 3.23）；当用 Q 代替 C，变成 RQ 并联电路后，这个半圆就会向第四象限旋转。计算表明，此时这个半圆的圆心为 $\left[\frac{R}{2}, \frac{R\cot(n\pi/2)}{2}\right]$，半径为 $\frac{R}{2\sin(n\pi/2)}$，如图 3.23 所示。可以证明，圆弧与实轴相交的一段弧长正好等于电阻 R。也就是说，无论半圆是否旋转，都可以通过 Nyquist 图中圆弧与实轴的交点直接读出电阻 R 的数值。

3.8.5 阻抗谱的数据处理与解析

测量得到阻抗谱后，必须对谱图进行分析，最常采用的分析方法是曲线拟合法。对电化学阻抗谱进行曲线拟合时，首先要建立电极过程合理的等效电路模型，然后通过数学方法（一般采用非线性最小二乘法）进行拟合，可通过专门的阻抗谱分析软件来进行拟合，从而确定等效电路中待定的元件参数值，据此进行进一步分析。

在拟定等效电路模型时，必须综合多方面的信息，例如，可以考虑阻抗谱的特征（如阻抗谱中高中频区含有的半圆弧的个数，一般一个半圆弧对应一个 RC 并联电路），也可考虑与待测体系相关的电化学知识（往往是特定研究领域中所积累的知识），还可以对阻抗谱进行分解，逐个求解阻抗谱中各个半圆弧所对应的等效元件的参数初值，在各部分阻抗谱的求解和扣除过程中逐渐建立起等效电路的具体形式。

为了方便观察阻抗谱半圆弧的弧度和扩散直线的倾角，Nyquist 图一定要注意保持横纵坐标刻度的一致性，即横纵坐标的单位长度应该一样长，否则图像会变形，不利于观察判断。

需要注意的是，电化学阻抗谱和等效电路之间并不存在一一对应关系。很常见的一种情况是，同一个阻抗谱可用多个等效电路进行很好的拟合，等效电路模型不是唯一的。例如，图 3.24(a)～(c) 所示的 3 个等效电路是由 3 个完全不同的物理模型得出的，但是却具有相同的频率响应，其阻抗谱图像是一样的，都是具有两个容抗弧的阻抗谱，如图 3.24(d) 所示。电路图 3.24(a) 可用来描述两个电阻层，并作为度量模型；电路图 3.24(b) 可用来描述包含两个电化学步骤的反应原理，或者是描述由涂层电极组成的系统反应机理；电路图 3.24(c) 在电化学中则没有明确的对应体系。

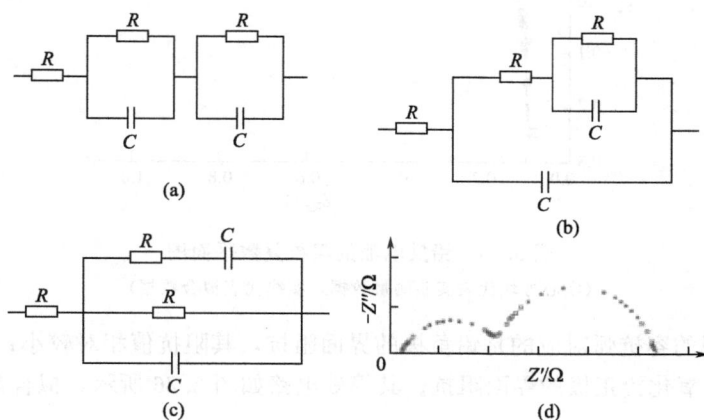

图 3.24　具有相同的频率响应的三个等效电路模型 (a)～(c) 及其阻抗谱 (d)

显然，与实验数据拟合度较高，并不能确保所用电路模型是正确的，一定要考虑该等效电路的每一个元件在具体的被测体系中是否有明确的物理意义，能否合理解释物理过程，才能最终确定模型的有效性。

在实际研究中，很多研究者仅仅是对 Nyquist＋Bode 的图像进行表观简单的分析。界面"黑匣子"的所有信息均会包含在 EIS 的 Nyquist＋Bode 结果中，比如电荷转移电阻、扩散行为、双电层的形成等。但因为这些信息在频率域中是混杂在一起的，单靠原始数据、表观分析很难直接分辨出各个过程。而拟合工具在这一过程中起到至关重要的作用，通过构建合理的等效电路模型，将复杂的电化学行为拆解为易于量化分析的参数（如电荷转移电阻、电容、Warburg 扩散阻抗等），这些参数分别对应于界面上的不同电化学过程。通过监测和解析各参数的变化，可以揭示电极反应的动态过程、缓蚀剂作用机理以及腐蚀产物的生成过程等。

3.8.6　电化学阻抗谱的应用[6]

电化学阻抗谱（EIS）的应用非常广泛，如固体材料表面结构表征，在金属腐蚀体系、缓蚀剂、金属电沉积中的应用，在生物体系研究中的应用以及化学电源研究中的应用等。在不同的应用领域中，往往要采用不同的数学模型或等效电路模型，选用的依据主要是能够很好地解释研究体系中所进行的具体过程，具有确定的物理意义，所得结论能够很好地解释体系的性质，并指导进一步的研究。

（1）电解质/电极界面研究

图 3.25 是一个铅酸电池的阻抗复数平面图。在超高频范围内，出现了一段实轴以下的感抗，这通常是由导线电感和电极卷绕电感产生的，这一电感和电池等效电路的其余部分之间应为串联关系。这种超高频（通常在 10kHz 以上）电感往往只在阻抗很小的体系，如电池、电化学超级电容器中能够被明显地观察到。

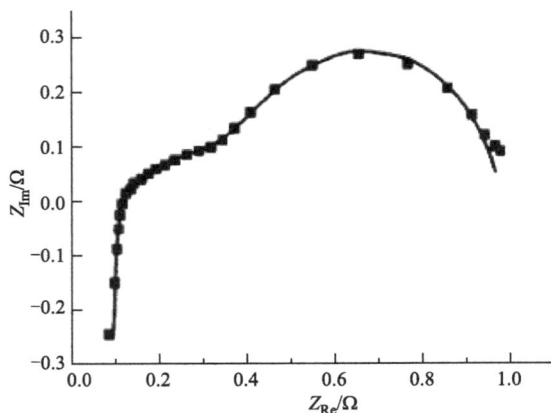

图 3.25　铅酸电池的阻抗复数平面图
（实心方块代表实验测量数据，实线代表拟合数据）

在高频段出现的容抗弧对应的是铅负极的界面阻抗，其阻抗值相对较小；在低频段出现的容抗弧对应的是二氧化铅正极的界面阻抗。其等效电路如图 3.26 所示，拟合参数值见表 3.1。

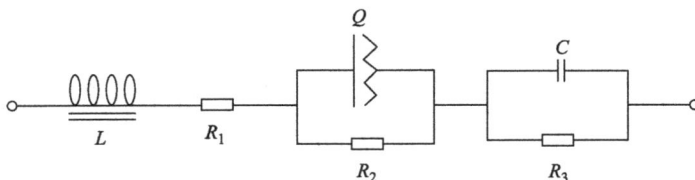

图 3.26　铅酸电池阻抗谱所对应的等效电路

表 3.1　拟合的电路元件参数值

元件	L/H	R_1/Ω	Q		R_2/Ω	C/F	R_3/Ω
			$Y^{\ominus}$	n			
参数值	6.606×10^{-7}	0.08933	0.1953	0.4564	0.4364	0.2294	0.4606

当对电池中某一电极进行 EIS 测试时，往往可以得到电极内各组成部分对电极性能的

影响信息。图 3.27 中的阻抗谱是嵌入型电极上测得的典型阻抗谱，图中的标注是引起相应频率范围阻抗响应的电极弛豫过程。

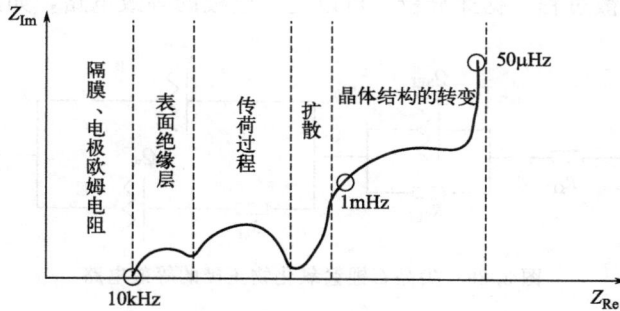

图 3.27　嵌入型电池电极的典型电化学阻抗谱

例如，对于锂离子电池的正、负极进行 EIS 测试，均可得到类似的电化学阻抗谱。通常采用的测试频率范围为 $10^{-2} \sim 10^5\,\mathrm{Hz}$，所得阻抗谱包括两个容抗弧和一条倾斜角度接近 45°的直线。图 3.28 是尖晶石锂锰氧化物正极在首次脱锂（充电）过程中不同电势下的电化学阻抗谱。

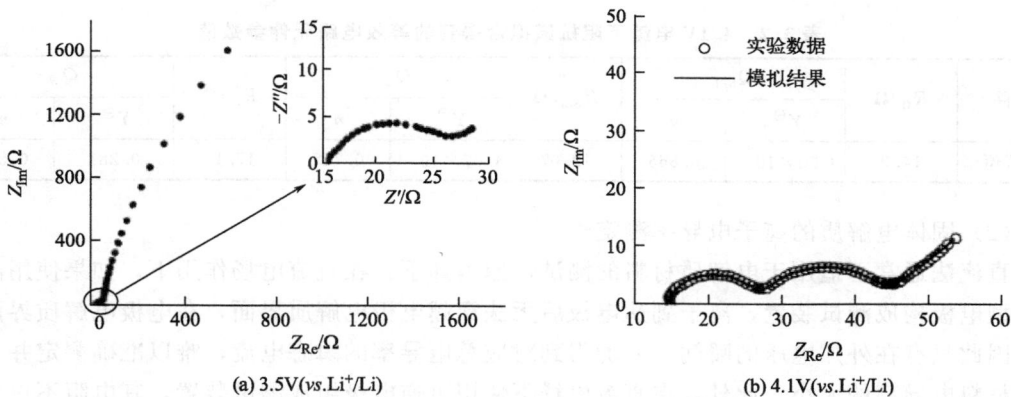

(a) 3.5V($vs.$Li$^+$/Li)　　　　　　　　(b) 4.1V($vs.$Li$^+$/Li)

图 3.28　尖晶石锂锰氧化物正极在首次脱锂（充电）过程中不同电势下的电化学阻抗谱

图 3.28(a) 中高频容抗弧对应着锂锰氧化物表面上覆盖的 Li_2CO_3 原始膜的弛豫过程，而中低频容抗弧则对应着双电层电容通过传荷电阻的充放电过程，由于在此电势下脱锂过程尚未发生，传荷电阻很大，因而此时中低频容抗弧很大。

图 3.28(b) 中高频区域存在一个较小的容抗弧，中频区域存在一个较大的容抗弧，低频区域则是一条倾斜角度接近 45°的直线。当电极电位大于 3.8V（$vs.\,Li^+/Li$），正极开始充电后，阻抗谱均为由两个容抗弧和一条倾斜角度接近 45°的直线构成。

大量关于嵌入型电极的研究表明，在电极表面上存在着一层有机电解液组分分解形成的、能够传导离子而不能传导电子的绝缘层，称为固体电解质相界面（solid electrolyte interphase，SEI）膜。SEI 膜最早是在锂离子电池碳负极上发现的，近几年的研究表明，SEI 膜也存在于所有 Li_xMO_y（M＝Ni、Co、Mn 等）正极表面上，又称阴极电解质相界面（CEI）。因此，在锂离子电池充放电时，锂离子迁移通过 SEI 膜，到达或离开电极活性材料表面的过程，是整个电极过程的一个组成部分。

图 3.28(b) 中阻抗谱的高频容抗弧对应着锂离子在 SEI 膜中的迁移过程，而中频容抗弧则对应着锂离子在 SEI 膜和电极活性材料界面处发生的电荷传递过程，低频直线对应着锂离子在固相中的扩散过程。据此分析，可以建立电极的等效电路，如图 3.29 所示。

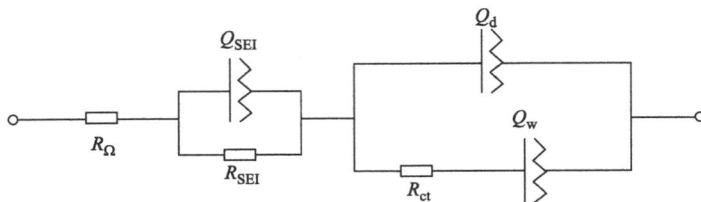

图 3.29　尖晶石锂锰氧化物正极的等效电路

等效电路中，R_Ω 代表电极体系的欧姆电阻，包括隔膜中的溶液欧姆电阻和电极本身的欧姆电阻；常相位元件 Q_{SEI} 和 R_{SEI} 分别代表 SEI 膜的电容和电阻；常相位元件 Q_d 代表双电层电容；R_{ct} 代表电荷传递电阻；常相位元件 Q_w 代表固相扩散阻抗。

按照图 3.29 所示的等效电路对 $4.1V$（$vs.\ Li^+/Li$）极化电势下的阻抗谱进行曲线拟合，可以获得良好的拟合效果，χ^2 值为 7.18×10^{-4}，拟合得到的等效电路元件参数值列于表 3.2 中。

表 3.2　4.1V 电势下阻抗谱拟合得到的等效电路元件参数值

元件	R_Ω/Ω	Q_{SEI}		R_{SEI}/Ω	Q_d		R_{ct}/Ω	Q_w	
		$Y^{\ominus}$	n		$Y^{\ominus}$	n		$Y^{\ominus}$	n
参数值	14.9	3.00×10^{-5}	0.865	12.07	4.07×10^{-3}	0.757	17.17	0.281	0.535

（2）固体电解质的离子电导率测定[7]

直流法通常不适用于电解质材料的测试，原因如下：在直流电场作用下，如果使用离子阻塞型电极构成测试装置，离子到达电极后无法穿越电极电解质界面，在电极电解质界面富集。因此只有在外加电压的瞬间，才能得到对应总电导率的瞬态电流，难以准确测定并真实反映材料电导率的大小。此外，在直流电场下使用可逆电极组成测试装置，其电阻不仅包括电解质本身的电阻，还包括界面输运的电阻以及可逆电极上电化学反应的电阻，用直流电法只能得到总的电阻，无法区分各种不同电阻的贡献。

此外在讨论测试电极的选择时，由于金属锂作为测试电极所呈现的结果相对复杂，一般情况下在测试电解质电导率时选用离子阻塞电极（不锈钢片、Au、Ag、Pt、碳片等）作为测试电极。需要注意的是，此时交流阻抗法得到的实际为电解质总的电导率（离子电导率和电子电导率的加和），但由于电子电导率的贡献微乎其微，通常测得的总电导率就代表离子电导率。

3.9　旋转圆盘电极[6, 8, 9]

旋转圆盘电极（rotating disk electrode，RDE）是能够把流体动力学方程和对流-扩散方程在稳态时严格解出的少数几种对流电极体系中的一种。制备这种电极相对简单，它是把一种电极材料作为圆盘嵌入到绝缘材料做的管中。例如，一种普遍采用的形式是将铂的圆棒嵌入聚四氟乙烯、环氧树脂或其他塑料中，露出的电极底面经抛光后十分平整光滑。电极经电动机带动可按一定速度旋转。电极结构如图 3.30 所示。

由于溶液具有黏性，圆盘电极的旋转带动附近的溶液发生流动。溶液的流动可分解为三个方向：由于离心力的存在，溶液在径向以流速 ν_r 向外流动；由于溶液的黏性，在圆盘旋转时，溶液以切向流速 ν_ϕ 向切向流动；在电极附近这种向外的溶液流动使得电极中心区溶液的压力下降，于是离电极表面较远的溶液向中心区补充，形成轴向流动，流速为 ν_y。上述三个方向的流速与电极转速、溶液黏度有关，也与离开电极表面的轴向距离 y 有关，ν_r 和 ν_ϕ 还与径向距离 r 值有关，r 越大其值也越大。旋转圆盘附近的液流情况如图 3.31 所示。

图 3.30　旋转圆盘电极

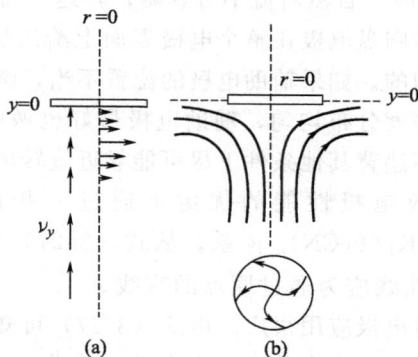

图 3.31　(a) 旋转圆盘电极附近的流速的矢量表示和 (b) 总流线（或流动）的示意图

在到电极表面轴向距离相同的各处，溶液的轴向流动速度是相同的，或者说电极水平表面各处的强制对流状况相同，因此可以形成整个电极表面上均匀的扩散层厚度，并且这一扩散层厚度可以通过调节转速而人为地控制。

根据流体动力学理论，可以推导出扩散层的有效厚度 δ：

$$\delta = 1.61 D_O^{1/3} \nu^{1/6} \omega^{-1/2} \tag{3.25}$$

式中，D_O 为反应物的扩散系数，cm/s；ν 为溶液的动力黏度，cm/s；ω 为旋转圆盘电极的旋转角速度，rad/s。

根据菲克第一定律 $i = nFAD_O(c_O^* - c_O^s)/\delta$ 可以得到扩散极限电流密度为：

$$i = 0.62 nFAD_O^{2/3} \nu^{-1/6} (c_O^* - c_O^s) \omega^{1/2} \tag{3.26}$$

极限电流 i_d 为：

$$i_d = 0.62 nFAD_O^{2/3} \nu^{-1/6} c_O^* \omega^{1/2} \tag{3.27}$$

令 $B = 0.62 nFAD_O^{2/3} \nu^{-1/6}$，则式（3.26）和式（3.27）可写为：

$$i = B(c_O^* - c_O^s) \omega^{1/2} \tag{3.28}$$

$$i_d = Bc_O^* \omega^{1/2} \tag{3.29}$$

严格讲，上述数学关系式只适用于一个无限薄的薄片电极在无限大的溶液中旋转的情形。但当圆盘的半径比普朗特（Prandtl）表层（是指电极表面附近由于电极的拖动，溶液径向流速随着趋近电极表面而逐渐减小的液层）厚度大得多，而且电解液至少超过圆盘边缘几厘米以上时，上述数学关系式仍然近似成立。如果电极圆盘被嵌在绝缘物中，而且它们在同一表面上连续平滑，则可以使边缘效应减到最小。

上述数学关系式只适用于溶液流动满足层流条件，且自然对流可以忽略的情况下。为了保证层流条件，圆盘表面的粗糙度与 δ 相比必须很小，即要求电极表面具有高光洁度，表面液流不会出现湍流；在远大于旋转电极半径范围内不得有任何障碍物，而且旋转电极应当没有偏心度；当鲁金（Luggin）毛细管很细、轴向地指向电极表面、而且尖端距离表面 1cm 以上时，并不会显著干扰流体动力学性质。如果 Luggin 毛细管离电极表面太近，会引起湍流；太远，则会增大溶液欧姆压降。

为了保证层流条件，并且自然对流可以忽略，必须选择适当的转速范围。当转速在 10r/min 以下时，自然对流不可忽略；转速太高，高于 10000r/min 时，容易引起湍流。

由于旋转圆盘电极在整个电极表面上给出均匀的轴向流速 ν_y，因而整个表面上的扩散层厚度是均匀的。如果辅助电极的位置不当，圆盘电极表面上电流密度的分布就未必均匀。为了使电流密度分布均匀，辅助电极最好也做成圆盘形状，其表面与旋转圆盘电极表面平行，而且在不违背其他条件下尽可能靠近旋转电极表面。

旋转圆盘电极性能的优劣可通过一些性质已知的体系进行校验，例如可使用 $K_3(FeCN)_6/K_4(FeCN)_6$ 体系。从式（3.27）可知，在性能良好的旋转圆盘电极上测得的 i_d-$\omega^{1/2}$ 关系曲线应为通过原点的直线。

旋转圆盘电极应用很广。由式（3.27）可知，若 n、Do、ν 中任意两个参数已知，就可用旋转圆盘电极法求出其余一个参数。为此，通常测定不同转速下的圆盘电流 i_d，然后用 i_d-$\omega^{1/2}$ 作图，应得一条直线，从直线的斜率可求出相应参数。

对于某些体系，由于浓差极化的影响，在自然对流条件下，无法用稳态极化曲线测定电极动力学参数。但如果采用旋转圆盘电极，随着转速的提高，可使本来为扩散控制或混合控制的电极过程转变为传荷过程控制，这时就可以利用稳态极化曲线测定动力学参数了。

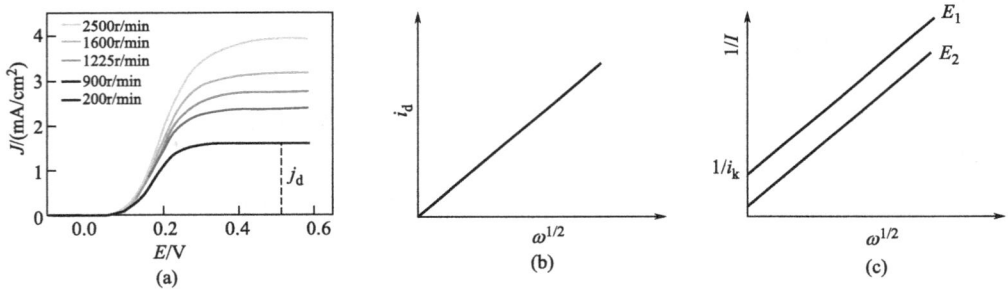

图 3.32　旋转圆盘电极的极限扩散电流研究

（a）旋转圆盘电极的典型极化曲线；（b）极限扩散电流与转速
平方根的关系图；（c）根据 K-L 方程绘制的 $1/I$-$\omega^{1/2}$ 关系图

图 3.32（a）为不同转速下，测得的旋转圆盘电极的典型极化曲线；图 3.32（b）为相应的极限电流（i_{lim}）对转速（$\omega^{1/2}$）的 Levich 图；图 3.32（c）为根据 Koutecky-Levich（K-L）方程绘制的 $1/I$-$\omega^{1/2}$ 关系图。

测量一系列不同转速下的电化学极化曲线，选取相同电势，以不同转速下 $1/i$ 对 $\omega^{-1/2}$

作图外推到 $w^{-1/2}=0$，得到 i_k ［图 3.32(c)］。

由 K-L 方程可以计算得到电子反应数 z：

$$i^{-1}=i_k^{-1}+i_{lev}^{-1} \tag{3.30}$$

$$i_{lev}=0.62zFAc_{O_2}^* D_{O_2}^{2/3} \nu^{-1/6} \omega^{-1/2} \tag{3.31}$$

$$i_k=zFA\Gamma kc_{O_2}^* \tag{3.32}$$

式中，i 表示测量得到的电流；i_k 表示动力学电流；i_{lev} 表示 Levich 电流，即极限扩散电流 i_d；在完全浓度极化条件下，$i=i_d$；F 是法拉第常数（96485C/mol），D_{O_2} 表示分子氧在溶液中的扩散系数，O_2 在 0.1mol/L KOH 中的扩散系数（1.9×10^{-5}cm^2/s）；ω 表示电极旋转的角速度（注意公式使用两个不同的常数：常数 0.62 适用于当转速以弧度单位（rad/s）表示；常数 0.201 适用于当转速以 r/min 表示，换算公式 $\omega=2\pi N$）；ν 是动力学黏度（0.01cm^2/s）；$c_{O_2}^*$ 是氧气在溶液中的浓度（1.2×10^{-6}mol/cm^3）；z 是要计算的转移电子数；Γ 是电极表面起催化活性的催化剂的量；k 是分子氧还原反应的表观速率常数。

旋转环盘电极（rotating ring-disk electrode, RRDE）是旋转圆盘电极技术的重要扩展，将一个同轴共面的圆环电极套在圆盘电极外围，其间用极薄的环形绝缘材料（一般 0.1～0.5mm 宽）把它们隔开，就形成旋转环盘电极，如图 3.33 所示。盘的半径、环的内半径和外半径分别表示为 r_1、r_2 和 r_3。当此双电极旋转时，如果层流条件被满足，则溶液将从圆盘中心向外运动，经过绝缘层到达环电极。环电极和盘电极可由不同材料制备，而且在电学上是不相通的，由各自的恒电势仪控制。把电势维持在一定值而测量环电极电流，就可以了解在盘电极表面的反应产物（在盘上所形成的产物 R 被径向液流带走而通过圆环，并在圆环上被逆向氧化成 O（或被收集））。这种电极特别适用于研究电极反应的可溶性中间产物，对于研究电极反应机理很有帮助。

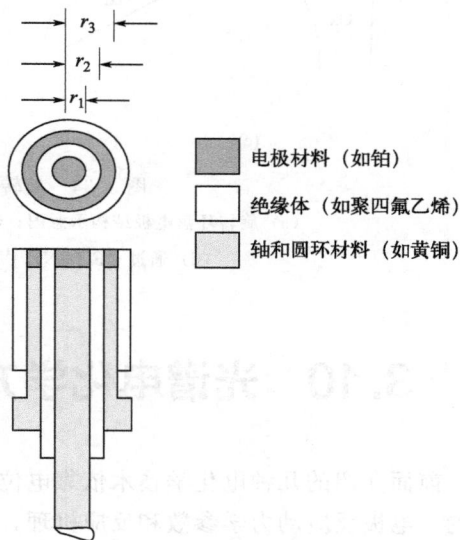

图 3.33　旋转环盘电极

旋转环盘电极测试时，采用 1600r/min 的转速测试，扫描速率为 5mV/s，根据环电流（j_R）和盘电流（j_D）的数值，利用下式可以计算得到催化剂在氧还原反应过程中的转移电子数（n）和过氧化氢的产率（%HO$_2^-$）。

$$n=4\times\frac{\text{abs}(j_D)}{\text{abs}(j_D)+j_R/N} \tag{3.33}$$

$$\%\text{HO}_2^-=100\times\frac{2j_R/N}{\text{abs}(j_D)+j_R/N} \tag{3.34}$$

式中，abs 表示绝对值；N 为环盘电极的收集系数，可通过 $[Fe(CN)_6]^{4-}$ 氧化测定旋转环盘电极的收集系数（图 3.34）。

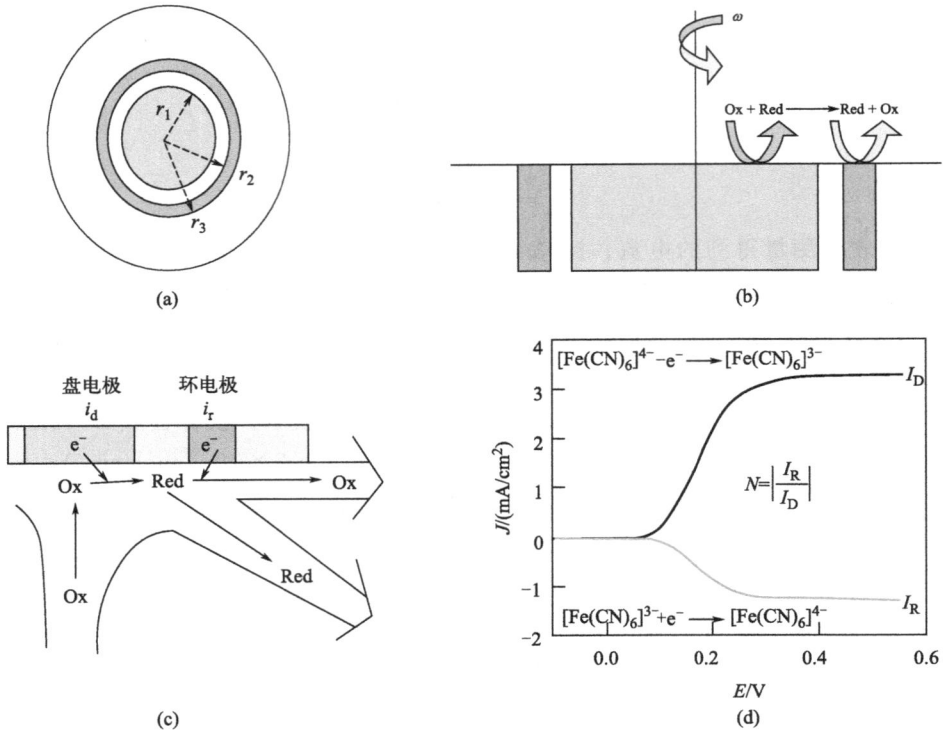

图 3.34　旋转环盘电极的收集系数研究
（a）旋转环盘电极结构示意图；（b）和（c）环电极收集盘电极产物的示意图；
（d）通过 $[Fe(CN)_6]^{4-}$ 氧化测定旋转环盘电极的收集系数

3.10　光谱电化学方法及原位表征技术 [2, 10]

　　前面介绍的几种电化学技术依靠电位、电流等函数的测量来获得有关电极/溶液界面的结构、电极反应动力学参数和反应机理，但是这些方法的主要缺点是单纯的电化学测量不能对反应产物或中间体的鉴定提供直接信息，同样也不能从分子水平上提供电极/溶液界面结构的直接证据。为了满足这些需要，光谱电化学方法应运而生。

　　光谱电化学（spectroelectrochemistry）是将光谱技术原位（in-situ）或非原位（ex-situ）地用于研究电极/溶液界面的一种电化学方法。这类研究方法通常以电化学技术为激发信号，在检测电极过程信号的同时可以检测大量光学的信号，获得电极/溶液界面分子水平的、实时的信息。通过电极反应过程中电信息和光信息的同时测定，可以研究电极反应的机理、电极表面特性，鉴定参与反应的中间体和产物性质，测定反应电对的电位、电子转移数、电极反应速率常数以及扩散系数等。光谱电化学方法可以用于电活性、非电活性物质的研究，用于电化学研究的光谱技术有红外光谱、紫外可见光谱、拉曼光谱和荧光光谱等。

　　原位光谱电化学的基本原理是入射光束垂直横穿光透电极及其邻近的溶液（透射法）或入射光束从溶液一侧入射，到达电极表面后并被电极表面反射（反射法）或激光束通过溶液射到电极表面（散射法），在测量电极反应的电化学信息的同时，进行光谱信号的检测。透射法用于获取溶液或膜中均相反应的信息，而反射法多用于研究电极表面过程。

紫外可见光谱电化学方法要求在研究的体系中紫外-可见光区域内要有光吸收变化，该方法仅局限于研究含有共轭体系有机物质和在紫外-可见光范围内具有光吸收的无机化合物。红外光谱电化学方法可以用于鉴定电极/溶液界面结构（尤其是吸附分子结构）、电极反应的机理以及中间体和产物的结构等。拉曼光谱电化学方法和红外光谱电化学方法相似，适用于分辨被吸附物或研究被吸附物的取向及所在的环境，但红外光谱法受溶剂吸收（尤其是水溶液体系）的影响以及在低能量时（$<200cm^{-1}$）受窗口材料吸收的限制，限制了红外技术的应用范围，而拉曼光谱法具有在多种溶剂、宽广的频率范围内研究表面的潜力，已日益得到快速发展。其他光谱和波谱及表面分析技术等在电化学体系中的应用不再赘述。

通过原位拉曼光谱，研究人员可以研究反应动力学、化学成分的变化、相变、界面现象和应力应变变化，这个技术需要专门设计的电池装置来实现激光束与电极材料的相互作用。广泛使用的装置是扣式电池，如图 3.35（a）和（b）所示。电池一侧有一个透明的石英窗口，另一侧是一个金属片。或者专门设计的预制带有窗口的电池或软包电池，也可用于拉曼光谱研究[10]。

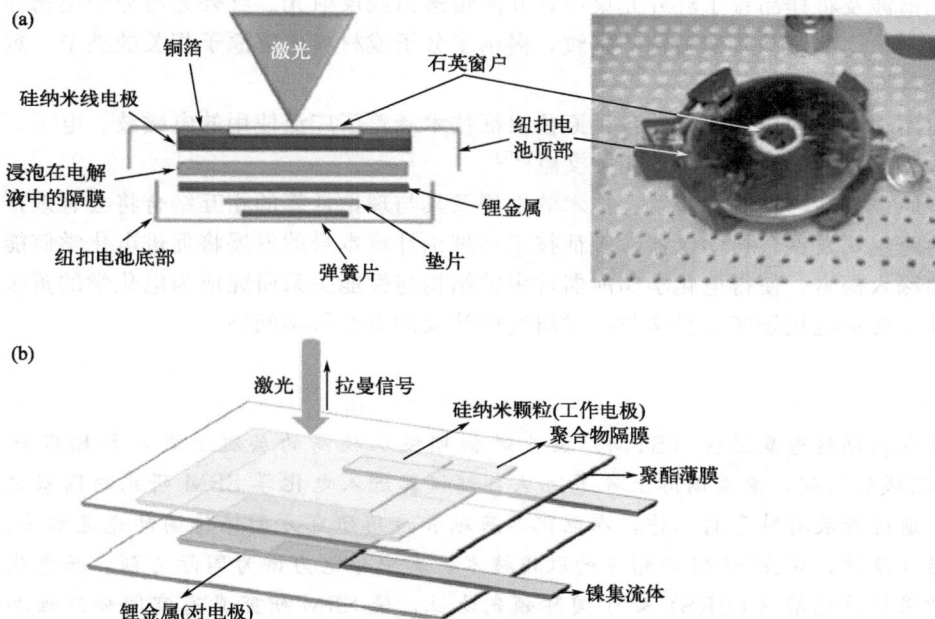

图 3.35 （a）拉曼测量硅纳米线电极装置示意图，包括扣式电池内部的石英窗户；
（b）用于原位拉曼光谱研究的软包电池的结构示意图[10]

原位傅里叶变换红外光谱用于实时探测界面相互作用，包括电解质吸附/脱吸和界面形成。这一分析方法还可以研究电解液和电极材料的氧化还原反应。随 IR 光束和探测器配置的不同，又有不同类型的技术和装置。例如，衰减全反射 FT-IR（ATR FT-IR），如图 3.36（a）所示，在电极和电解质界面处使用一个棱镜或波导反射红外光束，增强检测表面物种和界面反应的灵敏度。此外，透射傅里叶变换红外光谱，利用一个透明窗口或薄膜电极，允许红外光束穿过图 3.36(b) 所示的电池。该技术提供了有关体相和表面的现象，并实现空间分辨测量。

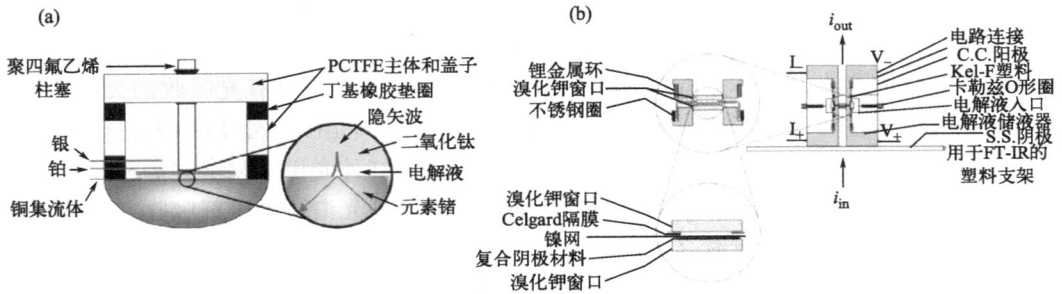

图 3.36　(a) 用于电位变化的 ART-FT-IR 测量构建的无空气原位振动光谱电化学电池的横截面图；
(b) 原位透射傅里叶变换红外光谱电化学电池结构示意图[10]

傅里叶变换红外光谱（FT-IR）用于分析与红外辐射相互作用的分子，比可见光长，但比微波短。IR 辐射对应于激发分子振动所需的能量，包括拉伸、弯曲和化学键的扭曲。通过检查官能团的振动模式，如碳酸盐和硫酸盐，傅里叶变换红外光谱有助于研究 SEI 层的形成以及氧化态、配位环境以及电化学反应中涉及的分子相互作用。从根本上讲，傅里叶变换红外光谱涉及将样品置于红外光束中，并测量透射或反射光。红外光与分子键诱导特征振动相互作用，这些振动就像独特的指纹，揭示了分子或材料内部原子相关的类型、数量、排列和键合特性。

目前用于电化学界面研究的各种原位表征技术涵盖了广泛使用的电磁波、电子、中子和其他技术感兴趣的读者可以参考相关文献[10]。

随着原位表征与检测的装置、技术的发展及其与理论计算的相互结合将会有效推动电化学学科的跨越式发展。科学仪器、表征技术与理论计算本身的发展将促进电化学储能研究各个方面的深入探索，使得电化学储能器件中的结构与性能关系研究成为电化学的黄金法则之一，有助于揭示电化学能源科学与技术研究中涉及的重要科学问题。

拓展阅读

我国在扫描隧道显微镜（STM）诞生的初期便从较高的层次上进入扫描探针显微学（SPM）领域的研究，更是国际上较早地从自制仪器进入电化学 SPM 研究的国家之一。长期以来，通过开展有特色的工作，在电化学基础和应用研究方面保持国际先进水平；同时，发展仪器方法学，建立 SPM 与谱学的联用技术，其中介电力谱为国际首创，而电化学环境中针尖增强拉曼光谱（TERS）处于国际领先地位，使 SPM 研究具有空间分辨性和能量分辨性。

在电化学拉曼光谱的发展进程中，特别是从 20 世纪 90 年代中期开始，以厦门大学田中群研究团队为代表的中国科学家在电化学拉曼光谱领域居于国际领先水平，且一直引领该领域的发展。在单晶电极表面吸附和反应过程的表征、锂离子电池原位充放电过程的原位表征、电化学反应过程动态表征等方面开展了极具国际影响力的工作。特别是，他们发展的壳层隔绝纳米粒子增强的拉曼光谱（SHINERS）和针尖增强拉曼光谱（TERS）两种方法，从借力角度分别在高灵敏度和高空间分辨两方面探讨了不同晶面对界面电化学吸附行为的影响。

在电化学外反射红外光谱研究方面，厦门大学孙世刚研究团队对发展该方法作出了杰出的贡献，是红外光谱电化学技术集大成者。他们在单晶电极上开展的电催化反应的红外光谱、多步阶跃红外光谱、异常红外光谱、组合电化学显微红外光谱研究水平居国际领先地位。

近年来锂电池行业发展迅猛，但电池封闭的结构使得其内部状态难以被无损获知，这给电池研发、生产、使用带来了巨大困扰。华中科技大学黄云辉教授团队致力于利用超声技术解决锂离子电池研发、生产、使用、回收等过程中所面临的种种难题，成功实现技术转化，成立了领声科技有限公司，解决了复杂电池超声信号的解耦、分离、识别与评估的难题，能对锂电池做"彩超"，精准检测电池内部状态，并能应用于电池生产线上，实现无损全检。目前，领声科技有限公司技术与产品已经应用于比亚迪、华为、宁德时代、亿纬锂能、戴姆勒、通用等30多家国内外知名企业。

◆ 思考题 ◆

1. 简述循环伏安法原理及其两种应用。
2. 简述如何通过旋转圆盘和环盘技术测试并且求得氧还原反应的电子转移数。
3. 为什么测定具有钝化行为的阳极极化曲线只能用恒电位法？
4. 简述采用时间-电流法与交流阻抗法联合测试离子迁移数的原理。
5. 简述电化学阻抗谱测试的原理及其应用。

◆ 参考文献 ◆

[1] 郭鹤桐，姚素薇. 基础电化学及测量 [M]. 北京：化学工业出版社，2009.
[2] 杨辉、卢文庆. 应用电化学 [M]. 北京：科学出版社，2001.
[3] 丁燕怀，张平，高德淑，测定 Li^+ 扩散系数的几种电化学方法 [J]. 电源技术，2007，31（9）：741-744.
[4] Deiss E. Spurious chemical diffusion coefficients of Li^+ in electrode materials evaluated with GITT [J]. Electrochim Acta，2005，50（14）：2927-2932.
[5] 高鹏，朱永明，于元春. 电化学基础教程 [M]. 北京：化学工业出版社，2018.
[6] 贾铮，戴长松，陈玲. 电化学测量方法 [M]. 北京：化学工业出版社，2023.
[7] 许洁茹，凌仕刚，王少飞，等. 锂电池研究中的电导率测试分析方法 [J]. 储能科学与技术，2018，7（5）：926-955.
[8] 阿伦 J. 巴德，拉里 R. 福克纳. 电化学方法、原理和应用 [M]. 邵元华，朱国逸，董献堆等译. 北京：化学工业出版社，2020.
[9] 边娟娟. 过渡金属基电催化剂的制备及其锌-空气电池应用研究 [D]. 北京：中国科学院大学，2021.
[10] Lee S，Park S，Lee W，et al. In situ techniques for Li-rechargeable battery analysis [J]. Carbon Energy，2024，6：e549.

第4章
电催化过程

4.1 电催化原理 [1]

　　许多化学反应尽管在热力学上是很有利的，但反应速率却很慢。为了使这类反应具有使用价值，有必要寻找均相的或复相的催化剂，以降低总反应的活化能，提高反应速率，这种速率的提高有可能达到几个数量级。同样，在没有催化剂存在时的许多电极反应，总是在远离平衡态的高超电势下才有可能发生，原因是其不良的动力学特征，即这类电极反应交换电流密度较低。因此电催化的目的是寻求提供其他具有较低能量的活化途径，从而使这类电极反应在平衡电势附近以高电流密度发生。由于任何电解过程的能量效率部分是由阴、阳极上不可少的超电势所决定的，因此，可以毫不夸张地说，电催化几乎对所有实际电化学过程都是非常重要的。

　　电催化（electrocatalysis）可以定义为在电场的作用下，存在于电极表面或溶液相中的修饰物（可以是电活性的和非电活性的物质）能促进或抑制在电极上发生的电子转移反应，而电极表面或溶液相中的修饰物本身并不发生变化的一类化学作用。电催化作用的基底电极可以仅是一个电子导体，亦可以既作为电子导体，又兼具催化功能。若基底电极仅是一个电子导体，则电极表面的修饰物除了一般的传递电子外，还能对反应物进行活化或促进电子的转移速率，或二者兼有。电催化的本质就是通过改变电极表面修饰物（有时为表面状态）或溶液相中的修饰物来大范围地改变反应的电势或反应速率，使电极除具有电子传递功能外，还能对电化学反应进行某种促进和选择。

　　电极材料是实现电催化过程极为重要的支配因素，是电化学研究中的重要课题。电化学反应一般是在电极/溶液界面的电极表面上发生的，因此，电极表面的性能如何则是更为重要的因素。由于受电极材料种类的限制，如何改善现有电极材料的表面性能，赋予电极所期望的电催化性能，便成了电化学工作者研究一个永恒的课题。

4.1.1 电催化的类型及一般原理

　　电极反应的催化作用根据电催化剂的性质可以分成氧化-还原电催化和非氧化-还原电催

化两大类。氧化-还原电催化是指在催化过程中，固定在电极表面或存在于电解液中的催化剂本身发生了氧化-还原反应，成为底物的电荷传递的媒介体（mediator），促进底物的电子传递，这类催化剂又称为媒介体电催化，其电极过程如图 4.1(a) 所示。

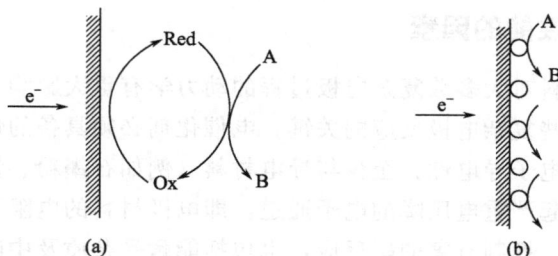

图 4.1　氧化-还原 (a) 和非氧化-还原 (b) 电催化过程示意图

图中 A 和 B 分别为底物和产物，Ox 和 Red 分别表示催化剂的氧化态和还原态。固定于电极表面或存在于溶液中的电催化剂（electrocatalyst）氧化态形式 Ox 在外加电场作用下生成 R，R 与溶液中的底物 A 反应生成产物 B，并且再生了催化剂的氧化态形式 Ox，在外加电场作用下不断实现电催化的循环过程，其通式可表示如下：

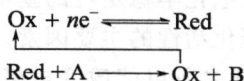

$$Ox + ne^- \rightleftharpoons Red$$
$$Red + A \longrightarrow Ox + B$$

氧化-还原媒介体的电催化性能与媒介体的物理和化学性质以及氧化-还原形式电位等有关，一般来说，优良的电子传递媒介体应具有如下主要性质：①一般能稳定吸附或滞留在电极表面；②氧化-还原的形式电位与被催化反应发生的形式电位相近，而且氧化-还原电势与溶液的 pH 值无关；③呈现可逆电极反应的动力学特征，而且氧化态和还原态均能稳定存在；④可与被催化的物质之间发生快速的电子传递；⑤一般要求对氧气惰性或非反应活性。

对于氧化-还原电催化，电极反应的催化作用既可以通过附着在电极表面的修饰物，也可通过溶解在电解液中的氧化-还原物种而发生。前者的媒介体电催化是典型的多相催化，后者由于媒介体在电极表面发生异相的氧化-还原后又溶解于溶液中，然后溶解于溶液中的氧化态或还原态的媒介体又起催化作用，因此可以看成是均相电催化，这部分内容将在有机电合成章节加以叙述。

在电极表面上接了媒介体的异相电催化与氧化-还原均相催化相比较有明显的优点：①催化反应发生在氧化-还原媒介体的形式电位附近，通常只涉及简单电子转移反应；②通过比均相催化中用量少得多的催化剂，可在反应层内提供高浓度的催化剂；③从理论上预测，对反应速率的提高要远超过均相催化剂；④不需要分离产物和催化剂。

对于媒介体作用下的电催化，大多数情况下是在电极表面修饰上一层或多层的媒介体，这种修饰电极用于电化学分析不仅能降低催化反应的超电势，加快反应速率，提高分析灵敏度，而且基于热力学和动力学基础知识可有目的地选择催化剂进行有选择的电催化，因此提高了分析的选择性。

非氧化-还原催化是指固定在电极表面的催化剂本身在催化过程中并不发生氧化-还原反应，当发生的总电化学反应中包括旧键的断裂和新键的形成时，发生在电子转移步骤前、后或其中，而产生了某种化学加成物或某些其他的电活性中间体。总的活化能被"化学的"氧化-还原催化剂所降低，在这种情况下发生电催化反应的电势与媒介体的形式电位会有所差别，其电极过程如图 4.1(b) 所示。这种催化作用又称为外壳层催化。这类催化剂主要包括贵金属及其合金、欠电势沉积吸附的原子和金属氧化物等。

4.1.2 影响电催化性能的因素

众所周知，电极材料对大多数复杂电极过程的动力学有重大影响。因此，选择适当的电催化剂常是顺利实现这些复杂电极反应的关键，电催化剂必须具备的性能主要有以下几个方面：①催化剂有一定的电子导电性，至少与导电材料（例如石墨粉、银粉）充分混合后能为电子交换反应提供不引起严重电压降的电子通道，即电极材料的电阻不太大；②高的催化活性，包括实现催化反应、抑制有害的副反应，也包括能耐受杂质及中间产物的作用而不致较快地中毒失活；③催化剂的电化学稳定性，即在实现催化反应的电势范围内，催化表面不至于因电化学反应而"过早地"失去催化活性。这一点对于许多实际应用的电化学过程至关重要。

因此，对于复杂电极过程电催化剂的选择，必须使催化剂的导电性、稳定性和催化活性均能得到兼顾。

由于影响电子导电性及催化电极电化学稳定性的基本因素众所周知，而且这些性质也比较容易测量，下面着重讨论影响电催化活性的主要因素。

① 催化剂的结构和组成。催化剂之所以能改变电极反应速率，是由于催化剂和反应物之间存在的某种相互作用改变了反应进行的途径，降低了反应的超电势和活化能。在电催化过程中，催化反应是发生在催化电极/电解液的界面，即反应物分子必须与催化电极发生相互作用，而相互作用的强弱则主要取决于催化剂的结构和组成。

目前已知的电催化剂中有过渡金属及其合金、半导体化合物和过渡金属络合物（如过渡金属的卟啉和酞菁化合物）等，但基本上都涉及过渡金属元素。过渡金属的原子结构中都含有空余的 d 轨道和未成对的 d 电子，通过含过渡金属的催化剂与反应物分子的电子接触，这些电催化剂的空余 d 轨道上将形成各种特征的化学吸附键，从而达到分子活化的目的，降低了复杂反应的活化能，达到电催化的目的。过渡金属催化剂的活性不仅依赖于电催化剂的电子因素（即 d% 的特征），还依赖于吸附位置的类型（即几何因素）。

活性中心的电子构型对催化剂活性影响最典型的例子是有机小分子（如甲醇）在贵金属催化剂表面的氧化，甲醇等有机小分子首先在催化剂表面（如 Pt）原子上发生吸附和解离吸附，生成一个或数个吸附氢原子及吸附的羰基物种，然后吸附的羰基物种和吸附的含氧物种反应，生成最终产物 CO_2。而吸附的羰基物种和含氧物种的生成不仅与过渡金属的 d 电子特征有关，还与几何因素有关。另一个例子是氧气在卟啉和酞菁的过渡金属络合物上的催化还原。对于单核的酞菁络合物，氧气还原时过渡金属的催化活性服从于 Fe＞Co＞Ni＞Cu。

② 催化剂的氧化-还原电势。催化剂的活性与其氧化-还原电势密切相关。特别是对于媒介体催化，催化反应是在媒介体氧化-还原电势附近发生的。一般媒介体与电极的异相电子传递很快，则媒介体与反应物的反应会在媒介体氧化-还原对的表面势电位下发生，这类催化反应通常只涉及单电子转移反应，但亦有例外。催化剂氧化-还原电势影响电极催化活性的一个典型例子是大环过渡金属络合物对氧气的电催化还原。

③ 催化剂的载体对电催化活性亦有很大影响。电催化剂的载体通常可分为基底电极

（常采用贵金属电极和碳电极）和将电催化剂固定在电极表面的载体（多用聚合物膜和一些无机物膜），载体必须具备良好的导电性及抗电解液腐蚀的性质。载体的作用分两种情况，一种情况是载体仅作为一种惰性支撑物（即客体基质），催化剂负载条件不同只引起活性组分分散度的变化；另一种情况是载体与活性组分存在某种相互作用，这种相互作用的存在修饰了催化剂的电子状态，其结果可能会显著地改变电催化剂的活性和选择性。典型的例子是 Pt 对甲醇氧化呈现了一定的电催化活性，但活性并不是很高，而 WO_3 并不具备氧化甲醇的活性，但共沉积得到的 $Pt-WO_3$ 电极却对甲醇氧化呈现了非常高的催化活性，这种现象称为协同效应。有时金属和载体之间存在着强的相互作用（strong metal-support interaction，SMSI）效应，即载体会增强或减弱催化剂的活性，可发生 SMSI 作用的载体通常为可还原的氧化物载体，例如 TiO_2、Nb_2O_5、V_2O_5、Nb_2O_3、V_2O_3、MnO 和 CeO_2 等[2]。

溢流现象（spillover）则是指固体催化剂表面的活性中心（原有的活性中心）经吸附产生出一种离子或自由基的活性物种，它们迁移到别的活性中心（次级活性中心）的现象。发生溢流现象的必要条件是：①有溢流物种发生的主源，例如 Pt、Pd、Ru 和 Cu 等；②有接受新物种的受体，它是次级活性中心，例如氧化物载体、分子筛和活性炭等。例如，在 Pt/Al_2O_3 催化剂上会发生氢溢流现象，如图 4.2 所示。

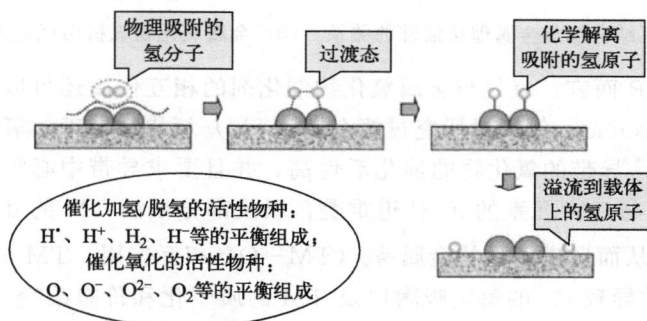

图 4.2　氢溢流效应示意图

此外，电催化剂的表面微观结构和状态、溶液中的化学环境等也都是影响电催化活性的重要因素。由于涉及的有关知识较复杂，这里就不再一一说明了。

4.1.3　电催化活性描述符

在催化反应中，催化剂的催化活性同催化剂的电子构型和几何构型密切相关，人们发展出了许多表征催化剂活性与电子构型关联的理论和模型。目前主要使用的有前线分子轨道理论和 d 能带中心模型。在电催化反应中，包括了物种的吸附和电子的转移。其电子的转移难易可以通过催化剂的前线分子轨道来进行定性了解；而物种的吸附则可以通过 d 能带中心模型有效地模拟。下面就详细介绍两种了解催化剂电子构型和催化活性的方法。

（1）氧结合能

设计高效的电催化剂需要了解和控制催化剂表面反应中间物的特性。广泛被人们熟知的火山形曲线，也被称为 Sabatier 原理，描述了催化活性和材料属性中的单一参数之间的关系。虽然火山形曲线有一些局限性，但并不影响其广泛使用，因为其有效地提供了不同材料对特定反应的性能趋势。对于氧还原反应（ORR）而言，最有用的描述符是氧结合能（ΔE_o），理想的高效催化剂应该位于火山形曲线的顶部，此时的吸附能既不太强也不太弱。图 4.3(a) 为金属催化剂的 ORR 火山形曲线。对于氧析出反应而言，当氧与催化剂表面的吸附过弱时，不容易形成 $M-OH^*$，当氧与催化剂表面的吸附过强时，形成的 $M-OH^*$ 不易形成 $M-OOH^*$。只有当氧与催化剂的结合能力适中时，催化剂的性能才能达到峰值。因此 OER 也同样需要具有中等结合能力的催化剂。图 4.3(b) 为金属氧化物催化剂的 OER 火山形曲线。

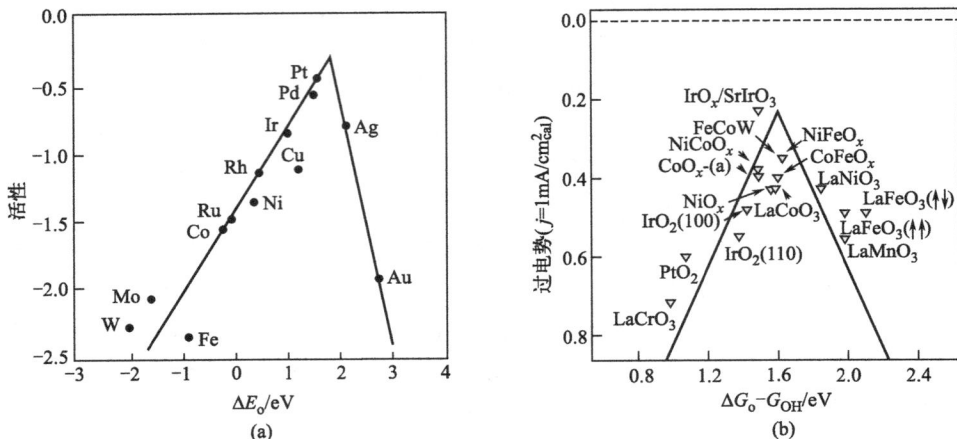

图 4.3　(a) 氧结合能与金属催化活性的关系；(b) 金属氧化物氧析出反应的火山形曲线

另外，对于 ORR 而言，氧气与金属氧化物催化剂的相互作用还可以用分子轨道和晶体场理论来解释。Matsumoto 等通过研究过渡金属（TM）氧化物导带对氧还原反应催化活性的影响，发现含有 σ^* 导带的氧化物的催化活性高，并且要求导带中必须含有电子。Yeager 等提出 O_2 的 π 轨道与 TM 元素的 d_z^2 轨道重叠，以及部分填满 TM 的 d_{xz} 或 d_z^2 轨道与 O_2 的 π^* 轨道成反键，从而形成了强的金属-氧（TM—O）相互作用。TM—O 的强相互作用导致 O—O 键减弱，并导致 O_2 的解离吸附以及 TM 的质子化和价态改变（同时发生）。2011 年，Shao-Horn 等建立了钙钛矿氧化物与 e_g 电子催化活性的火山图，其中性能最佳处的 e_g 电子填充为 $0.8 \sim 1.0$ [图 4.4(a)]，当 e_g 填充在 $0.8 \sim 1.0$ 左右就可以形成既不太强也不太弱的 $B-O_2$ 键，并且提出了 e_g 电子的存在可以使 TM—O 键失稳，并与 O_2，吸附结合，促进 TM—OH^- 中的 OH^- 与 TM—O_2^{2-} 发生置换。

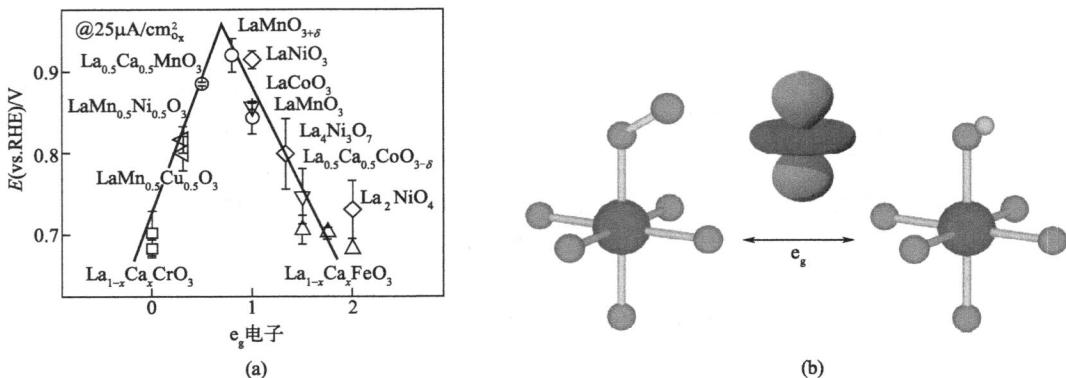

图 4.4　e_g 电子对钙钛矿氧化物 ORR 活性的影响

(a) 钙钛矿型氧化物在 $25\mu A/cm_{o_x}^2$ 处的电位与 e_g 轨道的关系；

(b) e_g 电子的形状指向 O 原子表面，并且在 O_2^{2-}/OH^- 交换过程中起重要作用

（2）吸附自由能[3]

从热力学的角度讲，吉布斯自由能变化（ΔG）可以用来判断化学反应方向。对于析氢反应（HER），氢结合能可以用来反映电化学催化剂的活性。催化剂表面吸附 H^* 的吉布斯自由能的大小（ΔG_{H^*}）反映了氢与催化剂结合强度，可以用来研究氢吸附和氢脱附行为。根据 Sabatier 原则，最优的氢吸附/脱附强度（ΔG_{H^*} 接近于零）在热力学上可能具有最佳的电化学析氢性能。

氧的吸附自由能 ΔG_{O^*} 也被用来描述析氧反应（OER）催化剂的活性，通过对多种氧化物的 OER 理论过电势与标准自由能差（$\Delta G_{O^*}^{\ominus} - \Delta G_{OH^*}^{\ominus}$）进行作图，发现其遵循"火山图"关系。

在过去的几十年里，Sabatier 原则已经广泛被研究人员用来预测 OER 电催化剂的活性趋势。然而 Sabatier 原则的有效性仍具有一定的疑义。有研究者认为，Sabatier 原则可能无法描述高活性电催化剂，原因可能是过快的动力学对电化学反应的影响比吸附能的影响更大。

（3）d 带中心理论

尽管"火山图"已经证明了反应中间体和催化剂表面之间的结合强度对 HER/OER 活性的重要性，但是"火山图"不能帮助预测和设计具有增强活性的新催化剂，只能为调整催化活性提供定性的论据，但是并不能说明如何控制催化剂表面与吸附分子结合的强度。众所周知，材料的催化性能由其固有的电子特性决定，通过对催化剂的电子结构修饰和调控能够改变反应中间体在催化剂表面的结合强度。因此，d 带中心理论可以预测吸附物在催化剂表面的化学吸附能。

d 带中心理论的核心是 d 带中心位置决定了吸附剂在催化剂表面的结合能，并进一步影响催化剂的催化性能。最优 ε_d 值的催化剂具有最佳的电化学活性。重要的是，d 带中心位置可以通过适当的调控策略（例如应力工程、合金化、掺杂、缺陷、异质结等）来改变催化剂表面电子结构，从而获得优化的 ε_d 值。因此，深入地理解催化剂的电子结构与影响电子结构因素之间的关系，能够为优化催化剂的活性奠定基础。

4.1.4　评价电催化性能的方法

电催化剂对一个或一类反应有催化作用主要体现在：电极反应氧化-还原超电势的降低或在某一给定的电势下氧化-还原电流的增加。因此，只要测定出电极反应体系的氧化-还原电势、电流（密度）等因素就能评价催化剂对电极反应催化活性的高低。用来研究电催化过程的电化学方法有循环伏安法、旋转圆盘（环盘）电极伏安法、计时电势法和稳态极化曲线的测定等。此外，一些光谱的方法也可用来评价电催化活性的高低。

① 旋转圆盘（环盘）电极伏安法。研究电催化反应动力学的一种比较实用的定量方法，已在第 3 章中详细介绍，此处不再赘述。

计时电位法是评价催化剂活性和稳定性的一种重要方法。在甲醇电化学氧化的研究中发现，铂修饰的氧化钛电极 $Pt(TiO_x)/Ti$ 对甲醇氧化呈现出极高的电催化活性。图 4.5 为恒定电流在

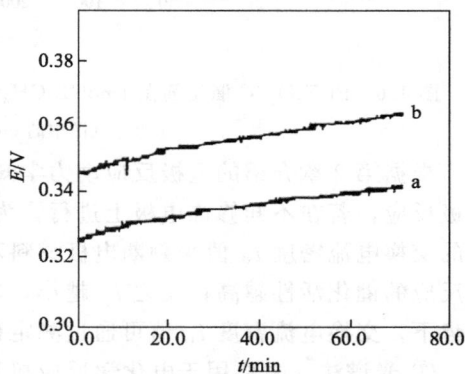

图 4.5　甲醇在修饰电极上恒定电流氧化的计时电位曲线

$100mA/cm^2$（曲线 a）和 $50mA/cm^2$（曲线 b）时 $Pt(TiO_x)/Ti$ 电极在 $0.5mol/L\ CH_3OH+$ $0.5mol/L\ H_2SO_4$ 溶液中氧化时的计时电位曲线。从图中可以看出，甲醇在复合电极上氧化超电势随氧化时间的延长而增加，经约 70min 极化后超电势约增加 20mV，但并没有像镀铂的金电极那样在很短的时间内性能就衰退了（即超电势增加很大），这一结果说明了铂修饰的 TiO_x 电极对甲醇氧化呈现出较好的稳定性。高的催化活性和好的稳定性可能是由于复合电极表面生成的毒化物种减少所致。

② 稳态极化曲线。在实用电催化过程中稳态极化曲线的测定是研究电催化活性和稳定性最实用的方法。稳态极化曲线的测定是通过施加一定的电势（或电流）于催化电极上，然后观测电流（或电势）随时间的变化，直到电流（或电势）不随时间而变化或随时间的变化很小时，记录下电势-电流的关系曲线。图 4.6 所示的是采用溶胶-凝胶和化学还原两步法得到的 $Pt-TiO_2/C$ 催化剂中 Pt 与 TiO_2 的摩尔比为 $2:1$ 时，在不同热处理条件下最终得到的催化电极在 $1mol/L\ CH_3OH+2.5mol/L\ H_2SO_4$ 溶液中 60℃时的稳态极化曲线。实验中对电极为镀铂黑的铂电极，参比电极为 $Hg/Hg_2SO_4/1mol/L\ H_2SO_4$（MSE）。作为比较，图中还呈现了美国 E-TEK 公司生产的 XC-72Pt/C 催化剂在同样实验条件下的稳态极化曲线，Pt 载量为 $1mg/cm^2$。从图中可见，美国 E-TEK 公司生产的 XC-72Pt/C 催化剂，在电流小于 $200mA/cm^2$ 时，极化超电势随电流增加，增加得不是很大，当电流大于 $200mA/cm^2$ 后，超电势随电流增加而显著增大；而任意热处理温度下制得的 $Pt-TiO_x/C$ 催化剂制成催化电极后，当电流大于 $400mA/cm^2$ 时，极化超电势才显著增加，表明了 $Pt-TiO_2/C$ 催化剂对甲醇电化学氧化的电催化活性和稳定性均要较美国 E-TEK 公司生产的 XC-72Pt/C 催化剂要好。

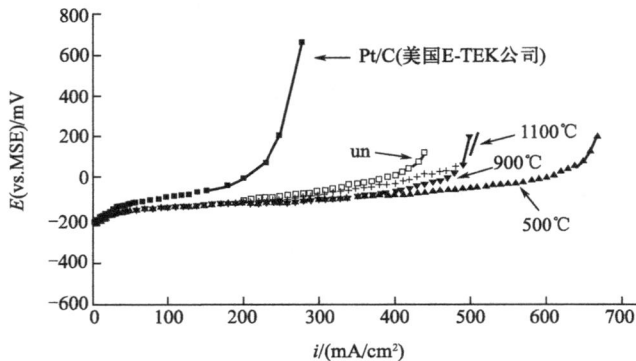

图 4.6　$Pt-TiO_2/C$ 催化剂在 $1mol/L\ CH_3OH+2.5mol/L\ H_2SO_4$ 溶液中 60℃时的稳态极化曲线
（图中的 un 表示催化剂未经热处理）

根据第 2 章介绍的电极反应动力学知识，电极反应的速度与施加的电势有关。对于同一电极反应，若在不同修饰电极上进行，为了比较电催化剂的相对活性，可通过测定平衡电势下的交换电流密度 i_0 值来判断电极材料对该反应催化活性的大小。i_0 越大，表示电极材料对反应的催化活性越高；反之 i_0 越小，电极材料对反应催化活性越低。而电极反应在平衡电势下，交换电流密度 i_0 值可通过测定得到的 Tafel 曲线获得。

③ 光谱法。主要用于电化学反应机理的研究，但也可用来评价电极催化性能，其主要思想在于运用光谱技术（例如现场红外光谱，FT-IR）检测催化反应发生时产物或活性中间体初始形成的电势以及当有毒化物种存在时毒化物种消失的电势等，从而判别在所研究的催

化剂上电极反应发生的电势。

4.2　氢电极反应的电催化

前已述及，电极上发生的电荷传递过程有阴极还原和阳极氧化两大类。对于氢电极反应对应的是氢析出反应（HER）和氢气的氧化反应（HOR）。氢气的析出反应是氯碱工业上的阴极反应，它在许多金属沉积反应和有机物还原反应中是一个竞争反应，并且也是金属腐蚀中的反应之一。此外，HOR 反应，是燃料电池阳极的重要过程。由于氢电极反应在工业上的广泛应用，对其电催化过程进行研究具有十分重要的意义。

4.2.1　氢还原反应的电催化

基于氢气析出反应的重要性，许多研究者就电极材料、电解液的选择等对这一反应进行了广泛的研究。氢析出反应的总过程一般表示为：

$$2H_3O^+ + 2e^- \longrightarrow H_2 + 2H_2O \qquad （酸性介质）$$

或

$$2H_2O + 2e^- \longrightarrow H_2 + 2OH^- \qquad （中性或碱性介质）$$

关于氢在阴极析出时的机理研究，从 20 世纪 30 年代开始就有了较大的发展，提出了不同的理论，其中著名的有迟缓放电理论和复合理论两种，但普遍认为组成该过程的基本步骤有：

① 电化学反应步骤。电化学还原产生吸附于电极表面的氢原子：

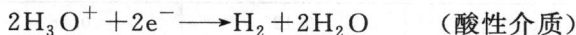

$$H_3O^+ + e^- + M \longrightarrow MH + H_2O \quad （酸性介质）$$

或

$$H_2O + e^- + M \longrightarrow MH + OH^- \quad （中性或碱性介质）$$

② 复合脱附步骤。

$$MH + MH \longrightarrow 2M + H_2$$

③ 电化学脱附步骤。

$$MH + H_3^+O + e^- \longrightarrow H_2 + H_2O + M \quad （酸性介质）$$

或

$$MH + H_2O + e^- \longrightarrow H_2 + M + OH^- \quad （中性或碱性介质）$$

上述各步基元反应中，究竟哪一步最慢，各学者的意见并不一致。例如，迟缓放电理论认为第一步最慢，而复合理论则认为第二步最慢。也有人认为在电极上各反应步骤的速率近似，反应属于联合控制。

大量实验事实表明，上述的反应机理和速度控制步骤不仅依赖于金属的本质和金属表面状态，而且随电极电位（或电流密度）、溶液组成和温度等因素而变化。

在许多金属电极上氢气的析出都伴有较大的超电势，而超电势的大小正反映了电极催化活性的高低。Tafel 公式 $\eta = a + b\lg i$ 表示了氢气析出的超电势与电流密度的定量关系。斜率 b 的数值在大多数洁净的金属表面具有比较接近的数值，在室温下接近于 0.116V。这就意味着电流密度 i 每增加 10 倍，超电势增加约 0.116V。常数 a 是指电流密度为 1A/cm² 时超电势的数值，它与电极材料、电极表面状态、溶液组成以及实验温度有关。氢超电势的大小基本上取决于 a 的值，因此 a 的值越小，氢超电势也愈小，其可逆程度越好，电极材料对氢的催化活性也愈高。表 4.1 为氢气在不同金属上析出时常数 a 和 b 的数值。

表 4.1　氢气在不同金属上析出时常数 a 和 b 的数值

金属材料	酸性介质		碱性介质	
	a/V	b/V	a/V	b/V
Ag	0.95	0.10	0.73	0.12
Al	1.00	0.10	0.64	0.14
Au	0.40	0.12	—	—
Be	1.03	0.12	—	—
Bi	0.84	0.12	—	—
Cd	1.40	0.12	1.05	0.16
Co	0.62	0.14	0.60	0.14
Cu	0.87	0.12	0.96	0.12
Fe	0.70	0.12	0.76	0.11
Ge	0.97	0.12	—	—
Hg	1.41	0.114	1.54	0.11
Mn	0.8	0.10	0.90	0.12
Mo	0.66	0.08	0.67	0.14
Nb	0.8	0.10	—	—
Ni	0.63	0.11	0.65	0.10
Pb	1.56	0.11	1.36	0.25
Pd	0.24	0.03	0.53	0.13
Pt	0.10	0.03	0.31	0.10
Sb	1.00	0.11	—	—
Sn	1.20	0.13	1.28	0.23
Ti	0.82	0.14	0.83	0.14
Tl	1.55	0.14	—	—
W	0.43	0.10	—	—
Zn	1.24	0.12	1.20	0.12

按照 Tafel 关系式中 a 值的大小，可将常用电极材料分为三类：①低超电势金属，a 值在 0.1～0.3V 之间，其中最重要的是 Pt 系贵金属；②中超电势金属，a 值在 0.5～0.7V 之间，其中最主要的金属是 Fe、Co、Ni、Cu、W、Au 等；③高超电势金属，a 值在 1.0～1.5V 之间，主要有 Cd、Hg、Tl、Zn、Ga、Bi、Sn 等。

依据上述提及的氢气在阴极上的析出机理，可以发现 H_2 析出过程中，首先经历电化学还原步骤，形成吸附于电极表面的氢原子，即先形成 M—H 键；然后再发生 M—H 键的断裂，形成氢分子。因此，电极材料对 H_2 析出的电催化性能与 M—H 键的强度密切相关。对于过渡金属及其合金上氢气的电催化析出反应，M—H 键的强度越大，越有利于反应步骤中吸附氢原子的形成，该基元反应的速率亦越大。但 M—H 的强度大时，复合脱附或化学脱附步骤（即 M—H 键断裂）的发生必然需要克服较大的活化能，导致 M—H 键断裂形成 H_2 分子以相对较慢的速率进行，因而总反应的速率仍不会很快。因此，可以预期氢气析出反应的最大速率发生在 M—H 键强度为中等值时，实验结果也证明了这一点。图 4.7 给出了氢气在一些过渡金属上析出时交换电流密度 i_0 对 M—H 吸附键强度的"火山形"关系曲线，该图被认为是当前氢气析出反应电催化研究中最满意的关系。由火山形曲线左、右支的斜率可以预期，在左边的金属上，由于 M—H 键的键能较小，氢气析出反应的速率控制步骤是导致 M—H 键形成的电化学还原步骤；而在右边的金属上，速率控制步骤则是电化学脱附步骤；在"火山形"曲线上端的金属上，速率控制步骤则为复合脱附。

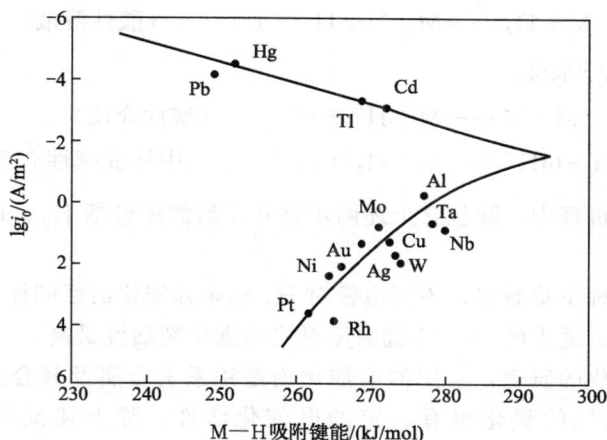

图 4.7　氢气析出反应的交换电流密度 i_0 对 M—H 吸附键强度的关系曲线

前一节已经提到催化剂活性中心的电子构型是影响电催化活性的一个主要因素，而过渡金属催化剂的电子构型则决定了化学吸附键的强弱，因而具有中等强度的 M—H 键的形成可通过改变电极表面电子的状态而实现，这样就可实现电催化的目的。例如，氢气在 Co 和 Ni 上析出时具有中等大小的超电势值，但当 Co 和 Ni 形成合金时对氢析出反应却具有很高的电催化活性，其析氢超电势甚至比在平滑铂电极上还低。

对于氢气的析出反应，除了过渡金属及其合金，还有一大类催化剂是金属氧化物。早期研究认为，金属氧化物在氢气析出的电势范围内是不稳定的，但后来发现如果氢气在低的超电势下析出时，金属氧化物则呈现了较高的稳定性。氢气在金属氧化物电极上析出时，Tafel 曲线的斜率 b 在 $30\sim60\mathrm{mV}$ 之间，低于氢气在金属电极上析出的数值。对于氢气在金属氧化物电极上析出，目前普遍接受的在大多数金属氧化物上的机理是 EE 机理：即质子或水分子先在金属氧化物电极上放电，形成吸附物种：

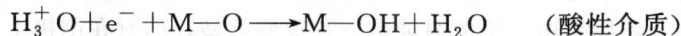

$$H_3^+O+e^-+M—O \longrightarrow M—OH+H_2O \qquad （酸性介质）$$

$$或\ H_2O+e^-+M—O \longrightarrow M—OH+OH^- \qquad （中性或碱性介质）$$

然后吸附物种再在电极表面发生电化学脱附：

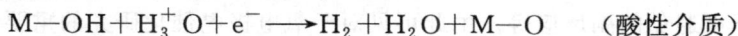

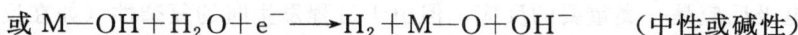

$$M—OH+H_3^+O+e^- \longrightarrow H_2+H_2O+M—O \qquad （酸性介质）$$

$$或\ M—OH+H_2O+e^- \longrightarrow H_2+M—O+OH^- \qquad （中性或碱性）$$

由于氢气在氧化物催化剂上析出时 Tafel 曲线斜率为 $40\mathrm{mV}$ 左右，因此可以认为电化学脱附是速度控制步骤。

已经研究过的能用作氢气析出反应的氧化物催化剂有 RuO_2、IrO_2、Co_3O_4、Pt 掺杂的 TiO_2 及它们的混合物等，而最有效的电催化剂是 RuO_2 及其混合物。

4.2.2 氢氧化反应的电催化

受到燃料电池研究的推动，特别是最近十多年，由于 H_2-O_2 质子交换膜燃料电池的潜在应用，极大地推动了氢气氧化过程的研究。根据"微观可逆"原理，阳极氧化反应机理应与阴极还原机理相同，只是进行方向相反而已。因此，根据对氢气析出反应机理的认识，不难得出氢气的阳极氧化反应包含如下步骤。

① 氢分子在电极表面的解离吸附或按电化学历程的解离吸附：

$$M+H_2 \longrightarrow M—H+H^+ +e^- \qquad （酸性溶液）$$

② 吸附氢的电化学氧化：

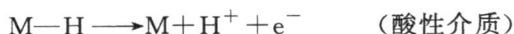

$$M—H \longrightarrow M+H^+ +e^- \qquad （酸性介质）$$

$$M—H+OH^- \longrightarrow M+H_2O+e^- \qquad （中性或碱性介质）$$

在氢气氧化反应机理中，除包含上述两步骤外，当然还包括 H_2、H^+（或 OH^-）等物种的扩散过程。

依据上述反应机理不难看出，不同电极对 H_2 氧化的催化活性同样与形成的 M—H 键的强度有关。可以预期，适中的 M—H 键强度对应的催化剂活性最高。

对于氢气阳极氧化的研究，常用的电催化剂是铂系贵金属及其合金，其他金属如 Mo、Nb、Ag、Cu 等对氢气的氧化也有一定的电催化活性。除上述提到的金属外，碳化钨（WC）在酸性介质中也是较好的非贵金属氧化剂。而碱性介质中 H_2 氧化最好的催化剂是金属镍及其化合物。近年来，有关 H_2 氧化电催化剂的研究主要集中于催化剂的制备方法、组成形态以及膜-电极集合体（MEA）的结构优化等方面，其主要目的是提高催化剂层中贵金属铂等的利用率和催化性能。需要指出的是，H_2 中常含有少量能导致 Pt 催化剂中毒的 CO，因此，对于实用 H_2-O_2 燃料电池中阳极电催化剂的研究还拓展到通过引入其他组分以达到降低 CO 中毒的目的。例如 Pt-WO_3 或 Pt-Mo_2C 复合催化剂，不仅对 H_2 氧化具有很高的电催化活性，而且还能耐 CO 中毒，显著提高了电催化性能。

4.3　氧电极反应的电催化

在实际电化学过程中氧电极反应是一类重要的反应。它在金属空气电池和燃料电池中发生阴极还原反应；在金属腐蚀中，析氧腐蚀是一种重要类型，同时在阴极上发生的氧气还原反应常常是金属阳极溶解反应的共轭反应，在电镀中阴极是金属的电沉积场所，而阳极有时则是氧气析出反应发生的场所；在电解水和阳极氧化法制备高价化合物时，氧气的析出反应是主要反应或不可避免的副反应等。由此可见对于氧电极电催化研究的重要性。

虽然氧电极反应是一类重要的反应，但由于过程发生时的复杂性（如在反应机理中常常出现中间价态的物种：H_2O_2、HO_2^- 等）和反应的不可逆性，人们对这些过程的认识远远不如氢电极过程。同时由于在平衡电势附近的电流低到难以测量，而阴、阳极极化曲线反映的则是表面状态截然不同的动力学规律，因此，对有关反应机理的研究也相当困难。本节将主要讨论发生于不同电极材料上的氧气阴极还原和氧气阳极析出反应。

4.3.1 氧气的电催化还原反应

4.3.1.1 氧气还原的机理

如果不涉及反应机理的细节，则氧气在不同电极上的还原可能有两种途径。

① 直接四电子反应途径。

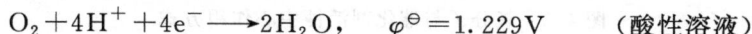

$$O_2+4H^++4e^-\longrightarrow 2H_2O, \quad \varphi^\ominus=1.229V \quad （酸性溶液）$$

或

$$O_2+2H_2O+4e^-\longrightarrow 4OH^-, \quad \varphi^\ominus=0.401V \quad （碱性溶液）$$

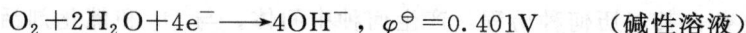

② 二电子反应途径。

在酸性溶液中：

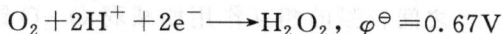

$$O_2+2H^++2e^-\longrightarrow H_2O_2, \quad \varphi^\ominus=0.67V$$

$$H_2O_2+2H^++2e^-\longrightarrow 2H_2O, \quad \varphi^\ominus=1.77V$$

或发生歧化反应

$$2H_2O_2\longrightarrow 2H_2O+O_2 \quad （催化分解）$$

而在碱性溶液中：

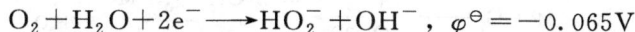

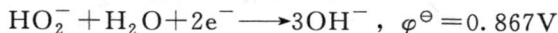

$$O_2+H_2O+2e^-\longrightarrow HO_2^-+OH^-, \quad \varphi^\ominus=-0.065V$$

$$HO_2^-+H_2O+2e^-\longrightarrow 3OH^-, \quad \varphi^\ominus=0.867V$$

或发生歧化反应

$$2HO_2^-\longrightarrow 2OH^-+O_2$$

所谓直接四电子途径实际上是由一系列连串步骤组成的，在反应机理中仍然涉及吸附中间产物，甚至过氧化物中间体的形成，它与二电子途径的区别在于只是在液相中没有产生过氧化物中间体。二电子反应途径不仅对能量转换不利，而且由于在碱性介质中 HO_2^- 的平衡浓度很低，即便找到能使 HO_2^- 迅速分解的催化剂，也难以在接近平衡电势下获得足够大的电流。特别是对于燃料电池，氧气经历四电子途径的还原才是期望发生的。因此，对氧气还原的电催化研究主要有两个目的：第一，避免经历二电子途径，产生过氧化氢；第二，必须在尽可能高的电势 1.229V 下进行工作。如果只是让氧还原成过氧化氢，其电极电位只有还原为水的一半，同时由于氧气还原为过氧化氢时，只有两电子参加反应，只能产生一半的电流。很明显，设计燃料电池的催化剂时，不能希望氧气先还原到过氧化氢，再还原到水，而要根本避免这一步骤。氧气还原是经历四电子途径，还是二电子途径，主要取决于氧气与电极表面的作用方式，电催化剂的选择则是实现二电子途径或四电子途径的关键，而区别四电子途径还是二电子途径的方法是检测反应过程中是否存在过氧化物中间产物或中间体，这可以通过旋转环盘电极测定。

氧气与电极表面的作用方式对其经历的还原途径有直接的影响。分子轨道理论表明，氧分子的 π 电子占有轨道与催化剂活性中心的空轨道重叠，从而削弱了 O—O 键，导致 O—O

键键长增大，达到活化的目的。同时催化剂活性中心的占有轨道可以反馈到 O_2 的 π^* 轨道，使 O_2 吸附于活性中心表面。现已知道，氧分子在电极相表面存在的吸附方式主要有以下三种（图 4.8）：侧基式（griffiths）、端基式（pauling）、桥式（bridge），后两种吸附有利于 O_2 的催化还原。

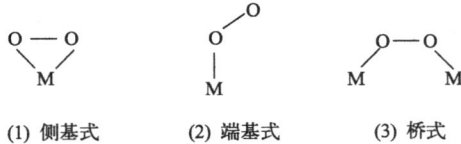

(1) 侧基式　　　(2) 端基式　　　(3) 桥式

图 4.8　氧分子与催化剂活性中心作用方式

有效吸附于电极表面的分子氧得到了活化，可以进一步发生电化学还原反应。氧气还原的机理十分复杂，其经历何种历程，产生何种中间体，与 O_2 和催化剂活性中心的作用方式有关。在侧基式吸附模型中，O_2 的 π 电子轨道与催化剂活性中心金属的 d_z^2 轨道侧向配位，而金属活性中心充满的 d_{xz} 或 d_{yz} 电子反馈到 O_2 的 π^* 轨道上，导致 O_2 吸附在催化剂的表面。催化剂和 O_2 之间较强的相互作用能减弱 O—O 键，甚至引起 O_2 分子在催化剂表面的解离，有利于四电子途径。在洁净的 Pt 电极表面和铁酞菁分子上，氧气可能按这一模型活化。吸附于表面的 O_2 发生还原，并使催化剂活性中心再生，过程可表示为：

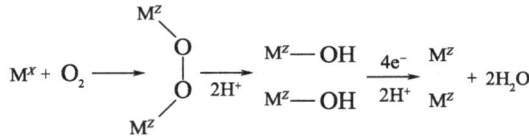

在端基式吸附模型中，O_2 的 π^* 轨道与过渡金属活性中心的 d_z^2 轨道端向配位，氧气在电极表面按这种方式吸附时只有一个原子受到活化，因此有利于二电子途径。在大多数电极上氧气的吸附是按这种模型进行的。这种作用伴有部分电荷迁移，相继生成过氧化物和超氧化物，过氧化物吸附态还可以在溶液中形成 O—OH 自由基，也可以通过化学脱附得到还原产物 H_2O，其过程可表示为：

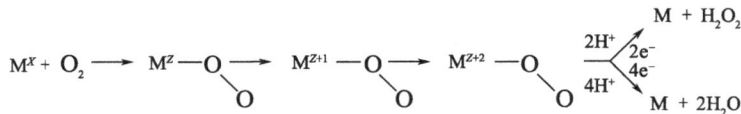

桥式吸附要求催化剂活性中心位置合适，且拥有能与 O_2 分子 π 轨道成键的部分充满轨道。氧气分子通过 O—O 桥与两个活性中心作用，促使两个氧原子均被活化。这一模型显然有利于实现四电子还原途径。氧气在含有两个过渡金属原子的双核络合物上的电化学还原反应就是按这种吸附模型进行的。其过程可表示为：

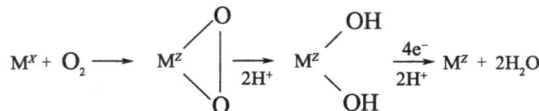

在酸性电解质中，氧气还原反应有比较高的超电势。目前，研究较多的阴极电催化剂是贵金属和过渡金属络合物催化剂。

4.3.1.2　贵金属电极上氧的电催化还原

适合作为氧气还原催化剂的贵金属有：Pt、Pd、Ru、Rh、Os、Ag、Ir 及 Au 等。从图 4.9 中可以看出，对于氧气的还原反应，Pt、Pd 的电催化活性最好。可能原因是电催化剂的催化活性与电催化剂吸附氧的能力之间存在"火山形"效应，即适中的化学吸附能力对应的电催化活性最高，Rh、Ir 对氧的吸附能力过强，而 Au 对氧气的吸附能力又很弱，Pd、Pt 的吸附能力居中。在氢-氧质子交换膜燃料电池（PEMFC）系统中常用的贵金属催化剂是 Pt，在空气电池中常用的贵金属催化剂是 Ag。

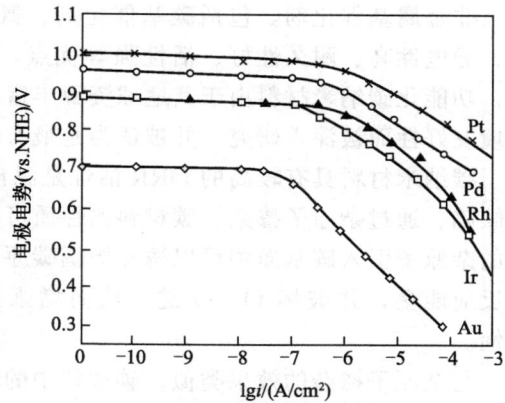

图 4.9　氧气在贵金属电极上还原的极化曲线

PEMFC 中膜电极（MEA）的结构优化及其制备工艺是决定其能否被工业化的关键技术。已知在洁净的 Pt 电极表面氧气的还原按四电子途径进行，这对于燃料电池阴极反应来说是所期望的。因此在大多数情况下，燃料电池阴极催化剂采用的是 Pt 催化剂。但采用不同的技术制备电极和 MEA，贵金属 Pt 的用量相差很多，因此探索更好地制备电极和 MEA 的技术，是一条提高催化剂中 Pt 利用率、降低氢-氧 PEMFC 成本的有效途径。

采用的制备电极和 MEA 的技术各不相同，但基本包括以下工序。

① 制备 Pt/C 催化剂。早期曾直接使用铂黑作为电催化剂，后来用的大多数催化剂都是 Pt/C。用化学还原法、电化学还原法或物理方法（如溅射）将铂粒子分布在细小的活性炭表面，然后热处理，制成 Pt/C 催化剂，其中铂的含量为 $10\% \sim 40\%$。

② 形成催化剂薄层。将 Pt/C 催化剂与某些黏合剂、添加剂混合（如聚四氟乙烯乳液、甘油、离子聚合物溶液等），以涂抹、浇铸或辊压等方法形成催化剂的薄层。

③ 预处理聚合物电解质膜，除去其中的杂质。

④ MEA 的制备方法是把离子交换膜和催化剂薄层放在一起，热压一定时间。

实现上述工序的方法或其组合方式不同，就形成了不同的电极制备方法和技术，如涂膏法、浇铸法、滚压法、电化学催化法、印刷法和溅射沉积法等。要得到性能优良的 MEA，必须细致摸索和控制每一道工序的工艺参数。

为了提高 PEMFC 的性能、降低电极中的铂载量，人们先后做了大量的工作。

在 20 世纪 80 年代中期以前直接使用铂黑作为电催化剂，PEMFC 中铂的用量较多，阴极的铂载量约为 $4mg/cm^2$，阳极的铂载量为 $2mg/cm^2$。后来采用 Pt/C 催化剂，并改进了 MEA 的结构，电极的铂载量大幅度下降，仅为 $0.1mg/cm^2$。近年来，随着单原子催化剂制备技术的兴起，可显著提高 Pt 的利用率，并大幅降低了成本。优化 MEA 等条件后 PEMFC 的输出功率密度可达 $1.8W/cm^2$。

制备 MEA 的方法是将金属铂直接沉积在电解质膜上或直接使用低铂载量电极。有研究报道，采用新工艺可使电极的铂载量降低为 $0.02mg/cm^2$。在这些电极中，催化层更薄，催化剂颗粒对传输反应物的阻力和电极的 IR 降被减小了，所以提高了铂的利用率。

4.3.1.3 非金属上氧的电催化还原

非金属基催化剂，包括碳基催化剂、氮基催化剂和硫基催化剂，具有成本低、资源丰富、导电性高、耐久性好、活性强等优点，近年来受到了人们的广泛关注。在众多催化剂中，功能化碳纳米材料由于其地球资源丰富、易于制备、高物理化学稳定性、优异的活性和环境友好性而被深入研究，并被认为是最有前途的 ORR 催化剂之一。

碳纳米材料具有较高的 ORR 活性是源自于杂原子（如 N、B、P 或 S）掺杂或诱导的各种缺陷。通过杂原子掺杂，碳材料的性质可以较原始材料显著改变。将具有不同尺寸和电负性的杂原子引入碳基质中可以诱导周围碳原子之间的电荷和自旋重新分布，促进氧吸附，降低反应能垒，并破坏 O—O 键，从而增强此类杂原子掺杂的碳纳米材料的电催化 ORR 活性。

与杂原子掺杂的效果类似，碳载体中的缺陷也可以调节电子结构的表面状态（电荷和自旋密度）并诱导碳的结构畸变，从而增强电催化 ORR 活性。碳材料在边缘或表面总是存在缺陷或无序结构。碳原子的缺失和重构的晶格结构可以打破电子-空穴对称性，并且与普通碳原子相比具有更高的电荷和自旋密度。碳骨架中引入的缺陷可能会中断 π 共轭的完整性，导致碳原子的电荷极化，并在 ORR 过程中产生对含氧物质的强吸附。

目前，氮掺杂碳材料作为最有前途的 ORR 非金属基催化剂，因其催化活性接近商用 Pt/C、耐乙醇性好、价格低廉、化学稳定性好等优点而受到广泛关注。

4.3.1.4 过渡金属大环络合物对氧气还原的电催化

过渡金属大环络合物（如卟啉、酞菁及其聚合物）一直被认为是解决燃料电池阴极最有希望的催化剂。大环过渡金属络合物的结构、环上取代基的种类、中心金属离子的种类、催化剂的氧化还原电势以及电解质的种类等对氧气还原的电催化活性都有影响。图 4.10 为卟啉和酞菁钴络合物的结构式。

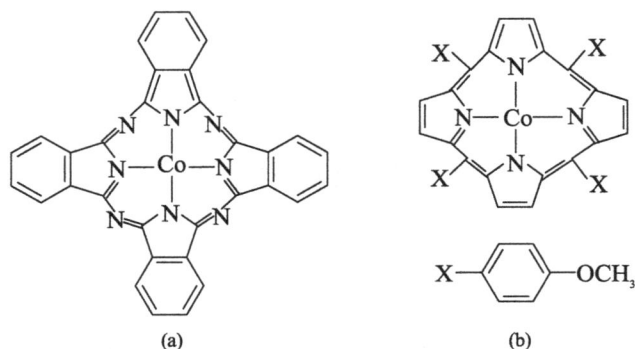

图 4.10 卟啉和酞菁钴络合物的结构式

卟啉和酞菁的过渡金属络合物是由接近平面结构的大杂环配体与处于平面中心的过渡金属离子所组成。目前，已知有单核和双核两种形式，大多数单核过渡金属催化剂将 O_2 还原为 H_2O_2，而双核的电催化活性明显优于单核，可以实现四电子的催化氧还原。

对于单核的酞菁络合物，过渡金属的活性服从于：Fe＞Co＞Mn＞Ni＞Cu。

四苯基卟啉的顺序为：CoTPP＞FeTPP＞NiTPP≈CuTPP≈0。

在酸性溶液中，催化活性的顺序为：CoTMphP＞CoTphP＞(CoPc)$_n$＞CoPc。

综上所述，过渡金属络合物对氧气的还原显示了较好的电催化活性。和铂电极上相比，超电势降低了 70～80mV。但这类催化剂在长期工作时的稳定性还不够理想，有待进一步研究。

4.3.1.5 过渡金属氧化物对氧气还原的电催化

氧气还原反应的另一大类催化剂为过渡金属氧化物。前已述及，对于氧气在催化电极上的电化学还原，氧气首先要从溶液中扩散到电极表面并发生解离-吸附，而在氧化物电极上由于水分子可能优先占据电极表面的活性位，导致了氧气在其上的解离-吸附相对困难，影响了氧气还原反应的动力学。

一般说来，氧气在氧化物电极上还原时的 Tafel 曲线有两个直线段，在低超电势下还原时 Tafel 曲线的斜率为 40～60mV，而在高超电势下还原时则为 120mV，这意味着氧气在低电势和高电势下的还原呈现了不同的反应机理，可能的原因是在低超电势和高超电势下金属氧化物的电极表面状态发生了变化。已研究过的用作氧气还原电催化剂的金属氧化物主要是钙钛矿型、含钴尖晶石型及烧绿石型金属氧化物和复合氧化物，如 PdO$_x$、RuO$_2$、IrO$_2$、Ni$_x$Co$_{3-x}$O$_4$、Bi$_2$Ru$_2$O$_7$、Li$_{1-x}$Mn$_{2-x}$O$_4$、Fe$_3$O$_4$、Co$_3$O$_4$、La$_{1-x}$Sr$_x$MnO$_3$、CrO$_2$、NiCo$_2$O$_4$、Ru 烧绿石等。在这些氧化物中，RuO$_2$、IrO$_2$ 能将氧气还原为过氧化氢，但活性仍然很低；Co$_3$O$_4$ 对氧气电催化还原的活性较差，当同价态的镍（Ⅱ）取代钴（Ⅱ）后，尽管 Co$_3$O$_4$ 的尖晶石型结构未被破坏，但 NiCo$_2$O$_4$ 的电催化活性却有显著的提高，催化活性的提高可归属于 Ni-Co 之间的相互作用。当改变含钴氧化物中八面体位置上金属的种类时，氧气还原的 Tafel 曲线在低超电势下的斜率与取代金属离子 M（Ⅱ）密切相关，而在高超电势下的斜率则与钴（Ⅲ）的位置有关。

近十年来，氧还原催化剂的研发主要有两个方向[4]：①以铂（Pt）为活性中心，利用其他金属调控 Pt 的电子结构，以更适合中间物的吸附、成键等；②以非贵金属乃至非金属作为活性中心，构建包含多种元素的复合型材料。Watanabe、Markovic、Adzic 等通过制备一系列合金或在其他金属基底上沉积单层 Pt 作为 ORR 电催化剂，发现 Pt 与铁（Fe）、钴（Co）、镍（Ni）等的合金都能不同程度地改善 ORR 活性。利用结构确定的单晶电极系统研究表明，这些材料都会形成内层为合金、表面由 1～3 层纯 Pt 构成的催化剂。其中，Pt$_3$Ni (111) 电极具有最佳的 ORR 活性，而 Pd (111)/1ML (monolayer) Pt 具有良好的长期稳定性。这些发现也与 Norskov 等理论计算得出的以氧在各种单晶电极上的吸附能作为 ORR 反应活性的"描述符"预期一致。但是，在结构确定的模型单晶电极上，Feliu 等发现 ORR 活性在酸性与碱性介质中随台阶密度增加呈现截然相反的趋势，即在酸性介质中台阶密度越高，活性越大，Pt (331)＞Pt (332)＞Pt (111)，而在碱性介质中 Pt (111) 的 ORR 活性最大。值得指出的是，Feliu 等在酸性溶液中的实验规律与 Norskov 理论预期的趋势相反。Norskov 理论也未能预期到酸性和碱性中的 ORR 活性有差别，还需要进一步探究理论预期的有效性，揭示实验与理论偏差产生的原因。

此外，尽管 ORR 催化剂在合成制备、稳定性及成本控制方面发展迅速，但是其在降低反应过电势方面还存在挑战。以 Norskov 为代表的理论电化学家认为，制约催化剂进一步降低超电势的原因在于 ORR 反应所涉及的关键基元步骤对应的三个关键中间物种 O*、OOH* 和 OH* 的吸附能存在线性比例关系，对常规催化剂的改进无法同时将三者最优化。而实验工作者以及其他的理论工作者却给出了另外三种不同意见：①混合电位假说。

在 1.0V 以上无法观察到 ORR 的动力学电流，可能是因为在 ORR 过程中同时存在平行发生的氧化反应（如金属的氧化、解离，有机物等杂质的氧化，H_2O_2 等 ORR 中间产物的快速氧化），补偿了 ORR 的负电流，因此看不到净的还原电流。②催化剂中毒假说。O_{ad}/OH_{ad} 导致 Pt 电极表面毒化，因此只有当电势低于 1.0V、电极表面有金属态 Pt 活性位存在时，ORR 才能进行。在 ORR 能进行的电位区，其动力学由 ORR 的决速步骤（很可能是第一步反应）决定。③化学反应放热假说。Anderson 等经过对这一体系长期的理论研究，认为氧还原 0.3V 左右的过电势损失源于氧还原的一个关键基元步骤，即 $OOH \longrightarrow O_{ad}+OH_{ad}$ 的放热效应，该反应把原本用于做电功的吉布斯自由能（1.2eV）变成了热能损失。各种计算的模型体系都是结构确定的单晶表面，显然结合理论和实验对各种模型单晶电极进行系统研究，验证或排除各种假说，是正确揭示 ORR 过电势起源以及过电势与晶面结构、组成关系的有效途径。在此基础上，方能真正实现理性指导和设计可以有效降低 ORR 超电势的高效电催化剂。

4.3.2　氧析出反应的电催化

氧析出反应是主要的阳极过程之一，其在水溶液中的总反应为：

$$2H_2O \longrightarrow O_2+4H^++4e^- \quad （酸性介质）$$

$$4OH^- \longrightarrow O_2+2H_2O+4e^- \quad （碱性介质）$$

水溶液中氧气的析出只能在很正的电势下进行，可供选择的电极材料只有贵金属或处于钝态的金属（如碱性介质中可用 Fe、Co、Ni 等）。事实上，在氧气的析出电势区，即使贵金属表面上也存在吸附氧层或氧化物层。因此，表面氧化物的电化学稳定性、厚度、形态、导电性等是影响氧气析出电催化活性的主要因素。

氧气析出反应的总反应虽然是氧气还原反应的逆过程，但其动力学步骤与氧化还原反应的逆过程并不相同，主要原因在于氧气析出在较正的电势下进行，此时金属表面氧化形成了氧化物层，而氧化物层的氧原子直接参与了反应。由于当前对氧化物层的性质了解不够，有关反应机理尚无一致看法。通常认为，在酸性介质中氧气析出的机理为：

① $M+H_2O \xrightarrow{rds} M-OH+H^++e^-$

② $M-OH \xrightarrow{快} M-O+H^++e^-$

③ $2M-O \longrightarrow O_2+2M$

而在碱性介质中，O_2 析出的机理为：

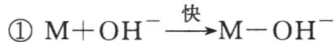

① $M+OH^- \xrightarrow{快} M-OH^-$

② $M-OH^- \longrightarrow M-OH+e^-$

③ $M-OH^-+M-OH \longrightarrow M-O+M+H_2O+e^-$

④ $2M-O \longrightarrow O_2+2M$

在低电流密度下，步骤③为速控步，而在高电流密度下，步骤②为速控步。

碱性介质中最好的电极材料为覆盖了钙钛矿型和尖晶石型氧化物的镍电极和 Ni-Fe 合金（原子比 1:1），如高比表面的 $NiCo_2O_4$、$NiLaO_4$ 是很好的析氧催化剂。而对于贵金属电极，考虑其氧化物的导电性，氧气析出超电势的顺序为：Au＞Pt＞Ru＞Ir＞Os＞Pd＞Rh。

对于酸性介质中氧气的析出反应，考虑到电催化性能和稳定性，目前已知的最好电催化剂有 Ru、Ir 的氧化物及含 Ru、Ir 的混合氧化物。

由于氧气析出反应发生的电势常伴随有电极表面含氧物种的形成，因此氧气析出过程中可能存在的中间体比较难检测出，但表面和含氧物种（如 OH）的相互作用无疑是电极反应活性大小的决定因素。在指定电流密度下氧气析出的超电势与 M—OH 键的强度存在着一定的关联，如图 4.11 所示。其原因在于在氧化物 MO_x 表面上吸附的氧原子不是与金属 M 成键，用于关联的参数应为反应 $MO_x \longrightarrow MO_{x+1}$ 的能量变化，即得到如图 4.11 所示的火山形曲线。

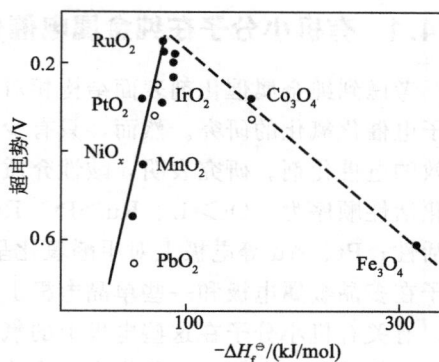

图 4.11　指定电流密度下氧气析出的超电势与 M—OH 键强度的关系

4.4　有机小分子的电催化氧化

对于有机小分子燃料电池阳极催化剂的基本要求是高的电导率，在工作环境中良好的稳定性及对于反应物或反应中间体适宜的吸附性能。从活化模式的角度考虑，与发生在惰性电极上的简单氧化还原反应相比，反应物或其中间体在电催化剂表面进行的有效化学吸附是电催化过程分子活化的前提。化学吸附分为缔合吸附和解离吸附两种类型。对于缔合吸附，被吸附物种双键中的 π 键在电催化剂表面形成两个单键。在解离吸附过程中，被吸附物分子先发生解离，然后再发生吸附。有机小分子（甲醇、甲醛、甲酸等）在贵金属催化剂表面可产生解离吸附，生成一个或数个吸附氢原子及吸附的羰基物种。解离吸附活化是反应物分子活化的主要途径。从分子活化过程角度考虑，化学吸附键的强度对有机小分子氧化性能又是至关重要的。化学吸附键强度太高会导致反应产物不容易从催化剂表面移走，封闭一些吸附位置，从而阻碍了反应物的进一步吸附。相反，吸附键强度太弱，少量吸附的反应物种虽然导致了高的电子传递速率，但总反应速率降低。只有化学吸附键的强度适宜，才能导致最为有效的催化氧化反应的发生。从键合理论考虑，过渡金属催化剂的活性是与其所含有的空 d 轨道特征密切相关的。因为在过渡金属的原子结构中都含有空余的 d 轨道和未成对的电子，通过与反应物分子接触，这些电催化剂的空余 d 轨道上将形成各种特征的化学吸附键以达到分子活化的目的。过渡金属催化剂的活性不仅依赖于催化剂的电子因素（即 d% 的特征），还依赖于吸附位置的类型（即几何因素）。

众所周知，甲醇、甲醛、甲酸等有机小分子在过渡金属电极上的氧化都要经历解离吸附过程生成一个或数个吸附氢原子。解离过程导致了一系列吸附的羰基物种的形成。例如，对于甲醇氧化，吸附物种为 $(CH_xO)_{ad}$（$x = 0 \sim 3$）；甲醛和甲酸的氧化，吸附物种为 $COOH_{ad}$、CHO_{ad}、COH_{ad} 和 CO_{ad}。要使吸附的羰基物种氧化生成最终产物 CO_2，吸附中间体必须与邻近吸附的含氧物种（OH_{ad}，H_2O_{ad}）反应。因此对于有机小分子及探针分子 CO 的氧化，有效的电催化剂应能同时消除吸附的羰基物种和含氧物种。

4.4.1 有机小分子在纯金属电催化剂上的氧化

考虑到纯金属催化剂表面结构相对简单及使用方便，人们把纯金属作为首选用于有机小分子电催化氧化的研究。然而，只有少部分过渡金属在酸性介质中是稳定的，目前铂仍是最有效的电催化剂。研究表明，酸性介质中甲醇能在一系列纯金属催化剂上发生氧化，电催化氧化活性顺序为：Os＞Ir、Ru＞Pt＞Rh＞Pd；Rh、Pd、Ir 电极对甲酸的氧化具有较高的催化活性；Pt、Au 等电极上对甲醛氧化呈现了较好的电催化活性。从基础研究角度，有机小分子在多晶金属电极和一些单晶电极上氧化的研究表明，有机小分子氧化反应对结构十分敏感。有关有机小分子在这些电极上的氧化研究已有许多综述文章。

尽管单一纯金属可以作为有机小分子氧化的电催化剂，但其活性还不是很高。为了提高催化活性，人们对二元或多元的催化体系（合金或吸附原子）进行了广泛的研究。

4.4.2 有机小分子在二元或多元金属电催化剂上的氧化

二元或多元的金属催化剂一般分为通过合金化形成的合金催化剂以及通过在金属表面修饰其他原子而形成的催化剂。绝大部分这类催化剂是以铂为主体。

合金催化剂一般是通过共沉积或浇注制得的，这些合金催化剂已被广泛地用于有机小分子电催化氧化的研究。目前研究过的用于酸性介质中甲醇氧化的二元合金催化剂有 Pt＋Ru、Pt＋Sn、Pt＋Rh、Pt＋Pd 和 Pt＋Re 等。对于 Pt＋Ru、Pt＋Sn、Pt＋Rh 等合金催化剂，其对甲醇氧化增强的电催化活性大都可归属于双功能协同作用的结果。合金电极上的铂修饰其他金属，改变了铂的表面电子状态和吸附性能，Pt 表面位置的浓度相对降低，从而有利于减缓催化剂的中毒。对于有机小分子的氧化，公认最好的合金催化剂是 Pt＋Ru 合金，这种合金催化剂既降低了毒化的程度，又可使甲醇氧化的超电势降低 100mV。

对于甲酸的电催化氧化，已被广泛研究的合金催化剂有 Pt＋Ru、Pt＋Rh、Pt＋Au 和 Pt＋Pd 等。这些合金催化剂对甲酸电化学氧化呈现高的催化活性，可能原因是类似于甲醇氧化的双功能协同作用。

对于合金电极上有机小分子氧化机理的研究表明，引入的合金化金属修饰了电极的电子特性和表面结构，封闭了毒化物种形成的位置，同时还能吸附有利于氧化反应发生的含氧物种。这样，一种金属原子吸附反应物分子和解离吸附生成的中间物种，另一种金属原子吸附氧化反应需要的含氧物种，最后两种金属原子位置上吸附的物种相结合导致了一个完整反应的发生，从而形成最终产物。关于有机小分子在二元合金催化剂上的氧化机理通常有两种假设：一种假设是引入的第二种金属原子要么容易吸附含氧物种，增加解离吸附生成的中间体氧化的速率，要么通过封闭氧化过程中毒性物种吸附所需的活性位置来提高反应速率；另一种假设是引入的第二种金属原子具有未充满的 d 轨道，能和铂的 d 电子共享，从而提高铂表面吸附含氧物种的能力，有利于氧化反应的发生。

尽管合金催化剂对有机小分子的氧化表现出了很高的催化活性，但仍然存在一些实际问题。其中最主要的是合金表面的组成难以固定，且完全不同于其本体相，这是由于金属在酸性溶液中溶解速度不同导致，同时，这也导致了催化剂的活性随时间的变化。

对于在 Pt 电极表面修饰其他种原子的催化剂，一般通过欠电势沉积（UPD）或化学吸附制得。研究发现，Ru、Sn、Pb 等吸附的 Pt 电极增强了有机小分子氧化反应的速率，而 Bi、Tl 等则阻碍了氧化反应的发生。但绝大多数吸附原子对电催化性能没有影响。通过引入吸附原子提高催化剂性能的原理是基于引入的原子要么阻碍了毒化反应的发生，要么促进了主要的氧化反应。金属表面吸附原子对催化反应影响的可能机理是：ⓐ吸附原子改变了基质的电子特性或作为氧化还原的媒介体；ⓑ吸附原子封闭了毒化物种形成的位置；ⓒ双功能机理，即吸附原子有利于吸附含氧物种，增强了反应物种或中间体的氧化反应。

4.4.3　有机小分子在金属及金属氧化物催化剂上的氧化

众所周知，金属氧化物由于可能存在的氧空位或吸附的含氧物种，在异相催化研究中成为一类重要的催化剂。然而，这样一种催化剂对水溶液电解质燃料电池中含碳燃料阳极氧化性能却少见报道。研究了一些氧化物作为催化剂对碳氢化合物和 CO 阳极氧化的性能，与 Pt 黑混合的这些氧化物（NiO、TiO_2、ZrO_2、V_2O_3、MoO_2、MoO_3、$CoMoO_4$ 及一系列含 W 氧化物）都不能提高碳氢化合物的性能，但 $CoMoO_4$、MoO_2、MoO_3 及含 W 氧化物却对 CO 的氧化呈现了较高的活性。而在研究通过化学还原方法制得的 Pt 黑与金属氧化物（MO_x、M＝Ti、Zr、Nb、Ta、W）复合电极对甲醇电催化氧化的活性时，发现金属氧化物对铂催化甲醇氧化的行为有较大的影响。ⅣB 族的金属氧化物（TiO_2、ZrO_2）对铂催化的影响是相似的，在低电势区氧化物起促进作用，在高电势区氧化物起阻碍作用；ⅤB 族金属氧化物（Nb_2O_5、Ta_2O_3）在所有电势范围内对甲醇氧化都起促进作用以及ⅤB 族的金属氧化物 WO_3 亦起促进作用。有关金属/金属氧化物催化剂的作用机理可从铂表面的电子状态和金属氧化物所提供的活性氧物种的角度去考虑。

20 世纪 90 年代中期，英国学者 Tseung 通过使 WO_3 与 Pt 及 Pt-Ru 共沉积的方法制备电催化剂，用于甲醇、甲酸及 CO 等电催化氧化的研究。他们发现共沉积所制备的金属/金属氧化物复合电极对甲醇、甲酸及 CO 的氧化呈现了很高的电催化活性。例如将甲醇在酸性介质中氧化的催化活性与在铂化的 Au 电极上的结果相比，高出 20 倍。进一步地，他们通过现场红外反射光谱研究发现，甲醇在复合电极上氧化的抗中毒能力要比其他电极好。探究其原因，一方面金属在共沉积方法制备的复合电极中分散度大大提高，另一方面是由于金属和氧化物协同作用的结果。在此基础上，有人通过液相化学还原的方法制备了 Pt-Ru-Sn-W 四元催化剂。其中，Pt 以金属形式存在，而 Ru、Sn、W 则以氧化物的形式存在，这样的复合催化剂对甲醇在酸性介质中的氧化呈现出很高的催化活性，其高的催化活性归属于各组分协同作用的结果。

4.4.4　有机小分子氧化电催化剂的表征及反应机理探讨

关于甲醇氧化反应的机理研究，一个有争论的问题是：导致催化剂中毒的物种究竟是什么？不同作者通过电化学研究认为中毒物种是 CO_{ad} 或 COH_{ad}，而自从现场红外光谱方法建立后普遍认为是吸附的 CO 物种（线性吸附，红外光谱峰在 $2060cm^{-1}$ 处）导致了催化剂的中毒。然而这些研究却与差分电化学质谱（DEMS）、电化学热吸附质谱（ECT-DMS）研究的结果不尽一致。DEMS、ECT-DMS 的研究则认为，甲醇氧化过程中产生的解离吸附物种是吸附的 COH 或 CHO，毒化应归属于这些物种。通过对现场红外光谱和 DEMS 研究条件的比较发现，这些差异是由于电极表面结构和体系等的不同。进一步研究表明，甲醇在铂电极氧化产生的中间体与电极电位、酸度、甲醇浓度等有关。对于甲醇氧化过程，公认的毒化电极的物种为线性吸附的 CO 物种。一般认为甲醇在 Pt 电极上的氧化机理如下。

首先，甲醇在铂电极上发生吸附，然后脱氢同时发生解离吸附反应，生成一系列表面吸附的羰基物种 $(CH_xO)_{ad}$ $(x=0\sim3)$，反应式为：

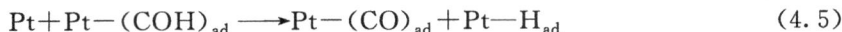

$$Pt+CH_3OH \longrightarrow Pt-(CH_3OH)_{ad} \qquad (4.1)$$

$$Pt+Pt-(CH_3OH)_{ad} \longrightarrow Pt-(CH_2OH)_{ad}+Pt-H_{ad} \qquad (4.2)$$

$$Pt+Pt-(CH_2OH)_{ad} \longrightarrow Pt-(CHOH)_{ad}+Pt-H_{ad} \qquad (4.3)$$

$$Pt+Pt-(CHOH)_{ad} \longrightarrow Pt-(COH)_{ad}+Pt-H_{ad} \qquad (4.4)$$

$$Pt+Pt-(COH)_{ad} \longrightarrow Pt-(CO)_{ad}+Pt-H_{ad} \qquad (4.5)$$

同时，发生下列反应：

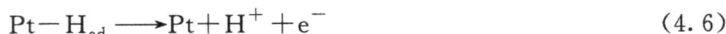

$$Pt-H_{ad} \longrightarrow Pt+H^++e^- \qquad (4.6)$$

对于上述一系列反应，在电极表面缺少含氧物种时反应（4.5）为主导电势。

从上述方程中不难看出，要保证催化剂不被毒化，就必须尽量避免反应（4.5）的发生，而只有电极表面含有大量含氧物种时，氧化反应才能发生。当电极表面有活性氧物种时发生的反应为：

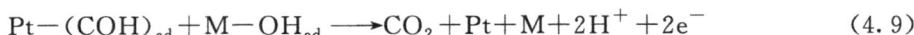

$$Pt-(CH_2OH)_{ad}+M-OH_{ad} \longrightarrow HCHO+Pt+M+H_2O \qquad (4.7)$$

$$Pt-(CHOH)_{ad}+2M-OH_{ad} \longrightarrow HCOOH+Pt+2M+H_2O \qquad (4.8)$$

$$Pt-(COH)_{ad}+M-OH_{ad} \longrightarrow CO_2+Pt+M+2H^++2e^- \qquad (4.9)$$

$$Pt-(CO)_{ad}+M-OH_{ad} \longrightarrow CO_2+Pt+M+H^++e^- \qquad (4.10)$$

式（4.7）~式（4.10）中，M 代表 Pt 或 Ru、Sn、WO_3 等。

这些反应表明，甲醇氧化是一个涉及多步脱氢的复杂过程，只有在电极表面生成大量含氧物种，甲醇才能完全氧化生成 CO_2。同时，对于实用的 DMPEM-FC，在降低催化剂中毒的同时，还要避免反应（4.7）和（4.8）的发生，保证甲醇氧化后完全生成 CO_2。

对于甲醇的氧化，铂电极在大于 0.6V（vs. NHE）时生成的含氧物种是不足以阻碍催化剂毒化现象发生的，只有引入其他活性基团，使复合电极表面在较低电势下生成吸附的含氧物种才能有效地促进氧化反应的发生。Ru、Sn、WO_3 等的引入，一方面有利于减缓甲醇氧化过程中催化剂的中毒，另一方面存在的功能性物种在氧化还原中所发生的一些反应可有效地活化甲醇在电极上氧化的一些步骤，从而全面促进甲醇氧化反应的发生。对于 Pt—Ru 合金催化剂，甲醇在其上的氧化反应可表示为吸附于 Pt 电极上的甲醇分子先发生脱氢，解离生成的羰基物种在较低电位下与 Ru 表面生成的含氧物种反应，生成 CO_2 和 H_2O。而对于 Pt—WO_3 电极上甲醇的氧化反应，由于 WO_3 在较负电位下能够催化氢的氧化，反应式为：

$$WO_3+xPt-H_{ad} \longrightarrow H_xWO_3+xPt \qquad (4.11)$$

$$H_xWO_3 \longrightarrow xH^++xe^-+WO_3 \qquad (4.12)$$

反应式（4.11）和式（4.12）有利于水分子在 Pt 电极上的解离吸附，即促使了下列反应的发生：

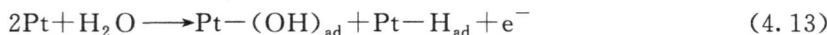

$$2Pt+H_2O \longrightarrow Pt-(OH)_{ad}+Pt-H_{ad}+e^- \qquad (4.13)$$

从而为甲醇在复合电极上的氧化提供了大量吸附的含氧物种，促进了甲醇氧化反应的发生。其氧化机理表示如下：

$$(CH_3OH)_{ad}+(H_2O)_{ad}$$

$$\downarrow$$

$$[(C_xO)_{ad}(x=0\sim3)+(4-x)H_{ad}]+[(OH)_{ad}+H^++e^-]$$

$$\downarrow nWO_3 \qquad\qquad =\!=\!=CO_2+6H^++6e^-$$

$$nH_xWO_3 \xrightarrow{\qquad\qquad\qquad\qquad}$$
$$-nWO_3$$

需要说明的是，对于甲醇等有机小分子的电催化氧化反应，都要经历生成一系列羰基物种（包括吸附的 CO 物种）的中间步骤，而且反应过程较为复杂。

对于有机小分子氧化反应的可能机理，厦门大学孙世刚院士等提出了双通道反应模型，即有机小分子在电极上的解离吸附中间步骤总是会发生，可表示如下：

```
                    吸附的活性中间体
           ┌─────────────────────┐
有机小分子 ──→│                     │──→ 反应产物
           └─────────────────────┘
                    吸附的毒化中间体
```

对于有效的电催化剂，有机小分子的氧化经历活性中间体的中间步骤，有利于氧化反应的发生；而对于一般的电催化剂，有机小分子的氧化经历毒化电极中间体这一步骤，尽管最终产物是一致的，但反应速率大为降低。而判别有机小分子解离吸附生成的是活性中间体还是毒化中间体的依据则是生成的中间体是否容易被反应掉。这一双通道机理的提出对于正确理解有机小分子复杂的氧化机理，进行催化剂的筛选具有一定的指导意义。例如 Pt－Ru 和 Pt－WO$_3$ 催化剂是公认的对甲醇氧化有效的电催化剂，但红外光谱研究却表明甲醇在这两种电极上氧化的中间体是 $(CO)_{ad}$，且在电极上容易被氧化除去；由于 Ru、WO$_3$ 的协同作用，有机小分子的氧化经历活性中间体步骤，所以不会毒化电极。

4.5　二氧化碳电还原

4.5.1　电化学能源转化概述

利用可再生能源降低传统化石燃料的使用以及解决环境污染问题依然是实现全球可持续能源未来的关键。鉴于此，被称为"清洁能源"（如燃料电池、电解槽、光电电解槽、金属-空气电池、金属离子电池和超级电容器）的电化学能源转换和储存技术起着关键作用。它们通常涉及电极/电解质表面和内部许多复杂的化学反应和物理相互作用以及不同载流子（如电子、空穴、离子、分子等）的动力学和输运行为。与电催化剂的选择以及电催化剂的结构密切相关。因此，设计高效、稳定和高选择性的电催化剂是提高电化学能量转换和储存性能的研究重点，得到了学术界和工业界的高度重视。

在上述的能源转化技术中，目前最受关注的几个电催化反应是连接质量和能量之间的三个转换循环，即水循环、碳循环和氮循环。这些循环在生态系统以及能量转换和储存应用中发挥着重要的作用，如图 4.12 所示[5]。比如，在 H$_2$/O$_2$ 燃料电池中，阳极氢氧化（HOR）

和阴极氧还原反应（ORR）产生水和电能；而在水裂解电解槽中，水在消耗电能时被裂解为氢（通过析氢反应，HER）和氧（通过析氧反应，OER）作为产物。此外，燃料电池和电解槽装置可以集成为一个单元，即再生燃料电池，在空间应用中具有很好的潜力。含碳的有机分子，如甲酸、甲醇、乙醇、二甲醚，可以直接作为燃料电池的阳极燃料，产生二氧化碳、水和电能。相反，在电解槽中，二氧化碳可以被还原（通过二氧化碳还原反应，CO$_2$RR），形成有附加值的化学品和燃料，如 CO、甲烷、甲醇、乙醇。在氮循环方面，常温条件下，通过电解槽进行固氮（通过氮还原反应，NRR），得到的氨是可用于直接氨燃料电池的能量载体。

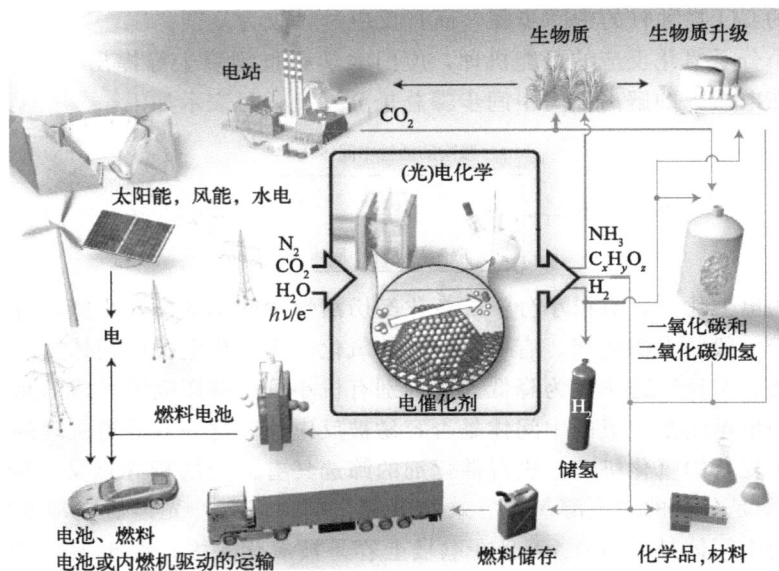

图 4.12　基于电催化的可持续能源景观示意图

其中，二氧化碳还原反应最为复杂，因为涉及多个质子-电子转移步骤，导致过电势大，产物分布广，C—C 偶合机理不明确，单一产物选择性难等。而且对于还原成 C$_2$ 及以上产物，仅有 Cu 基催化剂可以催化转化。相比于其他反应来说，二氧化碳还原的机制研究更具有挑战性。而且，电催化还原 CO$_2$ 与 HER 的电位十分相近，在进行二氧化碳还原的同时不可避免地存在 HER 副反应。近年来，二氧化碳电还原和电催化氮还原反应成为催化领域研究的热点，接下来将详细介绍这两个反应。

4.5.2　二氧化碳电还原[6]

随着工业的发展，大量的二氧化碳（CO$_2$）被排放到大气中。据预测，2100 年二氧化碳浓度将增加到 600ppm（1ppm$=10^{-6}$），几乎是目前的两倍。过量二氧化碳的排放将破坏大气和生态系统的碳平衡。因此，降低二氧化碳的浓度刻不容缓。CO$_2$ 作为一个线性分子，有较大的电离能和较小的电子亲和能，因此二氧化碳的还原比氧化更容易。许多还原方法，包括化学还原、光化学还原、电化学还原和生物转化，已被用于降低二氧化碳浓度和提高反应速率。在这些方法中，CO$_2$ 电还原反应（CO$_2$RR）相比于其他方法是最有前途的，因为它可以通过改变反应电位、电流和电解质来有效调节反应速率和产物的选择性。二氧化碳通常被还原为多种含碳产物，如一氧化碳（CO）、甲烷，甲醇和其他碳氢化合物以及含氧化合物。整个反应发生在电解槽阴极中，阳极的主要反应是析氧反应。此外，转化效率取决于电极的结构和反应条件。

电化学 CO_2 还原的路径可以通过使用合适的电催化剂在水溶液中进行多电子转移实现。图 4.13 展示了在一个电催化装置中通过不同的路径形成各种可能产物的示意图。可以将 CO_2 转化成具有高能量密度的含碳小分子，如一氧化碳、甲醇、甲烷等。基于热力学研究，在水溶液（pH=7，在 25℃、1 个大气压和 1.0mol/L 浓度的其他溶质下），各种半反应及其相应的电极电位［相对于标准氢电极（SHE）］见表 4.2。使用的电催化剂和施加的电极电位对 CO_2 还原的效率和选择性至关重要。这带来了一些技术挑战，如高成本、低效率、低产物选择性、电催化活性的快速衰减等。特别是，由于现有催化剂的选择性和稳定性较差，目前的技术还不能满足大规模工业应用的要求。

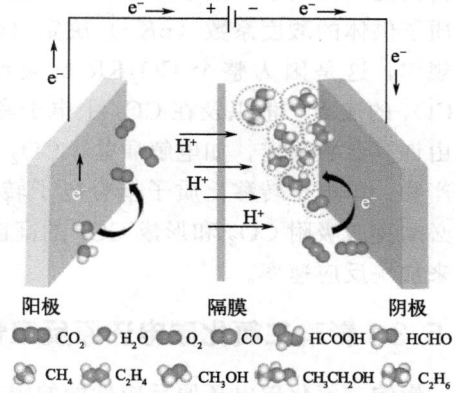

图 4.13　电化学 CO_2 还原过程和电化学反应池中可能的产物

表 4.2　不同 CO_2 电还原反应的标准电位

半电化学热力学反应	标准条件下的电极电位(vs. SHE)/V
$CO_2(g)+e^- \longrightarrow CO_2^-(aq)$	−1.990
$CO_2(g)+2H^++2e^- \longrightarrow HCOOH(l)$	−0.250
$2CO_2(g)+2H^++2e^- \longrightarrow H_2C_2O_4(aq)$	−0.500
$CO_2(g)+H_2O(l)+2e^- \longrightarrow HCOO^-(aq)+OH^-$	−1.078
$2CO_2(g)+2e^- \longrightarrow C_2O_4^{2-}(aq)$	−0.590
$CO_2(g)+2H^++2e^- \longrightarrow CO(g)+H_2O(l)$	−0.106
$CO_2(g)+H_2O(l)+2e^- \longrightarrow CO(g)+2OH^-$	−0.934
$CO_2(g)+4H^++4e^- \longrightarrow C(s)+2H_2O(l)$	0.210
$CO_2(g)+2H_2O(l)+4e^- \longrightarrow C(s)+4OH^-$	−0.627
$CO_2(g)+3H_2O(l)+4e^- \longrightarrow CH_2O(l)+4OH^-$	−0.898
$CO_2(g)+6H^++6e^- \longrightarrow CH_3OH(l)+H_2O(l)$	0.016
$CO_2(g)+5H_2O(l)+6e^- \longrightarrow CH_3OH(l)+6OH^-$	−0.812
$CO_2(g)+8H^++8e^- \longrightarrow CH_4(g)+2H_2O(l)$	0.169
$CO_2(g)+6H_2O(l)+8e^- \longrightarrow CH_4(g)+8OH^-$	−0.659
$2CO_2(g)+12H^++12e^- \longrightarrow CH_2CH_2(g)+4H_2O(l)$	0.064
$2CO_2(g)+12H^++12e^- \longrightarrow CH_3CH_2OH(l)+3H_2O(l)$	0.084
$2CO_2(g)+9H_2O(l)+12e^- \longrightarrow CH_3CH_2OH(l)+12OH^-$	−0.744

CO_2RR 的常见还原路径包括 1、2、4、6、8 和 12 个电子转移的路径。从热力学的角度看，不同电子转移反应的趋势与电极电位密切相关。通过计算反应物在水溶液中的标准吉布斯自由能，得出了不同电子路径下的相应标准氧化还原电位，其中吉布斯自由能由质子受体和质子供体的酸度系数（pKa）决定（表 4.2），不同电子转移的标准氧化还原电位没有明显规律，这是因为整个 CO_2RR 反应过程太复杂，一般包括三个步骤：①CO_2 的吸附；②CO_2 的表面扩散以及在 CO_2 上电子和质子的转移；③还原产物的解吸。氧化还原电位可以由许多参数决定，如电解质盐、CO_2 压强和催化剂的类型。例如，CO_2 为热力学不稳定的产物，单电子转移比质子耦合电子转移需要更高的过电位。如果想让 CO_2 进一步还原，就必须克服吸附 CO_2 和形成 CO_2 的高能势垒。因此，可以使用高效的电催化剂降低活化能垒来加快反应速率。

4.5.3 影响二氧化碳电还原反应性能的因素

影响二氧化碳电还原反应性能的因素包括电解质溶液、气体扩散电极、催化剂等，其中催化剂对于反应的活性与选择性至关重要。

4.5.3.1 电解质溶液

电解质溶液一般包括阴极电解质溶液和阳极电解质溶液。由于二氧化碳电还原是阴极还原反应，阴极电解质溶液起主要作用。

阳离子效应指电解质溶液中的碱金属离子（如钠离子、钾离子、铷离子、铯离子等）对电催化活性的影响。实验表明，在原子半径越大的阳离子电解质中，二氧化碳电还原的活性越好，析氢反应（HER）副反应会受到抑制。

电解质的 pH 值也会对二氧化碳电还原性能产生影响。pH 值越高，析氢反应的抑制越明显，二氧化碳电还原选择性越好。在大电流密度和高过电位下，催化剂界面消耗的氢离子较多，使得三相界面处的局域 pH 值很高，也会抑制析氢反应的发生。这也使得在酸性电解质中进行二氧化碳电还原成为可能。此外，pH 值还会对反应路径进行调控，更高的局域 pH 值对于 C—C 偶联有促进作用。

4.5.3.2 气体扩散电极

作为二氧化碳电还原的原料，二氧化碳传质可以保证充足的反应物供给，为高活性二氧化碳电还原提供保证。气体扩散电极的应用极大地解决了在传统 H 型池中二氧化碳溶解度低的问题，为二氧化碳电还原提供了稳定的三相界面（TPB）和大量的二氧化碳供应，在 TPB 处发生二氧化碳电还原反应。气体扩散层一般采用碳纸或聚四氟乙烯（PTFE），其孔道结构和疏水层厚度会对二氧化碳电还原性能产生影响。当三相界面由于长时间电解遭到破坏，会导致产氢加快，这也是二氧化碳电还原稳定性难以维持的原因。

4.5.3.3 催化剂

催化剂在二氧化碳电还原中起相当重要的作用，是决定二氧化碳电还原活性、选择性和稳定性的关键。首先，催化剂的导电性可以显著影响催化剂的活性。高导电性是催化剂高活性的重要前提。催化剂在进行二氧化碳电还原时涉及还原反应的电子转移，当二氧化碳发生深度还原时，转移电子数目更多。对于导电性差的材料，例如半导体材料等，电子转移受到限制，会降低二氧化碳还原活性，并使得过电位增大。其次，催化剂的能带结构，尤其是 d 带电子轨道会对二氧化碳电还原性能产生影响。根据 d 带中心理论，催化剂 d 带电子的能带中心高低会影响催化剂对中间体的吸附强弱。d 带中心越接近费米能级（E_F），对中间体的吸附能力越强；反之，d 带中心越远离费米能级，对中间体的吸附能力越弱。

对于金属材料，可以通过掺入异质原子，改变其 d 带中心位置，从而调控其对中间体的吸附强度，实现对反应路径的调控。例如可以通过掺杂单分散的金属原子到铜中制备铜基单原子合金催化剂，调控铜的 d 带中心，从而改变对 $^*CO$ 中间体的吸附强度，改变其二氧化碳电还原路径。最后，催化剂的微观结构、反应条件下的价态变化、催化微环境等，也会对二氧化碳电还原性能造成影响。

4.6　电化学合成氨 [7]

氨是一种重要的化学品，是化肥工业的主要原料，其在国防、涂料、炸药等众多领域都具有广泛的应用，此外氨的氢含量可以达到 17.6%（质量分数），且氨易于液化储运，是一种良好的储氢材料。2019 年，氨的全球产量为 2.35 亿吨，是继硫酸之后产量第二高的商用化学品，在人类的生产生活中占据着重要地位。1909 年 Haber 等提出工业氨合成法（即 Haber-Bosch 法）实现了氨的大规模工业合成。该工艺的主反应方程式为：

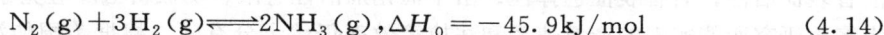

$$N_2(g) + 3H_2(g) \rightleftharpoons 2NH_3(g), \Delta H_0 = -45.9 \text{kJ/mol} \tag{4.14}$$

现行的 Haber-Bosch 合成氨工艺（H-B 工艺）采用铁基催化剂，K_2O、Al_2O_3 作为催化助剂，工艺在高温（400～600℃）、高压（20～40MPa）条件下进行。H-B 工艺的问世彻底改变了化肥工业的生产方式，从而革新了食物的供给模式。由于 H-B 工艺的固有效率高，总转化率可达 97%，经过百余年的优化及改进，相关工艺流程已较为成熟，至今该工艺仍是工业合成氨领域中的主流生产工艺，全球范围内 90% 以上的氨是通过 H-B 工艺从化石燃料中产生的。

H-B 工艺的能耗及环境问题日渐突出，因而现有诸多研究致力于绿色可持续性的合成氨工艺路线的开发。可行性较高的研究路径包括酶催化、多相催化、电催化、光催化等。其中电催化路径具有潜在的性能优势，前景广阔，是近年来氮还原合成氨领域中众多研究人员关注的热点。

4.6.1　电催化 NRR 工艺概述

电催化氮还原反应（电催化 NRR）是替代传统 H-B 工艺的可行性路径中最具发展潜力的工艺，具有节能低耗、绿色环保的特点，能够有效克服传统工艺的弊端。该过程的总反应方程式为：

$$N_2 + 3H_2O \longrightarrow 2NH_3 + 1.5O_2 \tag{4.15}$$

不同溶液环境中所发生的阴、阳极反应略有不同，酸性及碱性环境的电极反应如式（4.16）～式（4.19）所示。

① 酸性环境。

阳极反应（氧化半反应）：

$$3H_2O \longrightarrow 6H^+ + 1.5O_2 + 6e^- \tag{4.16}$$

阴极反应（还原半反应）：

$$6H^+ + N_2 + 6e^- \longrightarrow 2NH_3 \tag{4.17}$$

② 碱性环境。

阳极反应（氧化半反应）：

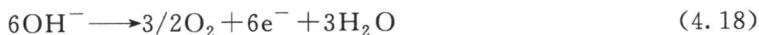

$$6OH^- \longrightarrow 3/2O_2 + 6e^- + 3H_2O \qquad (4.18)$$

阴极反应（还原半反应）：

$$N_2 + 6H_2O + 6e^- \longrightarrow 2NH_3 + 6OH^- \qquad (4.19)$$

相较于 H-B 工艺，电催化 NRR 合成氨工艺的优势体现在以下几方面：①H_2O 替代 H_2 作为氢源，减少了化石燃料的使用，原料无毒无害，来源广泛；②电催化 NRR 可通过调节工作电位来打破反应的热力学限制；③从热力学上进行理论计算，电催化 NRR 工艺比 H-B 工艺节能 20%；④反应条件温和，减少能耗，工艺过程的安全性高；⑤采用电力驱动，可以选择太阳能、风能、地热能等可再生的绿色能源作为电力供应；⑥工艺装置简单，操作灵活，无须昂贵的基础设施建设，可实现在偏远地区的合成氨工厂建设，实现氨的按需制备和精准制备，灵活性和可调谐性远远超过 H-B 工艺；⑦电催化 NRR 工艺相当于从潮湿的空气中合成氨，是一种低碳的合成方式，与时代需求"碳达峰、碳中和"极为吻合。综上所述，电催化 NRR 工艺过程无论从原料、能源供给、绿色环保，还是生产灵活性等方面都具有明显的优势，有望成为替代传统 H-B 工艺的新型工艺路线。

衡量电催化 NRR 过程的性能一般采用产氨速率 r_{NH_3} 和法拉第效率 FE（%）两个参数，前者表征活性，后者表征选择性。由于催化剂活性有限、阴极析氢反应竞争激烈等原因，现有大多数研究所能实现的产氨速率和法拉第效率仍然十分有限。根据美国能源部的 ARPA-ERE-FUEL 计划，电催化 NRR 工艺商用化所需要达到的性能目标为：在 $300mA/cm^2$ 的电流密度下，氨收率达到 $10^{-6}\,mol/(s \cdot cm^2)$，法拉第效率需要达到 90%，同时要求催化剂具有较高的稳定性，即在电解 1000h 后其催化效率仅下降 0.3%。与此商用化标准相比较，目前大多数电催化 NRR 研究所能够实现的性能远达不到商用化标准，实现其工业化与商业化的路仍然漫长，还需要大量深入的研究与突破。

4.6.2　电催化 NRR 电极反应过程及技术难点

氨的合成发生在阴极还原反应中，此电极上的界面反应如图 4.14 所示，主要分为三个步骤：N_2 溶解和扩散，N_2 在电极表面的吸附、活化及加氢过程，NH_3 在电极表面的解吸。

常温常压下 N_2 在水中的溶解度较低，仅为 0.66mmol/L。作为反应原料，N_2 溶解及传质扩散过程的限制将显著影响整体的合成效率。N_2 的吸附及活化加氢过程是最为关键的步骤，N_2 的吸附活化过程主要有解离机理、缔合机理（交替配位、末端配位）、酶途径以及马尔斯和范克雷维伦（Mars-van Krevelen，MvK）机理。前三种较为常见，详细过程如图 4.15 所示。解离机理过程为 N_2 首先解离为 N 原子吸附在表面，每个 N 原子加氢形成 NH_3 并从表面脱附以此完成催化过程，H-B 工艺过程即属于解离机理。缔合机理（末端配位）中 N_2 以分子形式吸附在表面，两氮原子间保持化学键连接，加氢首先发生在离表面较远的氮原子上，完成加氢后 N—N 键断裂，外侧脱去一分子 NH_3，内侧 N 原子开始进行氢化，形成一分子 NH_3 后从表面脱附。缔合机理（交替配位）的前期过程与末端配位机理类似，但交替配位机理中两个 N 原子交替进行加氢反应，率先完成加氢的 N 原子形成 NH_3 从表面脱附，剩下的氮原子继续进行加氢反应。两种缔合机理中，随着加氢过程的进行，两个氮原子间的化学键会有所减弱，N—N 键的断裂相对容易很多。因而相比于解离机理，缔合机理能耗更低，更容易进行。催化剂种类、结构以及反应条件不同时，氮还原合成氨所经历的反应过程也不尽相同，应用机理时需要具体情况具体分析。此外，还有酶途径、MvK 两种机理，前者主要出现在固氮酶的氮还原反应中，该机理中 N_2 仍然以分子的形式吸附，但两个 N 原子没有远近关系，并列吸附在表面，加氢过程与交替配位机理相同。MvK 机理更多出现在过渡金属氮化物的催化过程中。

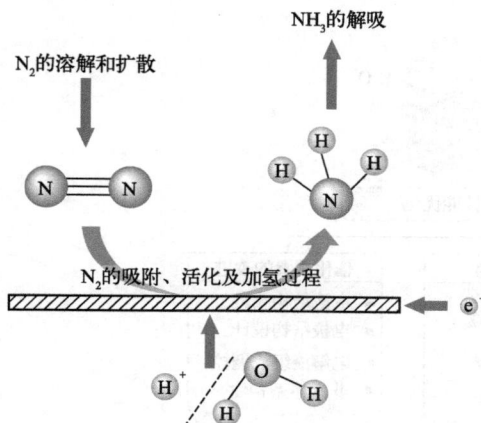

图 4.14　电催化合成氨阴极反应过程

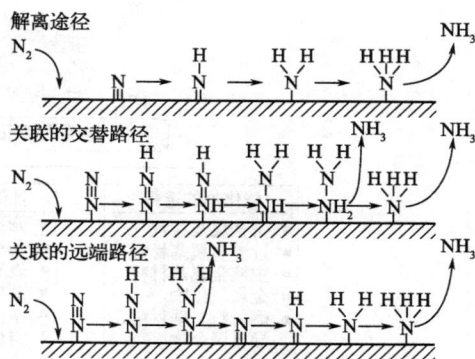

图 4.15　氮还原合成氨表面反应机理

　　无论在哪种机理中，N_2 的活化均为决速步骤。N_2 分子中的氮氮三键具有较高的键能（941kJ/mol），其活化及断裂的难度较大，使得 N_2 分子在催化剂表面的吸附活化较为困难，造成电催化 NRR 产氨速率不高，这是该领域所面临的主要技术难题之一。另外，阴极存在析氢反应（HER）主导的竞争反应，影响反应的选择性，该过程中的电极反应及对应的电极电位见表 4.3。阴极上氮还原反应的电极电位与析氢反应接近，同时质子比 N_2 更容易活化，从平衡、动力学两个角度衡量，析氢反应都更容易发生，因而提升工艺的法拉第效率难度较大。

表 4.3　电催化 NRR 阴极电极反应及电极电位比较

环境	阴极电极反应	电极电位 $E^{\ominus}$（vs. RHE）/V
酸性环境	$2H^+(aq) + 2e^- \rightleftharpoons H_2(g)$	0.000
	$N_2(g) + 6H^+(aq) + 6e^- \rightleftharpoons 2NH_3(g)$	+0.057
	$N_2(g) + 6H^+(aq) + 6e^- \rightleftharpoons 2NH_3(aq)$	+0.092
碱性环境	$2H_2O(l) + 2e^- \rightleftharpoons H_2(g) + 2OH^-$	−0.828
	$N_2(g) + 6H_2O(l) + 6e^- \rightleftharpoons 2NH_3(g) + 6OH^-(g)$	−0.771
	$N_2(g) + 6H_2O(l) + 6e^- \rightleftharpoons 2NH_3(aq) + 6OH^-(g)$	−0.736

　　N_2 的加氢过程完成后生成的氨分子需要从表面脱附，此过程需要催化剂具有适中的 N 原子吸附能力，吸附过弱则不能有效吸附和活化 N_2，吸附过强则导致产物不能从表面脱附。因而催化剂可以依据 N 原子吸附能的火山形曲线进行选择。

　　目前电催化氮还原合成氨工艺所面临的主要技术难点有：①N_2 为惰性分子难以吸附、活化；②阴极存在析氢（HER）竞争反应，影响法拉第效率；③常温、常压下 N_2 在水中的溶解度很低，传质影响较大；④反应过程对催化剂的 N 吸附能力要求较高。因此，可以总结出该领域中的几点关键科学问题：①N_2 分子的活化及合成氨的反应机理研究；②合成氨催化材料的构效关系研究；③氮气溶解及传质动力学研究与强化。

4.6.3 电催化 NRR 性能优化措施

现有研究即针对电催化 NRR 领域中的关键技术难点，开发不同的优化及改性措施，如图 4.16 所示，其主要可以分为两个方面：①催化材料的设计及改性；②电催化系统的修饰及改进。

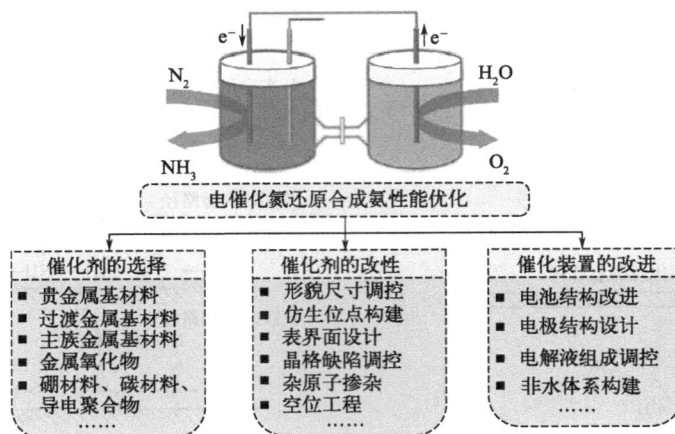

图 4.16 电催化氮还原合成氨工艺性能优化策略

研究中采用的催化剂种类主要有：贵金属基材料（Ru、Rh、Au 等）、过渡金属基催化剂（Fe、Co、Ni、Mo 等）、主族金属基材料（Bi、Sn）、金属氧化物（Fe_2O_3 等）、非金属基材料（硼材料、碳材料、导电聚合物）等。在催化剂形式的设计过程中，可采用仿生策略、态密度（DOS）分析以及密度泛函理论（DFT）计算等方法对催化剂的结构进行合理设计，并对其催化性能进行理论预测。另外，常用的催化材料改性措施包括：形貌尺寸调控、晶格缺陷调控、表界面设计、杂原子掺杂、空位工程等以及多种措施间的协同效应。催化剂的设计及改性是实现氮气高效活化的有效措施，因而也是本领域研究的重点所在。

然而，现有研究更多地围绕催化材料的相关问题进行展开，而对于电催化装置体系的改进研究相对较少，但对于电催化 NRR 性能的提升，二者同等重要，缺一不可。

4.6.4 电催化 NRR 装置系统的改进及优化

4.6.4.1 电催化装置结构及优化

根据电池结构的不同，电催化反应装置（电解槽）可以分为四种类型：背对背型、聚合物电解质膜型、H 型以及单槽型。背对背型电解槽结构如图 4.17(a) 所示，中间为阴阳两极，两侧为阴极室和阳极室，两极间由膜隔开，膜可选用质子交换膜（PEM）或阴离子交换膜（AEM），目前的研究采用前者居多，且一般采用 Nafion 膜，该膜能在室温下高效传递质子。Lan 等选用 Nafion211 膜，并用 Li_2SO_4 溶液进行充分离子交换，制备出 H^+/Li^+ 混合传导膜，研究发现 Li^+ 的引入一定程度上能够抑制质子的传递过程。Renner 等尝试将 AEM 引入本领域，并在低温、低压的条件下实现了电催化氨合成，但是其性能不及 Nafion 膜，因而研究中采用的仍主要为 Nafion 膜。

聚合物电解质膜型（PEM 型）电解槽结构如图 4.17(b) 所示，该结构中阳极室采用水溶液作为电解质，可引入参比电极，更加精准测定体系的电极电位，同时隔膜与水溶液接触能够保持湿润状态，保证其具有较高的离子传导能力。Lan 等使用 Nafion 膜作为固态电解质，实验中在阴、阳两极室中均检测到氨，即阴极生成的氨会透过 Nafion 膜向阳极室扩散，此现象的存在将导致还原产生的氨又转移至阳极被氧化，造成氨产率降低以及电能浪费等问题。

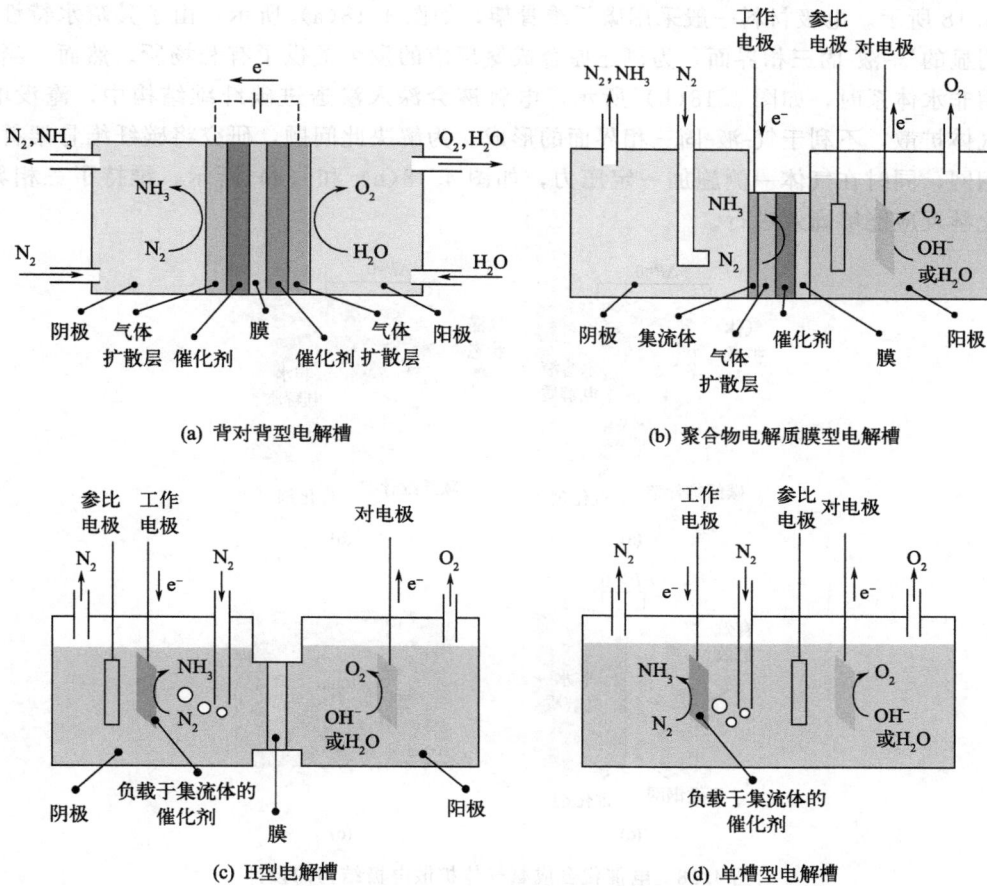

(a) 背对背型电解槽

(b) 聚合物电解质膜型电解槽

(c) H 型电解槽

(d) 单槽型电解槽

图 4.17　温和条件下电催化 NRR 不同电池结构

H 型电解槽的结构如图 4.17(c) 所示，现有研究多采用此种结构，该结构中左右两侧为装有电解液的阴、阳两极室，中间由 Nafion 膜隔开。装置采用三电极体系，对电极处于阳极室中，工作电极与参比电极均置于阴极室中，由此可以更加准确地测定阴极电位。

单槽型电解槽的结构如图 4.17(d) 所示，与 H 型电解槽不同，单槽结构中阴、阳极室连通，两电极处于同一电解质溶液环境中。Köleli 等采用单槽结构，将聚吡咯电极作为工作电极，在 $0.1mol/L$ Li_2SO_4 和 $0.03mol/L$ H^+ 的溶液环境中实现了电催化 NRR，表明单槽型反应器用于电催化 NRR 体系的有效性。

H 型和单槽型反应器是目前电催化 NRR 研究中应用较多的两种电解槽形式，单槽结构虽然装置简单，易于操作，但由于阴、阳两极室处于连通状态，阴极上生成的氨分子容易扩散至阳极发生氧化，造成氨收率低、电能浪费等问题。而 H 型电解槽采用膜将两极室隔开，离子在极室间选择性交换，两极相对独立，对于电极环境的调控更加简便、灵活，因此 H 型电催化反应装置优势更加明显。电解槽的结构及形式决定了电极和电解液的排布方式，一定程度上间接决定了体系中的物质传递路径以及反应场所的位置，因而在实际应用环境中需根据具体体系的特性对电解槽的形式及结构进行合理选择及设计。

4.6.4.2 电极结构的优化策略

电极结构方面，有研究采用气体扩散电极以强化原料气的溶解及传质过程，其结构设计如图 4.18 所示。电极材料一般采用碳纤维骨架，如图 4.18（a）所示，由于其疏水特性，产生了明显的气-液-固三相界面，为氮还原合成氨反应的发生提供了有利场所。然而，当电解液采用非水体系时，如图 4.18（b）所示，电解液会深入渗透进碳纤维结构中，淹没电极，阻碍气体扩散，不利于气-液-固三相界面的形成。为解决此问题，研究将碳纤维骨架替换为不锈钢网，同时在气体一侧施加一定压力，如图 4.18（c）和（d）所示，维持了三相界面，使电化学反应能够高效进行。

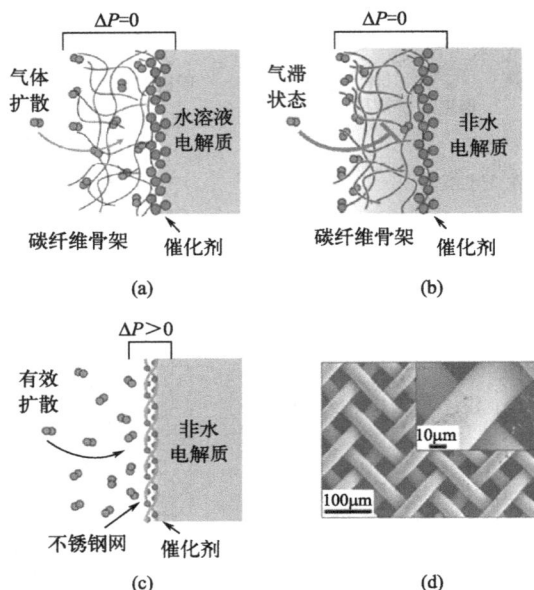

图 4.18 电催化合成氨气体扩散电极结构的设计

4.6.4.3 电解液的优化策略

电解液是物质传递、离子传导等过程发生的主要场所，现有研究中大多采用水溶液作为电解液，电解质溶液环境对于产氨速率、法拉第效率等会产生明显影响，因而有必要对电解液的组成、配比、pH 值等参数进行探究及优化。一方面增强其对 N_2 的溶解能力，打破传质限制，提高反应活性；另一方面可调控电解液中质子的传导方式，实现对 HER 的抑制，提高反应的选择性。

4.6.4.4 非水体系的构建

锂介导的电催化 NRR 反应体系在产氨活性及选择性提升方面具有较大的发展潜力，近年来成为该领域的研究热点。一般采用乙醇作为质子载体，通过其在阴阳两极间进行 EtOLi 与 EtOH 反复的结构变换，实现质子从阳极到阴极源源不断地运输。锂源一般选择 $LiBF_4$ 或者 $LiClO_4$，可以采用 Cu、Ag、Mo、Fe 等金属作为阴极，溶剂一般采用四氢呋喃（THF），该物质具有较高的 N_2 溶解能力，其溶解度约为 6mmol/L（25℃），相比水溶液体系能够有效强化 N_2 的溶解及传质过程。另外，金属锂的独特之处在于它可以自发地在环境条件下分裂氮氮三键，以实现 N_2 的高效活化过程。基于 Li 介导体系的流程及特点，其有望在电催化 NRR 领域中实现新的突破。

$$\text{Li}_3\text{N} + 3\text{H}^+ \longrightarrow 3\text{Li}^+ + \text{NH}_3 \tag{4.20}$$

在非水体系的研究中，常采用非质子溶剂作为电解液，能够有效抑制析氢反应的发生，同时，通过合理设计构建装置中的电化学过程也能够实现原料 N_2 的高效活化，因而相关研究展现出较高的电催化 NRR 活性及选择性，非水体系的构建及优化也是本领域中电催化性能提升的重要突破口之一。

（1）间歇式反应器的局限性

图 4.19 对间歇式反应器和连续流反应器中 Li-NRR 进行了对比。间歇式反应器在 NH_3 合成中存在三个主要问题：传质限制、牺牲质子源和规模扩大困难。在间歇式反应器中，氮气溶解度低，限制了质量传输。使用牺牲质子源，如乙醇和四氢呋喃（THF），会导致电解质氧化。此外，阳极高电势会增加 THF 的开环聚合，导致电解质黏度增加和系统不稳定。使用氢气作为质子源时，由于与氮气竞争反应，形成 LiH，限制了氮气的活化。增加反应器压力虽能提高 N_2 溶解度和 NH_3FE，但并未解决质子源问题。长期生产 NH_3 并实现高气相产率是扩大间歇式反应器工艺规模的主要障碍。

(a)

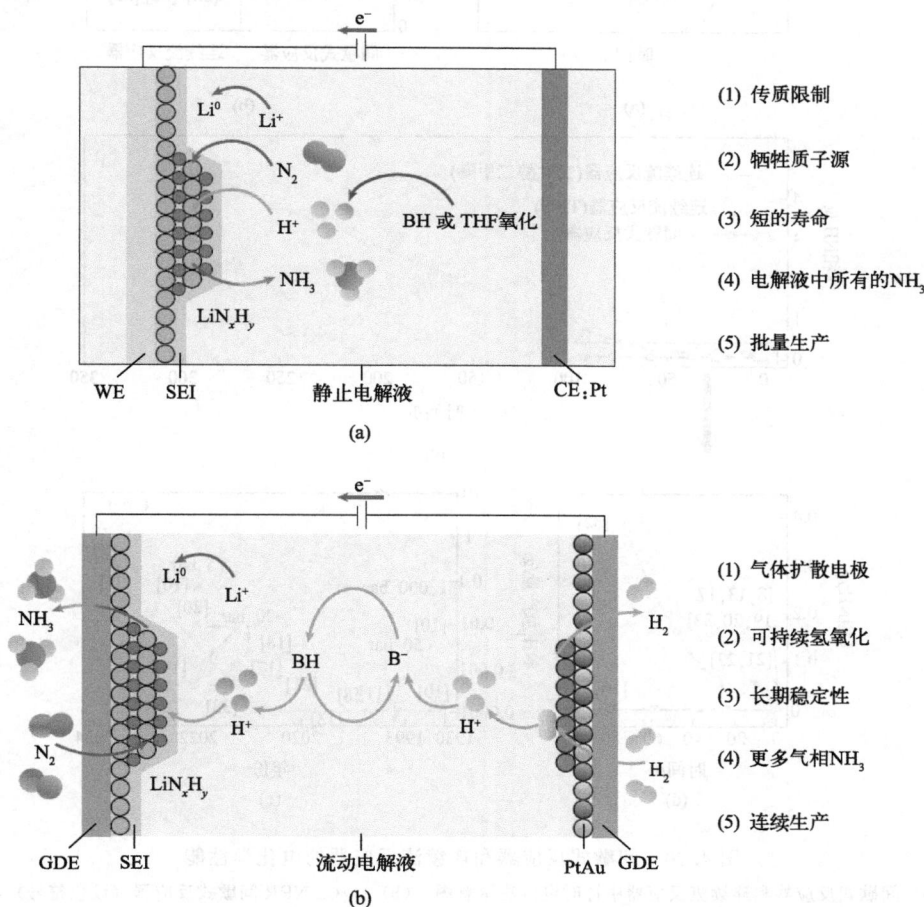

(b)

图 4.19　通过组合 HOR 和 NRR 克服间歇反应器的局限性

间歇反应器（a）和连续流反应器（b）中 Li/Ca NRR 过程的示意图（BH 表示质子穿梭体；B⁻ 是质子穿梭体的去质子化形式；WE，工作电极；CE，对电极；THF，四氢呋喃）

在连续流反应器中 [图 4.19(b)]，NRR 与 HOR 耦合，直接供应 N_2 和 H_2 到电解质和气体扩散电极（GDE）界面，减少传质限制。Li-NRR 与 HOR 配对消除了牺牲溶剂，会降低电池电压，并提高 NH_3 FE 和 EE。Li-NRR 涉及多个步骤：Li^+ 扩散通过 SEI 层，电化学还原为 Li^0，与 N_2 反应生成氮化锂，然后被质子化并释放 NH_3。阳极的 HOR 提供了可持续的质子源。NH_3 生产氢原子来源是关键，必须来自可持续的氢气供应。

（2）连续流反应器的重要性

图 4.20(a) 展示了 NH_3 电合成中阳极和阴极电位（E_{CE} 和 E_{WE}）。这些电位受电流密度、电解质和反应器设计影响，间歇式反应器的电位和总电压通常高于连续流反应器 [图 4.20(b)]。不锈钢网作为 GDE21 的使用由 Lazouski 等首次提出，但高电池电压限制了系统

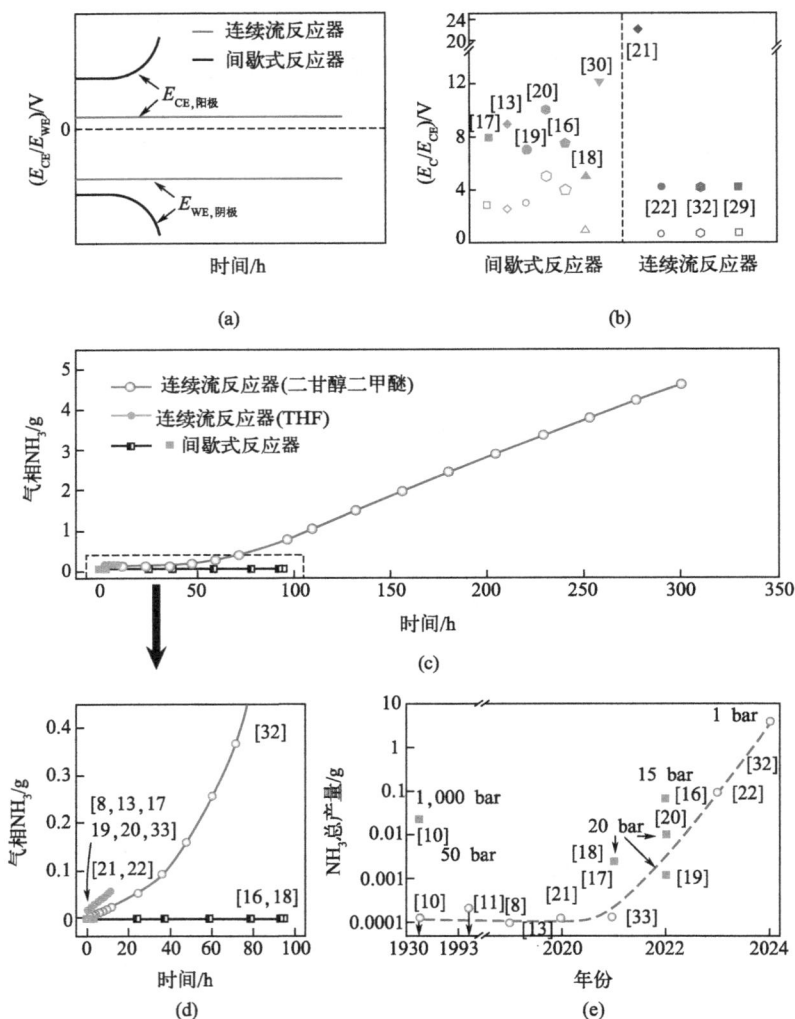

图 4.20　间歇式反应器和连续流反应器的电化学性能

（a）间歇式反应器和连续流反应器中计时电位法示意图；（b）Li/Ca-NRR 间歇式反应器（浅色符号）和连续流反应器（深色符号）阳极电位（空心符号）和电池的电势（实心符号）；（c）间歇式反应器和连续流反应器中气相 NH_3 与 Li/Ca-NRR 时间关系；（d）前 100h 的数据；

（e）1930 年文献报道的 Li NRR 的 NH_3 产量

寿命。高阳极电位指示电解质氧化和系统不稳定。HOR 与 NRR 的结合对系统稳定性和使用可持续质子源至关重要。间歇式反应器的结论不一定适用于连续流反应器，特别是在使用不同电解质时。使用含硫锂盐或溶剂可能导致 HOR 催化剂中毒，且优化参数（如锂盐浓度和质子供体浓度）在不同反应器间可能存在差异。

验证 NH_3 中的质子是否来自 H_2 进料对筛选质子穿梭体和研究溶剂及锂盐至关重要。未确认氢气作为质子源，所研究的质子穿梭体可能仅作为质子源，且高阳极电势可能会氧化溶剂。原位质谱法与同位素标记相结合，是验证 NH_3 中氢来源和识别质子供体的有效方法。例如，氘氧化操作质谱证明了 HOR 可为 NH_3 合成提供质子，也证实了乙醇和苯酚的质子穿梭可回收性。

溶剂和质子穿梭体的化学及电化学稳定性对系统的长期稳定性至关重要。自 1993 年起，THF 被广泛用作 Li-NRR 溶剂，与早期的醇基溶剂形成对比。THF 的低沸点和挥发性限制了连续流反应器的长期运行。理想的溶剂应具备高锂盐溶解度、电化学稳定性，且不易聚合。它还应与质子穿梭体和金属锂兼容，形成合适的固体电解质界面（SEI）层，平衡 Li^+ 和 HOR 产生的质子输送。为了提高 NH_3 产量，溶剂诱导的 SEI 层需紧凑，以促进 NH_3 释放。NH_3 在气相中的存在有利于分离和成本效益。使用链醚基溶剂（如二甘醇二甲醚），可增强长期稳定性，持续运行长达 300h，并提高 NH_3 产量至 98%［图 4.20(e)］。该溶剂还表现出非聚合特性，可形成致密 SEI 层，促进 NH_3 释放并确保电解质的稳定性。

在连续流反应器中，高效的质子穿梭体对于 Li-NRR 至关重要，其作用和反应决定了设计要求。首先，质子穿梭体应具备如—OH 或—COOH 的官能团，以在电解质中提供/接受适当 pK_a 值的质子，并在质子化能力和最小化副反应（如析氢反应）之间取得平衡。其次，它需与金属锂和溶剂兼容，并保持一定的扩散速率以调节电极表面质子的可用性。此外，去质子化形式应具有良好的化学和电化学稳定性。最后，电解质的所有成分，包括溶剂、质子穿梭体和盐，必须彼此相容，并且不损害 HOR 催化剂的活性和稳定性。

4.6.5 商用电化学合成氨

HOR 与 NRR 结合在连续流反应器中可持续生产 NH_3，但成本效益和工业规模生产仍具挑战。实现 NH_3 电合成的成本低于 1 美元/千克，需要提高合成 NH_3 部分电流密度、提高电化学效率（EE）和改善寿命。在 NH_3 电合成中实现高电流密度的两种策略：一是增加电极的电化学表面积（ECSA），例如构建高表面积的 GDE［图 4.21(a)］；二是通过提高电解质电导率和减小阴极和阳极之间的距离来最小化欧姆压降。

阳极 HOR 需满足阴极 NRR 的高电流密度要求。开发高效、稳定、选择性好且成本效益高的 HOR 催化剂（如非贵金属催化剂）对避免系统性能和经济可行性瓶颈至关重要。燃料电池领域的知识，特别是直接甲醇燃料电池阳极催化剂的见解，可用于改进 HOR 工艺。增加活性位点数量和固有活性可提升 HOR 催化剂活性，此外，理论计算对筛选和预测非贵金属催化剂及了解 HOR 催化剂机理和动力学至关重要。这些研究有助于设计和优化 Li/Ca-NRR 电催化剂和电解质，推进 NH_3 电合成。质量传递对降低浓差极化和确保电极表面反应物浓度至关重要［图 4.21(c)］。SEI 层控制离子和物质传输选择性，优化 SEI 层可改善离子传输，增强 Li/Ca-NRR 反应动力学和效率。Li/Ca-NRR 的 SEI 设计可借鉴电池研究中的人工 SEI，但需平衡反应物和产物传输并支持金属锂反应性。理论研究揭示了 SEI 层在决定 Li-NRR 性能方面的关键作用，增强了对 Li/Ca-NRR 机制的理解和有效 SEI 层的设计。

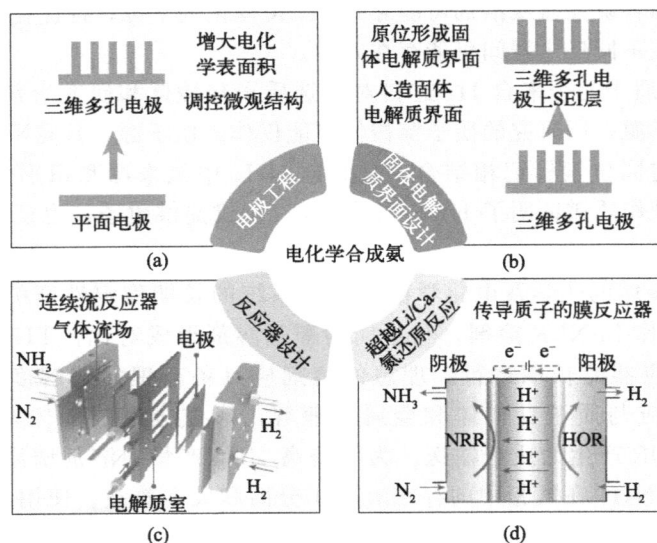

图 4.21　高性能 Li/Ca-NRR 和下一代电催化合成 NH₃ 策略
(a) 通过电极工程实现高电流密度；(b) 通过 SEI 设计实现高的 FE 值；
(c) Li/Ca-NRR 连续流反应器结构；(d) 传导质子的膜反应器结构

在中试规模流通池中，通过串并联电池提高生产效率。电池堆设计影响性能，需确保电流均匀分布和过电势最小化。优化反应器设计可实现成本可控的和可扩展的氨生产装置。放大过程中稳定性挑战包括电解质和 SEI 降解、电极机械稳定性、催化剂中毒和过程控制。解决这些问题需要深入了解工艺、先进反应器设计、兼顾电极和催化剂材料以及定制控制策略。此外，系统稳定性和可重复性也需确保。Li-NRR 在可持续 NH₃ 合成中具有潜力，但其 H₂ 使用效率约为 28%，实验结果为 17%。相比之下，商用 NH₃ 合成效率为 62%～65%。N₂ 电催化还原生产 NH₃ 有望解决 Li/Ca-NRR 系统的 EE 限制，但面临 HER 竞争挑战，降低选择性。提高选择性需管理质子可用性和控制电子转移。有研究报道了电化学质子传导膜反应器在 350℃ 下生产 NH₃，H₂ 转化为质子后通过固体膜传输，在阴极侧合成 NH₃ 和 N₂。

总之，电催化是电化学能量转换与物质转化的科学基础。虽然电催化一直被认为是多相催化的一个分支，但基于"固/电解质界面"的电催化与基于"固/气"界面的多相催化在科学和技术上均存在明显的不同之处。在原理上，电催化通过调控"固/电解质"界面的电场来推动电化学反应，而"固/气"界面的多相催化则依靠加压和升温加速反应。在应用方面，除了以燃料电池的方式将化学能高效转换为电能，电催化还可与可再生能源发电直接联用，实现化学储能和高附加值化学品的生产。

在过去的几十年里，虽然电化学能源技术在各方面不断取得进步，但电催化的科学内涵却几乎没有得到深化和发展。由于"固/电解质界面"的复杂性，系统的电催化理论尚未形成，目前电化学家只能依靠经验推测电催化剂的构效关系，对更廉价、性能更优的电催化新体系的发掘几乎没有理论性指导。因此，借助快速发展的计算方法和先进的谱学技术，建立完善的理论体系并提出概念创新的研究思路，是从本质上改变电催化研究现状的关键。

拓展阅读

　　电催化二氧化碳还原反应和电催化合成氨是目前电催化领域的研究热点，也是实现双碳目标非常关键的技术。

　　碳捕集和转化技术是实现"碳中和"甚至"碳负性"的重要手段。而利用可再生的电能将 CO_2 进行还原，不仅可以获得有价值的化学品，还可以实现"碳中和"的目标。因此，电还原 CO_2 具有重要的科学意义和经济价值。CO_2 是主要的温室气体。自工业革命以来，大气中 CO_2 浓度逐渐增高，导致全球气候变化、环境污染。以可再生能源（太阳能、风能、水能等）或者峰谷电力在温和条件下电化学还原 CO_2（carbon dioxide reduction reaction，CO_2RR）制备液体燃料和高附加值化学品是碳资源循环利用的有效途径，也是减排 CO_2 和减缓温室效应的有效途径，同时还是开发利用可再生能源的重要途径。

　　氨是现代社会最重要的化学品之一，其不仅是生产肥料的主要原料，也是一种高能量密度的无碳储能载体。时至今日，为满足氨的巨大需求，工业规模的氨生产仍以传统的 Haber-Bosch 工艺（350～450℃，100～200bar，Fe 基催化剂）为主导。然而，这种工业制氨方法不仅能耗高，消耗了全球 2% 的能源供应，而且依赖于化石燃料，造成严重的温室气体排放。根据中国"十四五"规划（2021—2025），我国的能源结构已经进入绿色低碳转型的关键时期。现代社会不能再继续依赖于能源密集型的 Haber-Bosch 工艺。因此，开发绿色环保且可持续的合成氨策略至关重要。

　　回顾历史，利用氮气（N_2）生产氨是化学领域最具吸引力的研究课题，分别于 1918 年、1931 年和 2007 年三次获得了诺贝尔化学奖。N_2 分子具有很强的键能（941 kJ/mol），其最高占据分子轨道（HOMO）和最低未占据分子轨道（LUMO）之间有较大的能隙（10.82 eV），导致该分子具有极高的稳定性。因此，在几十亿年的时间里，通过生物固氮酶将氮气转化成氨是唯一可行的途径。

　　直到 20 世纪初 Haber-Bosch 工艺的巧妙发明才从根本上改变了全球氮循环，自 1908 年以来供养了世界上一半的人口。在 Haber-Bosch 工艺中，氮气分子被氢气还原，而这些氢气主要来自天然气中的甲烷等化石燃料的蒸汽重整。当前，利用可再生能源制备绿氢将是电催化合成氨技术规模化应用的关键。

◆ 思考题 ◆

1. 氢在阴极析出包括哪些步骤？析氢反应一般有哪几种可能的机理？
2. 试述氢电极反应在不同金属上的反应活性与吸附强度之间的关系。
3. 简述氧气的电催化还原机理。
4. 简述电化学氮气还原（NRR）几种可能的机制。

◆ 参考文献 ◆

[1] 杨辉、卢文庆. 应用电化学 [M]. 北京：科学出版社，2001.
[2] Tauster S J，Fung S C，Garten R L. Strong metal-support interactions. Group 8 noble supported on titanium dioxide [J]. J. Am. Chem. Soc.，1978，100：170-175.

［3］ 杨磊．一维过渡金属钴基催化剂的制备及电解水性能研究［D］．天津：南开大学，2021.

［4］ 中国科学院．中国学科发展战略：电化学［M］．北京：科学出版社，2021.

［5］ Turner J A. Sustainable hydrogen production［J］．Science，2004，305（5686）：972-974.

［6］ 白晓婉．电催化二氧化碳还原制乙醇和析氢反应的理论研究［D］．南京：东南大学，2021.

［7］ 刘恒源，王海辉，徐建鸿．电催化氮还原合成氨电化学系统研究进展［J］．化工学报，2022，73（1）：32-45.

第 5 章

化学电源

5.1 概　述

5.1.1 主要术语[1]

化学电源又称为电池（battery），是将氧化还原反应的化学能直接转变为电能的装置。化学电源对外电路供给能量的过程称为放电（discharge）过程，反之则称为充电（charge）过程。化学电源在实现化学能转换为电能的过程中，电池的正负极反应必须分隔在两个区域中进行，通过外电路做功。

化学电源按其工作性质和储存方式可以分为一次电池或原电池（primary battery）、二次电池（也叫可充电电池或蓄电池，secondary battery 或 rechargeable battery）、储备电池（storage battery）和燃料电池（fuel cell）四大类。化学电源的结构可以不同，但原则上都是由两种不同的电极材料（正、负极）和用以将两个电极分隔开的隔膜及电解液和外壳等组成的。

化学电源中正极和负极由相应的活性物质和一些添加剂组成。所谓活性物质是指在电池充放电过程中参与电极反应，影响电池容量和性能的物质。对于电池，正极活性物质的电极电位越高，负极活性物质的电极电位越低，电池的电动势就越大；同时，活性物质的电化学活性高，电极反应的速度就快，电池的性能也就越好。就目前情况，电池的负极一般选用较活泼的金属，正极一般选用金属氧化物。表 5.1 列出了电池中常用的一些负极材料的性能。与活性物质一起构成电极的添加剂一般包括能提高电极导电性能的导电剂（如金属粉和炭黑）、增加活性物质黏结力的黏结剂［如聚四氟乙烯（PTFE）、聚乙烯醇（PVA）、羟甲基纤维素（CMC）、聚偏氟乙烯（PVDF）和海藻酸钠］以及能延缓金属电极腐蚀的缓蚀剂等。由于活性物质通常制成一种糊状电极，因此常常需要用集电器来作为支撑体。集电器通常是一个金属栅板或导电的非金属棒（如碳棒、铜、铝），以提供电子传导的路线。集电器质量应轻且化学稳定性要好。

表 5.1　电池常用负极材料的性能

负极材料	25℃下标准电位*/V	密度/(g/cm³)	熔点/℃	价态变化	电化学当量		
					(Ah)/g	g/(Ah)	(Ah)/cm³
Li	−3.01	0.54	180	1	3.86	0.259	2.08
Na	−2.71	0.97	97	1	1.16	0.858	1.12
Mg	−2.38	1.74	650	2	2.20	0.454	3.80
Al	−1.66	2.70	659	3	2.98	0.335	8.10
Ca	−2.87	1.54	851	2	1.34	0.748	2.06
Fe	−0.44	7.85	152	2	0.96	1.04	7.50
Mn	−1.05	7.42	—	2	0.98	1.02	7.24
Cd	−0.40	8.65	321	2	0.48	2.10	4.10
Pb	−0.13	11.3	327	2	0.26	3.87	2.90
Zn	−0.76	7.10	419	2	0.82	1.22	5.80
Ni	−0.72	8.60	—	2	0.92	1.09	7.85

* 以标准氢电极为基准。

化学电源中除正、负极外，电解液也是决定电池性能的重要因素。电解液的具体要求包括离子导电率高、化学稳定性好、不易挥发和易于长期贮存等。对于溶剂，则要求在电池充放电的电位范围内具有高的化学稳定性和良好的流动性。最常见的电解液是电解质的水溶液和有机溶液，有时也用固体电解质。

隔膜是将电池正、负极分隔开以防止两极直接接触而短路的无机或有机膜。对于隔膜来说，要求其具有高的离子传输能力，这样电池的内阻就会相应减小，且隔膜应具有极低的电子导电能力、好的电化学稳定性和一定的机械强度等。常用的隔膜有浆层纸、微孔塑料、微孔橡胶、石棉、玻璃毡和全氟磺酸膜（如 Nafion 膜）等，锂电池中常用的隔膜有聚丙烯（PP）、聚乙烯（PE）和玻璃纤维等。

5.1.2　化学电源的主要性能

（1）化学电源的电动势和开路电压

电池的电动势（electromotive force，E）又称理论电压，是指没有电流流过外电路时电池正负极之间的电位差，其大小是由电池反应的 Gibbs 自由能变化来决定的。由于 Gibbs 自由能的减小等于化学反应的最大有用功，故电池的电动势也就是放电的极限电压。电池的电动势测量一般通过对消法进行。

电池的开路电压（open circuit voltage，OCV）是在无负荷情况下的电池电压，只有可逆电池的开路电压才等于电池的电动势，一般电池的开路电压总小于电池的电动势。

（2）工作电压和电池内阻

电池的工作电压（V）是指电池有电流流过时的端电压，它随输出电流的大小、放电深度和温度等变化而变化。当有电流流过电池时，会产生电化学极化、浓差极化和欧姆极化等，使得电池的工作电压总低于开路电压。

表征电池放电时电压特性的术语还有额定电压、中点电压和截止电压。额定电压是指电池工作时公认的标准电压，如碱性锌锰电池的额定电压为 1.50V，镉镍电池的额定电压为

1.20V；中点电压是指电池放电期间的平均电压；截止电压是指电池放电终止时的电压值，是放电倍率的函数，截止电压一般是由电池制造商规定的。

当电池外加一负载时，外线路中有电流通过，电池对外做电功，电池的工作电压为：

放电时
$$V = E - |\eta_+| - |\eta_-| - IR_\Omega \tag{5.1}$$

充电时
$$V = E + \eta_+ + \eta_- + IR_\Omega \tag{5.2}$$

式（5.1）和式（5.2）中，E 为电池电动势，I 为工作电流，η_+ 和 η_- 分别为正极和负极的极化超电势，R_Ω 为欧姆内阻。

化学电源的电动势（或开路电压）与工作电压的差值除以通过的工作电流 I 即为化学电源的内阻：

$$R = \frac{E - V}{I} \tag{5.3}$$

化学电源的内阻 R 由欧姆内阻和极化内阻组成，极化内阻 R_P 可表示为：

$$R_P = \frac{\eta_+ + \eta_-}{I} \tag{5.4}$$

极化内阻在电池工作时由电化学极化和浓差极化引起，它的大小与电极材料本质、电池结构、制造工艺和工作电流的大小等有关。为了降低电池的极化内阻，电极一般做成多孔电极，以提高电极的表面积。同时，选择电极反应时尽量选择具有高交换电流密度（i_0）的活性物质。

欧姆内阻为电池组件的离子电阻和电子电阻之和，包括电解液的欧姆内阻、电极材料上的固相欧姆电阻和隔膜的电阻等。为了减小化学电源的欧姆内阻，需缩短正负极之间的距离，增加隔膜离子的导电能力，并使用具有高离子电导率的电解液；如果活性物质的导电性差，则要加入导电剂以降低电极的欧姆内阻，优化电池构型，保持两电极之间电流的均匀分布。

（3）电流和反应速率

电化学反应速率的大小是通过电流的大小来衡量的，因此，电流是电池放电（或充电）速度的一种量度，它与电池活性物质发生电极反应时的电子迁移速度、电解质中的离子迁移速率、电池的制造工艺和电池大小等有关。外电路上电子流过的速率等于每个电极/电解质界面上的电荷迁移速率，因此，电化学过程速率可以由连接在外电路中的安培表直接读出。由于内阻的存在，流过电池的电流越大，电池的放电电压将会越小，电极上活性物质来不及反应，从而导致电池容量的下降。对于电池反应而言，能承受的充、放电电流的大小反映了反应的可逆性。为了降低电极反应的浓差极化，提高电池所能承受的电流，电极一般做成多孔扩散电极。

（4）电池的容量及其影响因素

电池容量（capacity，Q）是指在一定放电条件下，电池放电到终止电压时所放出的总电量，单位为库仑（C）或安时（Ah）。显然，电池容量不是定值，它与电池的大小（即活性物质用量）、放电速度（即放电电流的大小）和放电的截止电压等有关。电池理论容量可通过法拉第定律来计算：

$$Q = nF/M_w \tag{5.5}$$

式中，Q 为电池的放电容量，C 或 Ah；n 为参与电池反应的电子数；F 为法拉第常数，96485C/mol；M_w 为活性物质的摩尔质量，g/mol。采用多电子参与反应和轻元素的电极可以提高电极的容量。

而实际容量则通过以下关系式计算：

恒电流放电 $$Q = \int_0^t i(t) \mathrm{d}t = it \qquad (5.6)$$

变电流放电 $$Q = \int_0^t i(t) \mathrm{d}t \qquad (5.7)$$

恒电阻放电 $$Q = \int_0^t i(t) \mathrm{d}t = \frac{1}{R} \int_0^t V(t) \mathrm{d}t \qquad (5.8)$$

式中，Q 为放电容量；i 为放电电流；V 为放电电压；R 为放电电阻；t 为放电到终止电压的时间。

图 5.1 为电池在不同放电模式下的放电曲线。根据放电条件和放电曲线可以知道电池的放电容量和工作特性等。假设电池的放电电流在开始放电时相同，在不同放电模式下放电电流的大小将不尽相同，如图 5.1(a) 所示。图 5.1(b) 为三种不同放电模式下电池放电电压对放电时间的关系曲线，由于恒电阻模式的平均放电电流最低，因此该模式的使用时间最长。图 5.1(c) 和图 5.1(d) 表示假定相同平均放电电流下，三种模式放电时的电流或电压与放电时间的关系。在这些条件下，电池使用时间大致相同，恒电阻模式下的电压调节最好；但恒功率模式（电池保持恒定的输出功率 $I \times V$）在电池整个寿命期间具有向负载提供最均匀功率的优点，从而使电池的能量得到最有效的利用。

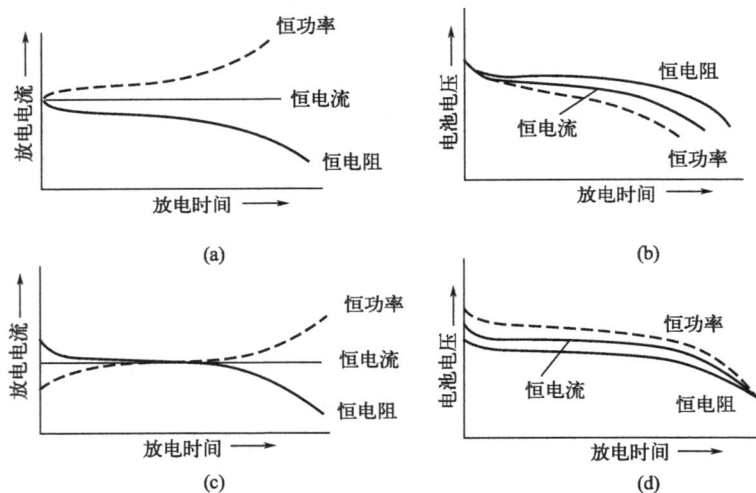

图 5.1　电池在不同放电模式下的放电曲线

实际上，电池放出的能量只是理论容量的一部分。这不仅是因为非反应成分（电解液、隔膜和外壳等）增加了电池的质量和体积，而且由于欧姆极化和电化学极化等的存在，电池的实际容量总是小于理论容量，其比值称为活性物质利用率 η。

$$\eta = \frac{\text{电池实际容量}}{\text{电池理论容量}} \times 100\% = \frac{\int_0^t i \, \mathrm{d}t}{mzF/M} \qquad (5.9)$$

电池容量是评价电池性能最重要的指标之一，在实际生产中常用比容量来反映电池的容量特性。比容量是指单位质量或单位体积的电池所输出的电量，分别以 Ah/kg 和 Ah/L 表示。质量比容量间接地反映了活性物质的利用率，而体积比容量则反映了电池的结构特征。对于不同的电池使用比容量要较使用容量更具有可比较性。需要指出的是，表征电池容量特性的指标除理论容量和实际容量外，还有额定容量。额定容量是指在设计和生产电池时，规定或保证在指定的放电条件下电池应该放出的最低限度的电量。

电池容量可通过放电时的放电曲线测定，显然，电池的容量与放电条件密切相关。电池的放电条件一般包括放电电流、放电深度、放电形式、放电期间电池的温度等。

放电电流的大小对电池容量有较大的影响。对于给定的电池，由于欧姆内阻和有电流通过时极化内阻的存在，电池容量和放电电压随放电电流的增加而减小，电池的使用寿命也随之减小。只有当电池以很小的电流放电（称为库仑滴定）时，才能接近理论电压和理论容量。电池放电电流的大小常用放电倍率表示，即对于一个具有额定容量 C 的电池，按规定的小时数放电的电流。

$$放电倍率 = \frac{额定容量(Ah)}{放电电流(A)} \tag{5.10}$$

根据放电倍率的大小，电池可以分成低倍率（$<0.5C$）、中倍率（$0.5 \sim 3.5C$）、高倍率（$3.5 \sim 7C$）和超高倍率（$>7C$）四类。放电倍率越大，表示放电电流越大，电池容量的下降也会越快。

放电深度对电池的容量和性能也有很大影响。放电深度（depth of discharge，DOD）是指电池放电量占其额定容量的百分数。理想的电池在整个放电过程中应该保持一个恒定的工作电压，然而大多数电池只有在较低的放电深度时才保持平稳的工作电压。因此，尽管放电深度大时电池能放出较多的容量，但考虑到电池的工作性能，一般情况下电池放电深度只为额定容量的 $20\% \sim 40\%$，这一点对于二次电池特别重要。因为对于二次电池，电池的放电形式和放电时的温度对容量和性能也有影响。当电池以一定的电流放电一段时间后搁置时，电池的开路电压会上升，并呈现锯齿形放电曲线，图 5.2 所示为电池连续放电和间隙放电时的放电曲线。由图可见，间隙放电时电池的容量较连续放电

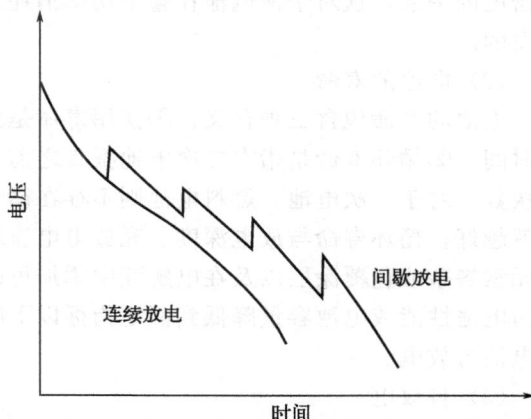

图 5.2　电池连续放电和间歇放电时的充放电曲线

时大，特别当以大电流放电时，间隙放电会使电池容量有较大的提高。此外，一般情况下低温放电时，电池活性物质化学活性降低，电池内阻增加，导致电池工作电压和放电容量降低；高温放电时，虽然可以加速电极反应的速度和电解液的扩散速度，降低极化，但温度太高，放电期间可能导致一些组分的物理或化学变性，有时足以造成容量的损耗。因此，大部分电池一般在 $20 \sim 40$℃之间放电时可获得较好的性能。当然，温度对电池放电容量和性能的影响程度因电池而异，需具体情况具体分析。

综上所述，在电池的放电实验中，可以测得电池的开路电压、工作电压、截止电压和放电时间等数据。通过放电时的工作电压-放电时间关系曲线（放电曲线），可以计算出电池的放电容量、能量和功率等；同时如再知道电池的质量或体积，还可以计算出电池的能量密度和功率密度等。因此，通过放电曲线可以评价电池性能的优劣。

（1）比能量和比功率

电池的能量是指在一定放电条件下，电池所能作出的电功，它等于放电容量和电池平均工作电压的乘积，常用单位为瓦时（Wh）。电池的比能量（或能量密度）是指单位质量或

单位体积的电池所能输出的能量，分别以 Wh/kg 和 Wh/L 表示。电池的能量密度为容量 Q 和电压 E 的乘积，可以通过元素掺杂等手段提高电极的容量和电压，从而提高电池的能量密度。各种各样的电池在可逆电位下工作时其理论能量密度值为 $200\sim500\,\mathrm{Wh/kg}$，然而实际能量密度值只有 $20\sim100\,\mathrm{Wh/kg}$，且随着超电势的增加而降低。例如，铅酸电池在实际使用时其能量密度只有 $30\sim35\,\mathrm{Wh/kg}$，远低于理论值。

电池的功率是指在一定放电条件下，电池在单位时间内所输出的能量，其单位为瓦或千瓦（W 或 kW）。电池的比功率（或功率密度）是指单位质量或单位体积的电池所输出的功率，分别用 W/kg 和 W/L 表示。一个电池的功率密度大，表示在单位时间内，单位质量或单位体积的该电池可输出的能量较多，即表示此电池能用较大的电流放电。电池的功率密度由离子和电子的传输性能决定。例如，将电极材料纳米化可以显著地改善电池的功率特性，但是需要注意的是，与电解液接触面积的增大也会加快电池副反应的发生。一般来讲，对于一个给定的电池，功率密度的大小取决于放电速率，范围为 $10\sim300\,\mathrm{W/kg}$。在放电过程中，电池的比功率总是不断下降的。

电池的比能量和比功率同样是评价电池性能的重要指标。用电池的比功率（W/kg）对比能量密度（Wh/kg）作图，得到所谓的 Ragon 图，可以定性地评估电池的功率密度与能量密度的关系，这对于使电池在整个功率消耗及在再充电速率范围内达到适当的匹配是非常重要的。

（2）电池的寿命

电池的寿命包含三种含义：①使用寿命是指在一定条件下，电池工作到不能再使用的工作时间。②循环寿命是指在二次电池报废之前，在一定充放电条件下，电池经历充放电循环的次数，对于一次电池、燃料电池则不存在循环寿命。显然，循环寿命越长，电池的可逆性能就越好；循环寿命与放电深度、充放电电流和温度等有关。电池的循环寿命可以通过电极的元素掺杂或包覆涂层以及在电解液中添加可改善循环性能的添加剂加以改善。③贮存寿命是指电池性能或电池容量降低到额定指标以下时的贮存时间，影响电池贮存寿命的主要因素是电池自放电。

（3）自放电

自放电（self-discharge）是指电池中一些自发过程的进行引起的电池容量的损失。电池在贮存和使用时都会发生自放电现象。引发电池自放电的原因主要有以下几点：①不期望的副反应的发生，如在铅酸电池的正极上发生了以下反应，$PbO_2 + H_2SO_4 \longrightarrow PbSO_4 + H_2O + 1/2O_2$；②电池内部变化而导致的接触问题；③活性物质的再结晶；④电池的负极大多使用活泼金属，可能发生阳极溶解；⑤无外接负载时电池在电解质桥上的放电等。

电池自放电的大小一般用单位时间内电池容量减少的百分数来表示。一般来说，电池自放电的速率并不是一个常数，随着温度升高，自放电增加，因此电池有一个贮存期，且电池应放在阴凉干燥处。

（4）过充电

对于二次电池，有时难以保证电池刚好完成充电过程。如果充电时间太长，电池可能会被过充，此时必然会出现新的电极反应，如水的电解，从而影响电池的循环寿命。但一般来讲，只要不经常过充电，对电池的性能影响就不会太大。

5.1.3　化学电源的选择和应用

理想的电化学电池显然应是一种廉价、大容量、输出功率范围广、工作温度和环境条件限制小、贮存寿命长、安全性能好和用户满意的电池。事实上，针对不同的应用场景选用合适的电池，才能充分发挥其各方面的性能。

在为了某种特殊用途选择最有效的电池时，必须考虑许多因素，但特别要注意衡量每一种可能选用的电池的有关特性是否符合指定设备的要求，从而选择出最能满足该种设备要求的某种电池。

选择电池时还应考虑影响电池性能的因素，考虑设备是否具备使电池维持最佳性能的必要条件。选择电池和设备研究应同时进行，这样可以最有效地综合权衡电池性能和设备要求。

选择电池时须考虑的重要事项如下。

① 电池类型：一次电池、二次电池、贮备电池或燃料电池。

② 电化学体系：锌锰、镉镍、氢镍、锌银、铅酸、锂离子或其他（视其电池性能与设备主要要求而异）。

③ 电压：额定电压或工作电压、最高电压和最低电压范围、放电曲线形状等是否影响设备的要求。

④ 负载和放电形式：恒电流、恒电阻或恒功率放电；单值或可变负载、脉冲负载。

⑤ 放电制度：连续放电或间歇放电。

⑥ 温度：要求电池的工作温度范围。

⑦ 使用时间：需要的工作时间长短。

⑧ 物理性能：尺寸、形状、质量等。

⑨ 贮存性能：贮存时间，充电态或放电态、温度、湿度和其他条件。

⑩ 充放电循环（如果是二次电池）：浮充或循环使用、循环寿命和湿搁置寿命要求、充电设备的特性、充电频率。

⑪ 操作条件：振动、冲击、离心等；气候条件（温度、气压等）。

⑫ 安全性和可靠性：失效率，不能漏气或漏液，"三废"及其排放等。

⑬ 苛刻的工作条件：极长期或极高温贮存、备用或使用；特殊用途的高可靠性；贮备电池的快速激活；电池特殊包装（压力容器等）；高冲击、高离心和无磁性。

⑭ 维护和补充：电池易得，能就近供应，更换方便；充电设备可靠；要求特殊运输、回收或处理。

⑮ 成本：一次性购置费；一次性使用或循环寿命成本。

此外还应注意，即使对某种相同规格的电池或电池组，不同电池制造厂生产的电池性能也可能存在差别。在产品批量生产过程中，不同批次之间的电池性能也会不一致，这是在任何实际生产过程中都存在的问题。不一致性的程度取决于生产过程的质量控制以及电池的使用。使用条件越苛刻，产品性能的不一致性越突出。要获得具体的工作特性，应查阅制造厂提供的有关数据。

电池的容量和其他特性不仅取决于正负极的组成，还与电池的结构有关。电池的结构一般有圆柱形、方形、扣式和软包等几种。其中，最常见的一种圆柱状电池叫 18650 型电池，其中 18 表示直径为 18mm，65 表示长度为 65mm，0 表示为圆柱形电池。它是日本 SONY 公司当年为了节省成本而定下的一种标准型的锂离子电池型号。除了 18650 之外，常见的型号还有 21700、26650、32650、32700 和 46800 等。

传统采用的是圆柱形单体电池，堆叠之后会形成较多的空隙，再扣除冷却以及支撑构件，最后空间利用率仅能达到40％多。比亚迪公司开发的扁平型刀片电池可以缩小单体电池间的无效空隙；同时，面积的增大对于散热也起到非常大的作用。整体排列之后，刀片电池的空间利用率高达60％。此外，宁德时代新能源科技公司也相应地开发了麒麟电池。

化学电源是十分重要的电源。与其他电源相比，它具有能量转换效率高、使用方便、安全可靠、少维护和易满足用户要求等特点。因此，它在世界各国的工业、军事及其他部门有极其广泛的用途。

一次电池常用于低功率到中功率放电场景。它们使用方便，相对价廉。外形多以圆柱形、扣式和扁形存在。常以单体电池或电池组的形式用于各种便携式电气和电子设备。圆柱形电池广泛用于照明、信号、报警、半导体收音机、收录机、计算机、玩具、剃须刀、吸尘器等家庭和生活用品上。扣式电池广泛用于手表等场合，薄型电池用于CMOS电路记忆储存电源。同时，一次电池还广泛应用于军事便携通信、雷达、夜间监视、气象仪器和导航仪器等。

二次电池及其电池组常用于较大功率的放电，如用作汽车启动、照明和点火等的电源，也可用于大型储能电站。二次电池的另一主要用途是辅助和（备用）应急电源以及（浮充状态下）负荷平衡供电。它作为卓有成效的电化学储能装置，在人造卫星、宇宙飞船和空间站方面，在潜艇和水下推进方面以及在电动车辆方面，越来越显示出新的生命力。

特种电化学电源指军用电源、空间电源、深海电源等在特殊条件和环境中使用的电源。由于海陆空的不同应用环境和不同装备的需求，特种电化学电源的技术要求与民用电源既有相同之处（比能量、功率、寿命等），也有耐高低温、长期储存、绝对安全、超高比能量和比功率等特性需求[2]。

军用电源为武器装备提供动力和信息化能源，是武器装备的"粮食"和"血液"。在智能单兵及机器人应用方面，要求比能量高，可结构化、模块化以及可智能重组的电化学电源技术[2]。在新型战略威慑领域，需要超大功率输出、超长储备、安全可靠的电化学电源。长期处于备战状态的军用化学电源，储存期间和任务执行期间对产品有不同于常规化学电源的需求。在严苛环境条件和储存条件下，新材料体系研发、长期储备过程中表界面变化及其对快激活过程的影响、一次性产品性能评估和无损检测方面均面临许多新的挑战。

空间电源是为各类航天器配备的电源，化学储能电源是空间电源的重要组成部分，高安全性、高可靠性是空间化学电源的绝对要求。除此之外，飞行器的飞行目的不同，对空间电源也有不同的要求，如能量密度大于500Wh/kg、功率密度大于100C、循环寿命达到60000次、工作范围在−50~80℃等。目前，空间化学电源使用的锂离子电池很难同时满足安全性、循环寿命、比功率等综合要求，因此如何全面提高电池性能是迫切需要解决的问题。另外，空间化学电源的安全性评估方法和使用寿命预测等问题也有待研究解决。

深海电源对于深海战略具有重大意义，新一代无人潜航器（unmanned underwater vehicle，UUV）、舰船需要新型电化学电源（如高比能锂电池和燃料电池），要求具备足够的续航能力和短时高功率输出能力。我国"蛟龙号"深潜器采用银锌电池，能量密度低，而美国、日本等国家在深海电源中应用先进锂离子电池，提高了续航时间，但技术对国内封锁。目前的液态锂离子电池存在安全隐患，而且不能满足耐压的要求。深海电源对电源的深水耐压性能、能量密度、安全可靠性以及耐海水腐蚀等方面都提出了新的挑战。

燃料电池一般用于长时间连续工作的场合、大型发电装置等。它已成功应用于"阿波罗"飞船等的登月飞行和载人航天器中。同时，正在进一步研制的各种类型的燃料电池有望作为电动车辆和电站等的电源。此外，可逆燃料电池也可以用于长时储能。

5.2　一次电池

5.2.1　一次电池的通性及应用

一次电池（也称原电池）是指电池放电后不能用充电的方法使其复原的一类电池。这类电池不能再充电是由于电极反应的不可逆性或条件限制使电池反应很难可逆地进行。一次电池的主要优点是方便、简单，容易使用，维修工作量极少，其大小和形状可根据用途来设计；其他优点包括贮存寿命长、适当的比能量和比功率、可靠性高、成本低。一次电池可用于便携电器和电子仪器，照明、照相器材，手表，计算器，存贮器备用电源等。

一次电池有许多类型，按使用的电解液类型可分为碱性或酸性电解质电池、盐类电解质电池、有机电解质溶液电池和固体电解质电池几大类。表 5.2 列出了一些实用的一次电池及其有关性质。

表 5.2　实用的一次电池及其有关性质

分类	电极		电解质	电池反应	电动势/V	工作电压/V	理论容量*/(Ah/kg)
	正极	负极					
盐类电解质电池	MnO_2	Zn	$NH_4Cl/ZnCl_2$	$Zn+2MnO_2+2NH_4Cl \longrightarrow 2MnOOH+Zn(NH_3)_2Cl_2$	1.5	1.2	224
	O_2	Zn	$NH_4Cl/Zn \longrightarrow Cl_2$	$Zn+1/2O_2 \longrightarrow ZnO$	1.4	1.2	800
	CuCl	Mg	NaCl 或 KCl	$Mg+2CuCl \longrightarrow MgCl_2+2Cu$	1.6	1.3	241
酸或碱性电解质电池	MnO_2	Zn	KOH	$Zn+MnO_2+2H_2O+2KOH \longrightarrow Mn(OH)_2+K_2[Zn(OH)_4]$	1.55	1.20	224
	MnO_2	Mg	KOH	$Mg+2MnO_2+2H_2O \longrightarrow 2MnOOH+Mg(OH)_2$	2.8	1.7	271
	HgO	Zn	KOH	$Zn+HgO \longrightarrow ZnO+Hg$	1.34	1.2	190
	Ag_2O	Zn	KOH	$Zn+Ag_2O+H_2O \longrightarrow Zn(OH)_2+2Ag$	1.6	1.5	180
	PbO_2	Zn	H_2SO_4	$Zn+PbO_2+2H_2SO_4 \longrightarrow PbSO_4+ZnSO_4+2H_2O$	2.2	1.8	220
有机电解质溶液电池	MnO_2	Li	$LiClO_4$	$Li+MnO_2 \longrightarrow LiMnO_2$	3.5	2.7	310
	$SOCl_2$	Li	$SOCl_2/LiAlCl_4$	$4Li+2SOCl_2 \longrightarrow 4LiCl+S+SO_2$	3.6	2.8	450
	$(CF_x)_n$	Li	$LiClO_4$	$nxLi+(CF_x)_n \longrightarrow nxLiF+nC$	3.1	2.5	860
	CuO	Li	$LiClO_4$	$2Li+CuO \longrightarrow Li_2CuO$	2.35	2.0	298
固体电解质电池	RbI_3	Ag	$RbAg_4I_5$	$4Ag+2RbI_3 \longrightarrow Rb_2AgI_3+3AgI$	3.66	2.8	—

*理论容量计算时仅考虑了活性正极和活性负极材料的质量。

5.2.2 碱性锌锰电池

锌锰干电池（Leclanche 电池）已有 100 多年的发展历史，它具有成本低、令人满意的性能和立即可用的特点，至今仍是使用最为广泛的一种一次电池。随着科学技术的发展，Leclanche 电池系列出现了改进型号，碱性锌锰电池的电解液已由最初的 NH_4Cl 发展为 $ZnCl_2$、$MgCl_2$ 或浓 KOH。碱性锌锰电池在放电强度、低温下的工作能力、比能量和贮存性能等方面都超过了 Leclanche 电池，已逐渐代替了原有的以盐类作电解质的锌锰电池。

盐类电解液的锌锰电池表示为：

$$(-)Zn\,|\,NH_4Cl+ZnCl_2\,|\,MnO_2,C(+)$$

负极反应：$Zn-2e^-\longrightarrow Zn^{2+}$

正极反应：$MnO_2+H_2O+e^-\longrightarrow MnOOH+OH^-$

电池反应：$Zn+2MnO_2+2NH_4Cl\longrightarrow 2MnOOH+Zn(NH_3)_2Cl_2$

电池采用含 NH_4Cl 和 $ZnCl_2$ 的水溶液作为电解液（$pH\approx 5$），采用 Zn 和石墨分别作为负极和正极的集电器。依据在 25℃时电池反应的 Gibbs 自由能变化（$\Delta_rG=-257kJ/mol$），计算出电池的可逆电动势约为 1.55V。电池的开路电压与采用的 MnO_2 种类和活性物质的组成等有关，开路电压一般为 1.50V 左右。该电池放电电压较稳，但自放电现象较明显（每年损失约 30%），这可能是由于锌电极与 NH_4Cl、水和溶解的 O_2 发生了反应，并形成难溶钝化膜所致。电池其他特性可参见表 5.2。

到目前为止，碱性二氧化锰电池仍占据了一次电池的绝大部分市场。这种碱性电池在低放电速率及间隙放电条件下的容量和性能要高于普通干电池。在高放电速率及连续放电的条件下前者要远远超过后者，此时碱性电池的性能要优于干电池 5 倍或更高。且低温下的工作特性亦优于其他水溶液电解液的一次电池。由于该电池采用了钢制外壳，从而可以有效地密封，提高了电池的防漏特性和存储寿命。该电池的特点是自放电小、内阻小、放电电压比盐类电解液的要高且稳定，同时由于电解 MnO_2（EMD）的使用，电池具有较高的容量，已替代盐类电解液电池。

碱性电解液的锌锰原电池表达式为：（-）$Zn\,|\,$浓 $KOH\,|\,MnO_2$，C（+）。

负极反应：$Zn+2OH^--2e^-\longrightarrow Zn(OH)_2$

$\qquad\qquad Zn(OH)_2+2OH^-\longrightarrow [Zn(OH)_4]^{2-}$

正极反应：$MnO_2+H_2O+e^-\longrightarrow MnOOH+OH^-$

$\qquad\qquad MnOOH+H_2O+e^-\longrightarrow Mn(OH)_2+OH^-$

电池反应：$Zn+MnO_2+2H_2O+2OH^-\longrightarrow Mn(OH)_2+[Zn(OH)_4]^{2-}$

电池采用浓度为 7~14mol/L 的浓 KOH 溶液作为电解液，从电池反应可以看出，在 25℃时 Gibbs 自由能变化的数据与电解液浓度有关，由此计算出电池的电动势为 1.55~1.85V。该种电池的工作电压约为 1.20V，实际工作电压值取决于放电负荷和电池荷电状态。通常规定，单体电池的截止电压为 0.9V，但对于大电流放电，截止电压值可取得更低。碱性锌锰电池放电反应包括了 MnO_2 阴极还原和锌的阳极溶解。当正极 MnO_2 以单电子反应放电（$MnO_2+H_2O+e^-\longrightarrow MnOOH+OH^-$）时，正极的理论容量为 0.31Ah/g，随着放电过程的进行，MnOOH 最终转变为 $Mn(OH)_2$[$MnOOH+H_2O+e^-\longrightarrow Mn(OH)_2+$

OH^-]。图 5.3 为碱性锌锰电池的放电曲线。

碱性锌二氧化锰电池的主要特点是具有高密度的二氧化锰阴极，大面积的锌阳极以及高导电性能的 KOH 电解液。电池的正极由 70％的电解 MnO_2、10％的石墨和 1％～2％的乙炔黑以及适量的黏合剂和电解液等组成，并通过模压成型。考虑到电池的储存寿命，要严格控制电解二氧化锰中杂质的含量。电池的负极是由一定粒径分布（0.0075～0.8mm）的高纯度锌粉（70％～80％，质量分数）、黏接剂（6％，质量分数）、KOH 溶液以及表面活性剂等添加剂组成的，经挤压形成凝胶状或粉末状电极，有时也在负极中添加极少量的铅以提高电极的耐腐蚀性能。需要特别指出的是，考虑到锌在与

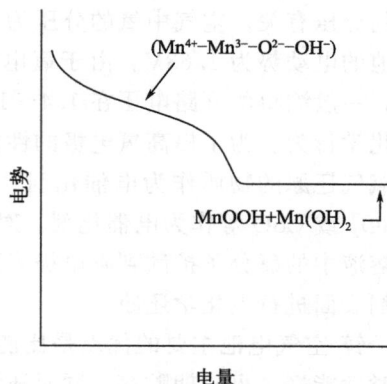

图 5.3　碱性锌锰电池的放电曲线

碱溶液接触时的热力学不稳定性，早期的锌电极制备工艺中加入了 4％～8％（质量分数）的 Hg 以降低氢气的析出。但考虑到 Hg 对环境的污染，现在 Hg 的使用已基本禁止了，代之以适量的表面活性剂。同时，为了降低锌负极在碱性电解液中的自放电速度，电解液常预先用 ZnO 饱和。

5.2.3　其他几种锌一次电池

（1）锌-氧化汞电池

锌-氧化汞电池的表达式为：（－）Zn｜浓 KOH｜HgO，C（＋），电池的负极反应与碱性电解液的锌锰电池相同；

正极反应：

$$HgO + H_2O + 2e^- \longrightarrow Hg + 2OH^-$$

电池反应：

$$Zn + HgO + 2OH^- + H_2O \longrightarrow Hg + [Zn(OH)_4]^{2-}$$

该电池采用浓的 KOH 溶液作为电解液，集电器分别为 Zn 和石墨。依据电池反应的 Gibbs 自由能变化值计算出电池的电动势为 1.35V，电池开路电压值与电动势基本一致。该电池的优点是电动势和电压稳定，一年内变化＜0.2％；比能量高、自放电小（＜1％/年）；活性物质利用率高，对于锌负极接近 100％，对于 HgO 正极约为 90％；而且该电池可在较高温度下工作（到 70℃），密封性好，已用作小型医用仪器、电子表、计算器等的电源。该电池的缺点包括正极材料较昂贵，且有污染隐患，低温下的工作能力差等。

（2）锌-空气电池

锌-空气电池直接使用空气中的氧气，将锌和氧气反应的化学能转变为电能。氧气在需要时扩散到电池中作为阴极反应物。在放电过程中空气阴极催化氧气还原，而本身并不消耗或变化。由于空气阴极非常坚实，又具有内在的无限容量，可以达到很高的能量密度，可以增大负极锌可利用体积。

锌-空气电池的表达式为：（－）Zn｜KOH｜O_2，C（＋）

负极反应：$Zn + 2OH^- - 2e^- \longrightarrow ZnO + H_2O$

正极反应：$1/2O_2 + H_2O + 2e^- \longrightarrow 2OH^-$

电池反应：$Zn + 1/2O_2 \longrightarrow ZnO$

该电池以浓 KOH 溶液作为电解液，集电器分别为 Zn 和石墨。电池的电动势与空气中氧的分压有关，空气中氧的分压为 21% 时，根据化学反应的 Gibbs 自由能的改变值计算出电池的电动势为 1.63V。由于氧电极反应的交换电流密度较小，电极很难达到热力学平衡态，一般测得的开路电压在 1.4~1.5V 之间。影响锌空气电池性能的主要因素是氧电极的电化学行为。为了提高氧电极的性能，一般将它制成多孔气体扩散电极，同时选用能有效催化氧气还原的物质作为电催化剂。多孔气体扩散电极以活性炭作为载体，以 Pt、Ag、Ni、MnO_2 或 CoO 等作为电催化剂。对于气体扩散电极上氧气的还原，主要步骤为：溶解于碱性溶液中的氧分子扩散到碳电极表面，并吸附在碳电极和催化剂表面，然后再在碳电极或催化剂表面进行电化学还原。

锌-空气电池主要的优点是比能量高，放电电压平稳，且工作电流平稳，进行大电流放电时性能好，可长期贮存，同时还没有环境污染问题。但是，氧电极的行为导致该电池的输出功率较低。尽管如此，该电池依然被广泛用于便携式通信设备、雷达装置、铁路和航海信号装置、理化仪器的电源等。

需要指出的是，锌-空气电池在一定条件下可以开发成为可充放电的二次电池。锌-空气二次电池是利用充电时正极产生的氧气并贮存于电池内，放电时氧气重新在正极上还原放电。为了实现可逆的充放电循环，需要阴极催化剂为对氧还原反应（ORR）和氧析出反应（OER）都具有高催化活性的双功能催化剂。如该电池采用密封形式，理论上能量密度可高达 1320Wh/kg，实际上已达到 220~300Wh/kg，且成本比一般二次电池低，只不过在目前条件下电池的循环寿命影响了其竞争力，但当锌电极的变形以及充放电过程中枝晶形成和穿透隔膜等问题的解决有所突破时，其竞争力将会显著增强。

（3）锌-氧化银电池

碱性锌-氧化银电池以锌粉为负极，以氧化银粉（Ag_2O 或 AgO）压制成正极，电解液为锌酸盐的浓碱溶液（20%~45%）。

锌-氧化银电池的表达式为：（一）$Zn|KOH|Ag_2O$，C（＋）

负极反应：$Zn + 2OH^- - 2e^- \longrightarrow ZnO + H_2O$

正极反应：$Ag_2O + H_2O + 2e^- \longrightarrow 2Ag + 2OH^-$

电池反应：$Zn + Ag_2O \longrightarrow ZnO + 2Ag$

锌-氧化银电池的负极同样采用了多孔锌电极技术，正极采用了氧化银粉末电极，并添加了少量石墨以改善电极的导电性，商业化的电池中有时还混有少量的二氧化锰，以保证电池具有平稳的放电特性并延长电池的寿命。考虑到在碱性溶液中的稳定性，正极材料使用的氧化银一般为 Ag_2O。对于高倍率放电电池，电解液一般使用饱和锌酸盐的 KOH 溶液，而 NaOH 电解液则用于低倍率放电的电池，这主要是由两种电解液的导电能力不同所决定的。由于 NaOH 电解液的盐析或爬碱现象发生概率较低，所以长期使用的电池用它作为电解液更合适。该电池对隔膜的要求较为严格，通常采用聚乙烯接枝膜、微孔聚丙烯膜和水化纤维素膜等的复合膜。

由电池反应可知，溶液中 OH^- 并不参与总反应，因此锌-氧化银电池的电动势与碱的浓度无关，电动势值为 1.605V。该电池最大的优点在于有很高的能量密度（通常为 100~150Wh/kg）、高的容量、优越的大电流放电性能、非常平稳的放电性能以及低温性能好、储存寿命长等；另外，由于氧化银电极放电过程中生成了金属银，电池的内阻基本不变，一般直到降低至截止电压以下时内阻才有明显的增大。由于具有这些优点，锌-氧化银电池已被广泛用于助听器、摄像机、计算器等电子设备上。但是该电池最大的缺点在于成本高，限制了其大范围的使用。

5.2.4　锂电池

锂电池是负极采用金属锂或锂合金或含锂化合物的一类电池的总称。锂是最轻的金属（密度为 $0.534g/cm^3$），其理论容量为锌的 4.7 倍。锂具有最低的电负性，电极电位负值最高，因此锂电池的电压高达 4V 以上，输出能量超过 200Wh/kg。同时锂电池工作温度范围大（—70～40℃），比功率大，且具有平稳的放电性能，具有潜在的应用前景，已被用作手机电池等。但锂电池的缺点也是明显的，安全性欠佳、价格较贵、生产工序复杂等限制了其大规模的使用。

由于金属锂高的电化学活性，因此，锂电池一般采用有机溶剂作为电解液。对电解液的要求有：①必须是质子惰性的；②必须不与金属锂及正极物料发生反应；③必须有高的离子传导性能；④应在一个宽的温度范围内保持液态；⑤应具有适宜的物理性能，如低的饱和蒸气压、无毒等。一般用作锂电池中电解液的有机溶剂有乙腈（AN）、2-甲亚砜（DMSO）、碳酸丙烯酯（PC）、1,2-二甲氧基乙烷（DME）和 γ-丁内酯（butyrolactone，BL）等；还有用无机溶剂的，如亚硫酰氯（$SOCl_2$）和硫酰氯（SO_2Cl_2）等。支持电解质有：$LiClO_4$、$LiAsF_6$、$LiBF$、$LiCl$ 和 $LiAlCl_4$ 等。

锂电池有许多种类，按是否可以充电分为一次电池和二次电池，按电解质的种类又可分为可溶正极锂电池、固体正极锂电池和固体电解质锂电池三大类。表 5.3 列出了几种常见的一次锂电池及其有关性能。

（1）可溶正极锂电池

Li/SO_2 电池是锂一次电池中较为先进的，这种电池的能量密度高达 280Wh/kg，该种电池尤其以可高功率输出和卓越的低温性能著称。电池表达式为：（一）Li｜LiBr，乙腈｜SO_2，C（+）。该电池以多孔的碳和 SO_2 作为正极，SO_2 以液态形式加到电解质溶液内，电池反应为：$2Li + 2SO_2 \longrightarrow Li_2S_2O_4$。

表 5.3　几种常见锂电池及其性能

电池分类	电解液	正极	电池反应	电动势/V	C^*	W^{**}	放电曲线
可溶正极（液体和气体）	无机或有机电解液	SO_2	$2Li + 2SO_2 \longrightarrow Li_2S_2O_4$	3.1	419	280	很平稳
		$SOCl_2$	$4Li + 2SOCl_2 \longrightarrow 4LiCl + S + SO_2$	3.65	450	—	
		SO_2Cl_2	$2Li + SO_2Cl_2 \longrightarrow 2LiCl + SO_2$	3.9	—	500	平稳
固体正极（过渡金属化合物、含碳化合物等）	有机电解液	MnO_2	$Li + MnO_2 \longrightarrow LiMnO_2$	3.5	310	200	较平稳
		$(CF_x)_n$	$nxLi + (CF_x)_n \longrightarrow nxLiF + nC$	3.1	860	200	较平稳
		Bi_2O_3	$6Li + Bi_2O_3 \longrightarrow 3Li_2O + 2Bi$	2.0	350	90	较平稳
		FeS_2	$4Li + FeS_2 \longrightarrow 2Li_2S + Fe$	1.8	890	130	双坪阶
		CuO	$2Li + CuO \longrightarrow Li_2CuO$	2.35	198	275	开始电压降大
		Ag_2CrO_4	$2Li + Ag_2CrO_4 \longrightarrow Li_2CrO_4 + 2Ag$	3.35	160	275	双坪阶
		V_2O_5	$Li + V_2O_5 \longrightarrow LiV_2O_5$	3.6	200	—	双坪阶

* C 指电池的理论容量，量纲为（Ah）/kg，理论容量的计算仅考虑了活性正极和活性负极材料的质量；

** W 指电池的能量密度，量纲为（Wh）/kg，指适宜放电条件下的能量密度。

由于金属锂容易与水反应，所以采用由 SO_2 和有机溶剂（乙腈）与可溶的溴化锂组成非水电解液。此电池电解液较高的离子电导率使电池具有较高的功率输出特性。SO_2 溶于电解液中，会与锂反应产生自放电现象。由于自放电过程中在锂表面生成了 $Li_2S_2O_4$ 保护膜，阻止了自放电的进一步发生以及容量损失，因而 Li/SO_2 电池的贮存寿命长（在 20℃ 下贮存 5 年，容量损失小于 10%）。然而也正是这层保护膜，导致了该电池的电压滞后现象。

这种电池采用卷绕式结构，将压制在铜网上的锂箔、一层微孔聚丙烯隔膜、正极（由聚四氟乙烯和炭黑在铝网上混合后压制而成）和第二层隔膜螺旋形地卷绕而成；然后将卷绕极组放入镀镍的不锈钢外壳内。这种结构具有较大的表面积，较小的电池内阻，可以大电流放电。这种卷绕式的电池额定电压为 3.0V，通常工作电压为 2.7～2.9V，放电时工作电压较为平坦，输出功率为碱性锌锰电池的 4 倍多，且低温性能好，主要应用在军事场合。

$Li/SOCl_2$ 电池是目前世界上实际应用的电池系列中能量密度较高的一种，能量密度可达 500Wh/kg。

$Li/SOCl_2$ 电池的表达式为：

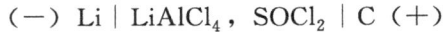

$$（-）Li\ |\ LiAlCl_4，SOCl_2\ |\ C（+）$$

该电池以多孔碳作为正极，$SOCl_2$ 既是溶剂，又是正极活性物质，电池反应为：

$$4Li+2SOCl_2 \longrightarrow 4LiCl+S+SO_2$$

这种电池的负极是压制在镍网上的锂箔，正极采用乙炔黑和聚四氟乙烯等混合后，制成薄片状，压制在镍网上。电池采用卷绕式全密封结构，早期用作心脏起搏器电池。电池的开路电压为 3.6V，典型的工作电压范围在 3.3～3.5V，放电截止电压为 3V。与 Li/SO_2 电池一样，放电电压十分平稳，特别是以小电流放电时，基本无容量损失。此外，$Li/SOCl_2$ 电池的储存寿命长，这主要是由于锂负极与电解液接触后在负极表面生成了一层 LiCl 保护层。同时电池的自放电小、低温性能好，已成功实现商业化，在军事工业等方面得到了广泛应用。但 $Li/SOCl_2$ 电池的安全性能较差，曾经引发过爆炸，因此使用时应注意避免短路、过放电，在储存和使用时还应注意温度不能太高，这样可避免高温下 Li 与 S 的热反应。

Li/SO_2Cl_2 电池是另一种无机电解质锂电池，电池表达式为：

$$（-）Li\ |\ LiAlCl_4，SO_2Cl_2\ |\ C（+）$$

负极反应：$2Li-2e^- \longrightarrow 2Li^+$

正极反应：$SO_2Cl_2+2e^- \longrightarrow 2Cl^-+SO_2$

电池反应：$2Li+SO_2Cl_2 \longrightarrow 2LiCl+SO_2$

此电池同样以碳作为正极，SO_2Cl_2 既是溶剂，又是正极活性物质。电池的开路电压为 3.9V，其性能稍逊于 $Li/SOCl_2$ 电池。由于 Li/SO_2Cl_2 电池反应产物中没有 S，所以就不会有 Li 和 S 的放热反应而引起的热失控危险，因此，安全性较好，在一些领域已成为 $Li/SOCl_2$ 电池的替代品。

（2）Li/MnO_2 电池

Li/MnO_2 电池由于具有电压高（额定电压 3.0V，截止电压 2.0V），中、低倍率放电性能好（能量密度大于 200Wh/kg），价格上有与一些传统电池竞争的能力，所以是首先商业化的一种锂/固体正极电池。Li/MnO_2 电池以金属锂为负极，电解质为溶解于 PC 和 1，2-DME 混合溶剂中的 $LiClO_4$，正极为经过专门热处理的 MnO_2，电池表达式为：

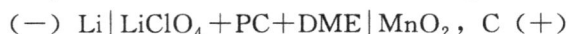

$$（-）Li\ |\ LiClO_4+PC+DME\ |\ MnO_2，C（+）$$

负极反应：$Li-e^- \longrightarrow Li^+$

正极反应：$MnO_2 + Li^+ + e^- \longrightarrow LiMnO_2$

电池反应：$Li + MnO_2 \longrightarrow LiMnO_2$

电池在放电过程中 Li^+ 进入 MnO_2 晶格使锰还原。该电池大多采用圆柱形或扣式，其正极系在骨架上涂膏做成的薄型电极，然后将正负极卷绕成电极对放入外壳制成。

电池以不锈钢外壳和石墨分别作为负极和正极的集电器。电池开路电压为 3.5V，放电电压平稳，工作温度范围广（−20～55℃），自放电少，储存寿命长（在 20℃ 下保存 6 年，容量损失约 15%）。价格低廉，已广泛用于手表、照相机、计算器和长记忆电源等。

（3）锂-聚氟化碳电池

锂-聚氟化碳电池的表达式为：

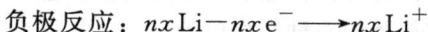

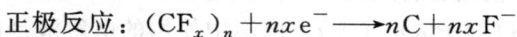

$$(-)Li \mid LiBF_4, PC + DME \mid (CF_x)_n, C(+)$$

负极反应：$nx Li - nx e^- \longrightarrow nx Li^+$

正极反应：$(CF_x)_n + nx e^- \longrightarrow nC + nx F^-$

电池反应：$nx Li + (CF_x)_n \longrightarrow nx LiF + nC$

当放电时，固体聚氟化碳变成导电碳，从而提高了电池的导电性，改变了放电电压的调节性能，提高了电池的放电效率，但产生的 LiF 沉积在正极结构中易导致正极膨胀。电池正极的活性物质为固体聚氟化碳 $[(CF_x)_n]$（白色固体，$0 \leqslant x \leqslant 1.5$），该化合物是碳粉和氟（$F_2$）反应生成的夹层化合物，氟原子在石墨六角环状的椅式排列的行间结合，平均行间距为 0.73nm，化合物在 400℃ 空气中不分解，在有机介质中也有较好的稳定性。电池以 Ni 和石墨分别作为负极和正极的集电器。开路电压随 x 值的不同而改变，理论能量密度高达 2000Wh/kg，电池实际能量密度为 250～480Wh/kg，放电时工作电压为 2.2～2.8V，且电池有较长的储存寿命。

锂-聚氟化碳电池的结构有扣式的，也有圆柱形的，目前这种电池已做成薄纸片式结构。该电池的负极一般将金属锂的薄片压在延展的镍网上，正极是将活性物质与 5%（质量分数）左右的炭黑或石墨粉以及黏合剂制成膏状后涂在网栅上，加压成型。目前这种电池已被应用于电子表、照相机、计算器等的电源，同时电池的薄型化和小型化也适用于现代电子器件的要求。

5.3 二次电池

5.3.1 二次电池的一般性质及应用

二次电池是指电池放电后可通过充电方法使活性物质复原后能够再放电，且充、放电过程能反复多次循环的一类电池。二次电池的重要特点是放电时化学能转换为电能，充电时电能转换为化学能并储存于电池中，能量效率高并且影响电池循环寿命的物理变化也极小。对于实用的二次电池，必须不存在能够引起电池组分恶化、寿命丧失或能量损失的化学作用；同时，电池必须具有通常希望的一些特性，如较高的能量密度、较低的内阻以及在较宽的温度范围内良好的性能。

二次电池放电后需充电才能使活性物质复原，充电方式有恒电流充电、变电流充电和恒电位充电三种类型。变电流充电是在充电开始阶段以较大电流充电，后阶段用较小电流充电，这种充电方式有助于充电完全和电池寿命的延长。恒电位充电是指在充电过程中，调节充电电流，维持充电电压恒定在某一值的充电方式，充电电量可通过积分来求得。就二次电池的充电而言，充电电压为电池充电时该二次电池的端电压。对于某些电池，为了保证电池能充足电，并保护电池不过充或抑制气体的析出等，规定了充电的终止电压。必须指出，充电时外部充电设备施加的电压必须超过该电池（或电池组）的充电终止电压。

对于二次电池必须注意使用条件，因为二次电池的反应可逆性是相对的和有条件的。若多次过放电和过充电可能会导致电池容量不可逆地降低，直至电池报废。

5.3.2 铅酸蓄电池

铅酸蓄电池的生产已有 100 多年的历史，该电池具有价格低廉、工作时可靠安全、电压高且稳定、电池的容量较大等优点，仍是目前使用较普及的一种二次电池。

铅酸蓄电池的表达式为：（−）$Pb \mid H_2SO_4 \mid PbO_2$（+），电池中使用的电解液是由纯 H_2SO_4 和电导水配制的密度为 $1.20\sim1.31$（相当于 $28\%\sim41\%$，质量分数）的水溶液。由于硫酸浓度较高，参加电极反应的是 HSO_4^-，而不是 SO_4^{2-}。

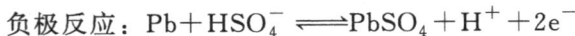

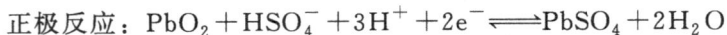

负极反应：$Pb + HSO_4^- \Longrightarrow PbSO_4 + H^+ + 2e^-$

正极反应：$PbO_2 + HSO_4^- + 3H^+ + 2e^- \Longrightarrow PbSO_4 + 2H_2O$

电池反应：$Pb + PbO_2 + 2H_2SO_4 \Longrightarrow 2PbSO_4 + 2H_2O$

电极反应和电池反应表达式中正向过程表示放电，逆向过程表示充电，以下有关二次电池的电极反应和电池反应的过程均有相同的含义。

电池以海绵状铅为负极（集电器），PbO_2 作为正极，采用涂膏式极板栅结构。依据热力学数据计算出的电池电动势和开路电压一致，在 25℃ 时约为 2.10V，电动势值与电极本身特性、硫酸和水的活度有关。电池的额定电压为 2.0V，放电时的截止电压为 1.75V，在低温下以超高倍率放电时，截止电压可降低到 1.0V。该电池的容量与放电强度和放电深度密切相关，并与温度有关，一般容量效率为 $80\%\sim90\%$，能量效率为 $70\%\sim80\%$，比能量为 $20\sim40Wh/kg$。电池在放电开始时，经常发现电压有所下降，这与电极反应产生的 Pb^{2+} 形成新相 $PbSO_4$ 有关，因为形成新相时一般存在结晶过电势；放电过程中，开路电压与放电电压差值增大，这与活性物料孔隙度减小和电极反应从表相深入到体相（内部）有关。充电开始时，有时会出现电压极大值，这与紧密少孔的 $PbSO_4$ 层中电解液的内阻增加有关；充电结束时，$PbSO_4$ 大部分转化为活性物质，电压剧烈增大，然后达到稳定。

蓄电池采用 Pb 作为负极，由于 Pb 易发生钝化，在电池工作过程中 Pb 表面形成紧附于 Pb 表面的结晶层，导致 Pb 电极导电性、活性下降，为此，在制备电极材料时常在活性物料中加入去钝化剂 $BaSO_4$ 及有机膨胀剂。加入的钝化剂 $BaSO_4$ 的作用机制为：$BaSO_4$ 和 $PbSO_4$ 为同晶型体，可作为 $PbSO_4$ 的结晶中心，放电过程中 $PbSO_4$ 晶体不是在 Pb 的表面而是在 $BaSO_4$ 表面生长，这样 Pb 就慢慢地被隔绝层所遮蔽。有机添加剂的作用为：它能吸附于 Pb 的表面，阻止 $PbSO_4$ 新的结晶中心的形成，促使在 $BaSO_4$ 上晶体的生长。蓄电池正极为 PbO_2，PbO_2 有 α 和 β 两种晶形，但 $\alpha\text{-}PbO_2$ 的比表面积小，故利用系数低，但在充放电循环过程中 $\alpha\text{-}PbO_2$ 逐渐转化为更稳定的 $\beta\text{-}PbO_2$，电池的容量也随之增大。

铅酸蓄电池的循环寿命一般为 $250\sim400$ 次，且电池自放电较强、影响容量和循环寿命的主要因素有以下几个方面。

① 极板栅腐蚀：Pb 电极在与 PbO_2 和酸接触的地方容易发生腐蚀，Pb 板栅的暴露部分充电时可能发生阳极氧化而导致腐蚀。这些过程的损害在于破坏板栅与活性物质的接触。此外，生成的 PbO_2 具有比 Pb 更大的比体积，因而使极板栅变形。

② 正极活性物质的脱落：是由于晶体和小于 $0.1\mu m$ 的 PbO_2 颗粒同板栅分离，一般在充电开始和结束时发生。现认为放电时 $PbSO_4$ 紧密层的形成是导致正极活性物质脱落的主要原因。同时 $BaSO_4$ 的加入也会促使正极活性物质的脱落。为了防止正极活性物质的脱落，电极采用紧密装配，并混入玻璃纤维，有时也在活性物质中加入一些黏合剂。

③ 负极自放电：主要原因是由于电极体系和电解液中存在的杂质（如 Fe、Cu 或 Mn）相互作用而使海绵铅腐蚀。铅的腐蚀速度随温度升高和硫酸浓度增大而增加。因此，为了降低自放电，必须用纯 Pb 制备活性物料的合金粉末，采用纯硫酸和电导水配制电解液，并保持适宜的运行条件。

④ 极板栅硫酸化：表现为在电极上生成致密的白色硫酸盐外皮，此时电池不能再充电，原因是当蓄电池保持在放电状态时硫酸盐再结晶，因此蓄电池不能以放电状态贮存。

尽管铅酸电池具有自放电较强、有氢析出及污染等缺点，但仍是目前使用得较多的一种蓄电池，为了克服这些缺点，电化学工作者对铅酸电池进行了一些改进。如采用较轻材料制备板栅，以提高比容量；采用分散度更高的电极以提高活性物质的利用率；采用胶状电解液（加 SiO_2 或硅胶）使电池在任何情况下都能运行；采用 Pb-Ca 合金和 Pb-Sb 合金（Ca、Sb 含量约 0.1%），以降低自放电和水的分解；塑料壳的密封电池有排气闸门等。20 世纪 80 年代后期开发出的低维护和免维护电池进一步扩大了该电池的使用范围。

根据铅酸蓄电池的优缺点及产生原因，以往的电池在维护和使用时应注意：选择与气候相适应的 H_2SO_4 密度作为电解液（冬季密度应高些），电解液温度以低于 30℃为宜；每 2～3 周加蒸馏水一次，以维持电解液密度；充电后定期检查电解液密度，充电时电解液密度在 2～3h 内不变成为充电结束的依据。铅酸蓄电池由于极板的硫酸盐化而不能在放电状态下贮存，否则将会损害电池的性能。电池尽量不要过充电，因为当电池接近全充电时，大多数 $PbSO_4$ 已转换成 Pb 和 PbO_2，充电时的电池电压变得高于释放氢气和氧气的电压（酸性 2.35V/单体电池），于是过充电反应开始，导致氢气和氧气产生，最终还会使水分损耗。

铅酸蓄电池由正负极板栅、隔膜、电解液以及壳体等主要部件组成。就电池结构而言，密闭式铅酸蓄电池的出现给古老的铅酸蓄电池带来了新的生机，它以优良的性能价格比、安全可靠的使用性能迅速占领了市场。图 5.4 为典型的密封胶体铅酸蓄电池的结构图。这种胶体电池系列放电容量大，放电曲线平坦，且与铅锑板栅电池比较，储存时容量损失小。

传统的铅酸蓄电池均为开口式，充放电时析出的酸雾会造成严重的腐蚀和污染，并且需要经常维护，即补加酸和水。凝胶电解

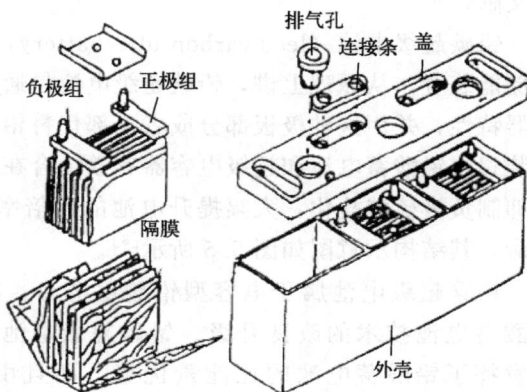

图 5.4　密封胶体铅酸蓄电池结构图

质技术在铅酸蓄电池上的应用实现了电池的密封，同时，氧气复合原理在电池中的应用实现了铅酸蓄电池密封技术上的重大突破，目前，密闭式铅酸蓄电池已成为发展的主流。

铅酸蓄电池在充电后期，电极上发生的电化学反应为：

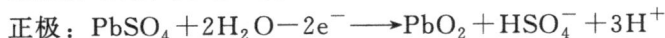

正极：$PbSO_4 + 2H_2O - 2e^- \longrightarrow PbO_2 + HSO_4^- + 3H^+$

$\qquad H_2O - 2e^- \longrightarrow 2H^+ + 1/2O_2$

负极：$PbSO_4 + H^+ + 2e^- \longrightarrow Pb + HSO_4^-$

$\qquad 2H^+ + 2e^- \longrightarrow H_2$

可以看出，电池在充电时产生氢气和氧气是不可避免的，而两种气体的再化合只有在催化剂存在时才能进行，氧气复合原理对铅酸蓄电池的密封起重要的指导作用，玻璃纤维隔板的使用为氧气复合原理的实际应用提供了可能性，实现了"密封"的突破。

多孔玻璃纤维隔板（孔率＞90％）在正负极之间为氧气的传递提供了良好的通道。充电时正极析出的氧气在负极以极高的速度被还原。反应生成的 PbO 与 H_2SO_4 作用生成水：

$$Pb + 1/2O_2 \longrightarrow PbO$$

$$PbO + H_2SO_4 \longrightarrow PbSO_4 + H_2O$$

生成的 $PbSO_4$ 在充电时重新转变为海绵状的铅：

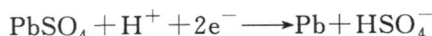

$$PbSO_4 + H^+ + 2e^- \longrightarrow Pb + HSO_4^-$$

充电时扩散到负极表面的氧气也可以直接被还原为水：

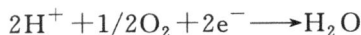

$$2H^+ + 1/2O_2 + 2e^- \longrightarrow H_2O$$

上述一系列反应实现了氧气的循环，最终结果是没有氧气的积累和水的损失。氧气的复合使负极去极化，减缓了氢气的析出。从以上的密封原理可以看出实施铅酸蓄电池"密封"的关键在于：①采用多孔（孔隙率应＞93％）超细（微米级）的玻璃纤维棉作为隔板；②采用过量的负极活性物质，以减缓和推迟氢气的析出；③采用低 Sb 或无 Sb 板栅合金，提高析出氢气的超电势，如采用 Pb-Ca-Sn、Pb-Ca-Sn-Al、Pb-Sb-As-Cu-Sn 合金等；④电解液中加入适量的添加剂，提高氢气析出的超电势，并改善放电性能等。需要指出的是，铅酸蓄电池要做到绝对密封是不可能的，特别是当电流过充或工作异常时必然会产生多余气体，而且电池的气体复合效率也不可能达到100％，因此，安全控制阀是电池十分重要的元件。"阀控式"密闭铅酸蓄电池就是密封电池中发展比较迅速的一种，有关研究进展可以参阅近期一些文献。

铅碳超级电池（lead carbon ultrabattery，Pb/C）是在铅酸蓄电池基础上发展起来的一种储能装置。从原理上讲，铅碳超级电池是通过让铅酸蓄电池极板部分或者全部具有超级电容器特性，并用这种极板部分或者全部代替铅酸蓄电池中的负极板而形成的新的储能装置。该装置将铅酸蓄电池和超级电容器有效结合在一起，兼具电池与超级电容器的优势，能够有效抑制负极硫酸盐化，大幅提升电池的高倍率充放电性能和部分荷电态（PSoC）下的循环寿命。其结构示意图如图 5.5 所示[3]。

铅碳超级电池属于电容型铅酸蓄电池，将铅酸蓄电池与超级电容器两者合一，是对铅酸蓄电池技术的改良升级。铅碳超级电池既发挥了超级电容瞬间大容量充电的优点，又发挥了铅酸蓄电池的比能量优势，而且由于在电池负极加入碳材料，可有效改善高倍率部分荷电（HRPSoC）状态下的硫酸盐化现象，提高充电接受能力和倍率性能，使电池具有高功率放电、快速充放、长循环寿命的特点。铅碳超级电池作为传统铅酸蓄电池应用领域的拓展及铅酸蓄电池行业新的增长点，整体成本最低，未来市场需求空间巨大。

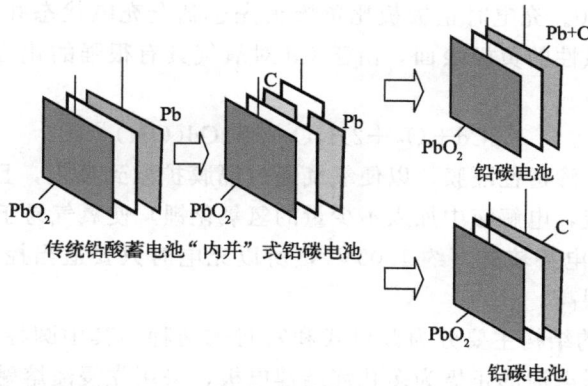

图 5.5　铅碳超级电池结构示意图

　　铅是威胁人类健康的十大类污染物质之一。据统计，全世界每年的铅产量为 560 万吨，每年的消耗和使用量为 300 万吨，其中 40％用于制造蓄电池。仅有 25％的铅被回收利用，其余大部分则以废气、废水、废渣等各种形式排放于环境中，造成环境污染。因此，废旧铅酸或铅炭电池使用后必须合理回收，防止对环境造成污染。

5.3.3　碱性 Ni/Cd 电池

　　碱性 Ni/Cd 电池的发展主要分为三个发展阶段：20 世纪前 50 年研制生产的有极板（或袋式）电池，20 世纪 50 年代研制生产的烧结式电池以及 20 世纪 60 年代研制的密封式电池。碱性 Ni/Cd 电池以金属镉为负极，羟基氧化镍为正极，采用浓碱作为电解液。由于海绵状的金属镉被电解液润湿以后，很容易被电极周围的氧气所氧化，因此碱性 Ni/Cd 电池大多采用密封式。在碱性 Ni/Cd 电池中，采用负极容量过量，控制电解液的用量，使用高密度的微孔隔膜，正极中添加氢氧化镉，并加密封圈或金属陶瓷封接等措施，研制成功了密封式碱性 Ni/Cd 电池。该电池的优点是寿命长、自放电少、低温性能好、耐过充/放电能力强，已广泛应用于航天、通信、仪器仪表以及家用电器的电源。

　　碱性 Ni/Cd 电池的表达式为：（－）Cd│KOH│NiOOH（＋）

　　负极反应：$Cd + 2OH^- - 2e^- \rightleftharpoons Cd(OH)_2$

　　正极反应：$NiOOH + H_2O + e^- \rightleftharpoons Ni(OH)_2 + OH^-$

　　电池反应：$Cd + 2NiOOH + 2H_2O \rightleftharpoons Cd(OH)_2 + 2Ni(OH)_2$

　　对于碱性 Ni/Cd 电池的成流反应，电池放电时负极镉被氧化生成氢氧化镉，在正极上羟基氧化镍接受了由负极经外电路流过来的电子，被还原为氢氧化镍。充电时正负极反应正好与放电相反，且正负极的活性物质相对而言是不溶于碱性电解液的，保持为固态。

　　Ni/Cd 电池以相对密度为 1.25～1.28 的 KOH 溶液为电解液，海绵状金属镉为负极，由于负极容易钝化，常常在制备过程中加入一些能起到分散作用和阻碍 Cd 电极在放电过程中生成大晶体的表面活性剂或其他添加剂。正极以 β-羟基氧化镍作为活性物质，为增加导电性，在活性物质中加入导电炭黑。有时还在正极中加入 LiOH 或 Ba(OH)$_2$，这是因为 Li 和 Ba 能增加析氢反应的过电势，提高充电效率；另外，添加 Co 能大大增加电极的放电深度。当同时加入这几种物质时，充电效率和放电深度都有所提高，而且互不干扰。依据热力学数据计算出电池的可逆电动势为 1.299V，电池平均工作电压为 1.20V，且具有平稳的充放电性能。

　　密封 Ni/Cd 电池的工作原理主要是基于负极有效容量比正极高，负极容量和正极容量比一般控制在 1.3～2.0。充电时正极板比负极板先达到全充电状态并开始析出氧气。氧气迁移到海绵状、高分散性的负极表面，由于 Cd 对氧气具有很强的化合能力，因此 Cd 被氧气氧化生成氢氧化镉：

$$2Cd + O_2 + 2H_2O \longrightarrow 2Cd(OH)_2$$

密封电池中采用了渗透性隔膜，以便氧气通过隔膜扩散到负极，且采用了有限的 KOH 电解液（无游离电解液，电解液中加入了少量的氢氧化锂）使氧气易于传输。同时，由于氢在 Cd 电极上的析出过电势较高（约 1.05V），所以充电时只要适当控制电流就可以抑制析氢反应，充电效率也很高。

密封 Ni/Cd 电池的结构主要分为开口式和密封式两种，其中圆柱形密封式电池是用途最广泛的类型。圆柱形电池的正极为多孔烧结镍电极，采用先浸渍熔融镍盐，再浸入碱溶液中沉淀氢氧化镍的方法充填活性物质。负极的制造有几种方法，有的如同正极一样采用烧结镍基电极；有的用涂膏法或压制法将活性物质涂入基体内；也有的采用连续电化学沉积法或新的发泡电极技术制造。将连续加工成型的正、负极连同中间的隔膜一起卷绕，然后装入镀镍的钢壳内。最后将负极焊接在壳上，正极焊接在顶盖上进行封装。

密封式 Ni/Cd 电池是一种不漏电解液、不需要补充水和电解液、使用时可任意放置的电池。与铅酸蓄电池相比，碱性 Ni/Cd 电池更牢固，循环寿命（高达 2000 次）和使用寿命（8～10 年）更长。同时该电池工作间隙时易贮存，自放电小，可在任意状态下贮存，长期贮存应置于放电状态，且耐过充能力强，低温性能好，目前已得到了较为广泛的使用。

影响碱性 Ni/Cd 电池容量和寿命的主要原因有：①混入的 Fe、Mg、Al、Zn 等杂质以氢氧化物形式在正极上沉淀，导致容量明显下降。特别是混入 Fe 后，还降低了充电效率，不能增加放电深度。②为维持正极高分散状态，通常在正极混入 Co、Li 或 Ba 等正极活化剂，但过量的活化剂会与氧化镍形成惰性化合物（如 $LiNO_2$），使电极工作能力变差，导致容量损失。③Cd 表面吸附的氧化物（CdO）和 Cd 的难溶化合物会引起负极的钝化。④Cd 电极中杂质的存在会导致海绵状镉的表面积和电池容量显著降低，最有害的杂质是 Tl。

尽管碱性 Ni/Cd 电池具有许多优点，并已得到较为广泛的应用，但其致命的缺点是对环境的污染，同时这种电池性能较铅酸蓄电池差，开路电压低，维护不当易报废，这些缺点也限制了其大规模使用。

5.3.4 氢镍电池

氢镍电池（MH_x-Ni 电池）具有高的比能量和比功率、无电解液浓缩、耐过充过放、无记忆效应、无 Cd 污染等优点。从 20 世纪 80 年代末起就成为电化学工作者研究和开发的热点，MH_x-Ni 电池是在发现了储氢合金能够用电化学的方法可逆吸收和放出氢，并能用作可逆储氢电极之后，才得到快速发展的。MH_x-Ni 电池电性能与镍镉电池相似，同时又具有高的比能量（一般为镍镉电池 1.5～2.0 倍）和无 Cd 污染的优点，因而一经问世就受到人们的广泛关注，发展非常迅猛。

尤其是 20 世纪 90 年代，随着电子工业的飞速发展，移动电话、便携式计算机等通信工具的数量剧增，迫切需要高容量、小体积的可充电池与之配套，极大地刺激了 MH_x-Ni 电池的发展。同时，环境保护的呼声愈来愈高，容量高、污染少的 MH_x-Ni 电池无疑是人们期待的理想替代电源，因此，MH_x-Ni 电池成为了 20 世纪 90 年代蓄电池领域的研究热点。大容量方型 MH/Ni 电池作为"绿色电池"，以其优越的综合性能也成为电动汽车用动力电源。我国的 MH/Ni 电池的研究和产业化现已取得了很大进展。

MH$_x$-Ni 电池的反应机理如下：充电时氢由正极到负极，放电时氢由负极到正极，电解液没有增减现象。电池的设计与镍镉电池相同，负极容量比正极容量大，过充电时，正极产生的氧气在贮氢合金负极上被还原，电池可实现密封设计。氢镍电池的负极可采用混合稀土贮氢合金（如 LaNiH$_x$，$x=6$）或钛-镍合金（MH$_x$），正极采用碱性 Ni/Cd 电池中 Ni 电极技术，并加以改进。

电池表达式为：$(-)$MH$_x$｜KOH｜NiOOH$(+)$

负极反应：$MH_x + xOH^- \rightleftharpoons M + xH_2O + xe^-$

正极反应：$NiOOH + H_2O + e^- \rightleftharpoons Ni(OH)_2 + OH^-$

电池反应：$MH_x + xNiOOH \rightleftharpoons xNi(OH)_2 + M$

该电池以 KOH 溶液作为电解液，电池电动势和开路电压值随储氢合金中金属的种类和储氢量的变化而变化，电池的理论容量 $Q = xF/3.6M_{MH_x}$（mAh/g），一般工作电压可达1.25V。该电池的主要优点是比能量高、无污染、无记忆效应、导电导热性能好、充放电循环寿命长（高于碱性 Ni/Cd 电池），且耐过充过放电能力强。

在储氢合金的研究方面，一般要求用于 MH-Ni 电池的储氢合金必须具备以下特点：①高的储氢容量，氢平衡压在 101.325～101325Pa 之间；②在碱液中稳定，耐氧化性能好，具有良好的循环寿命；③资源丰富，价格低廉，且对环境无害。

早在 1969 年人们就发现了 LaNi$_5$ 这种储氢合金材料，但早期使用 LaNi$_5$ 做电池，电池容量衰减太快，因此进展缓慢。直到 1984 年荷兰菲利浦公司采用 Co 取代部分 Ni，制成 LaNi$_{2.5}$Co$_{2.5}$ 储氢合金，提高了储氢合金材料的抗氧化性能，制备出实用的 MH-Ni 电池，由此掀起了研制开发 MH-Ni 电池用储氢合金材料的热潮。

储氢电极材料的研究是 MH/Ni 电池研制的关键，储氢合金可分为稀土系、钛系、锆系和镁系四大类。稀土系具有 CaCu$_5$ 型六方晶结构，钛系、锆系、镁系一般为正方晶、Laves相、四方晶结构。储氢合金的分类与示例如表 5.4 所示[4]。

表 5.4　储氢合金的分类与示例[4]

储氢材料	举　例
稀土系	La$_{0.8}$Nd$_{0.15}$Zr$_{0.05}$Ni$_{3.8}$Co$_{0.7}$Al$_{0.5}$，Ml(NiMnCoTi)$_5$
	MmNi$_{3.5}$Co$_{0.8}$Mn$_{0.4}$Al$_{0.3}$，MmNi$_{3.2}$Co$_{1.0}$Al$_{0.2}$Mn$_{0.6}$B$_{0.03}$
	La$_{0.7}$Nd$_{0.2}$Ti$_{0.1}$Ni$_{2.5}$Co$_{2.0}$Al$_{0.5}$，LaNi$_{4.7}$Sn$_{0.3}$，LaNi$_{4.9}$Sn$_{0.1}$
	La$_{0.9}$Nd$_{0.2}$Ni$_{4.5}$Co$_{0.5}$Sn$_{0.25}$，LaNi$_4$Cu，La$_x$Ce$_x$Ni$_5$
	MmNi$_4$Zn$_{0.5}$Al$_{0.3}$Li$_{0.2}$，MlNi$_{3.5}$(CoMn)$_{1.5}$
钛系	Ti$_{0.8}$Y$_{0.2}$Mn$_2$　Ti$_{0.8}$Ta$_{0.2}$Mn$_2$，TiNi，Ti$_2$Ni
	Ti$_{0.8}$Ta$_{0.2}$Mn$_{1.8}$Al$_{0.2}$TiFe$_{1-x}$Nb$_x$，Ti$_{0.8}$Ta$_{0.1}$Hf$_{0.1}$Mn$_2$Ti$_{1+x}$Cr$_{1.2}$Mn$_{0.8}$
锆系	ZrMn$_{0.6}$Cr$_{0.2}$Ni$_{1.2}$，Zr(Fe$_x$V$_{1-x}$)$_2$
	ZrMn$_{0.3}$Cr$_{0.2}$V$_{0.3}$Ni$_{1.2}$，ZrMn$_{0.5}$Cr$_{0.2}$V$_{0.1}$Ni$_{1.2}$Zr(Fe$_{0.7}$Cr$_{0.3}$)
	Zr(V$_{0.33}$Ni$_{0.59}$Co$_{0.08}$)$_{2.4}$，Zr(V$_{0.33}$Ni$_{0.59}$Fe$_{0.08}$)$_{2.4}$
	Zr(V$_{0.33}$Ni$_{0.50}$Mn$_{0.08}$)$_{2.4}$
镁系	Mg$_2$Ni，Mg$_2$Cu

　　在一定条件下，储氢材料均可吸氢变成金属氢化物，其具体形成过程是：氢经过扩散与金属表面接触，则氢分子（H_2）被吸附到金属表面，然后再离解成氢原子（H），并进到金属的晶格里占据晶体的晶格空间，如八面体、四面体空隙。但并非所有的储氢材料都可以作为电池的负极，有关专家对储氢合金材料作为 MH/Ni 电池的储氢电极进行了广泛的研究，结合电化学反应特征及压力-组成-温度（PCT）曲线，普遍认为作为储氢电极的合金应满足以下条件：①储氢合金容量要高、氢平衡压在 $101.325\sim101325Pa$ 之间，且对氢的电极过程具有良好的电催化活性；②电极的电容量、氢的平台压力在电极使用温度范围内（$-20\sim60℃$）不要发生太大的变化；③有较好的抗阳极氧化和抗碱液腐蚀能力；④易于活化，氢的吸收与放出循环性能好，电极可逆性好；⑤环境适应性强，有稳定的化学组成，对杂质敏感度低；⑥资源丰富，价格合适，易于制作等。

　　从目前的研究来看，研究较多的是稀土类储氢合金和锆系 AB_2 型 Laves 相合金。AB_2 型 Laves 相储氢材料由于具有更高的电化学容量和更好的循环寿命，因而近年来亦成为研究的热点。

　　影响储氢合金性能的因素很多，其中调整合金组分是最重要的因素之一。此外，表面改性处理和电极制作工艺对改善 MH 电极性能亦有非常大的影响。有关研究认为，今后对储氢合金的开发可以从以下几个方面去探讨：①高储氢合金的开发。目前，稀土系合金和钛系合金，特别是混合稀土金属-镍系合金的高容量化很困难。因此，应当对以钙和镁为基础的储氢合金进行深入的研究。作为新型储氢合金，含有铁、钙、镁并添加一定量的锰、铝、硅、锌等元素的合金是有发展前途的，而在稀土类合金中添加微量镧，可得到更优异的性能。②开发易吸氢合金，即初始活化性能优良的合金。③用雾化法制粉。由雾化法制粉可以获得良好的球状颗粒，还能制得用机械破碎法不易得到的微细粉末，有利于获得性能稳定的储氢合金。④开发耐毒化合金。⑤关于界面现象的基础研究。⑥非晶态储氢合金用于电极材料的开发。

　　一般认为储氢合金性能恶化主要有两种模式：①储氢合金的微粉化及表面氧化进行到合金内部；②在储氢合金表面形成钝化氧化膜，使合金失去活性。模式①是稀土类储氢合金性能恶化的主要模式；模式②是 Ti-Ni 系储氢合金性能恶化的主要模式。

　　在金属氢化物负极研究方面，稀土类储氢合金负极的制备一般采用涂膏式，即将储氢合金粉与黏合剂按一定比例混合调成膏状，涂覆到泡沫镍基体或镀镍穿孔钢带上，烘干、辊压制备成负极。采用何种黏合剂是各公司的技术秘密，但一般认为，聚乙烯氧化物、聚四氟乙烯（PTFE）和聚乙烯醇（PVA）等均可作为储氢合金负极生产用黏合剂。

　　对储氢合金负极工艺的进一步研究主要集中在以下几个方面。

　　① 在负极制备过程中添加导电剂以提高储氢合金的利用率，提高电极容量。常见的导电剂有镍粉、炭黑等。配以合适的黏合剂，电极的体积比容量可达 $1100mAh/cm^3$ 以上。

　　② 对负极表面进行修饰可提高电极的活化性能，在循环初期就获得高容量。采用的表面修饰方法主要是用 $NaHPO_2$ 等还原剂加碱处理负极，在负极表面化学镀 Cu、Ni-P、Ni-B 也可获得同样效果。

　　③ 对负极表面进行憎水处理，可加快氢进入合金内部的速度，能有效控制电池内压的上升。

　　④ 在负极中添加氧化钴，也可抑制电池内压的上升。其原因是氧化钴溶解在电解液中，充电时还原成钴，沉积在负极表面，提高了电极的催化活性。

⑤ 在负极表面添加阴离子表面活性剂可提高电池的荷电保持能力。阴离子表面活性剂可抑制氢从负极逸出，同时可阻挡正极逸出的氧在正极上氧化，从而减少电池的自放电。

采用 AB_2 型 Ti-Ni 系储氢合金作负极一般用烧结方法制备，这种烧结式负极需要进行刻蚀处理，经过处理的负极体积比容量可达 $1600mAh/cm^3$ 以上。

随着 MH_x-Ni 电池性能的不断提高，生产工艺的日益完善，该电池不仅成为镍镉电池的理想替代电源，而且开辟了更为广阔的市场。

在高性能正极研究方面，MH_x-Ni 电池正极的生产既继承了镍镉电池的先进研究成果，又有新的发展。日本、美国主要采用高功率的泡沫镍或纤维镍材料作为骨架，涂覆高密度的氢氧化镍，制备出来的镍正极比容量达 $500mAh/cm^3$ 以上。而用普通镍镉电池的烧结式镍正极，体积比容量只有 $400mAh/cm^3$。我国从事 MH-Ni 电池研制开发的单位中有不少正在开发这种泡沫镍正极，但我国泡沫镍材料及氢氧化镍材料的研究水平与国外相比尚有一定差距，高容量、长寿命涂膏式镍正极的产业化尚需一定时间。目前主要采用改进烧结工艺及浸渍参数的方法来提高烧结式镍正极的体积比容量，改进后的烧结式镍正极体积比容量可达 $500mAh/cm^3$。

镍正极的另一大改进是镍正极中不含镉。镍镉电池中的镍正极一般需要添加少量镉以提高镍正极的充电效率，减少镍正极的膨胀率。采用 Zn 和 Co 代替 Cd 可达到同样的效果；同时添加 Zn 后，Zn 与正极活性物质形成固溶体，可提高电池的吸氢能力，控制电池内压的上升。

5.3.5　锌离子电池

锌作为化学电源的负极，已被广泛应用于一次电池和二次电池中，一次电池有锌锰电池、锌汞电池、锌-空气电池等；二次电池有锌银电池、锌镍电池等。

锌二次电池是以锌作为负极，嵌入式过渡金属化合物（V_6O_{13}、λ-MnO_2 或 V_2O_5）等作为正极活性物质，以有机电解液（或水系电解液）作为电解液。已报道的锌二次电池有 Zn/λ-MnO_2 电池、Zn/V_6O_{13} 电池和 $Zn/PAni$ 电池等。

Zn/V_6O_{13} 二次电池表达式为：

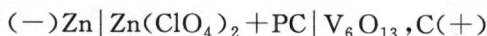

$$(-)Zn\,|\,Zn(ClO_4)_2+PC\,|\,V_6O_{13},C(+)$$

电池充放电反应为：

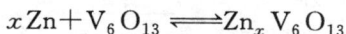

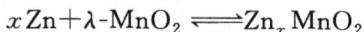

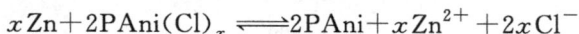

$$x\,Zn+V_6O_{13}\Longleftrightarrow Zn_xV_6O_{13}$$

Zn/λ-MnO_2 二次电池表达式为：

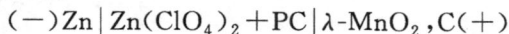

$$(-)Zn\,|\,Zn(ClO_4)_2+PC\,|\,\lambda\text{-}MnO_2,C(+)$$

电池充放电反应为：

$$x\,Zn+\lambda\text{-}MnO_2\Longleftrightarrow Zn_xMnO_2$$

$Zn/PAni$ 二次电池表达式为：

$$(-)Zn\,|\,ZnCl_2+NH_4Cl\,|\,PAni,C(+)$$

电池充放电反应为：

$$x\,Zn+2PAni(Cl)_x\Longleftrightarrow 2PAni+x\,Zn^{2+}+2x\,Cl^-$$

近年来，在各种水系电池中，锌离子电池由于锌金属与水系电解液较强的相容性而备受关注。得益于锌金属的突出优势，如资源丰富、相对较负的电位 [$-0.762V$ vs. SHE（标准氢电极）] 和高的理论容量（$820mAh/g$ 和 $5854mAh/cm^3$），水系锌离子电池在大规模的储能领域具有广阔的应用前景[5,6]。另外，水系电解液相对于有机电解液，具有本质的安全性、无毒和经济环保等优势。因此，基于金属锌负极、水系电解液，开发适用于大规模储能的高安全性二次锌离子电池将是未来储能电站技术的重要发展方向，有其必要性和紧迫性。目前，锌离子电池的发展趋势关注能量密度、功率密度、循环稳定性的提升。而锌离子电池的稳定性，与其正极材料、电解液和锌负极都相关。

电池的能量密度与电池的放电电压和可逆放电容量相关。理解正极嵌脱锌储能反应机制，开发高电压、高容量正极材料，对于研制高能量密度锌离子电池至关重要。目前研究的正极材料主要有锰氧化物、钒基化合物、普鲁士蓝及其类似物和 NASICON 结构化合物等。锰氧化物具有成本低、毒性小、储量丰富、环境友好等优点，在各种储能系统中得到了广泛的应用[7]。

锌离子电池稳定性的改进，需要建立在对正极、电解液与负极的匹配和协同作用机制深入理解的基础上。锌离子电池电解液的稳定电化学窗口，决定了锌电池的充放电平台；电解液的 pH 值和腐蚀性，会影响正极活性物质的溶解度，可导致容量衰减。离子脱嵌过程与电解液-正极界面的形成相关联，电解液-正极界面中结构、组分的变化反映了电解液的稳定性，同时影响阳离子脱溶剂、传导与嵌入/脱出的动力学过程，因此有必要研究水系锌离子电池中电荷（Zn^{2+}、H^+）存储反应与动力学机制。此外，电解液与锌负极的相互作用会影响锌离子在锌负极-电解液界面的脱溶剂过程以及阴离子/溶剂在锌负极表面形成的固体电解质界面（SEI）和锌的溶解-沉积行为。

锌的电沉积过程包括锌离子传导，界面成核、扩散和生长等基元步骤，如图 5.6(a) 所示。金属锌/SEI/电解质界面会影响锌的溶解-沉积行为。理论模拟指出，Zn^{2+} 传导和电场在金属锌表面的非均匀分布可导致尖端沉积而形成枝晶。锌枝晶的生成严重影响了库仑效率，并会刺穿隔膜造成短路，甚至剥落而形成死锌；此外，锌枝晶生长伴随电流密度增大而加剧，严重影响了大电流密度下锌离子电池的稳定性，制约了电池功率密度的提升。同时，如图 5.6(b) 所示，水系电解液的析氢反应伴随锌沉积进行，这会导致库仑效率降低、电解

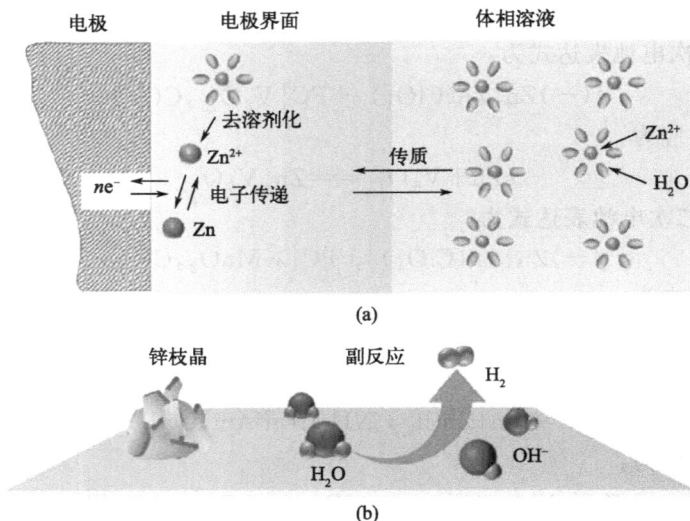

(a)

(b)

图 5.6　(a) 锌离子电池中金属锌阳极上锌沉积/剥离过程示意图；
(b) 锌阳极枝晶形成和界面副反应示意图[8]

液 pH 值升高和锌表面钝化[8]。二者之间相互影响，析氢反应可通过影响界面离子流与电场分布，诱导枝晶形成；枝晶通过局部高浓度电荷分布，加剧析氢反应（HER）。另外，金属锌电极表面在水系电解质中可形成固体电解质界面（SEI），由电解液通过共沉淀反应生成的碱式锌盐构成，该过程由 HER 造成的局部 pH 值升高导致；或由无机盐与有机锌盐共混组成，该过程由溶剂分解导致。SEI 的结构和组分可影响金属锌的循环稳定性。因此，锌离子电池的稳定性与电极-电解液以及锌负极-电解液的界面特性紧密相关；其中锌电极的稳定性是目前研究的难点。理解锌电极的多级表界面反应过程和协同耦合机制，对于改善锌离子电池的稳定性和发展高功率密度锌离子电池至关重要。目前提出的主要策略包括电解液优化、金属锌组分和结构优化、表面涂层与隔膜设计等。

水系可充电锌离子电池采用的水系电解液具有成本低、安全性好、离子电导率高等优点，但是由于大量游离水的存在，容易造成正极溶解、锌负极生成枝晶、腐蚀和钝化等问题，并且水系电解液的电压窗口太窄（约 1.23V），无法达到较高的工作电压。因此，为了抑制副反应、缓解正极材料的溶解、保证良好的电化学性能，研究人员也开展了对水系可充锌电池电解液的优化改性研究，包括电解液的成分优化、浓度调控、使用凝胶电解质和全固态电解质等。

使水系锌离子电池商业化，目前还存在诸多问题需要解决，包括大多数正极材料工作电压和容量低，导致其在大规模储能领域的应用缺乏优势；锌金属负极存在严重的寄生析氢反应和不可控的枝晶生长问题，严重影响了锌电极在大电流密度下的循环寿命以及锌离子电池的稳定性，制约了锌离子电池的功率密度的提升。

5.3.6　锂离子电池

锂离子电池的发明基于"摇椅式电池（rocking chair battery）"概念的提出以及插层化合物的深入研究。1973 年，Steele、Whittingham、Huggins 和 Armand 提出了固溶体电极（solid solution electrodes）概念。在此基础上，1980 年 Armand 提出了"摇椅式（rocking chair）"二次锂电池概念，即正负极材料采用可以储存和交换锂离子的层状化合物，充放电过程中锂离子在正负极间来回穿梭，类似于摇椅来回摆动，实际上是锂的浓差电池。

锂离子电池分为液态锂离子电池（LIB）和聚合物锂离子电池（PLB）两类。其中，液态锂离子电池是指 Li^+ 嵌入化合物为正负极的二次电池。锂离子电池正极材料主要有钴酸锂、锰酸锂和磷酸铁锂等。锂离子电池负极材料主要有石墨、软碳和硬碳等。在石墨中有天然石墨、人造石墨和石墨碳纤维；在软碳中常见的有石油焦、针状焦、碳纤维和中间相炭微球等。硬碳是指高分子聚合物的热解炭，常见的有树脂碳、有机聚合物热解炭和炭黑等。

锂离子电池是一个复杂的电化学器件，涉及的材料种类繁多，除对电化学性能起决定性作用的正负极材料外，还包括隔膜、电解液、集流体以及其他辅助材料。另外，单体电池制备工艺、电池成组技术以及热管理和电池管理系统等同样非常重要。

5.3.6.1　锂离子电池的工作原理和主要特点

锂离子电池的基本结构与其他常规化学电源一样，都包括正极材料、负极材料、电解质和隔膜这几个基本组成部分。但是锂离子电池的基本原理与其他的常规化学电源并不一样，它是基于嵌入反应而非常见的异相氧化还原反应。所谓嵌入反应，是指作为宿体的小分子或者离子可逆地从主体材料中嵌入或者脱出，并且在这个过程中主体材料的结构相对保持稳定。锂离子电池正是基于嵌入反应的原理来实现充放电过程的。锂离子电池工作原理如图

5.7 所示，充电时锂离子从正极钴酸锂（$LiCoO_2$）中脱出并失去电子，在电场的驱动下经由电解液向负极（石墨）迁移，同时 Co 的化合价由 +3 价升高到 +4 价。锂离子经过电解液嵌入到负极石墨片层中接受电子被还原为锂原子储存起来，同时电子在外电路从正极流向负极，完成充电过程。放电过程则与之相反，不同之处是电池的化学势驱动电子经外电路的负载做功后流到正极，锂离子经过电解液嵌入到正极 $LiCoO_2$ 中接受电子被还原为锂原子。在充放电过程中正负极材料结构保持稳定，只发生了锂离子的嵌入和脱出。目前，大多数商品化消费电子器件中的锂离子电池都是以石墨为负极，钴酸锂（$LiCoO_2$）为正极。电池的化学式可表示为：

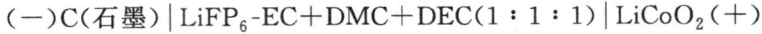

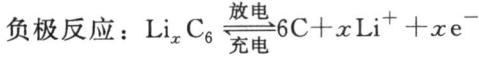

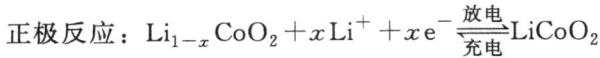

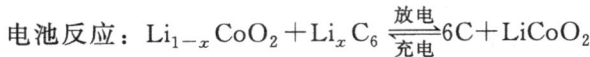

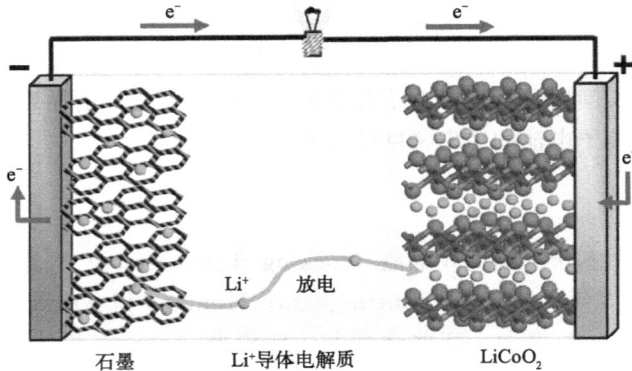

$$（-）C(石墨) | LiFP_6\text{-}EC + DMC + DEC(1:1:1) | LiCoO_2（+）$$

负极反应：$Li_xC_6 \underset{充电}{\overset{放电}{\rightleftharpoons}} 6C + xLi^+ + xe^-$

正极反应：$Li_{1-x}CoO_2 + xLi^+ + xe^- \underset{充电}{\overset{放电}{\rightleftharpoons}} LiCoO_2$

电池反应：$Li_{1-x}CoO_2 + Li_xC_6 \underset{充电}{\overset{放电}{\rightleftharpoons}} 6C + LiCoO_2$

图 5.7 锂离子电池工作原理示意图

5.3.6.2 锂离子电池电极材料的多样性以及锂离子电池的"普适性"特点

锂离子电池的电极材料多种多样，可以根据对储能的不同要求选用不同的电极材料。锂离子电池负极材料可以使用石墨材料、硬碳材料、氧化物和 $Li_4Ti_5O_{12}$ 等；正极可以使用 $LiCoO_2$、Li_2MnO_4、$LiFePO_4$ 和 $LiNi_xCo_{1-2x}Mn_xO_2$ 等；电解液可以使用液体电解液，也可以使用聚合物电解质，甚至还可以使用无机固体电解质；即使是隔膜材料也有很多种不同组成的材料可供选择。这样就给锂离子电池的设计、制造和使用带来了很大的灵活性，比如对于电压而言，可以使用不同的正负极材料搭配设计成不同电压（如 4.6V、3.6V、3V 或 2.5V 等）的电池。也可以选择不同的电极材料搭配设计成不同用途的电池，比如 $LiNi_xCo_{1-2x}Mn_xO_2$/氧化物体系可以满足高比容量的需要；而 $Li_2MnO_4/Li_4Ti_5O_{12}$ 可以满足高比功率的需求。也就是说，由于材料的多样性，可以针对不同的需求设计锂离子电池，从而使锂离子电池具有"普适性"。锂离子电池的这个特点得益于嵌入反应的原理，只要材料有合适的结构供给 Li^+ 可逆地嵌入和脱出，就有可能用作锂离子电池的电极材料。锂离子电池"普适性"的特点使得锂离子电池相比于其他任何一种化学电源有着更为广泛的应用领域，从 IC 卡芯片里的微型电池到电动车使用的大型动力电池以及大型储能电站用电池等均可使用锂离子电池。

5.3.6.3 正极材料

一种合适的锂离子电池正极材料,应当满足以下条件[9-11]:①低的费米能级与 Li^+ 位能;②单位质量的材料能脱嵌尽可能多的 Li^+;③ Li^+ 在材料中的化学扩散快;④ Li^+ 脱嵌过程中,材料的结构与体积变化小;⑤易于合成,成本低;⑥导电性能好,电导率高;⑦与电解液具有良好的兼容性与热稳定性。

目前锂离子电池使用的正极材料主要是锂过渡金属氧化物,这类材料包括层状结构的 $LiCoO_2$、$LiNiO_2$、$LiMnO_2$、$LiNi_{1-x-y}Co_xMn_yO_2$ ($0 \leqslant x$, $y \leqslant 1$, $x+y \leqslant 1$),尖晶石结构的 $LiMn_2O_4$ 以及聚阴离子类正极材料 $LiFePO_4$ 和 $LiFe_xMn_{1-x}PO_4$。

(1) 层状 $LiCoO_2$

$LiCoO_2$ 是研究得最深入的锂离子电池正极材料,其晶体结构如图 5.8 所示。$LiCoO_2$ 的理论容量为 274mAh/g,实际比容量在 130~150mAh/g 之间,它具有电化学性能稳定、易于合成等优点,是目前商品化锂离子电池的主要正极材料。高温制备的 $LiCoO_2$ 具有理想层状的 α-$NaFeO_2$ 型结构,属于六方晶系,$R\bar{3}m$ 空间群,氧原子呈 ABCABC 立方密堆积排列,Li^+ 和 Co^{2+} 交替占据层间的八面体位置,a 轴长为 2.82Å,c 轴长为 14.06Å。Li^+ 在 $LiCoO_2$ 中的室温扩散系数在 $10^{-11} \sim 10^{-12} m^2/s$ 之间,符合双空位扩散机理,Li^+ 的扩散活化能与 Li_xCoO_2 中的 x 密切相关,在不同的充放电状态下,其扩散系数可以变化几个数量级。在 $Li_{1-x}CoO_2$ 中,随着 Li^+ 的脱出,c 轴先增长再缩短,发生三个相变。第一个相变发生在锂脱出量 $x=0.07 \sim 0.25$ 范围内,由 H1→H2,c 轴伸长 2%,Co-Co 距离减小,从而引起电子能带的分散,造成价带与导带重叠,电导率迅速提高;其他两个相变发生在 $x=0.5$ 左右,首先是 Li^+ 有序/无序地转变,接着发生由六方相到单斜相的转变;如果 Li^+ 继续脱出,c 轴急剧收缩。

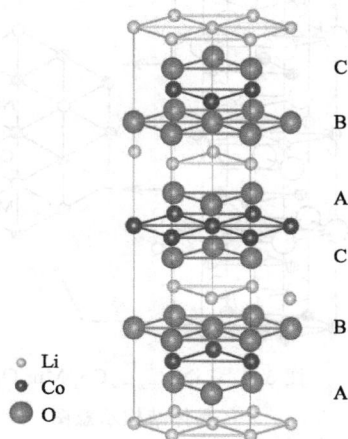

图 5.8　$LiCoO_2$ 的晶体结构示意图

Li
Co
O

$LiCoO_2$ 的充电曲线在 3.94V 有一个主放电平台,对应富锂的 H1 相与贫锂的 H2 相共存;在 4.05V 和 4.17V 各有一个小平台,对应着另两个相变。在 $LiCoO_2$ 中最多只有约 0.55 个 Li^+ 能够可逆脱嵌,而少量过充(充电电压达到 4.4V)就会影响材料的热稳定性和循环性,这主要是由结构相变、晶格失氧和电解液氧化分解造成的。

为了能够更多地利用 $LiCoO_2$ 中的 Li^+,人们采用掺杂、包覆等办法对其进行改性。目前,已有多种元素(如 Mn、Al 等)应用于 $LiCoO_2$ 掺杂,较成功的表面包覆有 $AlPO_4$、Al_2O_3、MgO 和 MgF_2,高电压 $LiCoO_2$ 可逆容量可以超过 200mAh/g。

虽然 $LiCoO_2$ 具有多种优点,并广泛地应用于 3C 电子产品的锂离子电池中,但由于 Co 资源匮乏、价格较高等缺点,限制了其大规模的应用。

(2) 层状 $LiNiO_2$

$LiNiO_2$ 的晶体结构与 $LiCoO_2$ 基本相同,只是 NiO_6 八面体是扭曲的,存在两个长 Ni—O 键(2.09Å)和四个短的 Ni—O 键(1.91Å)。$LiNiO_2$ 的晶格参数为 $a=2.878$Å,

$c=14.19\text{Å}$。$LiNiO_2$ 的可逆容量可达 $150\sim200\text{mAh/g}$，但该材料的首次充放电效率较低，Delmas 等认为这是由于混在锂层中的镍离子阻止了周围的 Li^+ 嵌回原来的位置。在随后的充放电过程中，Li^+ 的嵌入/脱出是高度可逆的。在 $Li_{0.95}NiO_2$ 中，Li^+ 的化学扩散系数达到 $2\times10^{-11}\text{m}^2/\text{s}$。

$LiNiO_2$ 的合成比 $LiCoO_2$ 困难得多，合成条件的微小变化会导致非化学计量的 Li_xNiO_2 的生成，即 Ni^{2+} 占据锂的位置，混杂在锂层中。这给产业化带来了很大困难。另外，$LiNiO_2$ 在空气中表面会生成 Li_2CO_3，影响正常使用，它的安全性也是限制它应用的一个重要因素。

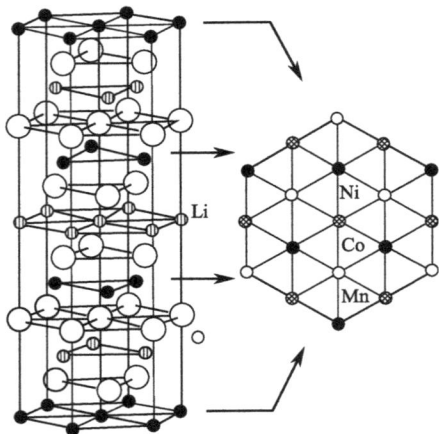

图 5.9　$LiNi_{1-x-y}Co_xMn_yO_2$ 的晶体结构示意图

（3）三元层状 $LiNi_{1-x-y}Co_xMn_yO_2$

层状 $LiNi_{1-x-y}Co_xMn_yO_2$ （$0\leqslant x$，$y\leqslant1$；$x+y\leqslant1$）体系是 $LiCoO_2$ 和 $LiNiO_2$ 的衍生物，它可以分为 $LiNi_{1-x}Co_xO_2$、$LiNi_{1-x}Mn_xO_2$ 和 $LiNi_{1-x-y}Co_xMn_yO_2$ 三个子体系，其晶体结构如图 5.9 所示。从镍酸锂（$LiNiO_2$）出发，主要的改性思路是提高其稳定性；从钴酸锂（$LiCoO_2$）出发，主要的改性思路是降低成本，提高容量。其中掺杂元素 Co 的作用是减少阳离子混占位，稳定层状结构；掺杂元素 Ni 的作用是提高材料的容量；掺杂元素 Mn 的作用是降低材料成本，提高安全性和结构稳定性。目前，国内以 $LiNi_{0.8}Co_{0.1}Mn_{0.1}O_2$（NCM811）为主，国外日、韩以 $LiNi_{0.88}Co_{0.09}Al_{0.03}O_2$（NCA）为主。

对 $LiNi_{1-x}Co_xO_2$ 的研究开始于对 $LiNiO_2$ 的体相掺杂。这类材料具有与 $LiNiO_2$ 相同的晶体结构，Co 代替部分 Ni 进入八面体 $3a$ 位置。由于 Co^{3+} 的半径（0.63Å）比 Ni^{3+}（0.68Å）小，晶格参数随着 Co 掺入量的增加几乎呈线性下降。掺入的 Co 抑制了与 Ni^{3+} 有关的 Jahn-Teller 扭曲，提高了材料的循环性能和热稳定性。Delmas 等发现固溶体 $LiNi_{1-x}Co_xO_2$ 的晶格中存在微观尺寸上的成分不均一性，在 $Ni_{1-x}Co_xO_2$ 层中存在 Co 的团簇。在 $650\sim750℃$ 之间，Ni/Co 由非均匀分布向均匀分布转变。在 Li^+ 脱出过程中，Ni^{3+} 首先被氧化成 Ni^{4+}，Co^{3+} 的氧化发生在第二阶段。美国 Berkeley 实验室研究了 Saft 公司合成的 $LiNi_{0.8}Co_{0.15}Al_{0.05}O_2$，发现在室温下该材料的循环稳定性很好，而在 $60℃$、$C/2$ 放电时，随着循环的进行，电极阻抗逐渐增高，循环 140 周容量损失率达 65%。通过 Raman 光谱研究，发现 Ni-Co-O 氧化物的相会分离。因此，从本质上说 $LiNi_{1-x}Co_xO_2$ 在长期循环时仍然存在结构不稳定性问题。

对 $LiNi_{1-x}Mn_xO_2$ 的研究开始于对 $LiNiO_2$ 和 $LiMnO_2$ 的体相掺杂。正极材料 $LiNi_{0.5}Mn_{0.5}O_2$ 具有和 $LiNiO_2$ 相同的六方结构，镍和锰的价态分别为 +2 价和 +4 价。当材料被充电时，随着 Li^+ 的脱出，晶体结构中的 Ni^{2+} 被氧化成 Ni^{4+}，而 Mn^{4+} 则保持不变。[6]Li MAS NMR 测试结果表明，在 $LiNi_{1/2}Mn_{1/2}O_2$ 中，Li^+ 不仅存在于锂层，而且也分布在 Ni^{2+}/Mn^{4+} 层中，主要被 6 个 Mn^{4+} 包围，与在 Li_2MnO_3 中相同。但充电到 $Li_{0.4}Ni_{0.5}Mn_{0.5}O_2$ 时，所有过渡金属层中的 Li^+ 都脱出，剩余的 Li^+ 分布在锂层靠近 Ni 的位置。这类正极材料具有很高的可逆比容量（188mAh/g）、较强的耐过充性（充电到

4.5V 仍具有很好的循环性）和成本低的优点，是一类应用前景十分广阔的材料。但这种材料存在着电化学性能受温度影响大、低温性能和高倍率性能不理想等缺点。为了改善这些性能，对其再次掺杂。不同的掺杂样品结果表明，Co 对其电化学性能的改善最为明显。

具有层状结构的 $LiNi_xCo_{1-x-y}Mn_yO_2$ 已经得到了广泛研究，通常选择锰含量与镍含量相同，即 $x=y$。目前认为，该化合物中 Ni 为 +2 价，Co 为 +3 价，Mn 为 +4 价。Mn^{4+} 的存在起到稳定结构的作用，Co 的存在有利于提高电子电导率。充放电过程与 $LiNi_{1-x}Co_xO_2$ 相同，首先是 Ni 从 +2 价变到 +4 价，然后是 Co^{3+} 的氧化。该材料的可逆容量可以达到 150～190mAh/g，倍率性能随着组成的变化有较大的差异。

（4）尖晶石型 $LiMn_2O_4$

$LiMn_2O_4$ 具有尖晶石结构，属于 $Fd3m$ 空间群，氧原子呈立方密堆积排列，位于晶胞的 $32e$ 位置，锰占据一半八面体空隙 $16d$ 位置，而锂占据 1/8 四面体 $8a$ 位置，空的四面体和八面体通过共面与共边相互联结，形成 Li^+ 能够扩散的三维通道，其晶体结构如图 5.10 所示。Li^+ 在尖晶石中的化学扩散系数在 $10^{-14}～10^{-12}m^2/s$ 之间。

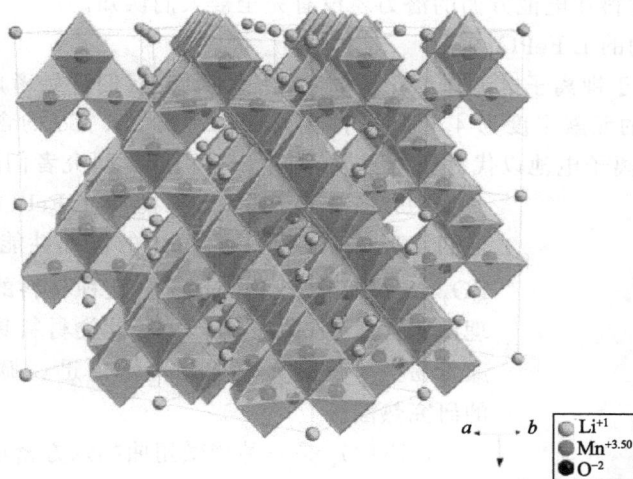

图 5.10　尖晶石 $LiMn_2O_4$ 的晶体结构示意图

$LiMn_2O_4$ 理论容量为 148mAh/g，可逆容量能够达到 120mAh/g。Li^+ 在尖晶石 $Li_xMn_2O_4$ 的充放电过程中分为四个区域：当 $0<x<0.1$ 时，Li^+ 嵌入到单相 A（γ-MnO_2）中；当 $0.1<x<0.5$ 时，形成 A 和 B（$Li_{0.5}Mn_2O_4$）两相共存区，对应充放电曲线的高压平台（约 4.15V）；当 $x>0.5$ 时，随着 Li^+ 的进一步嵌入便会形成新相 C（$LiMn_2O_4$）和 B 相共存，对应于充放电曲线的低压平台（4.03～3.9V）。在 4V 电压区，该材料具有较好的结构稳定性。如果放电电压继续降低，Li^+ 还可以嵌入到尖晶石空的八面体 $16c$ 位置，形成 $Li_2Mn_2O_4$，这个反应发生在 3.0V 左右。当 Li^+ 在 3V 电压区嵌入/脱出时，由于 Mn^{3+} 的 Jahn-Teller 效应引起尖晶石结构由立方对称向四方对称转变，材料的循环性能恶化。因此，$LiMn_2O_4$ 的放电截止电压在 3.0V 以上。

除对放电电压有特殊要求外，$LiMn_2O_4$ 的高温循环性能和储存性能也存在问题。截至目前，人们认为主要有两个原因影响这两项性能：①Jahn-Teller 效应引起的结构变化。Eriksson 等研究发现储存或循环后的正尖晶石颗粒表面锰的氧化态比内部的低，即表面含

有更多的 Mn^{3+}。因此，他们认为在放电过程中，尖晶石颗粒表面会形成 $Li_2Mn_2O_4$，或形成 Mn 的平均化合价低于 3.5 的缺陷尖晶石相，这会引起结构不稳定，造成容量的损失。②Mn 溶解。影响 Mn 溶解的因素主要是过高的充电电压（电解液氧化分解产生一些酸性的产物）、材料的结构缺陷和复合电极中的碳含量等。

为了改善 $LiMn_2O_4$ 的高温循环性能与储存性能，人们也尝试了多种元素的掺杂和包覆，但只有 Al 掺杂和表面包覆 $LiAlO_2$（或 Al_2O_3）取得了较好的效果。Lee 等发现 Al 取代 Mn 可以改善 4V 电压区的循环性能。中国科学院物理研究所的孙玉城博士在表面包覆 $LiAlO_2$ 并经过热处理后，发现在尖晶石颗粒表面形成了 $LiMn_{2-x}Al_xO_4$ 固溶体，尽管这种方法降低了尖晶石 $LiMn_2O_4$ 的可逆容量，但改善了 $LiMn_2O_4$ 的高温循环性能和储存性能，还提高了倍率性能[11]。

尖晶石型 $LiMn_2O_4$ 具有原料成本低、合成工艺简单、热稳定性高、耐过充性好、放电电压平台高等优点，一直是锂离子电池重要的正极材料。Al 改性之后，$LiMn_2O_4$ 的倍率性能和高温循环性能显著改善，这种材料是最有希望应用于动力型锂离子电池的正极材料之一。在尖晶石 $LiMn_2O_4$ 的掺杂研究中，人们发现了 5V 锂离子电池正极材料。由于电解液体系的限制，这类材料在电池方面的潜力还没有完全被人们认知。

（5）橄榄石结构的 $LiFePO_4$

在 Ni、Co 应用于锂离子电池作为正极材料之后，研究者们开始考虑与 Ni、Co 很相似的 Fe。铁在地壳中的元素丰度为 4.75%，排在第四位，而 Ni、Co 的含量比它小得多。因此，将 Fe 应用于锂离子电池以代替较为稀少的 Ni、Co 引起了研究者们的极大兴趣。

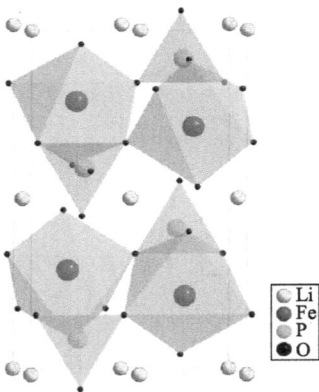

图 5.11　橄榄石结构 $LiFePO_4$ 的晶体结构示意图

1997 年，Goodenough 等将 $LiFePO_4$ 引入锂离子电池，他们发现 $LiFePO_4$ 具有可逆的储锂性能，电极反应：$LiFePO_4 \rightleftharpoons FePO_4 + Li^+ + e^-$。这种材料的放电平台是 3.4V，理论比容量 170mAh/g。由于此类材料具有安全性好、原料廉价易得等优点，在全球范围内迅速掀起了一轮 $LiFePO_4$ 的研究热潮。

$LiFePO_4$ 是一种稍微扭曲的六方密堆积结构，属于正交晶系、$Pnmb$ 空间群。如图 5.11 所示，在 $LiFePO_4$ 晶格中，P 占据四面体位置，锂、铁填充在八面体的空隙中，晶体由 FeO_6 八面体和 PO_4 四面体构成空间骨架。每一个 FeO_6 八面体与周围 4 个 FeO_4 四面体通过公共顶点连接起来，形成锯齿形的平面，这个过渡金属层能够传输电子。各 Fe-O 平面间相互平行，由 PO_4 四面体连接起来，每一个 PO_4 与一 FeO_6 层有一个公共点，与另一 FeO_6 层的有一个公共边和一个公共点，PO_4 四面体之间彼此没有任何连接。

与其他材料相比，Li^+ 在 $LiFePO_4$ 中的化学扩散系数较低，Prosini 等通过恒流间歇滴定技术（GITT）和交流阻抗（AC）技术测定的值分别为 $1.8 \times 10^{-16} cm^2/s$ 和 $2.2 \times 10^{-14} cm^2/s$，室温下的电子电导率也远低于其他正极材料，大约在 $10^{-9} S/cm$。

常温下，$LiFePO_4$ 的动力学不好，倍率性能极差，但随着温度升高，它的动力学性能明显改善。研究者们使用了诸如包覆、掺杂、纳米化等方法改善其倍率性能，基本想法就是提高电导率和缩短离子、电子传输路径。

碳包覆是最先使用的方法，它既可以改善电接触，又可以降低颗粒尺寸，目前这种方法研究比较深入，已经被广泛采用。Armand 等在 1999 年首次报道了 $LiFePO_4/C$ 的卓越性能，他们使用的是聚合物电解质，在 80℃、1C 倍率下的可逆容量达到 160mAh/g，他们的工作展示了 $LiFePO_4$ 美好的应用前景。

众所周知，球形颗粒具有最高的堆积密度，是电池电极材料理想的形貌。孙春文等提出通过调整络合化学控制晶体成核和生长的概念，发展了一种新型溶剂热方法，在国际上首次报道由纳米片和纳米颗粒构成的多孔磷酸铁锂（$LiFePO_4$）微球，在动力电池中具有重要的应用。其中由纳米片组装形成的 $LiFePO_4$ 微球的振实密度达到 $1.1g/cm^3$，提升了电池的体积能量密度，在 10C 下循环，电池仍有 86mAh/g 的比容量[12]。

磷酸铁锂电池的成功激发了材料科学家和电池制造商进一步开发具有吸引力的其他磷酸盐替代品。因而，橄榄石型正极材料 $LiMPO_4$（M＝Mn、Ni、Co）备受关注。然而，这些材料的缺点，即替代金属的溶解和电解质的分解等限制了它们的使用。因此，人们把注意力更多地集中在 Mn 取代的 LFP 上，认为它是一种很有前途的正极材料，它结合了 $LiFePO_4$ 的高安全性和 $LiMnPO_4$ 的高能量密度。磷酸锰铁锂（LMFP）的通式为 $LiMn_yFe_{1-y}PO_4$（$0 \leqslant y \leqslant 1$）。Mn 在 LMFP 中的含量至关重要，因为 Mn 含量过高的正极材料循环稳定性较差，特别是在温度升高的情况下，这可能是 Mn 溶解造成的。虽然 LMFP 的理论容量与 LFP 相同，但由于工作电压较 LFP（3.2V）提高了 0.5V（3.7V），其能量密度比 LFP 高出 15%～20%，电池的最高能量密度可达约 230Wh/kg。LMFP 在热稳定性和循环寿命方面超过了三元材料 NCM。相比于 LFP，LMFP 复合材料具有良好的低温性能，在高寒储能方面潜力巨大。目前，低导电性和充放电过程中 Mn 的溶解等技术难题仍然阻碍着它们的实际应用。

生产 LMFP 的工艺有液相法和半固态法。根据溶液的均匀性原理，可以实现分子层面的结合，得到的前驱体更加均匀，可以有效防止富锰相的聚集，生产出高品质的锰铁锂，提高材料的电化学性能。固相法通过机械搅拌和粉碎的方式实现原料的混合，只能达到宏观上的均匀，无法实现微观即分子层面的均匀，产品一致性较差。半固态法是在前端工艺中采用液相法提取元素，使铁和锰形成均匀的固溶体。前端工艺是 LMFP 生产的核心障碍。各公司前端液相法的区别主要体现在获得纳米 LMFP 材料的方式不同，减小原生粒径中 Li^+ 和电子的迁移路径，从而提高电导率。

Dynanonic（德方纳米）采用纳米液相法生产 LMFP。2021 年 11 月，宣布新建年产 11 万吨磷酸盐基正极材料生产基地项目。2022 年 1 月，公布年产 33 万吨新型磷酸盐基阴极材料项目计划。宁德时代（CATL）通过控股 Lithitech 部署 LMFP，并自行开发和生产。Lithitech 采用半固态方法生产 LMFP。

（6）富锂锰基材料[13,14]

Li_2RuO_3、Li_2MnO_3 等富锂氧化物（$Li_{1+x}TM_{1-x}O_2$，$0 < x < 1$）是一类 Li/TM 比值大于 1 的锂过渡金属（TM）氧化物。富锂相 $xLi_2MnO_3 \cdot (1-x)LiMO_2$ 可以看作是 Li_2MnO_3 和 $LiMO_2$（M 代表过渡金属）的连续固溶体形成的。

$Li_{1.2}Ni_{0.2}Mn_{0.6}O_2$ 作为一类典型的富锂锰基材料，该材料具有极高的比容量（超过 250mAh/g），相比于其他正极材料，它进一步激活了额外的氧阴离子氧化还原中心，理论容量可达 300mAh/g（1Li^+ 脱出）和 378mAh/g（1.2Li^+ 脱出），远高于现已商业化的正极材料，平均放电电压高于 3.5V，LRMO 有着高达 1000Wh/kg 的能量密度。除此之外，富锂材料还有着成本低、环境友好、热稳定性高等优点。

富锂材料可划分为两种结构，一种是层状结构富锂材料，另一种是阳离子无序岩盐相富锂材料。而有关层状富锂材料的具体结构一直存在争议，当前最被主流接受的两种观点分别是两相层状结构和单相固溶体结构。

目前，富锂锰基正极材料存在初始库仑效率低、倍率性能差和电压衰减等问题，这往往是由于其在充放电过程中产生了诸如高电压氧释放、层状到岩盐相的结构变化、过渡金属离子迁移等的结构劣化以及富锂材料在大倍率充放电过程中电导率较低造成电阻增大。解决富锂材料的上述问题是推动该材料实际应用并进而实现长续航里程和高安全电动汽车动力电池生产的关键。

目前研发的典型锂离子电池正极材料的关键特性参数如表 5.5 所示。

表 5.5 典型锂离子电池正极材料的关键特性参数

性能	锰酸锂	磷酸铁锂	钴酸锂	三元镍钴锰	富锂锰基
化学式	$LiMn_2O_4$	$LiFePO_4$	$LiCoO_2$	$Li(Ni_x Co_y Mn_z)O_2$	$Li_2MnO_3 \cdot LiNi_x Co_y Mn_{1-x-y}O_2$
晶体结构	尖晶石	橄榄石	层状	层状	层状
空间点群	$Fd3m$	$Pmnb$	$Rd3m$	$Rd3m$	—
理论容量/(mAh/g)	148	170	274	270~285	300
实际容量/(mAh/g)	100~120	130~140	130~150	155~220	约250
平均电压/V	3.8	3.4	3.7	3.6	3.6
电压范围/V	3.0~4.3	3.2~3.7	3.0~4.5	2.5~4.6	2~4.8
锂离子表观扩散系数/(cm^2/s)	$10^{-14} \sim 10^{-12}$	$10^{-16} \sim 10^{-14}$	$10^{-12} \sim 10^{-11}$	$10^{-11} \sim 10^{-10}$	$10^{-11} \sim 10^{-10}$
理论密度/(g/cm³)	4.2	3.6	5.1	—	—
振实密度/(g/cm³)	2.2~2.4	0.80~1.0	2.8~3.0	2.6~2.8	2.5~2.8

5.3.6.4 负极材料

从比容量、嵌锂电位、循环性能以及生产成本等方面综合考虑，碳材料是目前较理想的锂离子电池负极材料。碳是自然界中最广泛、最普遍存在的元素，碳材料结构、织构和性能多种多样。图 5.12 显示了在锂离子电池发展过程中碳基材料的一些重要发现[15]。

用于锂离子电池负极的碳材料可大致分为三类：①石墨；②非石墨化的玻璃状碳（硬碳），即使在高温下热处理也不能石墨化；③软碳，热处理时结构容易变化。三类碳材料的结构如图 5.13 所示[16]。

（1）石墨类材料

作为一种高结晶的碳材料，石墨具有层状结构，是最常用的锂离子电池负极材料。石墨中碳以 sp^2 杂化方式结合成六角网状平面，层与层之间以范德华力结合。石墨碳由石墨烯层按 AB 方式（六方石墨）或 ABC 方式（菱形石墨）堆垛而成，层和层之间由范德华力连在一起。在电化学锂化过程中，每六个 C 原子最多可以容纳一个 Li^+，对应理论比容量 372mAh/g。Li^+ 嵌入过程经过菱形表面进行，石墨堆垛方式变为 AA，石墨层间距增大约 10%。常压下，有如下方程：

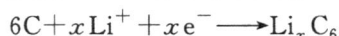

$$6C + xLi^+ + xe^- \longrightarrow Li_xC_6$$

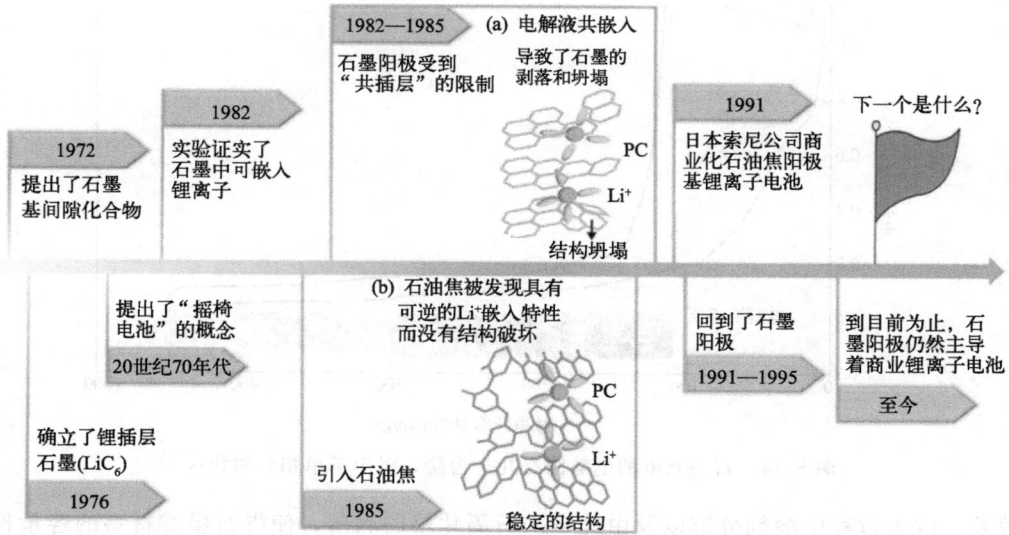

图 5.12 在 LIB 诞生和发展过程中碳基材料的重要发现时间节点

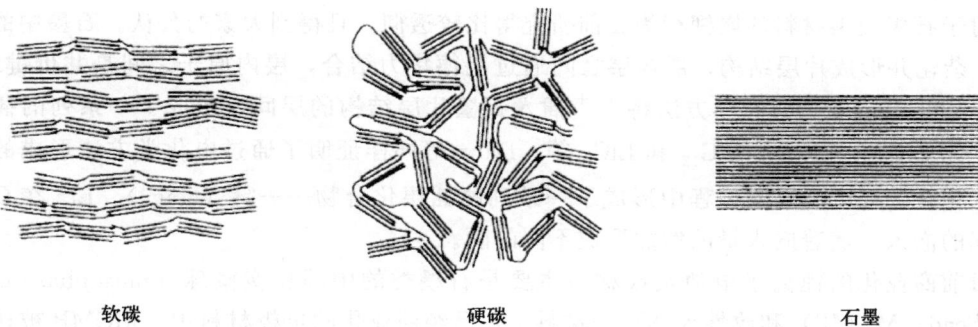

软碳　　　　　　　　　　硬碳　　　　　　　　　　石墨

图 5.13 三种类型的碳材料结构示意图[16]

在 Li_xC_6 中，$x=1$。在 LiC_6 中，由于库仑排斥力作用，Li^+ 避免占据最近邻位置。众所周知，Li^+ 嵌入反应仅仅在石墨的基面发生，穿过基面，嵌入只可能在缺陷位进行。

由于石墨阳极较低的工作电势，已知的大多数有机液体电解液在阳极/电解质界面是热力学不稳定的。但是，常用的六氟磷酸锂（$LiPF_6$）/有机碳酸酯基电解液在首次充电过程中会发生消耗电子的还原反应（图 5.14 中不可逆电荷损失 q_{loss}），导致形成界面钝化层，即固体电解质界面层（SEI）[17]。具有最低还原稳定性的电解液组分首先反应。Baluena 等借助于计算化学研究了溶剂的还原稳定性，指出锂离子-溶剂配位对于预测稳定性极限的重要性。SEI 膜的生成与碳材料表面性质以及使用的电解液组成相关，也与不可逆容量损失和电解液耗尽有关。

在实际应用中，石墨材料的比容量可达到 330mAh/g 以上。石墨具有明显的充放电平台，且平台电位较低（$0.01 \sim 0.2$ V vs. Li^+/Li），其大部分嵌锂容量都在平台区，这种优良的电压特征可以为二次锂离子电池提供高且平稳的工作电压。Li^+ 在石墨材料中的嵌入和脱出电位曲线十分平坦，但由于石墨材料各向异性的层状结构对 PC 基本电解质溶液的兼容性

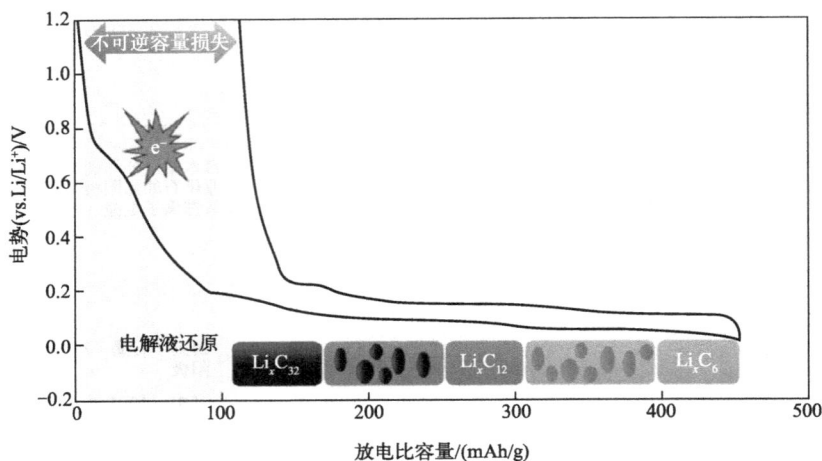

图 5.14 石墨充电的电势图有几个台阶，对应于单相和两相区[17]

比较差，放电过程中溶剂分解以及由此带来石墨片层的剥落，使得石墨类材料的容量损失较高，循环性较差，这也是最早使用焦炭作为负极材料的一个原因。在以碳酸乙烯酯（EC）为溶剂的电解液推出之后，石墨化的中间相炭微球（MCMB）迅速成为商品锂离子电池最常用的负极材料。

对于石墨类碳材料的嵌锂行为目前研究得比较透彻，且得到大家的公认。石墨中的碳原子 sp^2 杂化并形成片层结构，层与层之间通过范德华力结合，层内原子之间是共价键结合。Guerard 和 Woo 等通过化学方法将 Li^+ 插入石墨片层结构的层间，形成了一系列的插层化合物，如 LiC_{24}、LiC_{18}、LiC_{12} 和 LiC_6 等。Dahn 等同样证明了通过电化学方法形成的锂石墨嵌入化合物在 Li^+ 嵌入过程中形成了一系列的插层化合物——阶（stage）。Li^+ 在石墨材料层间的嵌入，随着嵌入量的增加形成不同的阶。

目前商业化的锂离子电池负极材料主要是石墨类的中间相炭微球（mesophase carbon microbead，MCMB）和改性天然石墨材料。在已经商业化的负极材料中，MCMB 被认为是性能最好的碳材料。

（2）软碳材料

软碳材料经高温处理可以石墨化。人们对软碳用作锂离子电池负极材料已经进行了大量研究，常见的软碳材料包括焦炭、碳纤维和中间相炭微球等。如果仔细考察软碳材料的内部结构，它可以再细分为组织化区（organized region）和非组织化区（unorganized region）。组织化区由一些平行的石墨烯构成；非组织化区由四面体键接的碳和高度翘曲的石墨烯构成。热处理温度对材料结构和嵌脱锂性能的影响较大。500～900℃处理，其（002）峰很宽，具有典型的乱层结构，并存在大量非组织化区；高温（2000℃以上）处理后，乱层结构开始消失，d_{002} 减小，直至成为纯石墨结构。

一般根据处理温度可将软碳分为两类：2000℃以上处理的石墨化软碳和 2000℃以下处理的非石墨化软碳。非石墨化软碳在结构上与硬碳有些相似，层平面上存在空穴、位错、杂质原子等缺陷，层间距大。软碳材料的起始嵌锂电位高，电位曲线陡斜没有明显的平台出现；与溶剂相容能力强，循环性能好，人们认为这是由于乱层石墨的晶格缺陷和微晶间的交联，增强了碳层之间的结合力，阻止了溶剂分子的共嵌入。1000℃以下处理的非石墨化软碳的比容量常常高于石墨的理论比容量（372mAh/g）。软碳材料经过 2000℃ 以上处理，在结构和嵌锂特性上与石墨相似。沥青基碳纤维、中间相炭微球经 2800～3000℃ 处理，发生石墨化，但是他们的石墨结晶度低，颗粒之间还存在较多的交联。这类材料容量比较高，充放电曲线平坦，与溶剂相容性比石墨好，锂离子在沥青基碳纤维和中间相炭微球中的扩散系数比在石墨中的大一个数量级，所以他们比较适合于高功率密度电池的负极材料。

煤沥青是煤焦油加工过程中经蒸馏去除液体馏分后的残余物，是煤焦油的主要成分，约占其总量的 50%～60%，主要成分为多环、稠环芳烃及其衍生物。根据软化点不同，可以将煤沥青分为低温沥青、中温沥青和高温沥青。除此之外，相比于石油沥青，煤沥青具有分子量低、芳香度和聚合度高、碳含量高、杂原子及金属含量相对低等特点，是制备高品质功能碳材料的优质软碳前驱体。

（3）硬碳材料

硬碳是指高温下也难以石墨化的碳材料，主要是高分子化合物的热解炭。用于制备硬碳的原料种类很多，常见的主要有糖、聚偏氟乙烯（PVDF）、酚醛环氧树脂、聚硫醚苯（PPS）、聚氯乙烯、聚糠醇树脂和棉布等。硬碳材料没有石墨那样低而平的充放电平台，并且存在电压滞后现象。一般而言，硬碳材料的嵌锂容量较高，可以超过石墨的理论容量。硬碳材料随热解温度的升高，嵌锂容量降低，这与材料微孔结构的改变和 H 含量的降低有关。

众所周知，石墨的层间距（d_{002}）为 0.335nm。当 Li^+ 嵌入石墨层间时，d_{002} 膨胀至 0.372nm。尽管软碳的层间距 d_{002} 比石墨的稍宽，但仍比 0.372nm 窄，这意味着由于 Li^+ 嵌入，焦炭 d_{002} 的膨胀是不可避免的。对于软碳材料，当提高热处理温度时，d_{002} 收缩，放电容量降低，循环性能变差。由于焦炭的这一行为，我们假定 d_{002} 大于 0.372nm 的含碳材料可能有利于 Li^+ 嵌入，而 d_{002} 不会膨胀，比软碳和石墨可能嵌入更多的 Li^+。

因为在 20 世纪 80 年代很难买到制备硬碳的适合的前驱体，所以日本 Nishi 等开始试验通过合成聚糠醇树脂（PFA）来制备硬碳，PFA 是一种众所周知的硬碳前驱体。PFA 树脂由糠醇单体聚合而成，以磷酸为催化剂，将 PFA 树脂炭化，然后在 800～1500℃ 下进行热处理，得到了硬碳。生成的含碳材料 d_{002} 间距大于 0.372nm，这意味着这种硬碳可以顺利地嵌入 Li^+，而不会使 d_{002} 膨胀，而且它可以嵌入的 Li^+ 的量比软碳多得多。

在循环充放电过程中，硬碳非常稳定，这是由于较宽的层间距。这一优异的性质，防止了负极在循环过程中的体积形变。在 1992 年，硬碳被用作日本索尼公司第二代锂离子电池（直径 18mm×65mm，即 18650 型电池）的负极活性材料，采用硬碳使得锂离子电池可以在 4.2V 充电而没有出现快速的容量衰减。能量密度达到 120Wh/kg，大约比软碳作为负极的电池高 50%。

硬碳材料存在的主要问题：①首次不可逆容量损失较高使得其首次效率较低；②真实密度较低，堆积密度不高；③存在电位滞后现象。同时，硬碳材料又一些突出的优点：①它具有倾斜而不是像石墨类材料那样平坦的充放电曲线，这样就可以根据充放电曲线的电压推算电池的容量，从而便于电池的管理，这对动力电池尤为有利；②硬碳材料结构稳定，循环性很好；③硬碳材料与 PC 基电解液相容性较好，因而可以在较低温度下工作；④原材料价廉易得。由于硬碳材料的这些优点，使得硬碳材料在动力型锂离子电池负极材料方面再次受到人们重视。

目前，石墨是锂离子电池最常用的负极材料，但是石墨的理论容量只有 372mAh/g。为了提高锂离子电池的负极能量和功率密度，目前一系列的锂离子电池负极材料都已被开发，相应的容量如图 5.15 所示[2]。在众多负极材料中，具有电活性的过渡金属氧化物、金属硫化物、硅、锡等备受关注。然而充放电循环过程嵌锂和脱锂导致电极材料发生巨大的体积变化，是众多负极材料在锂离子电池实际应用中遇到的最大问题。研究发现，具有纳米结构的负极材料相对于传统常规负极材料有着众多优异的特性，因为纳米粒子的比表面积大，有利于缓冲充放电过程的体积变化。纳米粒子的比表面积效应也有利于更多的锂插入。例如，纳米结构的电极材料更加适应 Li^+ 嵌入/脱出过程中发生的容积变化，由于其具有较高的比表面积，也更有利于电极材料与电解液的接触，同时还缩短了 Li^+ 与电极的迁移距离。

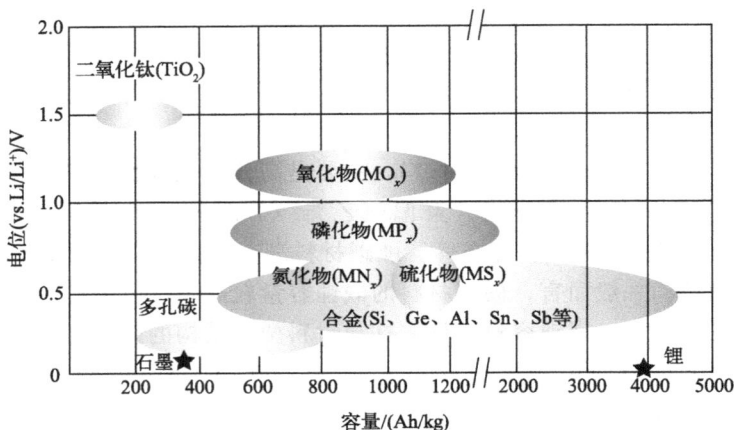

图 5.15　锂离子电池活性负极材料容量示意图[2]

5.3.6.5　电解质

电解质的选用对锂离子电池的性能影响非常大，电解质必须化学稳定性能好，尤其在较高的电位下和较高温度环境中不易发生分解；具有较高的离子导电率（$>10^{-3}$ S/cm）；对正负极材料必须是惰性的，不能与它们发生反应；此外，电解质还应该无毒、价格低廉等。由于锂离子电池充电电位较高，所以电解质必须采用有机化合物且不能含有水。但是由于有机物离子电导率普遍都不高，所以要在有机溶剂中加入可溶解的导电盐以提高离子电导率。目前锂离子电池主要用液体电解质，其溶剂为无水有机物，如碳酸乙烯酯（EC）、碳酸丙烯酯（PC）、碳酸二甲酯（DMC）、碳酸二乙酯（DEC）、三乙二醇二甲醚（TEGDME）或其混合溶剂等。导电的锂盐有 $LiClO_4$、$LiPF_6$、$LiBF_6$、$LiAsF_6$ 和 $LiOSO_2CF_3$，它们电导率大小依次为 $LiAsF_6>LiPF_6>LiClO_4>LiBF_6>LiOSO_2CF_3$。$LiClO_4$ 因具有较高的氧化性，容易出现爆炸等安全性问题，一般只局限于实验室研究；$LiAsF_6$ 离子电导率较高，易纯化，且稳定性较好，但含有有毒的 As，使用受到限制；$LiBF_6$ 化学及热稳定性不好且电导率不高；$LiOSO_2CF_3$ 电导率低且对电极有腐蚀作用，较少使用；虽然 $LiPF_6$ 会发生分解反应，但具有较高的离子电导率，因此目前锂离子电池基本上使用 $LiPF_6$ 作为导电的锂盐。目前商用锂离子电池所用的电解液大部分采用 $LiPF_6$ 的 EC-DMC 电解液，它具有较高的离子电导率与较好的电化学稳定性。商用电解液需要添加各种各样的添加剂，添加剂技术是电解液的核心技术。

近年来，我国在液态电解质研究和开发方面取得了显著的进步，特别是在新型锂盐电解质和新型电解液添加剂方面进展顺利，中国电解液依赖进口或原材料依赖进口的情况得到了彻底改变，目前国产电解液和原料已经实现大批量出口。我国科研人员在电解液的研究方面多集中在电极/电解质界面（膜）性质、组成、结构及其调控，新型高压添加剂/功能分子的设计、合成及应用等方面；虽然在新型高稳定、宽电化学窗口的有机溶剂体系，新型高热稳定性的锂盐方面取得了显著的科学和技术突破，但是对电解液在电池中的作用和机理缺乏认识。此外，对新型溶剂、添加剂、锂盐、阻燃剂和电解液系统的开发还需加强。

5.3.6.6　储锂机制

各种材料的储锂机制主要有嵌入反应机制、合金化反应机制、转化反应机制以及化学键反应机制等，如图 5.16 所示[17]。例如，常用的锂离子电池正极材料 $LiCoO_2$ 的储锂机制为嵌入反应，反应方程式为：

$$(1-x)Li + Li_xCoO_2 \rightleftharpoons LiCoO_2$$

负极材料 Sn、Sb 等的储锂机制为合金化反应，反应方程式为：

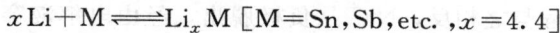

$$xLi + M \rightleftharpoons Li_xM \ [M=Sn,Sb,etc.,x=4.4]$$

负极材料过渡金属氧化物（如 CoO、Fe_2O_3 等）的储锂机制为转化反应，反应方程式为：

$$2Li + CoO \rightleftharpoons Li_2O + Co$$

此外，有些有机化合物作为电极材料的储锂机制为化学键反应，如界面储锂、缺陷储锂和孔中沉积锂，反应方程式为：

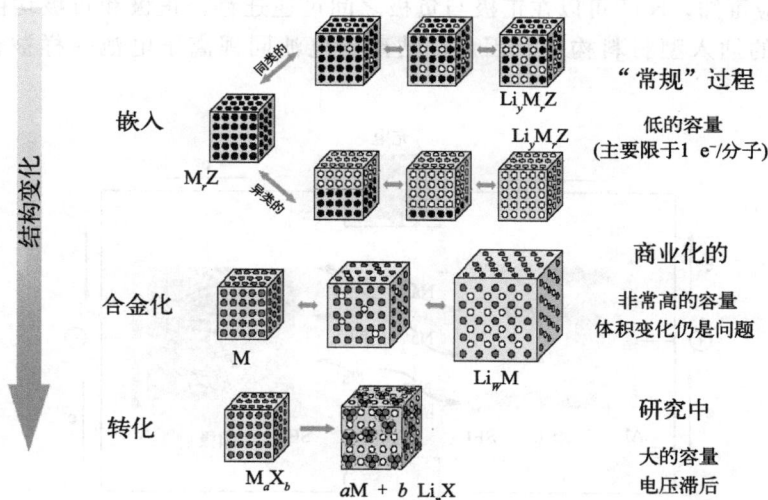

$$6Li + C_6O_6 \rightleftharpoons Li_6C_6O_6$$

图 5.16　锂基电池电极材料中观察到的不同反应机制示意图[17]
（黑圈表示晶体结构中的空位，灰圈表示金属，白圈为金属锂）

从行业发展情况看，我国动力锂电池产业从无到有，从小到大，发展很快，在国家科技项目的重点支持下，中国动力锂电池关键技术、关键材料和产品研究已经取得重大进展。目前全球锂离子电池产业重心进一步向中国转移。

5.3.7　钠离子电池[18-20]

与锂离子相比，钠离子具有更大的离子半径（1.02Å）和原子量，并且钠的标准电极电位比锂高 0.3V，意味着相同情况下钠离子电池的工作电压要比锂离子电池低 0.3V，因此钠离子电池的能量密度可能很难达到锂离子电池的水平，难以应用于便携式电子设备和新能源汽车等对能量密度要求较高的领域。而对于能量密度要求较低、对于低成本更加渴望的大规模储能领域，钠离子电池展现出更多的优势，很有可能成为未来储能市场的新星。钠离子电池距离商业化应用也越来越近，2013 年，日本住友化学株式会社报道了一款以 $Na(Fe_{0.4}Ni_{0.3}Mn_{0.3})O_2$ 为正极，硬碳为负极的钠离子软包电池，表现出较好的性能和安全性。

5.3.7.1 钠离子电池的工作原理和主要特点

钠离子电池原理：钠离子电池的结构及工作原理（图 5.17）与锂离子电池相同，钠离子电池的构成主要包括正极、负极、隔膜、电解液和集流体。正负极之间由隔膜隔开以防止短路，电解液浸润正负极以确保离子导通，集流体则起到收集和传输电子的作用。充电时，Na^+ 从正极脱出，经电解液穿过隔膜嵌入负极，使正极处于高电势的贫钠态，负极处于低电势的富钠态。放电过程与之相反，Na^+ 从负极脱出，经由电解液穿过隔膜嵌入正极材料，使正极恢复到富钠态。为保持电荷的平衡，充放电过程中有相同数量的电子经外电路传递，与 Na^+ 一起在正负极间迁移，使正负极分别发生氧化和还原反应。若以 Na_xMO_2 为正极材料，硬碳为负极材料，则电极和电池的反应式可分别表示为：

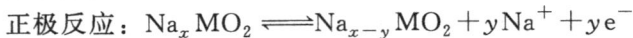

正极反应：$Na_xMO_2 \rightleftharpoons Na_{x-y}MO_2 + yNa^+ + ye^-$

负极反应：$nC + yNa^+ + ye^- \rightleftharpoons Na_yC_n$

电池反应：$Na_xMO_2 + nC \rightleftharpoons Na_{x-y}MO_2 + Na_yC_n$

由上述反应可知，Na^+ 可以在正极与负极之间可逆迁移，正极和负极均由允许 Na^+ 可逆嵌入和脱出的插入型材料构成。因此，钠离子电池同锂离子电池一样被称作"摇椅式电池"。

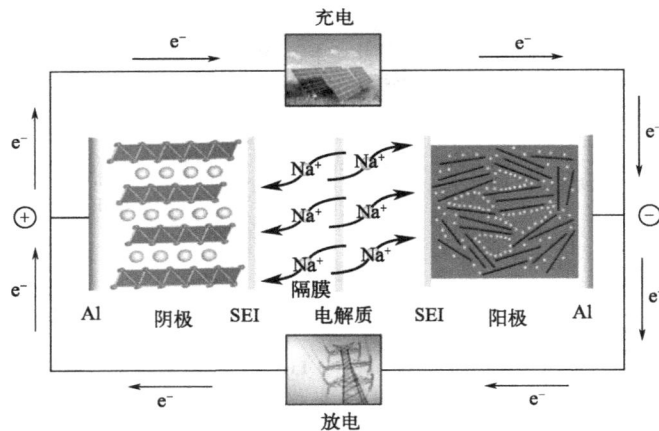

图 5.17　钠离子电池的工作原理图

在锂离子电池中广泛应用的石墨负极不能储钠。Na^+ 不与铝形成合金，因此负极可采用铝箔作为集流体，相比于锂离子电池负极采用的铜箔集流体成本要低一些。

5.3.7.2 钠离子电池正极材料

与锂离子电池正极材料的发展类似，首先发现能够可逆脱嵌 Na^+ 的含钠正极材料也是层状氧化物 Na_xCoO_2，从此揭开了钠离子电池正极材料的研究热潮。直到现在钠离子电池层状材料仍然是研究的热点，并且由于其具有制备工艺简单、成本低廉、绿色无污染和电化学性能优异等优势而被认为是最有希望产业化的钠离子电池正极材料。层状氧化物是研究最广泛的一种钠离子电池正极材料，其结构的通式为 Na_xMO_2（M＝Ni、Co、Mn、Fe、Cu、Ti 等 3d 过渡金属元素中的一种或几种），过渡金属元素 M 与周围六个氧形成 MO 八面体过渡金属层，Na^+ 处在过渡金属层间形成三明治结构。Delmas 根据 Na^+ 所处的周围环境和重复的氧堆积层数，将层状氧化物分为 O3、P2、P3、O2 四种。O 和 P 代表 Na^+ 所处的环境，O 代表 Na^+ 所处的八面体配位环境，而 P 代表 Na^+ 所处的三棱柱的配位环境，数字表示重复的氧堆积层数，2 代表 O 的堆积形式为 ABBAAB...，3 代表 O 的堆积形式为 AB-CABC...。图 5.18 展示了两种研究最为广泛的（P2 型 O3 型）层状氧化物正极材料的结构[23]。一般情况下，形成哪一种相受钠含量的影响，当钠含量在 0.5～0.8 之间形成的是 P2 型；而当钠含量在 0.8～1 之间形成的是 O3 型，当然最终形成哪个相也受其他条件的影响，例如合成温度。

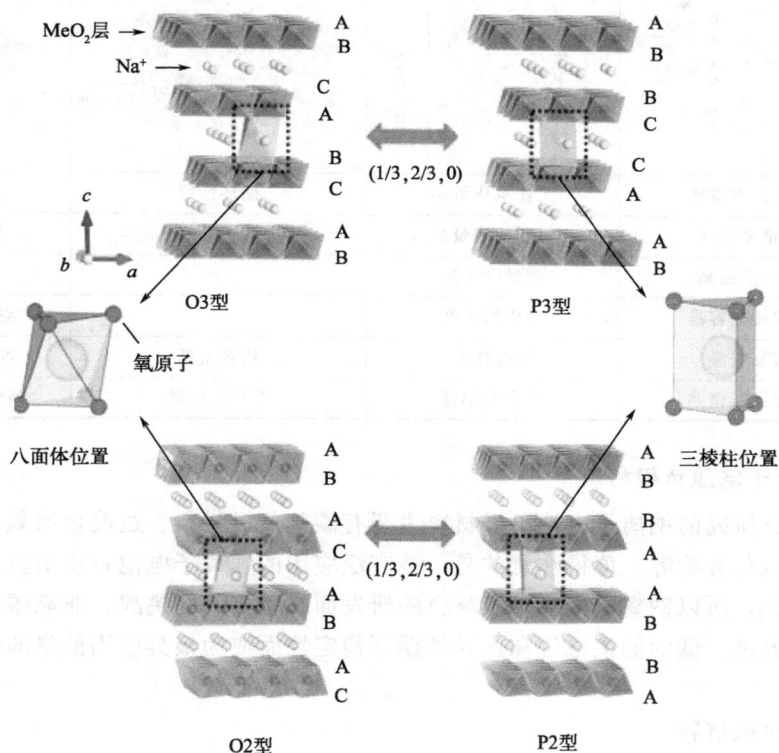

图 5.18　层状结构的分类

最常见的层状结构是由一层共边的 MeO_6 八面体组成。当共边的 MeO_6 八面体沿 c 轴方向以不同取向堆叠时，会出现多态性。根据 Delmas 等[23] 提出的分类，钠基层状材料可分为两大类：O3 型或 P2 型，其中 Na^+ 分别位于八面体和三棱柱体位置。

聚阴离子化合物是另一类非常重要的钠离子电池正极材料，其结构由于聚阴离子的种类多而具有丰富的多样性，可以通过调节阴离子的环境来调节氧化还原电势，因此聚阴离子材料的电压分布范围广，另外聚阴离子化合物具有更好的热稳定性和结构稳定性，所以聚阴离子正极材料一般具有更长的循环寿命。目前研究的聚阴离子正极材料主要有磷酸盐、焦磷酸盐、氟磷酸盐和硫酸盐几种。这类材料的优点是结构稳定性好，具有更长的循环寿命；缺点是导电性差。

普鲁士蓝化合物的结构通式为 $A_x MM'(CN)_6$（$A=Na$ 或 K，M 和 $M'=Fe$、Co、Mn 或 Ni），其既存在钠的化合物，又存在钾的化合物，早期被作为水系钠离子电池或钾离子电池的正极材料。这类材料的优点是容量高，缺点是热稳定性差，并且会与水反应生成有毒的 HCN，造成环境污染；同时，层间结晶水很难去除，会造成电解液分解。总之，钠离子电池正极材料主要有层状氧化物、隧道型氧化物、普鲁士蓝类化合物和聚阴离子型化合物，各体系特点见表 5.6[26]。

表 5.6 钠离子电池正极材料各体系及特点[21]

项目	层状氧化物体系	普鲁士蓝类化合物体系	隧道型氧化物体系	聚阴离子型
结构				
优点	可逆比容量高	工作电压可调	循环性好	工作电压高
	能量密度高	可逆比容量高	倍率性好	热稳定性好
	倍率性能高	能量密度高	—	循环好
	技术转化容易	合成温度低	—	空气稳定性好
不足	容易吸湿	导电性差	比容量低	可逆比容量低
	循环性能稍差	库仑效率低	工作电压低	部分含有毒元素

5.3.7.3 钠离子电池负极材料[20]

目前被广泛研究的钠离子电池负极材料主要有碳基负极材料、过渡金属氧化物、合金类负极材料和有机化合物等。值得注意的是，被广泛应用的锂离子电池石墨负极由于热力学原因没有储钠性能，所以钠离子电池负极材料的研发面临着更大的挑战。非晶碳负极材料由于具有高的储钠容量、低的储钠电位和优异的循环稳定性而成为最具应用前景的钠离子电池负极材料。

（1）石墨负极材料

在已经商业化的锂离子电池中，石墨是一种应用广泛的锂离子电池负极材料，但是当石墨作为钠离子电池负极材料时，由于钠的离子半径（1.02Å）比锂的离子半径大（0.76Å），Na^+ 在石墨层间嵌入脱出比较困难。研究发现，在钠离子电池中，Na^+ 嵌入石墨碳的数量非常低，除去其他影响，比容量大概只有 12mAh/g，相当于形成了 NaC_{186} 的层间化合物。报道指出 Na^+ 嵌入结晶石墨时，其比容量大概为 35mAh/g，远远低于 Li^+ 嵌入石墨后的容量。天然石墨也已经被证明不能作为钠离子电池的负极材料，因为 Na^+ 的半径比较大而不能像 Li^+ 那样嵌入天然石墨（图 5.19）。

（2）非石墨碳负极材料

作为另外一种碳材料，非石墨碳材料也称为无定形碳。无定形碳包括硬碳、炭黑、介孔碳及碳微粒等，其中硬碳的层间距比较大而且具有很多无序结构，有利于储钠，Na^+ 在硬碳中的嵌入和脱出机理和 Li^+ 是一样的。硬碳的模型由横向延伸 40Å 左右的芳香碎片随机

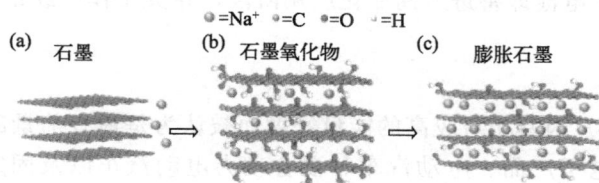

图 5.19　石墨基材料中储钠的示意图

(a) Na$^+$ 不能电化学嵌入石墨，因为小的层间距；(b) 因为氧化扩大了层间距，实现了 Na$^+$
电化学嵌入石墨，但是嵌入受制于大量含氧基团的斯特恩位阻；(c) 大量的 Na$^+$ 可以
电化学嵌入具有合适层间距的以及层间含氧基团被还原的膨胀石墨

堆叠在一起（像纸牌屋那样）。这种随机堆叠的方式会使有些区域是多层相互平行的，由于层是随机堆放的，也会使有些区域有纳米级空隙存在，这些都有利于 Na$^+$ 的嵌入和脱出。Stevens 等提出了"纸牌屋"模型来解释 Na$^+$ 的储存机制，在"纸牌屋"模型中 Na$^+$ 的储存机制主要有两种：①Na$^+$ 在倾斜电压区嵌入石墨烯夹层；②Na$^+$ 在平台电压区域嵌入纳米尺度石墨烯的孔隙间。

多种非石墨碳材料作为钠离子电池负极材料的研究已被报道，硬碳、无定形碳、功能化石墨等的储钠能力被证明是热力学可行的。钠嵌入碳材料的含量主要取决于碳结构，NaC$_{70}$、NaC$_{30}$ 和 NaC$_{15}$ 分别是由钠嵌入到石墨、石油焦、乙炔炭黑中所形成的。

一系列碳材料，尤其是硬碳，已经被研究作为钠离子电池的负极材料，如空心碳纳米线/纳米球、碳球、多孔碳纤维、异原子掺杂碳和生物质衍生碳。软碳是另一种用于能量存储的碳材料，与硬碳相比，在高温石墨化之前，软碳含有半石墨结构、较少的缺陷以及相对较高的结晶性。软碳由高应变区和低应变区构成。高应变区是一个无序区，而低应变区为具有高结晶度碳的石墨区域，使碳具有高导电性。因此，当用作锂离子电池负极材料时，软碳通常表现出优良的倍率性能。如果软碳材料的层间距对于 Na$^+$ 的嵌入和脱出足够大，它也可以作为钠离子电池的负极材料。但是，软碳的嵌钠性能还没有很好地被研究。最近，在低温 700℃ 下制备的 MCMB 表现出 232mAh/g 的可逆容量，证明具有无序结构的软碳材料可以用作钠离子电池负极材料。

（3）有机负极材料

有机材料由于具有种类丰富、多电子转移、结构容易调控、原料丰富可再生和环境污染小等特点而成为人们研究的另一类重要的负极材料。有机材料储存碱金属一般的机制为有机化合物中的 C＝O 打开并结合一个 Li 或 Na，脱出的时候再回到 C＝O，所以有机化合物比容量的大小与其含有的 C＝O 数量有关。

2010 年以来，钠离子电池受到了国内外学术界和产业界的广泛关注，其相关研究更是迎来了爆发式增长。目前，钠离子电池已逐步从实验室走向实用化应用阶段，国内外已有多家企业，包括英国 FARADION 公司，美国 Natron Energy 公司，法国 Tiamat，日本岸田化学、丰田、松下、三菱化学以及我国的中科海钠、宁德时代、钠创新能源等公司，正在进行钠离子电池产业化的相关布局，并取得了重要进展。2018 年 6 月，国内首家钠离子电池企业中科海钠推出了全球首辆钠离子电池（72V、80Ah）驱动的低速电动车，并于 2019 年 3 月发布了世界首座 30kW/100 kWh 钠离子电池储能电站，2021 年 6 月推出 1MWh 的钠离子电池储能系统。国内在钠离子电池产品研发制造、标准制定以及市场推广应用等方面的工作正在全面展开，钠离子电池即将进入商业化应用阶段，相关工作已经走在世界前列。

5.3.8　固态电池

锂离子电池（LIB）因其相对较高的能量密度而被认为是最有前景的储能装置，LIB 已被广泛应用于便携式电子产品、电动汽车和混合动力电动汽车以及固定式储能系统等。与 LIB 相比，钠离子电池因其低成本和丰富的钠资源而作为 LIB 的替代品在电能存储应用中引起了广泛关注。此外，铝离子电池由于其低成本、无毒、资源丰富的优点以及三电子氧化还原对提供了与单电子锂离子存储相媲美的有竞争力的存储容量，因此是一种有前景的替代品。

传统的使用有机液体电解液的 LIB 存在一些缺点，如安全问题和低能量密度。使用不易燃的固体电解质的固态锂电池有望使用金属锂阳极，从而大大提高能量密度。金属阳极的引入使 SSB 有望用于下一代高能量密度电池。特别是，锂金属具有较高的理论比容量（3860mAh/g）、较低的密度（0.53g/cm^3）和最低的电化学电位［与标准氢电极（SHE）相比，约为 3.04V］。与基于液体电解质的锂离子电池相比，固态电池（SSB）被认为更安全，循环寿命更长，能量密度更高，对包装的要求更低。因此，SSB 在过去几十年中受到了相当大的关注。

5.3.8.1　固态电池中固体电解质的基本理论原理[22]

对于无机固体电解质，离子传导遵循 Arrhenius 温度依赖性：

$$\sigma_i = \frac{A}{T}\exp\left[-\frac{E_a}{kT}\right] \tag{5.11}$$

式中，σ_i 表示离子电导率；A 表示指前因子；T 是绝对温度，K；E_a 为活化能；k 表示玻尔兹曼常数。

可以利用式（5.12）计算电荷载流子的迁移率：

$$\mu = \frac{qD}{kT} \tag{5.12}$$

式中，q 为载流子电荷；D 为金属离子的扩散系数；k 为玻尔兹曼常数；T 是绝对温度，K。单个粒子从被占据的位置跳到邻近的能量等效的未占据位置的运动可以用随机游走理论来描述。

电导率与扩散系数的关系遵从 Nernest-Einstein 方程：

$$\sigma_i = \frac{N_c q^2 D}{kT} \tag{5.13}$$

式中，N_c 表示迁移离子的数量；离子电导率正比于 N_c 和 D。

对于聚合物电解质，离子电导率通常遵循 Arrhenius 或 Vogel-Tammann-Fulcher（VTF）方程，或同时遵循两者。通常，VTF 行为似乎更适合固体聚合物电解质，如式（5.14）所示：

$$\sigma_i = \sigma_0 \exp\left[-\frac{B}{T-T_0}\right] \tag{5.14}$$

式中，B 为电导率的活化能；T_0 为参比温度，通常在玻璃化转变温度（T_g）下 10～50K。离子运动行为与聚合物链段的长程运动相关。对于由导电相和绝缘相组成的复合电解质材料，其电导率可以用有效介质理论来描述。

5.3.8.2　固体电解质

固体电解质是全固态电池的核心组成部分，其在固态电池内发挥了有效传输 Li^+ 以及隔绝正负极材料防止发生短路的作用。固体电解质的性质直接影响了全固态电池的性能，其通常需要满足快速离子传导、低电子电导率、出色的高电压兼容性以及优良热力学和机械变形性质等条件。固体电解质主要包括氧化物电解质、硫化物电解质、卤化物电解质以及聚合物电解质，不同种类固体电解质有各自的优劣势，开发综合性能优异的新型固体电解质对实现高性能的全固态电池具有重要意义。

离子电导率是评价固体电解质的重要指标，其对固态电池中离子在电解质/电极界面以及复合电极内的迁移具有显著的影响。无机固体电解质相比于聚合物电解质具有更高的锂离子电导率，其中部分硫化物电解质的离子电导率已经超过了液体电解质。聚合物电解质和液态电解质中锂离子并非唯一的载流子，且浓度较低，与无机固体电解质相比，需提升 $1\sim2$ 个数量级来保持良好的离子电导率，此外稳定的电化学窗口较窄，这表明不同类型电解质的离子迁移机制存在差异，未来可通过进一步优化结构、调控组分和优化合成条件制备更高离子电导率的新型固体电解质。

（1）氧化物固体电解质

氧化物固体电解质通常可分为石榴石型、钙钛矿型、NASICON 型和 LiPON 型。氧化物电解质通常具有宽电化学窗口、高机械强度、优异化学稳定性以及较高的离子电导率，其存在的挑战主要是刚性固固接触和较大硬度会导致高界面阻抗以及不可逆的脆裂，将其与聚合物电解质复合有利于实现规模化的实际应用。

（2）硫化物固体电解质

硫化物固体电解质依据结晶度不同可分为玻璃态、玻璃-陶瓷和陶瓷电解质三类。硫化物电解质相比于氧化物电解质表现出更优异的离子传导性能和增强的可变形性，主要归结于硫离子相比于氧离子具有较大的离子半径以及较低的电负性，有利于拓宽 Li^+ 传输通道，同时削弱了对 Li^+ 的束缚力，进而表现出增强的锂离子电导率。玻璃态硫化物电解质最早被发现具有良好的锂离子电导率，例如在 20 世纪 80 年代发现的 $Li_2S\text{-}GeS_2$ 和 $Li_2S\text{-}P_2S_5\text{-}LiI$ 在室温下离子电导率超过 $10^{-4}S/cm$，随后的研究发现较高结晶度的陶瓷电解质也可表现出高锂离子电导率，比如在 2001 年发现 $Li_{3.25}Ge_{0.25}P_{0.7}S_4$ 具有室温超过 $10^{-3}S/cm$ 的锂离子电导率。此外，通过调节合成温度和原料配比可获得玻璃、陶瓷型的硫化物电解质，具有共存的非晶相和晶相结构，也能够表现出高锂离子电导率如 $>10^{-3}S/cm$，比如 2014 年报道的 $Li_7P_3S_{11}$（$70Li_2S\cdot30P_2S_5$）电解质。

LGPS 型硫化物电解质通常可用化学式 $Li_{11-x}M_{2-x}P_{1+x}S_{12}$（M＝Ge、Sn 或 Si）来表示，能够表现出高锂离子电导率，甚至优于传统液态电解质。Kanno 等在 2011 年首次合成了室温离子电导率为 12 mS/cm 的 $Li_{10}GeP_2S_{12}$ 电解质，表现出四方的晶体结构，主要由 LiS_4、PS_4 和（$Ge_{0.5}P_{0.5}$）S_4 四面体以及 LiS_6 八面体构成。硫化物电解质 $Li_{10}GeP_2S_{12}$ 晶体结构中共享边的 LiS_6 八面体和（$Ge_{0.5}P_{0.5}$）S_4 四面体可形成沿 c 轴的一维链，利用与 LiS_6 八面体共角的 PS_4 四面体可进一步将一维链连接形成三维的 Li^+ 传输网络，同时 LiS_4 四面体中的 $16h$ 和 $8f$ 位点也能够沿 c 轴形成快速的一维 Li^+ 传输路径，最终促进了 $Li_{10}GeP_2S_{12}$ 电解质中 Li^+ 三维快速迁移路径的形成。虽然硫化物电解质 $Li_{10}GeP_2S_{12}$ 能够表现出优异的室温锂离子电导率，但高昂的原料成本限制了其实际应用，通过低廉的 Sn、

Si 和 Al 取代 Ge 可有效降低合成成本。Sun 等利用 Sn、Si 取代 Ge 合成了 LGPS 型的硫化物电解质 $Li_{10.35}Sn_{0.27}Si_{1.08}P_{1.65}S_{12}$，其表现出接近 LGPS 的室温离子电导率，可达 11 mS/cm，但能够明显降低制备成本。

（3）卤化物固体电解质

卤化物固体电解质作为近年来快速发展的新兴电解质体系，其表现出高锂离子电导率、高压正极良好的相容性和优异机械变形性等优势，可同时克服氧化物电解质的界面接触差以及硫化物电解质电化学窗口窄等缺陷，是实现全固态电池实际规模化应用的候选材料。单价卤素阴离子相比于二价硫或氧离子对 Li^+ 的静电引力弱，进而可实现 Li^+ 在晶格结构中的快速迁移，同时卤素阴离子具有相对较大的离子半径，有利于形成较长离子键和高极化性，使得卤化物表现出优异的机械延展性。卤化物电解质存在的主要挑战是卤化物/金属锂负极之间界面不稳定，无法与金属锂直接接触；卤化物电解质在潮湿的环境中容易发生不可逆的化学降解。为了克服这些挑战，研究者们提出了多种改性策略，包括阴阳离子掺杂、界面改性和复合电解质等，通过优化材料设计开发新型综合性能提升的卤化物电解质，对其实际应用具有重要意义。

（4）聚合物电解质

聚合物固体电解质是一类由聚合物基体和锂盐均匀混合而制备的能够传输 Li^+ 的薄膜，其具有低可燃、易于加工以及与电极界面接触良好等优势，是替代有机液态电解液以提升电池安全性的有力候选者。

聚合物全固态电池的电解质主要是聚环氧乙烷（PEO）、聚丙烯腈等，其中 PEO 基电解质一般需要在 60℃ 以上的温度工作，此时聚合物呈现熔化或无定形态，提高了链段的活动性，具有较高的离子电导率。在高温条件下，聚合物离子电导率高，能与正极复合形成连续的离子导电通道。聚合物容易成膜，其柔性利于加工，既可以制成薄膜型，也能制成大容量型，应用范围广。然而，目前聚合物固态电解质室温电导率较低以及较低的电压窗口导致产业化发展仍有限制。PEO 电解质是研究开发最早，也是最成熟的聚合物电解质。

（5）复合固体电解质[2]

单纯的无机电解质加工成型难，工艺难度较高，制备的陶瓷片厚且易碎，成膜性差；而单纯的聚合物电解质室温离子电导率较低，不能满足工作要求，大多数仍需少量液体电解液才能在室温下工作。

由聚合物和无机固体电解质形成的有机-无机复合电解质兼具二者的优点，并且可以通过降低聚合物的玻璃化转变温度提高离子电导率。探究固体电解质复合过程，其中聚合物与无机固体电解质的复合材料有望扬长避短，实现能够兼顾力学特性、离子电导率、宽电化学窗口的固体电解质。但是两相复合后，原来连续相的离子通道有可能不连续。两相间界面的空间电荷效应和电荷传输过程将会发生重大变化，包含复合体系中的离子传输机制，离子在表面、界面、复杂体系中的输运机制，空间电荷层效应在实际器件中的体现和影响，界面反应、固态器件在充放电过程中的力学响应和传热等问题。

对于固体电解质的界面优化，离子电导率是固态电解质应用的基础，而界面接触行为则是限制其应用的关键。未来应对电极/电解质固/固两相界面演变机制进行充分研究，掌握全固态体系中锂离子嵌脱过程引起的材料应力分布变化和对电池性能的影响及调控方法，从而获得低界面电阻的固体电解质。

5.3.8.3　固态锂电池

全固态锂离子电池采用具有高离子电导率、无毒性的固体电解质取代可燃的有机液体电解液。固体电解质不燃烧、不泄漏、不挥发，使得全固态电池安全性大幅度提高。在制造方面，全固态电池可突破现有电池的诸多限制，比如不必封入液体，从而可以简化电池封装，使得制造大面积电池单元得以实现，并降低制造成本。此外，开发新型固态柔性电池可以满足近年来市场上出现的各种智能电子器件对电源的要求。

全固态电池由正极、固体电解质（M^{n+} 离子导体，M＝Li、Na 或 Al 等）、负极和集流体组成。固体电解质在固态电池（SSB）中既是离子导体又是隔膜，电极附着在电解质的两侧。在充电过程中，M^{n+} 从正极的晶格中脱嵌，并通过固体电解质传输到负极，而电子则通过外部电路由正极传输到负极。在放电过程中，M^{n+} 从负极脱嵌并通过固体电解质传输到正极，而电子则通过外部电路为设备供电[22]。

目前全固态锂离子电池还面临很多挑战，挑战之一是电解质的离子电导率偏低，因此设计兼顾高离子电导率、宽电化学窗口以及与电极材料稳定兼容的固体电解质成为全固态电池发展的关键；挑战之二是正极和固体电解质之间存在大的界面阻抗，为了实现全固态锂二次电池的最终目标，需要对界面进行修饰改性，才能得到较好的电池性能；另外，如果使用金属锂作为负极，还存在锂枝晶的问题。

在未来的研究中，在制备阴极时可通过使用离子导体聚合物基质作为黏结剂或用离子导体材料涂覆阴极颗粒进一步提高固态锂电池的倍率性能。此外，使用合金负极或对锂金属表面修饰改性稳定锂金属负极，对于改善固态锂电池的循环性能也是必要的。

鉴于固态电池在安全性和能量密度等方面的优势，其在电动汽车、便携式电子器件、储能等领域都具有广泛的应用前景。目前，国际上日本丰田、韩国三星，国内宁德的 CATL、苏州的清陶、北京的卫蓝等公司都在抓紧研发固态电池。

5.3.8.4　固态钠电池

固态钠电池具有能量密度高、安全性好、钠资源丰富等优点。所研究的固体电解质包括 β-氧化铝（$Na_2O \cdot 11Al_2O_3$）、$Na_3Zr_2Si_2PO_{12}$、$Na_3P_{1-x}As_xS_4$（$0 \leqslant x \leqslant 0.5$）、$Na_3PSe_4$、$94Na_3PS_4$-$6Na_4SiS_4$、$Na_3SbS_4$、$50Na_2S$-$50P_2S_5$、$60Na_2S$-$40GeS_2$ 和 $50Na_2S$-$50SiS_2$ 等。然而，固体电解质低的离子电导率以及电解质与电极之间高的界面电阻是固态钠电池实际应用的两个主要挑战。为了解决 $Na_3Zr_2Si_2PO_{12}$（NZSP）固体电解质在室温下的低离子电导率问题，孙春文课题组[23]开发了一种坚固的基于钙离子掺杂的 NZSP 电解质的一体化结构，以解决电极和电解质之间界面接触不良的问题，即将 NZSP 电解质粉末通过干压共烧制备出中间薄而致密、两侧多孔的电解质骨架，再通过浸渍的方法将正负极前驱体溶液分别浸渍到多孔层中，然后通过焙烧，得到界面紧密接触的电池。具有钠金属阳极和 $Na_3V_2(PO_4)_3$ 阴极的一体化固态电池在 1C 下循环 450 次后，容量仍保持在 94.9mAh/g。此外，还显示出高倍率性能和优异的循环性能。这种电解质一体化结构设计为实现高性能固态钠电池提供了一种有前景的方法。在未来的研究中，放大一体化结构电池的工艺是一项关键技术。此外，稳定金属钠阳极是提高固态钠电池循环性能的关键技术。

硬碳和合金是两种代表性的钠离子电池负极材料。其中，硬碳负极在商业化钠离子电池中占据主导地位，但在下一代固态钠电池中，合金表现出优于硬碳的性能。这主要归因于储钠机制的差异：硬碳储钠由 Na^+ 在电化学活性位点上的吸附引发，而合金储钠则

由 Na^+ 的固态扩散及随后的钠合金化相变驱动。负极材料储钠过程取决于体系中载流子的本征性质。

5.4 超级电容器 [24-28]

超级电容器（supercapacitor）也被称为电化学电容器（electrochemical capacitor），是一种介于传统电容器与电池之间的一种储能装置。根据储能机理可将超级电容器分为化学双电层电容器（electric double layer capacitors）和法拉第赝电容器（pseudo-capacitor）以及混合电容器（hybrid capacitor）。化学双电层电容器通过电极/电解液中离子吸附实现能量的存储；法拉第赝电容器除了通过离子吸附，还会通过电极/电解液中离子氧化还原反应存储能量；混合型超级电容器综合了双电层电容和赝电容两种储能机理，一个电极的储能机理以法拉第赝电容为主，另一个电极的储能机理以双电层为主。基于其储能原理，超级电容器具有优异的功率和循环性能，通常能在 100C 以上的充放电电流密度下反复使用数十万次。此外，与传统电容器通过静电吸附电子储能不同，超级电容器的比容量远高于传统电容器。超级电容器和电池、传统电容器的电化学性能对比如表 5.7 所示。作为一种新兴的储能器件，它在功率密度、倍率充放电、循环能力上比电池具有显著的优势，且在能量密度上也比电容器具有显著的优势。

表 5.7 超级电容器、静电电容器和蓄电池三者特性比较

性能	超级电容器	静电电容器	蓄电池
充电时间	1~30s	$10^{-6}\sim10^{-3}$s	1~5h
放电时间	1~30s	$10^{-6}\sim10^{-3}$s	0.3~3h
功率密度/(W/kg)	1000~2000	>10000	50~200
能量密度/(Wh/kg)	1~10	<0.1	20~100
循环寿命/10%	0.90~0.95	≈1.0	0.7~0.85
循环寿命/次	>100000	∞	500~2000

5.4.1 超级电容器的工作原理 [25]

根据储能原理的不同，超级电容器分为双电层电容、法拉第赝电容；按电荷储存机理不同，可分为双电层型超级电容器、法拉第赝电容型超级电容器和混合型超级电容器三类。

（1）电化学双电层电容器

电化学双电层电容器（EDLCs）利用在电化学稳定并具有高活性比表面积的活性材料上可逆吸附电解液中的离子来实现静电存储电荷。当发生极化时，在电极-电解质界面上发生电荷分离，亥姆霍兹在 1853 年描述了双电层电容 C：

$$C=\frac{\varepsilon_r\varepsilon_0 A}{d} \quad 或者 \quad C/A=\frac{\varepsilon_r\varepsilon_0}{d} \tag{5.15}$$

式中，ε_r 是电解质的介电常数；ε_0 是真空中的介电常数；d 是双电层的有效厚度（电荷分离距离）；A 是电极面积。

这一电容模型后来被 Gouy 和 Chapman 以及 Stern 和 Geary 修正，他们认为由于靠近电极

表面离子的累积，电解质中存在扩散层。图 5.20 描述了固体和液体界面之间的几种双电层理论模型，即 Helmoholtz 模型、Gouy-Chapman 模型和 Stern 模型。其中，Ψ 表示电势、Ψ_0 表示电极电位、IHP 表示内 Helmholtz 平面、OHP 指 Stern 模型中的外 Helmholtz 平面。双电层电容一般在 $5\sim20\mu F/cm^2$，随使用的电解质而变化。使用碱性、酸性或水性电解液的比电容通常高于有机电解液体系，但是由于可以保持一个高的工作电压（在对称体系中电压高达 2.7V），有机电解液被更广泛地使用。根据方程（$E=1/2CV^2$），因为储存的能量正比于电压的平方，电压 V 提高 3 倍，导致存储在相同电容器中的能量 E 提高大约一个数量级。

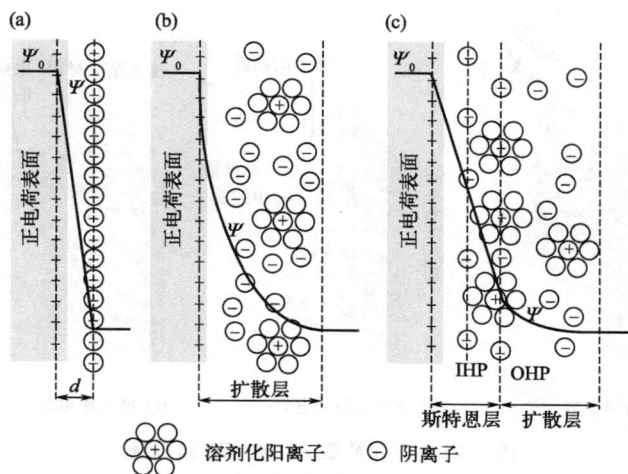

图 5.20　双电层模型

（a）Helmholtz 模型；（b）Gouy-Chapman 模型；（c）Stern 模型

　　由于是静电荷存储，在 EDLC 电极上没有发生法拉第氧化还原反应。从电化学角度来看，超级电容器电极必须是阻塞电极。与电池相比，这一主要差异意味着电容器不受极化阻抗引起的电化学动力学的限制。此外，这一表面存储机制允许非常快地吸收和释放能量，从而具有较好的功率性能。同时，不存在法拉第反应，也消除了充放电过程中电池材料表现出的活性材料的溶胀。因此 EDLCs 可以循环百万次，而电池最多只能循环几千次。最后，电解液中的溶剂不参与电荷存储，而在锂离子电池中当使用石墨阳极或高电压阴极时，电解液会参与反应形成固体电解质界面（SEI）。由于这个原因，并不限制溶剂的选择，在低温下（低至 $-40℃$），高功率性能的电解液能够用于 EDLCs。但是由于表面静电荷存储机制，这些器件具有有限的能量密度。这就是目前 EDLC 研究主要集中在提高能量密度和扩展工作温度范围上的原因。

　　（2）法拉第赝电容器

　　法拉第赝电容也叫法拉第准电容，其工作原理为电活性物质在电极表面或内部的二维或准二维空间上，进行欠电位沉积，发生高度的化学吸脱附或氧化还原反应，产生与电极充电电位有关的电容。在反应过程中，活性物质在电极表面发生电荷的吸脱附，表现出电容的特性。

　　赝电容一词由 Conway 等于 1962 年首次提出，用以描述与电极表面电化学离子吸附相关的可逆电容。他们的主要发现是吸附热与电吸附离子的表面覆盖率呈线性关系，从而产生了用表面覆盖率描述的电容。最初提出的假设主要集中于电极表面的离子吸附，后来由于电极表面的单层离子吸附（铂表面覆盖有 H 单层），被称为吸附电容。此后，随着含水 RuO_2 等新材料的发现，Conway 提出了另一种类型的赝电容，即氧化还原假电容，它有助于在酸性电解质（H_2SO_4）中进行法拉第反应以及固溶体电化学嵌入，也称为嵌入假电容（T-Nb_2O_5）。正如上面提到的热力学赝电容电荷存储中，每种类型赝电容电荷存储过程中由表面覆盖、表面氧化还原和插层所贡献的反应程度与电势呈线性关系或几乎呈线性关系。值得注意的是，RuO_2 等材料或某些材料的电化学响应缺乏法拉第反应的特征信号。图 5.21 给出了上述三种类型的赝电容存储机制的示意图。图 5.22 是三种赝电容材料的循环伏安示意图。

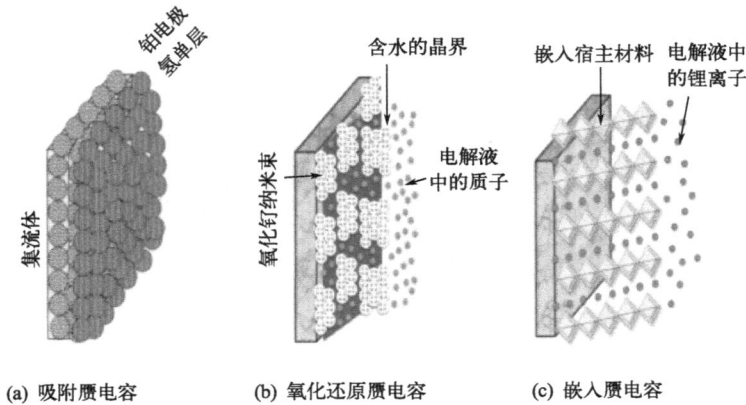

图 5.21　三种类型的赝电容存储机制
（a）吸附赝电容；（b）氧化还原赝电容；（c）嵌入赝电容

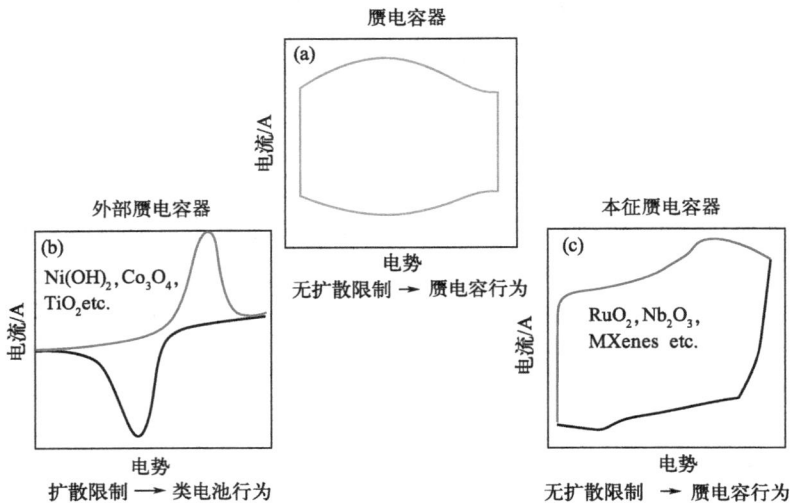

图 5.22　三种赝电容材料的循环伏安示意图
（a）由于快速离子扩散，没有扩散限制的赝电容；（b）具有扩散限制的外部赝电容；（c）内部赝电容器

（3）混合电容器

混合型超级电容器综合了双电层电容和赝电容两种储能机理，可以实现两种储能方式的互补，从而改善储能器件的功率密度、能量密度、工作电压及循环寿命等电化学性能。

近年来，随着电动汽车的快速发展和智能移动设备的应用，对储能器件的能量密度和功率密度要求不断提高，因此，混合超级电容器逐渐发展，而其中锂离子混合超级电容器的研究受到广泛关注。

锂离子混合超级电容器的基本结构如图 5.23 所示。正极通常是双电层电容器材料，负极为 Li^+ 嵌入型化合物。锂离子混合超级电容器的能量存储既有电容材料吸附电荷机制，又有 Li^+ 的嵌入/脱出反应，且能同时在正极吸脱附阴离子，又在负极嵌入/脱出 Li^+，所以其功率密度比锂离子电池高，能量密度又比双电层电容器高。此外，锂离子混合超级电容器的稳定性好，所需充放电时间短，使用寿命也长。

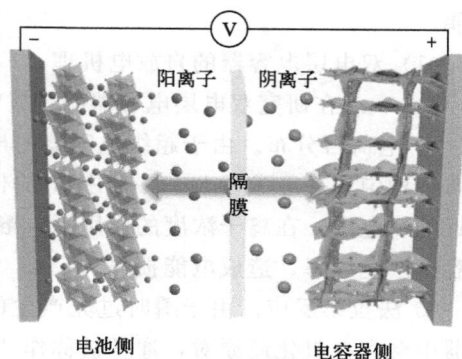

图 5.23　锂离子混合超级电容器的
结构示意图

5.4.2　电容与孔尺寸的关系

最初对活性炭的研究集中在通过开发高比表面积（SSA）和优化活化工艺来提高孔体积方面。但是，容量的提高仅限于大多数多孔样品。从对一系列在不同电解液体系中具有不同孔尺寸的活性炭的研究，发现在 SSA 和电容之间存在非线性关系。一些研究表明水合离子不能进入小于 $0.5nm$ 的孔，甚至小于 $1nm$ 的孔也太小，尤其是在有机电解液体系中，溶剂化离子的尺寸大于 $1nm$。这些结果与以前的工作一致，含有动态溶剂分子鞘的离子，在水分子情况下需要几百 kJ/mol 的能量去除这一溶剂化壳。生成比两个溶剂化离子大、尺寸分布在 $2\sim5nm$ 的孔是改善能量密度和功率密度的有效方式。所有的这些研究只适当地提高了性能。在有机和水系电解液中，质量比电容已经分别达到 $100\sim120F/g$ 和 $150\sim200F/g$，可归因于离子在介孔内的传输得以改善。此外，较好地平衡微孔和介孔的孔隙率可以实现电容的最大化。

5.4.3　超级电容器的自放电[29]

从实验上看，超级电容器的自放电表现为开路状态下，两电极间电压减小，造成能量的损失，因此开路电压测试是表征超级电容器自放电的最主要手段。电容器的开路电压（OCV）初始电压 U_0 开始下降，且压降速度随时间延长而减慢。从热力学角度来看，自放电现象是一个热力学自发过程，超级电容器由高能量的充电状态向低能量的放电状态自发转变。

在电化学电容器充电情况下，可能发生类似的自放电，但和充电电池自放电的机理不同。然而自放电的实际结果是一样的，即充电的电容器存放一段时间后，电荷消散，板间电压减小，导致电容器接近功能丧失状态。因此，研究电化学电容器的自放电行为具有重要意义。

在给定的温度下，充电的电化学电容器通常比大多数电池电极或者电池体系表现出更大的自放电速率。这种电压稳定性的差异归因于这样的事实，即在某些平衡开路值时，电池电极（充电状态）的电势通常由热力学决定。平衡开路值以交换电流密度 i_0 为特征；而充电的电化学电容器具有静电决定的电势差，该电势差没有热力学和动力学上使其稳定的机理，因此该电势容易被一些偶然的去极化过程所干扰，例如杂质或者表面起氧化还原作用的电偶。

（1）双电层电容器的自放电机理

Conway 在研究双电层电容器的自放电时，提出了自放电途径存在以下三种机理。

① 电荷再分布。由于超级电容器的电极材料往往具有发达的孔结构，电荷在电极表面分布不均匀，一般参考 De Levie 提出的传输线模型进行模拟。双电层电容器充电后，电极附近的双电层，在离子浓度的作用下，溶液中吸附在电极表面的离子会脱离电极表面，超级电容器产生压降，造成电能损失。

② 法拉第反应。由于瞬时过充产生的"过电势"和电解质中杂质离子的存在，超级电容器中会存在氧化还原对，通常被称作"梭子"，梭子在正负极间穿梭，以法拉第反应的形式，消耗掉双电层积累的电荷。

③ 欧姆泄漏。类似于常规的电容器泄漏，超级电容器两极之间存在欧姆泄漏途径（如隔膜的细小纤维、两电极密封处的并联泄漏等），使得正负极形成一条有电阻的通路，导致电荷在内电路中消耗。

（2）影响自放电行为的因素

针对测试中超级电容器自放电的影响因素，研究人员做了一系列对比实验来探索其规律。超级电容器自放电涉及的影响因素比较复杂，从内部因素看，超级电容器电极材料的孔径、电解液组分、电解质溶质盐和电解液添加剂等都会影响其自放电速率。从外部因素看，充放电过程中的截止充电电压、电压保持时间、环境温度等也是重要的考虑因素。

对多孔材料的微小孔径电容模拟研究一般以 De Levie 提出的传输模型为基础，孔径对自放电的影响一般称为电荷再分布。Kowal 等利用传输线模型对电极孔径对自放电的影响进行了建模分析，指出电极内部复杂的多孔结构，使电容器充电不充分，内部电势很难达到均衡，当充电结束后，会发生弛豫现象，电荷会向深层孔径扩散，从而实现电荷的再分布，而离子的扩散导致表观上开路电压的下降。

（3）减缓自放电的策略

自放电问题引起了超级电容器研究者的极大关注，已有多种方法被提出用于抑制超级电容器的自放电，主要策略集中在电极材料的改性、隔膜和电解液的优化、电容器结构设计等。

5.5 燃料电池

5.5.1 燃料电池的历史和发展

燃料电池（fuel cell）发电是继水力、火力和核能发电之后的第四类发电技术。它是一种不经过燃烧直接以电化学反应方式将燃料和氧化剂的化学能转变为电能的高效发电装置。自 1839 年 Grove 建造了世界上第一个燃料电池以来，燃料电池已经历 100 多年的发展历史。然而，真正引起科学家广泛兴趣的是始于 20 世纪 50 年代 Bacon 型燃料电池的研究和开发。燃料电池的首次实际应用是在 1960 年作为宇宙飞船的空间电源，此后燃料电池技术迅速发展，20 世纪 60～70 年代集中研究航空、航天方面用的燃料电池，20 世纪 80 年代后期重点研究地面用的燃料电池。世界上美国、欧盟、加拿大、日本等国家（地区）从那时起就投入了很大力量进行研究和开发。至今，已研制成了从几瓦的小功率燃料电池到兆瓦级的燃料电池发电站。

碳中和是一场绿色革命，绿氢则是公认的实现双碳目标的重要技术路径之一。由于氢气在存储、运输等方面存在一些障碍和困难，越来越多的绿氢被进一步制成甲醇、氨、航空燃油等易于存储和运输的液体电力燃料，即"Power to X"。燃料电池的逆过程可以用于电解水制备绿氢，是国际公认的当前最先进、最节能的电解水制氢技术。特别是，高温固体氧化物电解池（SOECs）不使用贵金属等的同时，还能共电解水蒸气与 CO_2 的混合物，一步到位、高效制取 H_2/CO 的合成气，相比当前从含烃的化石燃料中制氢技术减少了逆水煤气变换反应（RWGS）这个环节，在降低系统投资的同时，将能源转换效率提高了至少 10%，拥有巨大的应用价值和广阔的市场前景。

5.5.2 燃料电池的特点和分类

燃料电池是一种将燃料和氧化剂的化学能直接转变成电能的连续发电装置。燃料电池与一般电池的本质区别在于其能量供给的连续性，燃料和氧化剂是从外部不断供给的。对于燃料电池而言，从理论上讲，一方面，电池的电极在工作时并不消耗，只要连续地供给燃料和氧化剂，电池就可以连续对外发电；另一方面，燃料电池是高效、低或零污染排放、安全且操作方便的发电装置。

燃料电池的一个显著特点是不受卡诺循环的限制，能量转换效率高。由于燃料电池直接将化学能转变为电能，中间未经燃烧过程（亦即燃料电池不是一种热机），因此不受卡诺循环的限制，可以获得更高的转化效率。燃料电池的理论效率 η 为：

$$\eta = \Delta G / \Delta H = 1 - (T\Delta S)/\Delta H \tag{5.16}$$

燃料电池的理论能量转换效率可达 80%～100%，由于可能从环境吸收热量，效率甚至可能大于 100%，如图 5.24 所示。实际应用中，由于阴、阳极极化和浓差极化的存在和电解质的欧姆阻抗以及热损失等，燃料电池的能量转换效率 $\eta_{实际}$ 为：

$$\eta_{实际} = -nFV/\Delta H = nF(E - \eta_+ - \eta_- - IR)/\Delta H \tag{5.17}$$

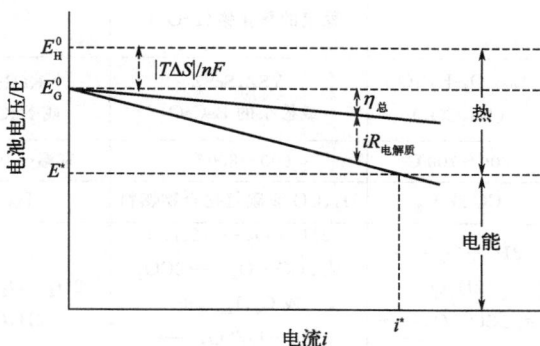

图 5.24 燃料电池电压 E 随电流的变化

注：E_H^0 为热电池电压；E_G^0 为基于 ΔG 的理想电池电压；$\eta_总$ 为阳极和阴极过电势之和；$iR_{电解质}$ 为电解质的阻抗欧姆过电势。

实际应用中，$\eta_{实际}$ 下降为 40%～60%，但还是比内燃机的能量转换效率高约 10%～20%。

此外，燃料电池的优点还有环境污染和噪声污染低，安全可靠性高，操作简单，灵活性大，建设周期短等。因此，国际上对燃料电池的开发和研制给予了高度重视。

燃料电池的基本组成为电极、电解质（可以是固体的，也可以是水溶液或熔融盐）、燃料和氧化剂。燃料电池的电极多采用多孔电极技术，电极可以由具有电催化活性的材料制成，也可以只作为电化学反应的载体和反应电流的传导体。燃料可以是气体（如 H_2、CO 和碳氢化合物）或液体（CH_3OH、N_2H_4 或高阶碳氢化合物），也可以是固体（金属氢化物、碳）。相对于燃料的选择，氧化剂的选择也比较方便，纯氧气、空气、氮氧化物等都可以工作，而空气是最便宜的氧化剂。

燃料电池可依据其工作温度、所用燃料的种类和电解质类型进行分类。按照工作温度，燃料电池可分为高温型、中温型、低温型三类；按燃料来源，燃料电池可分为直接式燃料电池（如直接甲醇燃料电池）、间接式燃料电池（如甲醇通过重整器产生氢气，然后以氢气为燃料）和再生型燃料电池进行分类。现在一般都依据电解质类型来分类，可以分为五大类燃料电池，即磷酸型燃料电池（phosphoric acid fuel cell，PAFC）、质子交换膜燃料电池（proton exchange membrane fuel cell，PEMFC）、熔融碳酸盐燃料电池（molten carbonate fuel cell，MCFC）、固体氧化物燃料电池（solid oxide fuel cell，SOFC）和碱性燃料电池（alkaline fuel cell，AFC），表 5.8 列出了五大类型燃料电池的构成及特征。

表 5.8　燃料电池的类型和特征

电池类型		PAFC	MCFC	SOFC	AFC	PEMFC
电极	阴极	高分散 Pt	高分散 Ni	Sr 掺杂的 $LaMnO_3$ （$La_{0.8}Sr_{0.2}MnO_3$） $La_{0.6}Sr_{0.4}Fe_{0.8}Co_{0.2}O_3$ （LSFC）	高分散 Ni	高分散 Pt/C
	阳极	高分散 Pt	高分散 Ni	Ni/YSZ[氧化钇(Y_2O_3) 稳定的氧化锆(ZrO_2)] 或 Ni/ScSZ [氧化钪(Sc_2O_3) 稳定的氧化锆(ZrO_2)]	高分散 Ni	高分散 Pt(Ru)/C
电解质		浓 H_3PO_4	Li_2CO_3-K_2CO_3 （Na_2CO_3）	YSZ，ScSZ 或掺杂的 $BaCeO_3$	KOH 或 NaOH	质子交换膜 （如 Nafion 膜）
工作温度		180～210℃	600～700℃	600～800℃	室温～100℃	室温～120℃
燃料		H_2	CO 或 H_2	H_2、CO 或碳氢化合物燃料	H_2	H_2 或甲醇
电池反应		$2H_2+O_2 \longrightarrow 2H_2O$	$2H_2+O_2 \longrightarrow 2H_2O$ 或 $2CO+O_2 \longrightarrow 2CO_2$	$2H_2+O_2 \longrightarrow 2H_2O$ 或 $2CO+O_2 \longrightarrow 2CO_2$ 或 $C_nH_{2n+2}+ (3n+1)/2O_2 \longrightarrow nCO_2+(n+1)H_2O$	$2H_2+O_2 \longrightarrow 2H_2O$	$2H_2+O_2 \longrightarrow 2H_2O$ 或 $CH_3OH+ 1.5O_2 \longrightarrow CO_2+ 2H_2O$
电极反应	阴极	$O_2+4H^+ + 4e^- \longrightarrow 2H_2O$	$O_2+2CO_2+4e^- \longrightarrow 2CO_3^{2-}$	$O_2+4e^- \longrightarrow 2O^{2-}$	$O_2+2H_2O+ 4e^- \longrightarrow 4OH^-$	$6H^+ + 3/2O_2 + 6e^- \longrightarrow 3H_2O$
	阳极	$2H_2- 4e^- \longrightarrow 4H^+$	$2H_2-4e^- \longrightarrow 4H^+$ 或 $2CO-4e^- + 2CO_3^{2-} \longrightarrow 4CO_2$	$2H_2+2O^{2-}-4e^- \longrightarrow 2H_2O$	$2H_2-4e^- + 4OH^- \longrightarrow 4H_2O$	$2H_2-4e^- \longrightarrow 4H^+$ 或 $CH_3OH+H_2O- 6e^- \longrightarrow CO_2+6H^+$

续表

优点	抗 CO_2，可应用于独立电站	无须贵金属催化剂，电池内部重整容易，Ni 催化剂抗 CO 中毒	无须贵金属催化剂，燃料适应性强，效率高	Ni 催化剂价格低，工作温度低，效率较高	功率密度高，工作条件温和，无溶液渗漏及腐蚀，启动快，工作可靠
缺点	贵金属催化剂对 CO 敏感 $\leqslant 1\%$，电解质电导率低	电池材料寿命短，机械稳定性差，阴极需要补充 CO_2，熔融碳酸盐腐蚀问题	制备工艺较复杂，工作温度高，价格较贵	对 CO 敏感 $\leqslant 350\mu L/L$，使用过程中电解质浓差极化大	膜及催化剂价格昂贵，对 CO 敏感，水管理要求高

　　碱性燃料电池、磷酸燃料电池和质子交换膜燃料电池的电堆基本上都要求比较纯净的 H_2 作为燃料供给阳极，因此在使用碳氢化合物或醇类燃料时需要一个外部燃料重整器并入这一系统，但是这样降低了系统的总效率。相反，熔融碳酸盐燃料电池和固体氧化物燃料电池可以在较高的温度下运行，它们具有 CO 和 H_2 可以在阳极上被电化学氧化的优点；此外，燃料重整反应能够在电堆内实现，这使得热电组合设计提高了系统的效率[69]。

　　通常，需要 $100mS/cm$ 的离子电导率，这样在 $1A/cm^2$ 的电流密度和 $100\mu m$ 的电解质厚度下，欧姆电压损失在 $100mV$ 范围内。如图 5.25 所示，各种电解质的离子电导率对温度有很强的依赖性，电解质覆盖了很宽的温度范围。

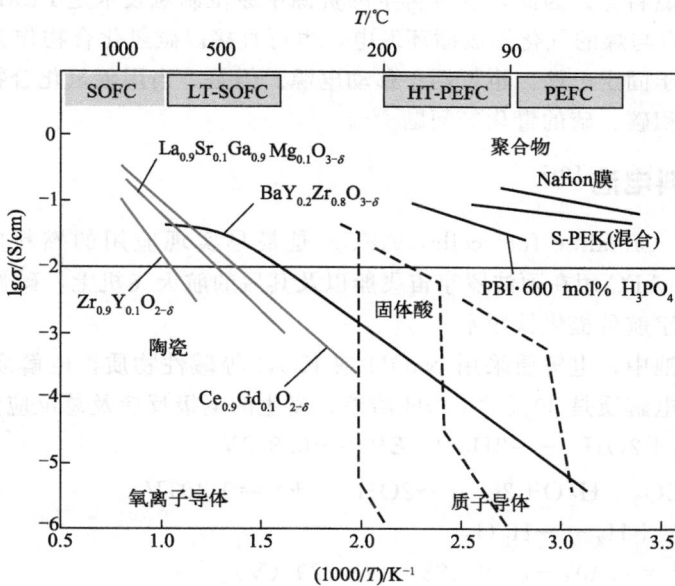

图 5.25　可用于燃料电池的各种电解质电导率随温度的变化

　　氧化反应发生在阳极（+），涉及电子的释放（例如，$O^{2-}+H_2 \longrightarrow H_2O+2e^-$ 或者 $H_2 \longrightarrow 2H^++2e^-$）。这些电子在外电路中传输，并借助于外电路产生电能，电子到达阴极（−）参与还原反应（例如，$1/2O_2+2e^- \longrightarrow O^{2-}$ 或者 $1/2O_2+2H^++2e^- \longrightarrow H_2O$）。应当指出的是，除了产生电能和反应产物之外（例如 H_2O 和 CO_2），燃料电池也产生热。对

于 SOFC、MCFC 和 AFC 三种燃料电池来说，反应产物在阳极生成；但是对于 PAFC 和 PEMFC 这两种燃料电池，反应产物在阴极生成。这种反应上的差异，对于燃料电池系统的整体设计，包括泵和热交换器是很关键的。在 MCFC 系统中，为了保持电解质的组成不变，CO_2 必须从阳极尾气重新循环到阴极进气口。此外，在水管理运行时，必须小心地控制聚合物膜电解质的组成。

尽管选定的燃料可以直接导入高温燃料电池（SOFC 和 MCFC）的阳极室，但是通常必须具有隔离开的重整器室才能对电堆实现较好的热管理，该重整器能够产生燃料和合成气（H_2 和 CO）的混合物，并很好地组合在电堆内部。对于较低温的燃料电池（PAFC 和 PEMFC），要求重整器放在电堆外部。在这些外部重整器中必须消耗一些燃料来维持运行的温度。此外，对 H_2 燃料的稀释降低了电池的性能，与以纯氢作为燃料运行的电池相比，效率显著降低。应当指出的是，AFC 不能够用重整的燃料运行，这是因为在气体中存在 CO_2。

纵观各种燃料电池的特点，质子交换膜燃料电池和固体氧化物燃料电池是两类最有发展前途的燃料电池。PEMFC 可在室温快速启动，它是电动车、潜艇动力源和各种可移动电源的最佳候选者。现在质子交换膜燃料电池存在的问题之一是要求燃料必须是氢。尽管氢气经常被称作未来理想的燃料，但是在氢气大规模普及之前，氢的制取和贮存还有很多问题需要解决。最大的问题之一是目前估计 96％的氢气是通过重整碳氢化合物产生的，即使是高度优化的大规模制氢技术，在这一过程中仍有 20％～30％的碳氢化合物燃料值损失。对于便携式应用的第二个主要问题是燃料的储藏，因为以一种能量密度可以与碳氢化合物液体相比的方式储氢是很困难的，并且是昂贵的。在其他的氢源利用和储氢的问题得以解决之前，氢气很难成为主要的燃料源。因此，从可再生的资源中原位制氢技术是 PEMFC 最终走向商业化的前提。SOFC 可与煤的气化构成循环发电，也可直接以碳氢化合物作为燃料，电池的能量密度高，既适合于固定电站，也可用于移动电源。但是，当用碳氢化合物作为燃料时，常规的阳极材料存在积碳、硫的毒化等问题[30]。

5.5.3　碱性燃料电池 [31]

碱性燃料电池（alkaline fuel cells，AFC）是最早实现应用的燃料电池。在 20 世纪 60～70 年代，曾将 AFC 用在阿波罗宇宙飞船以及其后的航天飞机上，碱性燃料电池被用来作为电源，同时为宇航员提供饮用水。

在碱性燃料电池中，电解质采用 NaOH 或 KOH 等碱性物质，电解质中的载流子是氢氧根离子。典型的电解质是 30％的 KOH 溶液，发生的电极反应及总反应为：

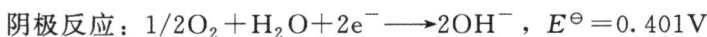

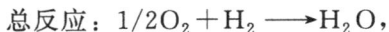

阳极反应：$H_2 + 2OH^- \longrightarrow 2H_2O$，$E^\ominus = -0.828V$

阴极反应：$1/2O_2 + H_2O + 2e^- \longrightarrow 2OH^-$，$E^\ominus = 0.401V$

总反应：$1/2O_2 + H_2 \longrightarrow H_2O$，

理论电动势 $E^\ominus = 0.401 - (-0.828) = 1.229$（V）

反应生成的产物水以及热量需要带出电池，通常通过循环电解液将水和热带出，使用冷却剂降温，通过蒸发除去产物水。电池的工作原理如图 5.26 所示。由于 AFC 采用碱溶液作为电解质，具有如下优点。

① 效率高。因为氧的还原反应在碱性介质中比在酸性介质中更容易进行，活化过电位比较小，所以电池的设计点可以放到较高的电压下。AFC 的单电池电压设计点一般在 0.8～0.95V，而 PEMFC 的在 0.6～0.8V。这样，AFC 的效率要比 PEMFC 高 15％左右。②材

料要求低。在碱性介质中，镍是稳定的，可以用镍作为双极板材料，价格便宜。而且与 PAFC 和 PEMFC 不同的是，AFC 除了可以用铂、钯、金、银等贵金属外，还可采用镍、钴、锰等过渡金属，也具有足够的电化学活性。

但是，采用碱性电解液也使 AFC 存在以下缺点。

①电解质为碱，易与 CO_2 生成 K_2CO_3、Na_2CO_3 等碳酸盐，严重影响电池性能，所以必须除去 CO_2。这使得采用空气作为阴极反应物遇到很大的困难。②电解液需要循环以维持电池的水、热平衡，使系统变得复杂，影响电池的稳定操作性能。

20 世纪 50 年代，英国剑桥大学的 F. T. Bacon 教授用高压氢、氧气体系制造了世界第一个功率为 5kW 的碱性燃料电池（AFC），工作温度为 150℃。随后建造了一个 6kW 的高压氢氧碱性燃料电池发电装置。进入 20 世纪 60

图 5.26　碱性燃料电池工作原理

年代，由美国普拉特-惠特尼公司把该系统加以发展，成功地用来给阿波罗登月飞船提供电力。1987 年海牙会议期间，欧洲空间局（ESA）和法国宇航中心（XNES）宣布用于可复用的 Hermes 空间火箭新一代的 AFC，由比利时的 Elenco 公司、德国西门子和 Varta 公司承担。

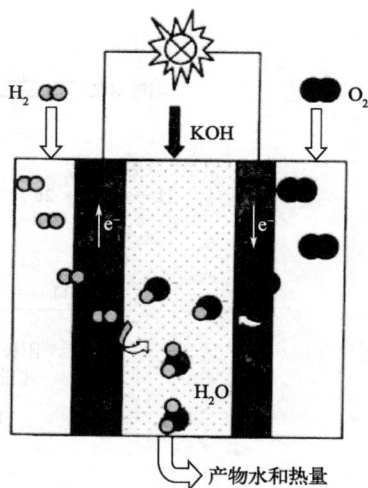

5.5.4　磷酸燃料电池

磷酸燃料电池（phosphoric acid fuel cell，PAFC）以磷酸为电解质，磷酸在水溶液中易解离出质子（$H_3PO_4 \longrightarrow H^+ + H_2PO_4^-$），并将阳极（燃料极）反应中生成的质子传输至阴极（空气极）。在阳极，燃料气中的氢气在电极表面反应生成质子并释放出电子；在阴极，经电解质传输的质子及经负载电路流入的电子与外部供给的氧气反应生成水。其电极反应及 PAFC 的总反应为：

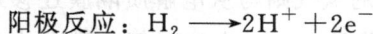

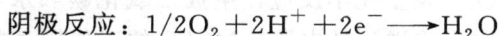

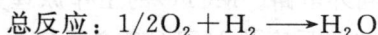

阳极反应：$H_2 \longrightarrow 2H^+ + 2e^-$

阴极反应：$1/2O_2 + 2H^+ + 2e^- \longrightarrow H_2O$

总反应：$1/2O_2 + H_2 \longrightarrow H_2O$

PAFC 工作原理如图 5.27 所示。为了有效地完成上述反应，电极必须具有高的催化活性、长寿命等特性，还应有良好的多孔扩散功能，使电极能维持稳定的三相反应界面。

PAFC 的工作温度为 180～210℃，选择这一温度范围的依据是磷酸的蒸气压、材料耐腐蚀性能、电催化剂耐 CO 能力及电池性能要求。研究表明，提高工作温度能使 PAFC 效率更高。

PAFC 的工作压力为常压至几百千帕。通常，对于小功率 PAFC 电池堆常采用常压操作。对于大功率 PAFC 电池堆，大多采用加压操作。与常压操作相比，在较高的压力下运行时，PAFC 电化学反应速率加快，发电效率提高。对于加压操作的 PAFC 系统，工作压力一般设定在 0.7～0.8MPa。

PAFC 是成熟的燃料电池发电装置。日本东芝、富士电机、三菱电机、三洋电机和日立公司以及美国 UTC 所属的 UTC 燃料电池公司都基本掌握了 PAFC 发电系统制造技术。1991 年日本东芝与 UTC 联合制造的 11MW 级 PAFC 是世界上运行规模最大的燃料电池发

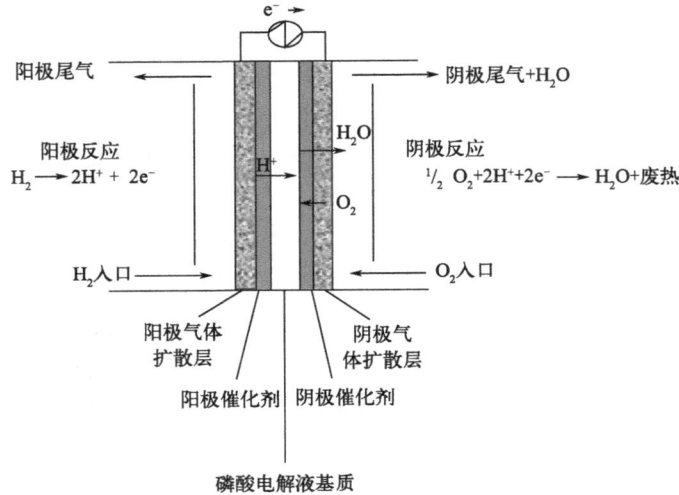

图 5.27　磷酸燃料电池工作原理

电系统，该系统的发电效率为 41.1%，能量利用效率为 72.7%。

　　美国 UTC 燃料电池公司与日本东芝公司下属的 ONSI 机构生产的 200kW 级 PC25^{TM} 型 PAFC 发电装置是推广使用最多的 PAFC 发电系统，最长运行时间已经超过 4 万小时，达到商业运行的基本要求。

5.5.5　熔融碳酸盐燃料电池[32]

　　熔融碳酸盐燃料电池（molten carbonate fuel cell，MCFC）采用碱金属（Li、Na 或 K）的碳酸盐作为电解质隔膜、Ni-Cr/Ni-Al 合金作为阳极、NiO 作为阴极，电池工作温度为 650～700℃。在此温度下电解质呈熔融状态，导电离子为碳酸根离子（CO_3^{2-}）。熔融碳酸盐燃料电池以氢气为燃料，氧气/空气和二氧化碳为氧化剂。工作时，阴极上氧气和二氧化碳与从外电路输送过来的电子结合，生成 CO_3^{2-}；阳极上的氢气则与从电解质隔膜迁移过来的 CO_3^{2-} 发生化学反应，生成二氧化碳和水，同时将电子输送到外电路。MCFC 的工作原理如图 5.28 所示。其电极反应及 MCFC 的总反应为：

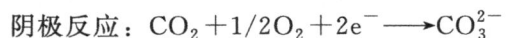

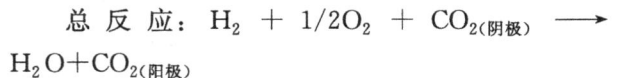

图 5.28　MCFC 的工作原理

阳极反应：$H_2 + CO_3^{2-} \longrightarrow H_2O + CO_2 + 2e^-$

阴极反应：$CO_2 + 1/2O_2 + 2e^- \longrightarrow CO_3^{2-}$

总 反 应：$H_2 + 1/2O_2 + CO_{2(阴极)} \longrightarrow H_2O + CO_{2(阳极)}$

　　从上述方程式可以看出，MCFC 与其他燃料电池的区别在于反应中需要用到二氧化碳，二氧化碳在阴极消耗，在阳极重新生成，可以循环使用。在实用的 MCFC 中，燃料气并不是纯氢气，而是由天然气、甲烷、石油、煤气等转化产生的富氢燃料气。阴极氧化剂则是空气与 CO_2 的混合物，其中含有 N_2。

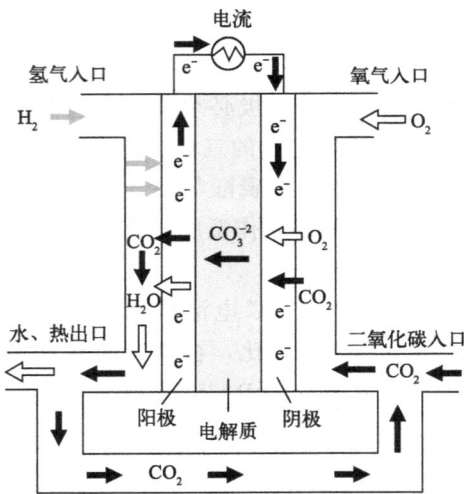

MCFC 的工作温度为 650℃ 左右，在此温度下，碳酸盐呈熔融状态，借助于毛细管力被保持在电解质隔膜中。因此，MCFC 电解质隔膜的性能必须满足：①有较高的机械强度，无裂缝，无大孔；②在工作状态下，隔膜中应充满电解质，并能保持良好的电解质性能；③具有良好的电子绝缘性能。

MCFC 工作时，在阳极发生氢的氧化反应，阴极则发生氧的还原反应，由于工作温度高（650℃），反应时有电解质（CO_3^{2-}）参与，故要求电极材料有很高的耐腐蚀性和较高的电导率。同时，由于工作温度高，MCFC 的电极催化活性也高，通常使用非贵金属 Ni 作为 MCFC 的电极材料。

作为 MCFC 隔膜材料的 $LiAlO_2$，其物理特性和结构形态（如粒子大小、粗细粒子比例或比表面积等）都会强烈地影响隔膜的强度和保持电解质的能力。$LiAlO_2$ 有 α、β、γ 三种晶型，分别属于六方、斜方和四方晶系，它们的外形分别为棒状、针状和片状，密度分别为 $3.400g/cm^3$、$2.610g/cm^3$ 和 $2.615g/cm^3$。其中 γ-$LiAlO_2$ 和 α-$LiAlO_2$ 都可用作 MCFC 的隔膜材料。早期，γ-$LiAlO_2$ 用得多一些；目前，α-$LiAlO_2$ 用得更多一些。

除了具有一般燃料电池的优点外，MCFC 还具有如下技术特点：①由于 MCFC 的工作温度为 650～700℃，属于高温燃料电池，其本体发电效率较高（可达 60%LHV），且不需要贵金属作催化剂；②既可以使用纯氢气做燃料，又可以使用由天然气、甲烷、石油或煤气等转化产生的富氢合成气做燃料，燃料范围大大增加；③排出的废热温度高，可以直接驱动燃气轮机/蒸汽轮机进行复合发电，进一步提高系统的发电效率。

在 MCFC 应用方面，美国主要由 Fuel Cell Energy（FCE）公司进行开发，已经实现商业化，从 2001 年开始进入分布式发电电源市场。其中，250kW～3MW 内部改质型，联合发电效率 55%（LHV）的电池模块目前销售价格为 3500～4000 \$/kW。

20 世纪 90 年代以来，我国多家研究机构开展了熔融碳酸盐燃料电池的研究工作。"九五"期间，科技部、中国科学院和教育部组织了中国科学院大连化学物理研究所、上海交通大学等单位进行熔融碳酸盐燃料电池的研究，在阴极、阳极、电解质隔膜、双极板等关键材料和部件的制备，电池组的设计、组装、运行和电池系统总体技术的开发上，均取得了一定的突破，如电解质隔膜的冷辊压和流铸制备工艺，制备隔膜的面积可达 $2000cm^2$ 以上，上海交通大学和中国科学院大连化学物理研究所都于 2001 年成功进行了 1kW 熔融碳酸盐燃料电池组的发电试验。

国家科技部在"十五"863 高技术计划能源领域的后续能源主题中对 MCFC 的研发进行了资助，具体的研发目标为：掌握熔融碳酸盐燃料电池（MCFC）的设计制造及发电系统集成技术，建成 50kW 级的示范发电装置。在 MCFC 的关键部件与材料制备方面取得突破与创新，为 MCFC 发电系统的实用化提供技术支撑。上海交通大学与上海气轮机有限公司合作，已完成了 50kW MCFC 发电外围系统的建设，10kW 的 MCFC 电池组已经制作完成。

5.5.6　质子交换膜燃料电池[33]

质子交换膜燃料电池（PEMFC，下面简称燃料电池）因具有效率高、功率密度大、排放产物仅为水、低温启动性好等多方面优点，被视为下一代车用动力电池的发展方向之一，是当前主流的车用燃料电池类型。

图 5.29 示意了 PEMFC 的基本结构与工作原理，PEMFC 主要由双极板（BP）、催化层（CL）、质子交换膜（PEM）以及气体扩散层（GDL）组成，其中 GDL 又通常由碳纤维基

底层和微孔层（MPL）构成。PEMFC 工作过程中，氢气分子在阳极催化剂的作用下，被氧化为质子（H^+），并释放出电子（e^-）。e^- 从燃料电池阳极经由外电路对外做功后到达阴极，同时 H^+ 从燃料电池内部穿过 PEM 到达阴极；在阴极催化剂的作用下，H^+、e^- 与空气中的 O_2 三者发生反应，生成 H_2O。图 5.30 给出了质子交换膜燃料电池电堆结构示意图。

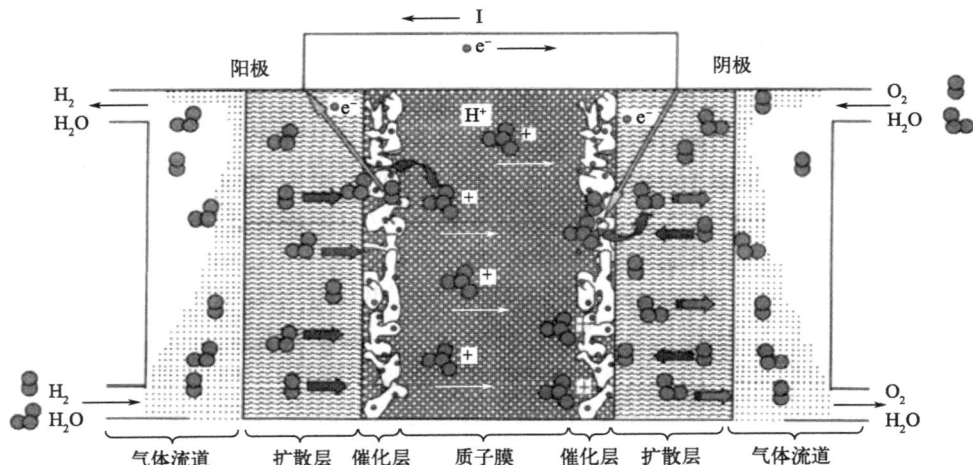

图 5.29　质子交换膜燃料电池基本结构与工作原理示意图

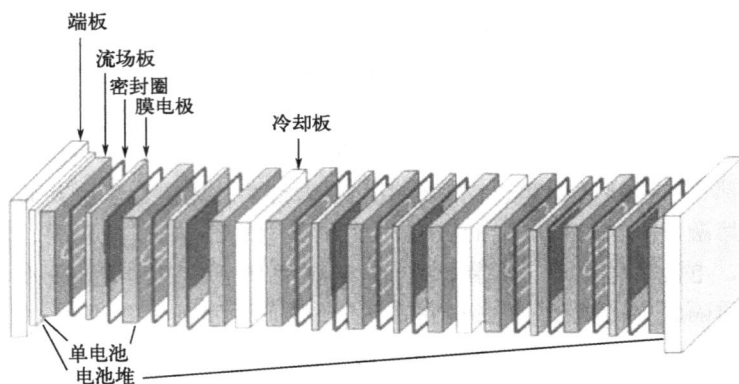

图 5.30　质子交换膜燃料电池电堆结构示意图

质子交换膜燃料电池的核心部分称作膜电极组件（MEA），包括质子交换膜、阴阳极催化层、阴/阳极平整层、阴/阳极气体扩散层。广泛使用的质子交换膜有美国杜邦公司的 Nafion 膜、道尔公司的 Dow 膜、日本东海化学工业株式会社的 Aciplex-S 膜、加拿大巴拉德公司的 BAM 膜等。

气体扩散层通常为石墨炭纸或碳纤维编织布，再经过 PTFE 憎水处理。扩散电极上需要附着一层活性炭层以使电极表面平整，再附着上碳载 Pt 催化剂。这几层经过热压成型构成膜电极组件，厚度为数百微米。各个 MEA 之间加上密封圈和双极板构成电堆。

双极板材料通常为石墨板，在其上加工阴极、阳极气体流场。采用金属双极板可以使电池能量密度得到提高，但需要解决极板腐蚀的问题。

（1）燃料电池阴极催化剂

① Pt 基催化剂。燃料电池的阴极反应——氧还原反应（ORR）是一个高度不可逆的动

力学反应。在所有金属单质中，贵金属 Pt 具有最高的催化活性，但是其储量极少，价格昂贵。同时 ORR 过程通常需要富氧高电势的工作条件，电催化剂的稳定性也是阻碍电催化剂大规模应用的限制之一。目前，贵金属 ORR 电催化剂通常是异质载体担载的贵金属纳米颗粒。二者对于活性和稳定性都有较大的影响。这主要是因为载体材料和贵金属纳米颗粒之间存在相互作用，二者之间可以相互影响。国内外高性能 Pt 基催化剂发展情况如表 5.9 所示。

表 5.9　国内外高性能 Pt 基催化剂研究进展（0.9V 下的数据）

催化剂	质量比活性/(A/mg Pt)	面积比活性/(mA/cm²)	区域
Au-Ti/Pt 纳米粒子	3.0	1.32	国际
Ni/FePt 纳米粒子	0.49	1.95	
PtPd 纳米笼	1.28	3.5	
Pt$_3$Co	0.52	1.1	
Pd/Pt	0.64	1.36	
Pt 纳米笼	1.12	2.48	
Pt$_3$Ni 纳米框架	3.26	5.98	
Pd/Pt 纳米线	1.56	0.98	国内
FePt 纳米线	0.844	1.53	
PtPb/Pt	4.3	7.8	
Mo-Pt$_3$Ni	6.98	10.3	

为提升 Pt 催化活性及降低 Pt 的载量，针对 Pt 基催化剂，可以通过加入过渡金属制备低铂合金催化剂、非贵金属@铂核壳结构催化剂、金属间化合物（有序合金）、中空合金壳及纳米笼等手段，提升铂的利用率、催化活性和稳定性。通用、丰田、巴斯夫以及美国 Brookhaven 国家实验室均拥有大量关于低铂催化剂的专利，但批量化制备技术鲜有报道。目前主要提出了以下策略：a. 调控催化剂的组成，如引入价格低廉的第二金属；b. 大量暴露优势晶面，即制备特殊形貌的贵金属纳米粒子，发展具有高指数晶面的 Pt 基纳米粒子催化剂；c. 发展 Pt 核壳甚至单层结构的纳米颗粒，不仅可以降低 Pt 的用量，同时可以通过调控表面 Pt 原子的电子结构和应力实现活性和稳定性的大幅度提升。在载体方面，催化剂载体的性质对催化剂活性和稳定性有着至关重要的影响。一方面，载体与活性金属粒子之间相互作用的强度影响着催化剂粒子的附着力，二者相互作用的增强可以防止催化剂活性金属粒子的团聚、迁移，这是提高催化剂稳定性的关键；载体自身的稳定性也会直接影响电极甚至燃料电池整体的稳定运行。另一方面，载体对催化剂活性也有影响。催化剂载体的改进可以从两方面着手：一是改进目前的碳载体材料，通过对碳载体的性质，如微观结构、表面的官能团、比表面积、孔径分布、导电性等进行优化，采用高温石墨化处理、功能化等方法，增强高电位下碳载体的耐腐蚀性，以期获得高效的燃料电池催化剂载体材料；二是采用新型的载体材料，如碳纳米管或氮掺杂的碳纳米管、金属掺杂的二氧化钛等含碳与非碳载体。这些新型载体材料在一定程度上提高了催化剂的耐腐蚀性，但在比表面积方面还不甚理想，均低于现有的载体材料。因此，具有高比表面积、高耐蚀性能和高导电性兼顾的载体材料还是研究的热点和难点。

② 非贵金属催化剂。质子交换膜燃料电池的商业化应用成本长期受限于其对价格昂贵的铂催化剂的强烈依赖。探索以储量丰富的物质为原料，制备廉价高效的非贵金属氧还原催

化剂对于大幅度降低燃料电池成本、推进其商业化应用具有决定性意义。非贵金属催化剂的研究主要包括金属氮碳类、金属氧化物、导电聚合物、过渡金属硫化物、金属碳化物和氮化物等。热解型金属/氮共掺杂碳材料（M/N/C）是目前最具实际应用潜力的氧还原反应催化剂，尤其以 Fe/N/C 催化剂这类材料综合性能最佳，很有希望代替铂催化剂。

　　表 5.10 中统计了近年来文献中报道的高活性 Fe/N/C 催化剂在 PEMFC 中测试的性能。加拿大 Jean-Pol Dodelet 和美国洛斯·阿拉莫斯国家实验室的 Piotr Zeleney 是该领域的领军人物。2009 年，Dodelet 首先在 *Science* 上报道了性能与商业 Pt/C 催化剂可比拟的 Fe/N/C 催化剂。2011 年，他们利用金属有机框架（MOF）化合物作为基底，在氨气中制备得到 Fe/N/C 催化剂，电流密度为 $44mA/cm^2$ 时的电压达到 0.887V。当前，Fe/N/C 应用于 PEMFC 时，其峰值功率可达 $1.0W/cm^2$，但长期稳定性较差。值得注意的是，2017 年 9 月，加拿大巴拉德动力系统（Ballard Power System）公司宣布与日新控股（Nisshinbo）合作，开发了世界首个商业化的基于非贵金属阴极催化剂的燃料电池堆（30-watt FCgen®-1040），将铂催化剂的使用量降低了 80% 以上（氢气氧化反应仍使用少量铂）。

表 5.10　目前综合性能最佳的 Fe/N/C 催化剂的 PEMFC 性能

电压@44(mA/cm^2) /$V_{iR-free}$	功率密度@0.6V /(W/cm^2)	峰值功率 /(W/cm^2)	背压/bar	参考文献
约 0.86	0.32	0.45	1	Jean-Pol Dodelet
约 0.887	0.75	0.91	1	Jean-Pol Dodelet
约 0.875	0.53	0.63	1	Frédéric Jaouen
0.88 0.871	0.82 0.73	1.03 0.94	2 1	Zhi-You Zhou
—	0.86	1.06	1.38	Zhong-Wei Chen
约 0.877	约 0.69	0.924	1	Di-Jia Liu
0.87	约 0.67	0.94	1	Piotr Zelenay
—	0.78	0.98		Yuta Nabae

（2）离子交换膜

　　用于 PEMFC 的质子交换膜有以下要求：①质子传导性能高，可以降低电池内阻，提高电流密度；②较好的水稳定性、氧化稳定性和化学稳定性，能够阻止聚合物链在活性物质作用下降解；③较低的尺寸变化率，防止膜吸水和脱水过程中的膨胀和收缩引起局部应力增长造成膜与电极剥离，缩短电池寿命；④较高的机械强度，可加工性好，满足大规模生产要求；⑤较低的燃料渗透率，以免氢气和氧气在电极表面发生反应，造成电极局部过热，或者甲醇渗透导致混合电压，从而影响电池的电流效率；⑥适当的性能/价格比。质子交换膜种类繁多，主要包括全氟质子交换膜、部分氟化聚合物膜、新型非氟聚合物膜、复合膜四类。全氟磺酸树脂（PFSA）分子的主链具有聚四氟乙烯结构，具有优良的热稳定性、化学稳定性和较高的力学强度，聚合物膜的使用寿命较长；分子支链上的亲水性磺酸基团能够吸附水分子，具有优良的离子传导特性，是目前 PEMFC 主要采用的一种质子交换膜。该类磺酸膜的出现极大地促进了国内外质子交换膜燃料电池的发展。另外，为了规避酸性质子交换膜需要贵金属催化剂的难题，发展用于碱性 PEMFC 的碱性阴离子交换膜也是十分必要的。近年来，碱性阴离子交换膜发展势头迅猛，通过微相分离、辐射接枝等手段，阴离子交换膜的电导率已经可达 100mS/cm。

酸性阳离子交换膜（主要是商业 Nafion 膜）存在成本高、高温下膜易发生化学降解、质子传导性变差、燃料易渗透等问题。可以通过掺杂、共混等手段来改善膜的性能，提高其保水性、质子传导能力以及降低其燃料渗透率。

碱性阴离子交换器（AEM）存在离子电导率低、碱稳定性能差等问题。离子电导率低是由于 OH^- 体积比 H^+ 的体积大，其质量是 H^+ 的 7 倍，因此 OH^- 在相同温度下的传导率比 H^+ 低；稳定性差则是因为在碱性条件下，季铵阳离子基团（QA）容易受到 OH^- 进攻，进而发生亲核取代和霍夫曼消除反应，季铵基团从聚合物主链脱离下来，从而电导率降低，同时耐碱性变差。因此开发耐碱性和高电导率的阴离子交换膜是未来的发展趋势与挑战。耐碱性问题的解决思路包括：①采用具有共轭/非共轭体系的新型离子交换基团（如咪唑、螺环季铵阳离子、吡咯镓阳离子等）构建共价交联结构可以改善侧链季铵型 AEM 的膨胀率和吸水率，还可以改善膜的拉伸强度，大分子交联形成的网状结构能够阻止 OH^- 进攻阳离子基团，改善 AEM 的化学稳定性，优化聚合物主链；②采用在碱性条件下稳定的聚合物框架，如不含芳醚键的高分子；③引入保护基到 AEM 侧链，提升侧链耐碱性能等。提升离子传导率的方法包括构建相分离结构和采用强碱性离子交换基团等。

（3）膜电极

膜电极组件（membrane electrode assembly，MEA）是燃料电池和 SPE 水电解器运行过程的"心脏"，对其性能起到关键作用。MEA 的性能除了与材料有关外，还与结构密切相关。伴随着燃料电池技术几十年的发展，MEA 技术已经经历了两次变革。第一代是将催化剂浆料制备到气体扩散层（gas diffusion layer，GDL）表面，并最终热压形成五合一电极的电池结构。但该方法所得催化层厚度较大、催化剂利用率低、性能较差。第二代是催化剂直接涂膜，即催化剂涂层膜（catalyst coated membrane，CCM）制备方法，是以 PEM 为催化层支撑体，直接把催化层喷涂或者刷涂到 PEM 两侧，并经一定工艺处理后形成薄层 MEA。CCM 制备方法现已被广泛使用，是目前主流的商业化制备方法。然而，这两种制备方法所得电极均属于多孔复合电极。在催化层中，催化剂、离子交换聚合物与孔隙均为无序分布状态，致使催化反应所需的三相反应界面的边界长度减小，催化层中存在大量的无效区域，利用率有限。同时，电极中的气相传质通道不规则，传质极化严重。因此，构筑有序化的膜电极结构将为增加催化层三相反应界面、提高催化剂利用率和改善传质问题带来新的解决思路。例如，使用垂直排列的碳纳米管（VACNT）膜电极组装的电池在 65℃下功率密度已达 $1.4W/cm^2$；但是这种结构的整体有限性尚需进一步提高，而传质阻力也需要进一步改善。在基于催化剂包覆的有序化电极研究方面，美国 3M 公司开发的 NSTF（nanostrucure thin film）序化膜电极的发电性能已达 $2.0A/cm^2$ @ $0.6V$，同时 Pt 的载量已经降低到 $0.15g/kW$。未来有序化膜电极结构的开发将成为解决催化剂利用率和电极传质阻力瓶颈的重要解决方式。

（4）双极板

双极板的两面都有加工出的流场。流场形式对于双极板阳极和阴极可以各不相同，流体在流场中的流动方向也可以不一样，氧化剂和燃料可以按照顺流、逆流或错流等方式流动。流场形式选择和设计对电池的性能有很大的影响。

基本流场形式主要包括蛇形流道（serpentine channels）、平行流道（parallel channels）、平行蛇形流道（parallel serpentine channels）、交指流道（interdigitated channels）、螺旋流

道（spiral channels）和网格流场（mesh flow field）等。

蛇形流道是最常见的，也是被人们研究最多的流场形式。如图 5.31(a) 所示，有矩形、半圆形或者三角形，但是应用最多的是矩形截面。由于只有一条流道，所以它的突出优点是能迅速排出燃料电池生成的水，不会像有些流场出现水堵塞流道的情况。但是，对于面积比较大的极板，这种流场形式会造成流道过长，从而引起压降较大和电流密度分布不均匀。有研究表明，对于蛇形流道的尺寸：流道宽度在 $1.14\sim1.40$mm 范围内最佳，而脊的宽度和流道深度分别在 $0.89\sim1.40$mm 和 $1.02\sim2.04$mm 为最佳。

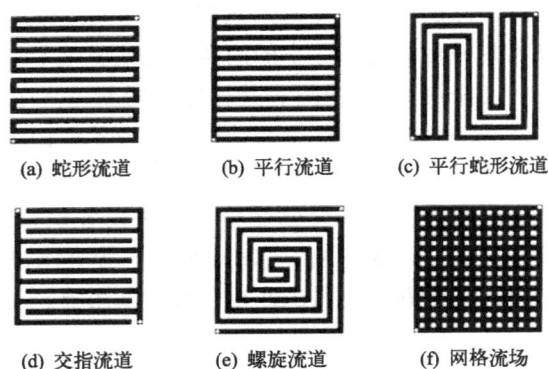

(a) 蛇形流道　　(b) 平行流道　　(c) 平行蛇形流道

(d) 交指流道　　(e) 螺旋流道　　(f) 网格流场

图 5.31　各种形式的流场示意图

在流场设计过程中，同样需要考虑扩散层材料的强度和柔韧性。此外，针对不同的应用环境，选取的 GDL 必须满足气体在压降尽可能小的情况下扩散到催化层。需要强调的是，对于 GDL 其在横向上电导率和扩散性要高于纵向，这是因为流场板分为脊和槽，与脊接触的 GDL 内部更需要扩散层在横向的扩散能力和导电能力。

为了提高扩散层材料的特性，常采用压制工艺以及对其表面进行处理，在选取扩散层材料时，扩散层基体、催化剂种类、双极板及流场形式必须加以综合考虑。

石墨化炭纸或者炭布能够满足扩散层的一系列要求，但是在不同的工作状态下 PEMFC 需要不同的水热及反应气体的平衡，因此要求扩散层具备较宽的适用范围，所以在扩散层制备过程中，配方以及制备、处理工艺是非常棘手的技术问题。

在低温下，CO 会使 Pt 催化剂失去活性。所以 PEMFC 对燃料中的 CO 非常敏感，稳定操作需要将 CO 的浓度降低到 5×10^{-6} 以下，采用 Pt-Ru 合金催化剂可以将 CO 耐受量提高到 10^{-4} 数量级。

PEFMC 工作温度低于水的沸点，生成的水为液态，气体扩散电极容易被淹没。PEMFC 的水管理比较复杂，液态水太多容易造成电极的水淹，水太少又容易引起膜干，两种现象都会导致电池性能的衰减，所以 PEMFC 的水管理特别重要。提高电池工作温度是简化电池操作的一个解决方法，采用新型质子交换膜［如聚苯并咪唑（PBI）膜］，将电池工作温度提高到 $180\sim200$℃，既可以简化水管理，又可以使 CO 的耐受能力提高到 1% 左右，还可以使电池的废热得到有效利用。高温质子交换膜燃料电池是今后发展的一个新方向。

PEMFC 具有高功率密度、高能量转换效率、低温启动、环境友好等优点，最有希望成为电动汽车的动力源。戴姆勒-克莱斯勒公司与加拿大的巴拉德公司合作，开发的质子交换膜燃料电池汽车已经到了第 6 代，采用 350bar 高压储氢，行程可达 150km，最高时速140km。目前最畅销的燃料电池汽车车型是丰田 Mirai，预计该车型的下一版将把铂含量从目前的 30g 下降三分之二，至 10g 左右。

现代汽车公司（Hyundai Motor Co）推出了 NEXO 车型，该款车型燃料电池的铂含量已经从之前的 78g 减至 56g，续航里程可达 380mi（1mi＝1.61km）。现代计划投资 60 亿欧元，到 2030 年生产 70 万套燃料电池系统。预计燃料电池早期主要市场是重型货车和公共汽车。日产最畅销的燃料电池电动汽车聆风（Leaf）的续航里程为 226mi。

我国在整车、系统和电堆方面均已有布局，但零部件方面的相关企业仍较少，特别是最基本的关键材料和部件（如质子交换膜、碳纸、催化剂、空压机和氢气循环泵等）的相关企业较少。在系统方面以车用质子交换膜燃料电池为主，主要企业有新源动力、亿华通、氟尔赛、广东国鸿、潍柴动力和上海神力等。在燃料电池系统关键零部件方面，中国与国际先进水平差距较大，基本没有成熟产品。

5.5.7 固体氧化物燃料电池[30]

早在 1937 年，Baur 等首先用 ZrO_2 制作了含有固体电解质的 SOFC。1962 年 Weissbart 和 Ruta 发表了第一篇有关固体氧化物燃料电池的论文。自 20 世纪 60 年代开始，美国西屋电气公司长期倾注大量的财力物力研制 SOFC。

SOFC 是最理想的燃料电池类型之一，它采用全固态电池结构，避免了使用液体电解质所带来的腐蚀和电解质流失等问题；电池在高温（800～1000℃）下工作，电极反应相当迅速，无需使用贵金属电极，电池成本大大下降。同时电池在高温下工作，电池排出的高质量余热可得到充分利用，既可以用于取暖，也可以与蒸汽轮机联用进行循环发电，能量综合利用效率可从单纯的 50% 提高到 80%；更为突出的优点是 SOFC 的燃料适用范围广，不仅可以用 H_2、CO 等作为燃料，而且可直接利用天然气（甲烷）、石油液化气、煤气化气或碳氢化合物，甚至其他可燃烧的物质，如 NH_3、H_2S 等。SOFC 也是煤炭洁净转化技术之一。目前 SOFC 研究有两大主要目标：一是将电池的运行温度从 800～1000℃ 降低至 500～800℃，其主要目的是想实现电池堆的使用寿命与性能间的最优结合以及降低整个系统的成本；二是研制直接利用碳氢化合物的燃料电池，简化燃料电池的系统，使其更加实用。固体氧化物燃料电池被认为是最有前景的能源技术之一，目前世界上包括美国、日本等许多发达国家都投入巨大的人力物力开展这方面的研究工作。

5.5.7.1 SOFC 工作原理

SOFC 由阴极、阳极、电解质和用电器组成，电解质将电池分隔为燃料极（阳极）和空气极（阴极）。氧分子在空气电极得到电子，被还原成氧离子 O^{2-}，在阴阳极氧的化学势差作用下，氧离子（通常以氧空位的方式）通过电解质传输到阳极，并在阳极与燃料（如氢气）反应，生成水和电子，电子通过外电路的用电器做功，并形成回路，产生直流电，如图 5.32 所示。在一个 SOFC 电堆中，单电池经过连接体串联在一起。

电极反应和 SOFC 的总反应如下：

阴极反应：$O_2 + 4e \longrightarrow 2O^{2-}$

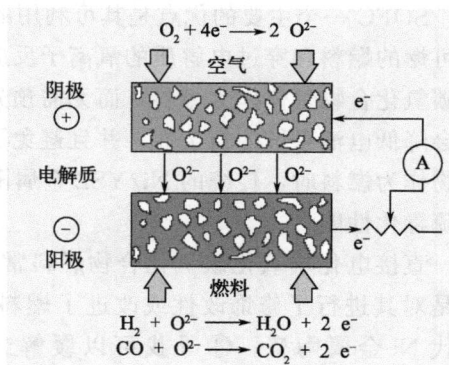

图 5.32 SOFC 工作原理示意图

阳极反应：$H_2 + O^{2-} \longrightarrow H_2O + 2e^-$

$CO + O^{2-} \longrightarrow CO_2 + 2e^-$

$C_nH_{2n+2} + (3n+1)O^{2-} \longrightarrow nCO_2 + (n+1)H_2O + (6n+2)e^-$

总反应：$1/2O_2 + H_2 \longrightarrow H_2O$

$1/2O_2 + CO \longrightarrow CO_2$

$(3n+1)/2O_2 + C_nH_{2n+2} \longrightarrow nCO_2 + (n+1)H_2O$

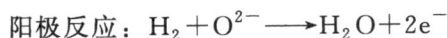

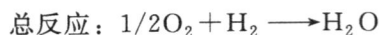

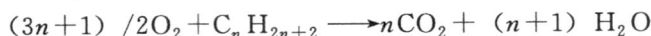

在包括 SOFC 的所有燃料电池中，除了用电器外，电池内电路也消耗一定能量，形成热损失，又称为电化学电阻损失，它包括电解质电阻、电极极化电阻。由于电化学损失是不可避免的，如何降低和利用热损失，是所有燃料电池设计所必须考虑的问题。与其他类型燃料电池不同，热损失在 SOFC 中可以得到有效的利用。首先，这些热量保证了 SOFC 在高温下运行，其次高温热量可以有效利用，如蒸汽发电等。正因为如此，在所有的燃料电池中，SOFC 可以达到的能量效率最高。对于 SOFC-涡轮机复合加压体系，一次循环电效率可以超过 70%。如果实现热、电联供，理论上它的热电转化效率可以达到 90%。在 SOFC 中，由于从阴极传输到阳极的是氧离子，具有极高的活性，可以与任何还原性气体反应，包括 H_2、CO、CH_4 以及其他碳氢化合物，甚至 H_2S。因而从理论上讲，SOFC 可以直接使用任何可燃物质作为燃料，这是 SOFC 同其他燃料电池的又一个显著区别。SOFC 的优点概括如下。①全固态的电池结构，避免了使用液体电解质所带来的腐蚀和电解液流失等问题。②对燃料的适应性强，可直接用天然气、煤气和其他碳氢化合物作为燃料。③能量转换效率高。④不需要使用贵金属催化剂。⑤低排放、低噪声。固体氧化物燃料电池按电化学原理工作，反应产物是水和二氧化碳，向大气排放的有害物质如 NO_x、SO_x 和粉尘等比传统的火电厂少得多。此外，工作时非常安静，几乎没有噪声。⑥模块化设计，规模放大和安装地点灵活。

SOFC 上述特点引起了研究者们的广泛兴趣，在大、中、小型发电站，移动式、便携式电源以及军事、航天航空等领域都有着广泛的应用前景。SOFC 的关键材料包括组成单电池的电解质、阴极和阳极材料以及将单电池组装成电池堆的连接体材料和密封材料，其中电解质最主要的功能是传导氧离子或质子，电极主要的功能是传导电子，并提供电化学反应场所，连接体材料主要是用来连接阴阳极，并构成电池堆。

5.5.7.2　直接碳氢化合物燃料固体氧化物燃料电池

SOFC 一个主要的优点是其可利用的燃料范围广，这是由于从原理上，SOFC 能够以任何可燃的燃料和穿过电解质的氧离子反应。最近，SOFC 发展的趋势是直接利用天然气或其他碳氢化合物气体作为燃料，而无需预先将这些燃料重整转化为 CO 和 H_2。消除重整装置将会降低电池系统的复杂性，并且避免了重整时水蒸气稀释燃料。但是，当直接使用碳氢化合物作为燃料时，传统的 Ni/YSZ 金属陶瓷表现出一些缺点，例如存在高温积碳问题和低的耐硫毒化性能。

直接电化学氧化碳氢化合物燃料常采用的策略包括：①利用传统的 Ni-金属陶瓷阳极，但是对其进行了修饰改性或改进了燃料电池的工作条件；②用含 Cu 和 CeO_2 的复合材料取代 Ni-金属陶瓷；③寻找可以缓解或避免积碳的替代阳极材料，例如一些钙钛矿氧化物。

因为 SOFC 的性能与阳极的微结构有很大的关系，从微观结构上优化阳极将有助于改善电池的性能。研究发现，电化学反应仅仅发生在三相边界上（TPB），定义为氧离子导体（电解质）、电子导体（导电金属相）和气相（燃料）集合的地方。如果在三相连接的任何地方有中断，反应就不能够发生。如果电解质的离子不能到达反应位，或者气相燃料分子不能到达反应位，或者电子不能从反应位上迁移出去，那么该位置就不能够对电池的性能有贡献。尽管（很显然）结构和组成能够影响三相边界的大小，但是各种理论和实验方法已经用于估计在正常的工作条件下从电解质到电极三相边界存在的区域扩展不超过 $10\mu m$。

一个集成内重整的固体氧化物燃料电池（IIR-SOFC）是多功能反应器运行的一个典型例子，其中要求重整器与 SOFC 具有很好的热接触：即放热的燃料电池反应与吸热的重整反应之间的耦合，二者之间要具有良好的热传递。从原理上说，尽管人们希望能够分别优化阳极和重整催化剂，但是要实现自热运行，仍有很多的约束条件；这与两个反应速率之间的不匹配有关。在典型的 SOFC 运行温度下，因为水蒸气重整甲烷快速吸热，可导致重整器入口出现不希望的局部冷却（因而造成不可接受的热应力）。Lim 等模拟研究了温度梯度导致热应力，实现内重整的 SOFC 系统在自热条件下稳定运行的情况。他们认为可能的技术包括：①在重整器和 SOFC 阳极上都使用具有较低活性的重整催化剂；②对于重整反应，利用涂覆器壁的反应器，而不是固定床反应器；③利用扩散势垒涂层降低重整的速率；④使用活性随重整器长度变化而变化的催化剂；⑤在水蒸气重整的同时，实现部分氧化。

5.5.7.3 直接氨固体氧化物燃料电池[34]

氨是一种有前景的储氢介质。它拥有完善的储存和运输设施。此外，由可再生能源制备的绿氨概念是一个新兴的话题。它可能会打开重要的市场，并为各种依赖化石燃料的应用提供脱碳途径。氨燃料电池可以包括直接氨燃料电池和间接氨燃料电池。间接氨燃料电池是通过氨分解与质子交换膜燃料电池耦合发电的。在间接氨燃料电池中，氨可以被供给发电，具有高的氨发电转换效率。

直接氨燃料电池可分为直接氨固体氧化物燃料电池（DA-SOFC）和直接氨碱性交换膜燃料电池（DA-AEMFC）。DA-SOFC 的工作温度通常为 600～1000℃，能效高（超过 60%），极化损失低。DA-AEMFC 的工作原理与碱性燃料电池相似，因为它们也通过电解质中 OH^- 的迁移来工作，在 50～120℃ 低温范围内运行。在 DA-AEMFC 中，氧气输入阴极组件处，与水反应生成 OH^-。OH^- 通过碱性膜输运到阳极侧，它们与氨反应产生氮和水。

DA-SOFC 可以根据电解质的类型分为两类：氧离子传导电解质基固体氧化物燃料电池（DA-SOFC-O）和质子导体电解质基固体氧化物燃料电池（DA-SOFC-H）。这个传统的 DA-SOFC-O 已得到广泛开发，制备技术成熟。由于工作温度范围为 800～1000℃，材料的稳定性是 DA-SOFC-O 的主要关注点，如电极分解、烧结、电解质和电极材料之间的扩散以及由于热膨胀系数差异引起的应力总是会导致电池长期运行后性能下降。相比之下，由于质子传导的活化能低，DA-SOFC-H 可以有效地避免欧姆阻抗的增加。它可以在较低温度（500～800℃）下运行，具有很大的商业应用潜力。

最近，有研究发现使用一氧化二氮（N_2O）等含氧气体也可以替代氧气作为氧化剂，通过分解 N_2O 为 N_2 和 O_2 提供氧源，既可消除 N_2O，又可实现高效清洁发电，从而拓宽了 SOFC 的应用场景。

5.5.7.4 中低温固体氧化物燃料电池[35]

目前，固体氧化物燃料电池在成本和耐久性方面尚无法与传统的燃烧电池系统竞争。近年来，人们一直在努力开发 $500\sim800℃$ 下运行的中低温固体氧化物燃料电池。降低工作温度可以抑制电池组件的退化，扩大材料选择范围，提高电池的耐久性，降低系统成本。此外，在低温（LT）和中温（IT）下运行的中低温固体氧化物燃料电池具有较短的启动时间和经济竞争力，可应用于很多场景，如小型便携式设备、汽车辅助电源和大型分布式发电系统等。然而，降低工作温度也会同时降低电极反应动力学，并导致较大的界面极化电阻，这种效应在阴极的氧还原反应（ORR）中最为突出。为了降低阴极的极化电阻，良好的电子和离子传导特性以及对 ORR 的高催化活性是不可或缺的。常用的纳米结构阴极有基于一维纳米纤维、纳米管和纳米线的阴极，通过原子层沉积（ALD）和脉冲激光沉积（PLD）制备的纳米涂层，钙钛矿材料的原位溶出纳米颗粒、浸渍纳米颗粒、单原子基阴极催化剂等。

5.5.7.5　固体氧化物燃料电池设计[36]

由于对高性能和低工作温度的偏好，现代固体氧化物燃料电池通常由薄且致密的电解质膜和多孔支撑基体（用于气体输送的多孔或带通道的致密体）组成。基体由电极（阴极或阳极）、连接体（金属或陶瓷）或非活性绝缘体构成。从几何角度来看，基体可以制成管状（圆柱形或扁平肋状）或平板形状。

使用一端封闭的管状可以实现无密封设计。这是管状结构较平板结构最大的优点。在平板结构中，电堆的周围需要气体密封。当然，一个特定的基体与一种特定类型的几何结构组合也许是有利的。例如，管状与阴极基体就是优秀的组合，这仅仅是因为它允许电堆中电池间的连接在还原性气氛中进行，且可以使用低成本的过渡金属，例如 Ni 和 Cu 金属。图5.33 是阴极支撑的管状固体氧化物燃料电池堆中电池间连接示意图。如果不使用阴极基板，在氧化性气氛中则需要贵金属来连接阳极支撑电池组成电堆。

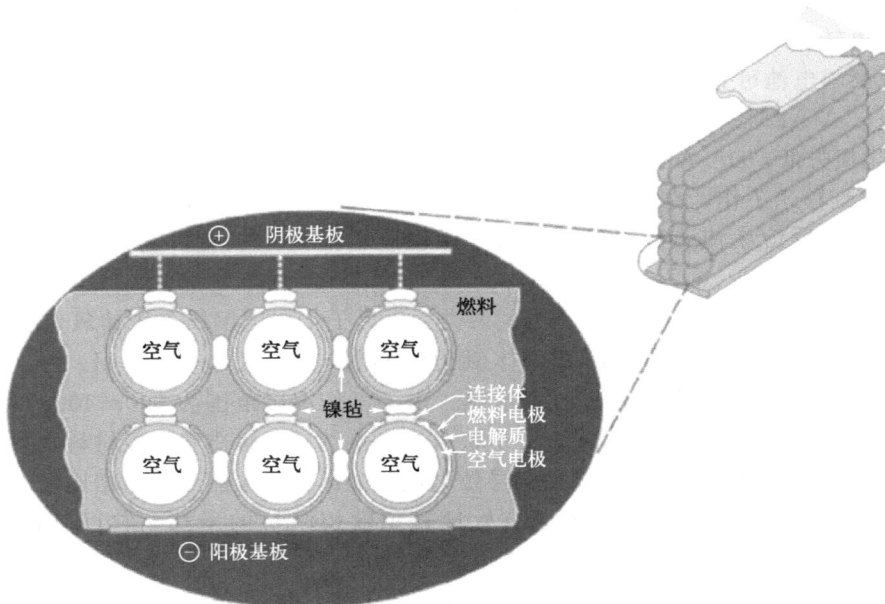

图 5.33　阴极支撑的管状固体氧化物燃料电池堆中电池间连接示意图

对于平板电堆，阳极支撑的结构设计是较好的选择。高的功率密度和阳极支撑的单电池允许降低工作温度，这样经济和商业易得的抗氧化合金可用于将单电池连接成电池堆。在这样的设计中，抗氧化合金在电堆中基本同时起连接体和集电器的功能。图 5.34 是含有金属连接体的阳极支撑平板固体氧化物燃料电池电堆中电池结构示意图。致密的金属连接体上有用于空气和燃料气体输送的通道。

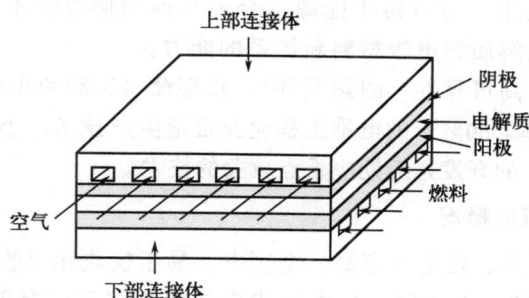

图 5.34　阳极支撑平板固体氧化物燃料电池电堆中的电池结构示意图

近年来，多孔金属基体用于固体氧化物燃料电池受到了广泛关注。可以想象的优点包括鲁棒性以及由此制成的电池和电池堆的成本效益。但是，存在的挑战包括如何在基板上制造致密的电解质和/或连接体层，在如此低的温度下各层之间也不会发生明显的氧化和化学反应。此外，在运行过程中，在存在空气和水汽的条件下，含铬金属连接体中铬蒸气也会让阴极毒化，从而降低阴极的性能。

多个电池也被串联沉积在电化学非活性和电绝缘基板上。这种设计被称为"分段串联"结构，具有诸如低制造成本的独特优势。更重要的是，这种固体氧化物燃料电池堆在更高的电压和更低的电流下运行对于固定额定功率是有利的。该结构设计特点可以帮助减少电流连接上的电能损失，这对大型固体氧化物燃料电池发电装置尤为重要。图 5.35 是 Rolls-Royce（劳斯-莱斯）采用"分段串联"设计的示意图。电堆内气体歧管和电流收集似乎具有挑战性。

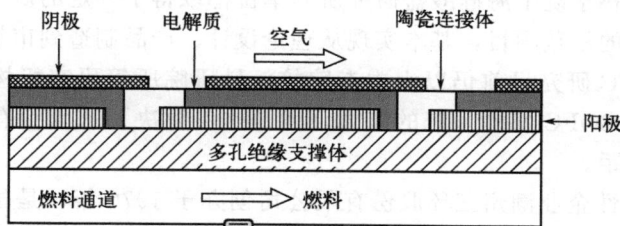

图 5.35　Rolls-Royce（劳斯-莱斯）采用"分段串联"设计的示意图

SOFC 的结构主要有管式、平板式和瓦楞式三种。管式最为成熟，每根管为一个单电池，从内到外分别为支撑管、阴极、电解质和阳极。管子为一端开口，直径 1cm 左右，长度可达 1.5m。多根单管经过串并联形成一个管束，多个管束构成一个电堆。

管式结构的优点是应力均匀分布，采用合适的结构可以不用密封。与管式结构相比，平板式结构制备工艺简单、造价低，电流的流程较短，功率密度更高。但是，大面积电池的应力均匀分布和气体密封是板式结构的难题。三合一电池组件是平板结构，而在瓦楞式结构的电池中，三合一电池组件是瓦楞式或波浪式，这样增加了电池反应面积，因此具有更高的功率密度，但是三合一组件的制备相对困难。

5.5.7.6　SOFC 核心关键技术

SOFC 领域的核心技术包括碳基燃料处理及利用技术、中低温高性能长寿命电池技术、陶瓷-金属异相封接材料及技术、高温抗氧化金属连接体及其致密化涂层技术、发电模块多场耦合及组装技术、辅助设备（BOP 部件）开发以及系统热电能效平衡控制技术、长期性能评价及衰减快速评测技术、与可再生能源耦合的转换与储存技术等。在基础材料研究方面，迫切需要具备研发电解质、电极材料新体系的能力。

在电堆和系统层面，高可靠性（耐热循环）、长寿命（>20000h）、低成本（<10000 元/千瓦）、高性能（发电效率>60%）的电堆工程化及批量生产技术，小型家用/商用以及 SOFC 大型商用系统（1~5kW）的开发是近期应重点攻关的技术。

5.5.7.7　SOFC 国内外研究概况

SOFC 具有工作温度高、发电效率高、全固态、易于模块化组装等特点，非常适合用于分布式发电/热电联供系统。以美国、日本为代表的发达国家已突破 SOFC 诸多关键技术，推动了 SOFC 从工程示范走向商业化应用。美国、日本等国家对 SOFC 领域持续投入巨额资金，培育了 Bloom Energy 公司、三菱重工等众多企业。

代表性企业是美国的 Bloom Energy 公司，该公司是 2001 年注册于美国加利福尼亚州桑尼维尔的一家清洁能源公司，依靠风险投资和私募资金开展大型高效 SOFC 发电系统研发并取得一定成果。BloomEnergy 公司采用平板式电解质支撑单电池，陆续开发出 100~250kW 单机发电系统，并投放市场应用。目前主打产品为 ES 系列能源服务器，包括 ES-5000（100kW）、ES-5400（105kW）、ES-5700（210kW）、ES-5710（262.5kW），可采用天然气或沼气作为燃料，发电效率达到 52%，拥有 Google、eBay、Coca-Cola、Wal-Mart 等多家客户和投资商。Bloom Energy 公司的能源服务器由多个 1kW 电堆集成，包括 40 片功率 25W 的平板式电池，电堆发电效率超 50%。

目前，我国正加快 SOFC 技术研发向产业化转化的进程，推进 SOFC 工程示范应用。中国科学技术大学、华中科技大学、中国矿业大学（北京）、清华大学、中国科学院大连化学物理研究所、中国科学院上海硅酸盐研究所等单位都取得了一定的研究成果，并且建立了数个千瓦级发电系统的示范项目，基本实现从理论设计、产品制造到市场应用的全产业链贯通。但是，我国 SOFC 研究目前仍以大中专院校、科研院所等研究机构为主力，虽然已经具备自主制备千瓦级 SOFC 发电系统的能力，但是这仅解决了从无到有的问题，与国际先进水平还存在很大差距。

国内 SOFC 代表性企业潮州三环股份有限公司创办于 1970 年，是国内电子元件、先进技术陶瓷产业基地。潮州三环从 2004 年开始研发生产 SOFC 电解质基片，是美国 Bloom Energy 公司、澳大利亚陶瓷燃料电池公司的电解质隔膜供应商。在材料、部件、电池、电堆的性能和寿命指标方面都达到国际先进水平，已有少量的销售；已建立起电解质隔膜片和单电池生产线，2016 年完成接近 3 亿元的产值，但 100%出口欧美。公司的主要产品包括阳极支撑平板电池、电解质基片等。

拓展阅读

目前，我国能源结构具有"富煤、贫油、少气"的特点，为了实现"双碳"战略目标，需要大力发展可再生能源。而太阳能、风能、地热能等可再生能源存在很多问题，如时空分布不均匀、呈间歇性和波动性特点、并网能力差，西部存在弃风弃光现象，造成很大的能源浪费。为了提高可再生能源的并网能力，有效地调节电网输配，发展合适的储能技术显得尤为重要。

目前，锂离子电池已经被广泛应用于便携式电子器件，电动汽车、飞机、船舶，储能电站，特种应用（鱼雷、通信）等。因此，2019 年瑞典皇家科学院将诺贝尔化学奖授予美国和日本三位锂离子电池领域的科学家（图 5.36）。下面介绍他们的科学贡献：1975 年，Whittingham 等以 TiS_2 为正极和金属锂为负极制备了二次锂电池原型器件，是第一个可以充放电的锂电池，但该电池电压只有 2V 多，另外因为使用金属锂负极，电池存在安全性问题。1980 年，当时在牛津大学工作的 John B Goodenough 教授报道了具有层状结构的 $LiCoO_2$ 正极材料，以金属锂为负极，制备了电压高达 4V 的电池。1985 年，日本科学家 Yoshino 等发现热处理的石油焦材料可反复脱嵌锂离子，并表现出较低的电位，与 $LiCoO_2$ 构筑了新型二次电池，首次命名为锂离子电池，该电池具有较好的安全性。日本索尼公司于 1991 年开发了第一个商用锂离子电池。

图 5.36　2019 年瑞典皇家科学院将诺贝尔化学奖授予
美国和日本三位锂离子电池领域的科学家

值得指出的是，John B Goodenough 教授是作者的博士后合作导师，他生前是美国得州大学奥斯汀分校的教授。由于他的工作催生了 20 世纪 90 年代锂离子电池的发明，也给人们方便地使用便携式电子设备提供了保障。他获得了很多奖项，但大多数奖金都捐给了学校，他生活无欲无求，只专心于自己热爱的科研，即使在 100 岁高龄，仍会经常到实验室和学生探讨科学问题。他的言行感染了作者，通过介绍他的事迹，也将感染更多的学生和科研工作者。

思考题

1. 试述 $LiCoO_2$ 为正极、石墨为负极制备的锂离子电池的工作原理。

2. 为什么电池的工作电压低于电池的电动势？

3. 某家材料研究院请你设计一种长寿命、高能量密度、高功率密度的锂离子二次电池，请论述你如何选择主要的电池材料。

4. 在 $Li/SOCl_2$ 电池中，$SOCl_2$ 既是活性物质，又是溶剂，锂与其接触，为什么电池不短路？

5. 简述各种燃料电池的类型和特点。

6. 为什么燃料电池的能量转换效率可以超过 100%？

◆ 参考文献 ◆

[1] 杨辉，卢文庆. 应用电化学 [M]. 北京：科学出版社，2001.

[2] 中国科学院. 中国学科发展战略——电化学 [M]. 北京：科学出版社，2021.

[3] 陶占良，陈军. 铅碳电池储能技术 [J]. 储能科学与技术，2015，11 (6)：546-555.

[4] 孙春文. 金属氢化物电极表面改性处理及其电极过程研究 [D]. 天津：天津大学，2000.

[5] Konarov A，Voronina N，Jo J H，et al. Present and future perspective on electrode materials for rechargeable zinc-ion batteries [J]. ACS Energy Lett.，2018，3：2620-2640.

[6] 周江，单路通，唐博雅，等. 水系可充电电池的发展及挑战 [J]. 科学通报，2020，65：3562-3584.

[7] Zhang N，Cheng F，Liu J. Rechageable aqueous zinc-manganese dioxide batteries with high energy and power densities [J]. Nature Communication，2017，8：405.

[8] Du W C，Ang E H，Yang Y，et al. Challenges in the material and structural design of zinc anode towards high-performance aqueous zinc-ion batteries [J]. Energy Environment Science，2020，13：3330-3360.

[9] 王德宇. 锂离子电池磷酸盐正极材料的制备与改性研究 [D]. 北京：中国科学院大学，2005.

[10] 孙玉城. 锂离子电池镍锰基正极材料的合成与性能研究 [D]. 北京：中国科学院大学，2024.

[11] Palacin M R. Recent advances in rechargeable battery materials：A chemist's perspective [J]. Chemistry Society Review，2009，38：2565-2575.

[12] Sun C W，Rajasekhara S，Goodenough J B，et al. Monodisperse porous $LiFePO_4$ microspheres for a high power Li-ion battery cathode [J]. Journal of the American Chemical Society，2011，133：2132-2135.

[13] 鲁航语，侯瑞林，褚世勇，等. 高比能锂离子电池层状富锂正极材料改性策略研究进展 [J]. 物理化学学报，2023，39：2211057.

[14] Chen H X，Sun C W. Recent advances in lithium-rich manganese-based oxide cathode materials for high energy density lithium-ion batteries [J]. Chemical Communications，2023，59：9029-9055.

[15] Xie L J，Tang C，Bi Z H，et al. Hard carbon anodes for next-generation Li-ion batteries：Review and perspective [J]. Advanced Energy Materials，2021，11：2101650.

[16] 胡进. 锂离子电池纳米结构负极材料储锂性能研究 [D]. 北京：中国科学院大学，2005.

[17] Kasnatscheew J，Wagner R，Winter M，et al. Interfaces and materials in lithium ion batteries：Challenges for theoretical electrochemistry [J]. Topics in Current Chemistry，2018，376：16.

[18] Yabuuchi N，Kubota K，Dahbi M，et al. Research development on sodium-ion batteries [J]. Chemistry Review，2014，114 (23)：11636-11682.

[19] Zhang F，He B，Xin Y，et al. Emerging chemistry for wide-temperature sodium-ion batteries [J]. Chemistry Review，2024，124 (8)：4778-4821.

[20] 李云明. 钠离子储能电池碳基负极材料研究 [D]. 北京：中国科学院大学，2017.

[21] 张平，康利斌，王明菊，等. 钠离子电池储能技术及经济性分析 [J]. 储能科学与技术，2022，11 (6)：1892-1901.

[22] Sun C W，Liu J，Gong Y D，et al. Recent advances in all-solid-state rechargeable batteries [J]. Nano Energy，2017，33：363-386.

[23] Lu Y，Alonso J A，Yi Q，et al. A high-performance monolithic solid-state sodium battery with Ca^{2+} doped $Na_3Zr_2Si_2PO_{12}$ electrolyte [J]. Advanced Energy Materials，2019，9：1901205.

[24] B. E. Conway. 电化学超级电容器——科学原理及技术应用 [M]. 陈艾，吴孟强，张绪礼等译. 北京：化学工业出版社，2005.

[25] Simon P, Gogotsi Y. Materials for electrochemical capacitors [J]. Nature Materials, 2008, 7: 845-854.

[26] González A, Goikolea E, Barrena J A, et al. Review on supercapacitors: Technologies and materials [J]. Renewable and Sustainable Energy Reviews, 2016, 58: 1189-1206.

[27] 陈静, 郭红霞, 毛卫国, 等. 石墨烯基超级电容器的发展现状与战略研究 [J]. 中国工程科学, 2018, 20: 75-81.

[28] Vangari M, Pryor T, Jiang L. Supercapacitors: Review of materials and fabrication methods [J]. Journal of Energy Engineering, 2012, 139: 72-79.

[29] 马群. 二氧化锰超级电容器自放电的研究 [D]. 北京: 中国科学院大学, 2020.

[30] 孙春文. 自组装纳米结构材料及其在催化和燃料电池中应用的研究 [D]. 北京: 中国科学院大学, 2006.

[31] 衣宝廉. 燃料电池——原理、技术、应用 [M]. 北京: 化学工业出版社, 2003.

[32] Bagotsky V S. Fuel cells-problems and solutions [M]. New Jersey: John Wiley & Sons, Inc. 2012.

[33] 毛宗强. 燃料电池 [M]. 北京: 化学工业出版社, 2005.

[34] Chen C Q, Zhou Y L, Fang H H, et al. Progress and challenges in energy storage and utilization via ammonia [J]. Surface Science and Technology, 2023, 1: 13.

[35] Sun C W. Advances in nanoengineering of cathodes for next-generation solid oxide fuel cells [J]. Inorganic Chemistry Frontiers, 2024, 11: 8164-8182.

[36] Huang K, Goodenough J B. Solid oxide fuel cell technology: Principles, performance and operations [M]. Cambridge: Woodhead Publishing Limited and CRC Press LLC, 2009.

第 6 章

金属的表面精饰

金属电沉积和电镀是最常用的金属表面精饰方法。金属电沉积（electrodeposition）是指简单金属离子或络离子通过电化学方法在固体（导体或半导体）表面上放电还原为金属原子附着于电极表面，从而获得金属层的过程。电镀（electroplating）是金属电沉积过程的一种，它是通过改变固体表面特性，从而改善外观，提高耐蚀性、抗磨性，增强硬度，提供特殊的光、电、磁、热等表面性质的金属电沉积过程。电镀不同于一般的电沉积过程，主要在于镀层除应具有所需的力学、物理和化学性能外，还必须很好地附着于物体表面，且镀层均匀致密，孔隙率低。金属镀层的性能依赖于其结构，而镀层的结构又受电沉积条件等的限制。因此，为了获得所要求的镀层，必须要研究电沉积过程的规律。

6.1　金属电沉积

6.1.1　简单金属离子的还原

溶液中的任何金属离子，只要电极电位足够负，原则上都可能在电极上被还原。但是，若溶液中某一组分的还原电势较金属离子的还原电势更正时，就不可能实现金属离子的还原。如果阴极还原过程的产物是合金，由于还原产物中金属的活度一般较纯金属的要小，此时仍有可能实现金属的电沉积。最典型的例子莫过于活泼金属离子（如 Na）在汞阴极上的还原而形成相应汞齐的过程。

对于元素周期表中的金属，金属元素在周期表中的位置越靠右边，则这些金属离子在电极上被还原的可能性就越大。水溶液中金属的电沉积一般以 Cr、Mo、W 分族为分界线，即位于 Cr、Mo、W 分族左边的金属在水溶液体系中不能实现电沉积，而位于 Cr、Mo、W 分族右边金属元素的简单离子都较容易从水溶液体系中电沉积出来。一般认为简单金属离子的还原过程包括以下步骤：

① 水化金属离子由本体溶液向电极表面的液相传质。

② 电极表面溶液层中金属离子水化数降低、水化层发生重排，使离子进一步靠近电极表面，过程表示为：

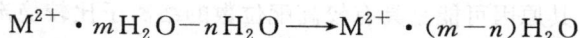

$$M^{2+} \cdot m H_2O - n H_2O \longrightarrow M^{2+} \cdot (m-n)H_2O$$

③ 部分失水的离子直接吸附于电极表面的活化位点，并借助于电极实现电荷转移，形成吸附于电极表面的水化原子，过程表示为：

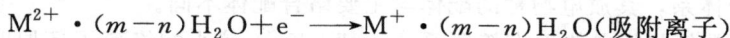

$$M^{2+} \cdot (m-n)H_2O + e^- \longrightarrow M^+ \cdot (m-n)H_2O (吸附离子)$$

$$M^+ \cdot (m-n)H_2O + e^- \longrightarrow M \cdot (m-n)H_2O (吸附原子)$$

同时，由于吸附于电极表面金属原子的形成，电极表面水化离子浓度降低，导致水化金属离子由本体溶液向电极表面传递的液相传质过程。

④ 吸附于电极表面的水化原子失去剩余水化层，成为金属原子进入晶格。过程可表示为：

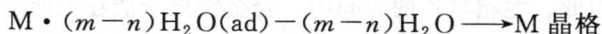

$$M \cdot (m-n)H_2O(ad) - (m-n)H_2O \longrightarrow M 晶格$$

对于简单金属离子的阴极还原，其动力学表达式较为复杂。但实验表明，一些一价金属离子的电沉积过程的速度控制步骤是电子转移步骤，其动力学表达式为：

$$i = i_0 \left\{ \exp\left[\frac{(1-\alpha)F}{RT}(\varphi - \varphi_{eq}) \right] - \exp\left[-\frac{\alpha F}{RT}(\varphi - \varphi_{eq}) \right] \right\} \tag{6.1}$$

或

$$i_c = i_0 \left[1 - \exp\left(-\frac{\eta_c F}{RT} \right) \right] \exp\left[\frac{(1-\alpha)F \eta_c}{RT} \right] \tag{6.2}$$

式中，i_c 为阴极还原电流，超电势 $\eta_c = \varphi_c - \varphi_{eq}$，由式（6.2）求对数并整理得到：

$$\lg i_c = \frac{\alpha F}{2.3RT} \eta_c - \lg i_0 \tag{6.3}$$

显然，当电沉积过程的速度控制步骤是放电步骤时，$\lg i_c$ 与 η_c 是直线关系。对于二价或多价金属离子放电过程的动力学处理仍可从 Butler-Volmer 方程入手。

需要指出的是，简单金属离子阴极还原过程的动力学参数常与溶液中存在的阴离子有关，特别是卤素离子的存在对大多数阴极过程均具有活化作用。一个可能的原因是卤素离子在电极/溶液界面发生吸附，改变了电极/溶液界面的双电层结构和其他一些界面性质，降低了金属离子还原的活化能；另一个可能的原因是溶液中的金属离子与卤素离子发生了配合作用，因而可以使平衡电极电位发生移动。

6.1.2　金属络离子的还原

在金属电沉积过程中，为获得均匀、致密的镀层，常要求电沉积过程在较大的电化学极化条件下进行，而当向简单金属离子的溶液中加入络离子时可使平衡电极电位变负，即可满足金属电沉积在较大的超电势下进行。

对于金属络离子的阴极还原过程，过去认为是络离子总先解离成简单离子，然后简单离子再在阴极上还原。但是，简单计算表明，在络合体系中络离子的不稳定常数 $pK_{不稳}$ 很小，存在的简单金属离子浓度极低，在此情况下使简单金属离子在阴极上放电所需施加的电势要很负，导致这种还原几乎是不可能的。

依据络合物的知识和一些实验结果，对于络离子的阴极还原，一般有以下几种观点：

① 络离子可以在电极上直接放电，且在多数情况下放电的络离子的配位数都比溶液中主要存在的形式要低。其原因可能是具有较高配位数的络离子比较稳定，放电时需要较高活化能，而且它常带较多负荷，受到的阴极电场的排斥力较大。不利于直接放电。同时，在同一络合体系中，放电的络离子可能随配体浓度的变化而改变。

② 有的络合体系，其放电物种的配体与主要络合配体不同。

③ $pK_{不稳}$ 的数值与超电势无直接联系，一般 $pK_{不稳}$ 较小的络离子还原时，呈现较大的阴极极化。

6.1.3 金属共沉积原理

研究两种或两种以上金属同时发生阴极还原共沉积（codeposition）形成合金镀层已有一百多年的历史。只是由于合金电镀的影响因素较多，为了获得具有特殊性能的合金镀层要严格控制电镀条件，因此，在相当长的时间内，合金镀层未能在工业上推广应用。生产上为了获得具有特殊性能的镀层，常采用合金电镀的方法。要实现在阴极上共沉积两种金属，就必须使它们有相近的析出电势，即

$$\varphi_{1,析} \approx \varphi_{2,析} \tag{6.4}$$

即

$$\varphi_{1,eq} - \eta_{1,c} = \varphi_{2,eq} - \eta_{2,c} \tag{6.5}$$

或

$$\varphi_{1,eq}^{\ominus} + \frac{RT}{z_1 F}\ln c_1 - \eta_{1,c} = \varphi_{2,eq}^{\ominus} + \frac{RT}{z_2 F}\ln c_2 - \eta_{2,c} \tag{6.6}$$

从式（6.6）可以看出，依据金属共沉积的基本条件，只要选择适当的金属离子浓度、电极材料（决定超电势的大小）和标准电极电位就可使两种离子同时析出。

① 当两种离子的 $\varphi^{\ominus}$ 相差较小时，可采用调节离子浓度的方法实现共沉积。如 $\varphi_{Sn^{2+}/Sn}^{\ominus} = -0.136V$，$\varphi_{Pb^{2+}/Pb}^{\ominus} = -0.126V$，两者相差 10mV，且 η_i 都不大，故可用此法实现 Sn 和 Pb 的共沉积。

② 当两种离子的 $\varphi_i^{\ominus}$ 相差不大（<0.2V）时，且两者极化曲线（E-i 或 η-i 关系曲线）斜率不同时，可以通过调节电流密度使其增大到某一数值，此时，两种离子的析出电势相同，也可以实现共沉积。

③ 当两种离子的 $\varphi_i^{\ominus}$ 相差很大时，可通过加入络合剂来改变平衡电极电位，实现共沉积。如 $\varphi_{Zn^{2+}/Zn}^{\ominus} = -0.763V$，$\varphi_{Cu^{2+}/Cu}^{\ominus} = -0.337V$，$\Delta\varphi^{\ominus} = 1.1V$，加入络合离子 CN^- 后，两个标准电极电位分别变为 $-0.763V$ 和 $-1.108V$，两者差值减小；当 $i_c = 0.05A/cm^2$ 时，$\eta_{Cu,c} = 0.685V$，$\eta_{Zn,c} = 0.316V$，此时 $\varphi_{Cu,析} = -1.448V$，$\varphi_{Zn,析} = -1.424V$，两者相差 24mV，即可实现共沉积。

④ 添加剂的加入可能引起某种离子阴极还原时极化超电势较大，而对另一种离子的还原则无影响，这时亦可实现金属的共沉积。

6.1.4 金属电结晶动力学

金属电沉积过程是一个相当复杂的过程。金属离子在电极上放电还原为原子后，需经历

由单吸附原子结合为晶体的另一过程方可形成金属电沉积层，这种在电场作用下进行的结晶过程称为电结晶。

金属离子还原继而形成结晶层的电结晶过程一般包括以下步骤：

① 溶液中的离子向电极表面扩散；

② 电子迁移反应；

③ 部分或完全失去溶剂化外壳，导致形成吸附原子；

④ 光滑表面或异相基体上吸附的原子经表面扩散，到达缺陷或位错等有利位置；

⑤ 电还原得到的其他金属原子在这些位置聚集，形成新相的核，即核化；

⑥ 还原的金属原子结合到晶格中生长，即核化生长；

⑦ 沉积物的结晶及形态特征的发展。

金属的电结晶理论认为，要实现电结晶，金属离子首先必须还原为吸附于光滑表面的原子，这些吸附的原子在电极表面上扩散到缺陷或位错处聚集，然后吸附原子在缺陷/位错上核化、生长形成电结晶层。电极表面上核的生长一般是平行或垂直于表面的。当覆盖于电极表面的金属原子超过单分子层时，接下来的电沉积过程即在同种金属基质上进行，不同于电沉积刚开始时异相金属基质上的沉积。明显地，金属沉积时第一层的形成决定了电沉积或电结晶层的结构和与基底的黏附力。

金属的电结晶过程十分类似于均相溶液中沉淀的形成。两者主要差别在于：均相溶液中沉淀的结构受过饱和程度的影响，而电结晶层的结构则受超电势影响。当施加电势（负值）较小时，电流密度低，晶面只有很少的生长点，吸附原子表面扩散路程长，沉积过程的速度控制步骤是表面扩散。当施加电势高（较大的负值）时，电流密度也大，晶面上生长点多，表面扩散容易进行，电子传递成为速度控制步骤。电结晶过程的动力学研究表明，增加阴极极化可以得到由数目众多的小晶体组成的结晶层，即超电势是影响金属电结晶的主要动力学因素。

对于电结晶层的形成，一般经历成核和生长两个步骤。电沉积开始时的一段时间内还原原子在表面的核化可用下列关系式表示：

$$N = N_0 \left[1 - \exp\left(-At \right) \right] \tag{6.7}$$

式中，N 为在不同反应时间单位面积上分布于电极表面的核的数目；N_0 为活性位置的密度；A 是每个位置上稳态核化的速率常数。当 At 远大于 1 时（如可通过施加一个高的超电势实现），$N = N_0$，所以核化过程是瞬时进行的（称为瞬时成核）；当 At 远小于 1 时，$N = AN_0 t$，即核化随反应的进行连续发生（称为连续成核）。

对于任一电极过程，施加于电极的电势决定了电极反应速率的大小。同样，对于电结晶过程，施加电势的大小决定了沉积的速度和结晶层的结构。图 6.1 表示的是电结晶的结构与施加于阴极的还原电势的关系。从图上可发现，要得到所希望的金属电结晶层，就必须注意调节施加电势的大小。金属电沉积得到的电结晶形态一般有层状、金属塔状、块状、立方

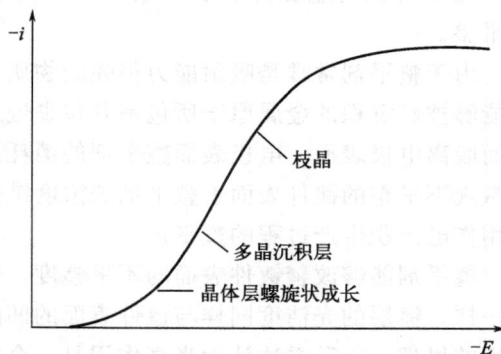

图 6.1　电结晶层结构随施加电势的变化关系

层状、螺旋状、须状和树枝状等。影响电结晶形态的因素除施加的电极电位外，还有主盐浓度、酸度、溶液洁净度、基底表面形态、电流、温度和时间等。

6.1.5　金属电沉积过程中表面活性物质的作用

在 2.6 节介绍了分子和离子在电极表面发生吸附时对电极/溶液界面双电层结构的影响，即当溶液中含有表面活性离子或偶极矩较大的有机分子时，它们在界面上的吸附会改变电极/溶液界面的电势分布，从而影响界面上反应物的浓度和电极反应的速度。明显地，对于金属电沉积过程，如果在溶液中添加少量的添加剂，就可能显著影响沉积过程的速度以及沉积层的结构。

能在电极/溶液界面发生吸附的表面活性物质对双电层的影响主要体现在：表面活性离子的吸附改变了界面的电势分布，导致双电层中放电物种——简单金属离子的浓度降低，而且阻化了该种离子阴极还原反应的速率，但却加速了络合阴离子的还原反应速率。例如，四烷基铵阳离子对许多金属离子的阴极还原反应起强烈的阻化作用，但却能加速 $S_2O_8^{2-}$、$Fe(CN)_6^{3-}$ 和 $PtCl_4^{2-}$ 等络阴离子的阴极还原反应。表面活性物质对电沉积反应速率的影响可归因于：吸附改变了界面的电势分布，影响了反应速率；活性物质在电极表面的吸附引起了表面沉积反应活化能的变化，甚至可能改变金属电沉积反应的机理。表面活性物质对电沉积过程的影响除上述作用外，还能对镀层起整平和光亮作用。

众所周知，电镀层的平整度和光洁度是评价镀层质量的重要指标。由于镀件都不是理想平滑的，在其表面总存在或多或少的突起部分（微峰）和凹陷部分（微谷），这就需要在电镀过程中添加一些能够在微观不平整的镀件表面获得平整表面的添加剂，这种添加剂被称为整平剂。整平剂作用机理可以表述为：①在整个基底表面上，金属电沉积过程是受电化学活化控制（即电子传递步骤是速度控制步骤）的；②整平剂能在基底电极表面发生吸附，并对电沉积过程起阻化作用；③在整平过程中，吸附在表面上的整平剂分子是不断消耗的，即整平剂在表面的覆盖度不是处于平衡状态，整平剂在基底上的吸附过程受其本身从本体溶液向电极表面扩散步骤的控制。这样整平作用可以借助于微观表面上整平剂供应的局部差异来说明。由于微观表面上微峰和微谷的存在，整平剂在电沉积过程中向"微峰"扩散的流量要大于向"微谷"扩散的流量，所以"微峰"处获得的整平剂的量要较"微谷"处的多，同时由于还原反应不能发生在整平剂分子所覆盖的位置上，于是，"微峰"处受到的阻化作用要较"微谷"处的大，使得金属在电极表面"微峰"处电沉积的速度要小于"微谷"处的速度，最终促使表面的"微峰"和"微谷"达到平整。

由于整平剂常常是吸附能力很强的物质，它们的分子停留在电极表面的时间足够长，以致能够被新沉积的金属原子所包围并包裹进入沉积层中，或进行反应生成吸附能力较弱的物质而脱离电极表面。电极表面整平剂的消耗速度与从本体溶液扩散到表面的速度相平衡，使得微观不平整的镀件表面上整平剂的浓度维持恒定。1,4-丁炔二醇、硫脲、香豆素、糖精等常用作电沉积生产过程的整平剂。

整平剂能够改善镀件表面的不平整度，但未必能使表面达到足够光亮。与电镀层平整程度一样，镀层的光洁度同样与镀件表面的凹凸程度有关。对于添加的活性物质对镀层起光亮作用的机理，一种看法认为光亮作用是一个非常有效的整平作用，可以用前面提到的扩散控制阻化机理来说明增光作用；另一种解释是光亮剂具有使不同晶面的生长速度趋于一致的能力。第一种机理假设光亮剂在镀件表面形成了几乎完整的吸附单层，吸附层上存在连续形成与消失的微孔，而金属只在微孔处进行沉积。由于这些微孔是无序分布的，故金属沉积是完全均匀的，不会导致小晶面的形成。与此同时，借助几何整平作用，原先存在的小晶面逐渐被消除，最终得到光亮的镀层。第二种机理假设光亮剂分子能优先吸附在金属电结晶生长较快的晶面上，且能对电沉积起阻化作用，因而导致镀件表面不同位置的生长速度趋于一致，加上几何整平作用，终于得到光亮的镀层。需要指出的是，这两种增光机理都只能部分地解释实验的事实，要成功地解释增光作用，尚需对光亮剂在镀件表面的吸附过程动力学以及添加剂对金属电沉积过程的影响进行深入系统的研究。研究表明，光亮剂通常是含有下列一些基团的物质：$R\!-\!SO_3H$、$-NH_2$、$>NH$、$RN\!=\!NR'$、$-SR$、$R_2C\!=\!S$、RO^-、ROH、$RCOO^-$ 等。

电镀生产中利用具有表面活性的添加剂来控制和调节金属电沉积过程，以改善镀液的分散能力，获得结晶细致、紧密的镀层；改善微观电流分布，得到平整和光亮的镀层；改善对镀层物理性能的影响等。然而，伴随金属电沉积过程的进行，镀液中的添加剂同时吸附于镀件表面，有时还能发生电化学反应，导致反应产物在镀液中积累和在镀层中夹杂，从而可能影响镀液的性能和镀层的质量。因此，选择合适的添加剂是电镀中必须研究的重要问题之一。

需要指出的是，添加剂的选择在大部分情况下是经验性的，一般说来必须考虑以下原则：①在金属电沉积的电势范围内，添加剂能在镀件表面上发生吸附；②添加剂在镀件表面的吸附对金属电沉积过程有适当的阻化作用；③毒性小，不易挥发，在镀液中不发生化学变化，其可能的分解产物对金属沉积过程不产生有害的影响；④不过分降低氢在阴极析出的超电势；⑤为了尽可能避免埋入镀层，其在镀件表面的脱附速度应比新晶核生长速度要快；⑥添加剂的加入还不能对阳极过程造成不利的影响等。

6.1.6　金属锂沉积实例

锂金属电池是二次电池的圣杯，但是锂金属电池的商业化存在巨大的技术挑战，其中最核心的问题是在充电阶段锂金属呈现出的不规则沉积现象。在充放电循环期间，锂离子的电化学沉积过程与传统电镀过程存在高度相似性。倘若缺乏整平剂以及光亮剂等添加剂，金属极易形成具有危险性的枝晶结构。这种现象的根源在于复杂的电化学—物理过程：溶剂化的锂离子必须历经从体相电解质往电极表面的迁移过程、去溶剂化过程、电子转移过程以及表面扩散等一系列步骤，才能完成沉积，而这些过程中的多种因素相互影响，导致了锂金属的不规则沉积行为。

美国太平洋西北国家实验室张继光等[2] 展示了一种新的自愈合静电屏蔽机制（SHES），从根本上抑制了锂枝晶的形成，如图 6.2 所示。在低浓度下，选定的阳离子（如铯或铷离子）表现出低于锂离子标准还原电势的有效还原电位（表 6.1）。在锂沉积期间，添加的这些阳离子在突起的初始生长尖端周围形成带正电的静电屏蔽，而不引起还原以及添加剂的沉积。这使得锂进一步沉积到阳极的相邻区域，并消除锂金属电池中枝晶的形成。这种策略还可以防止锂离子电池和其他金属中的枝晶生长，并改变在许多普通电沉积工艺中沉积的涂层的表面均匀性。

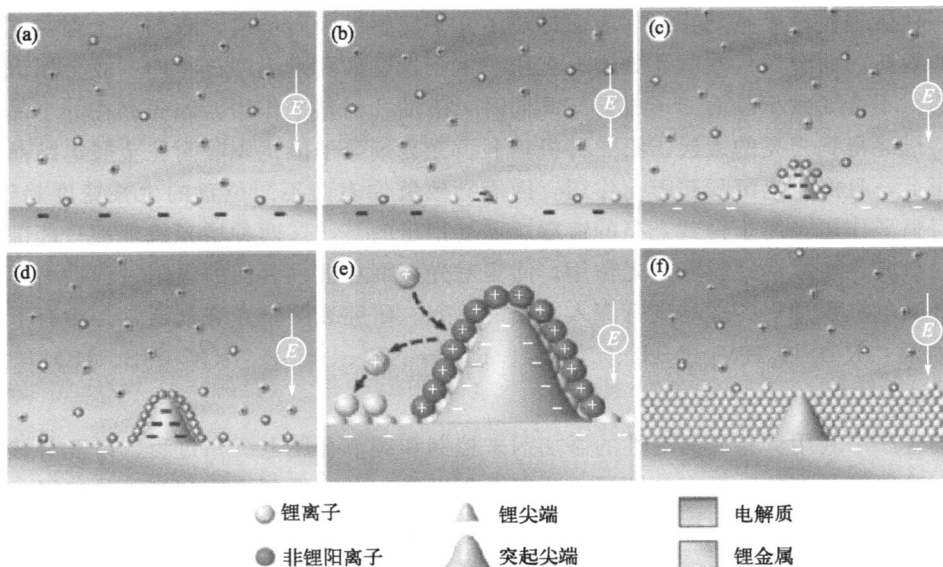

图 6.2　基于 SHES 机制的锂沉积过程示意图[2]

表 6.1　两种选定的不同浓度的碱性阳离子有效还原电势[2]

阳离子	$E^{\ominus a}$/V	有效还原电势/V			
	1mol/L	0.001mol/L	0.01mol/L	0.05mol/L	0.1mol/L
Li^+	−3.040	—	—	—	—
Cs^+	−3.026	−3.203	−3.144	−3.103	−3.085
Rb^+	−2.980	−3.157	−3.098	−3.057	−3.039

a：$E^{\ominus}$ 是阳离子浓度为 1mol/L 时的标准还原电势（相对于标准氢电极）。

可见，当电解液中 Cs^+ 或 Rb^+ 的浓度小于 0.05mol/L 时，他们的有效还原电势比 Li^+（1mol/L）时的（−3.040V）低，因此在锂的沉积电势，这些添加剂不能沉积，且不能在电极表面形成锂合金。

张等提出的 SHES 机制已被实验成功验证。研究了电解液中 $CsPF_6$ 浓度对防止锂枝晶形成和生长的影响。PC 中的 1mol/L $LiPF_6$ 用作空白电解液。电感耦合等离子体-原子发射光谱（ICP/AES）分析表明，电解液中 $CsPF_6$ 的最大浓度约为 0.055mol/L；因此，Cs^+ 的浓度对最终沉积 Li 薄膜形貌影响的研究表明，Cs^+ 的浓度高达 0.05mol/L。铜衬底上沉积的 Li 薄膜的 SEM 图像如图 6.3 所示。在没有添加 $CsPF_6$ 的空白电解液中，清楚地观察到沉积 Li 薄膜中枝晶的形成 [图 6.3(a)]。而在添加 $CsPF_6$ 的电解液中，随着 Cs^+ 的浓度增加，薄膜形貌随着 Cs^+ 浓度的增加而减小。即使在非常低的 Cs^+ 浓度下（0.001mol/L 和 0.005mol/L），发现枝晶形成显著减少 [图 6.3(b) 和（c）]。Cs^+ 的浓度进一步提高到 0.01mol/L 和 0.05mol/L 时，阳极表面质量会明显改善，消除了枝晶形成 [图 6.3(d) 和(e)]。正如 SHES 机制所预测，Cs^+ 可以有效阻止 Li 枝晶生长。更具体地说，在添加 0.05mol/L Cs^+ 的电解液中沉积的 Li 薄膜变成肉眼可见的镜面状。这些结果表明，为了形成阻止 Li 枝晶生长的有效的静电屏蔽，添加剂阳离子不仅需要有效还原电势非常接近给定电解质中 Li^+ 的沉积电势，而且还需要具有足够高的浓度以形成静电屏蔽。因此，在随后的实验中在电解液中添加了 0.05mol/L $CsPF_6$。除了 Cs^+ 外，正如 SHES 机制所预测的那样，发现 Rb$^+$ 也能有效阻止 Li 枝晶生长。在添加 0.05mol/L RbPF$_6$ 的 1mol/L LiPF$_6$/PC 电解质中，观察到非常平整的表面形貌，没有锂枝晶生成。

图 6.3　在 1mol/L LiPF$_6$/PC 电解质中，CsPF$_6$ 浓度为
(a) 0mol/L；(b) 0.001mol/L；(c) 0.005mol/L；(d) 0.01mol/L；
(e) 0.05mol/L 时沉积的 Li 薄膜的 SEM 图像（电流密度为 0.1 mA/cm^2）

电解质相中金属阳离子的传质对电镀金属的最终形貌也有影响。假设阳离子的电化学沉积速率较为缓慢且在整个电极上保持恒定，同时电极与液态电解质之间未形成界面层，那么阳离子向电极表面的缓慢移动会使浓度梯度更为陡峭，这是因为电镀后阳离子无法立即得到充分补充。金属枝晶会朝着体相电解质中阳离子浓度更高的方向生长，而且金属突起处会承受更高的电流密度，这将加速枝晶的生长[3]。有研究发现，充电方式对沉积的金属锂的形貌也有很大影响，脉冲充电可以有效抑制锂枝晶的生长[4]。

6.2　电　镀[1]

电镀是在一导体表面形成具有一定功能层的电化学沉积过程，以被镀工件作为阴极浸入镀液中，致使被镀金属离子在阴极上还原，可能的阳极反应是被镀金属阳极的溶解或氧气的析出。电镀时电解的条件就是使被镀金属的还原和阳极溶解具有相同的电流效率，以保证镀液中被镀金属离子的浓度保持恒定。在一些场合，金属粒子必须以盐类形式添加到镀液中以获得金属离子，此时要使用惰性电极（常用 PbO$_2$），阳极析出 O$_2$。对于一个成功的电镀过程，阴极的前处理、阳极材料、镀液、电流密度等条件的选择和控制至关重要。

6.2.1　镀层的主要性能

镀层的性能依赖于其微观结构，而镀层的微观结构又受金属电沉积条件的影响。一般镀层应具有的性能除化学稳定性和平整程度以及光亮度外，还包括镀层的力学性能（例如镀层与基底金属的结合强度）、硬度、内应力、耐磨性以及脆性等。

　　镀层与基底金属的结合强度（结合力）是指金属镀层从单位表面积基底金属（或中间镀层）上剥离所需要的力。结合强度的大小意味着镀层黏附在基底金属上的牢固程度。显然，具有较强的结合力是金属镀层起作用的基本条件。结合力的大小是由沉积金属原子和基底金属的本质所决定的，如果沉积层的生长是基底结构的延续，或沉积金属进入基底金属的晶格并形成合金，则结合力一般都比较大。同时，结合力的大小也受到镀件表面状态的影响。若镀件基底表面存在氧化物或钝化膜，或镀液中的杂质在基底表面上发生吸附都会削弱镀层与基底金属的结合强度。

　　硬度是指镀层对外力所引起的局部表面形变的抵抗程度，亦即抵抗另一物体浸入的强度。硬度的大小与镀层的物质种类、电镀过程中镀层的致密性以及镀层的厚度等有关。镀层的硬度与抗磨性、抗拉强度、柔韧性等均有一定的联系。通常硬度大则抗磨损能力较强，但柔韧性较差，因此硬度试验在某种程度上可以代替其他较难进行的性能测试。

　　镀层的脆性是指其受到压力至发生破裂之前的塑性变形的量度。如果镀层经受拉伸、压缩、弯曲、扭转等形变而不容易破裂，则这种镀层被称为柔韧的或不脆的；反之，如果镀层受这些作用力导致形变时容易破裂，则是脆的。脆性作为衡量镀层质量的重要指标之一，其重要性主要体现在：①应力腐蚀破裂是镀层在空气或其他腐蚀介质中遭受破坏的常见原因，而脆性是决定镀层抵抗应力腐蚀破裂的主要因素；②当镀层所保护的零部件在使用条件下可能产生机械变形时，对镀层的脆性要求更加严格。

　　金属电沉积得到的镀层内部通常处于应力状态，这种应力是没有外力和温度场存在下出现在沉积层内部的应变力，称为内应力。内应力分为张应力和压应力，前者通常用正值表示，后者常用负值表示。张应力是指基底反抗镀层收缩的拉伸力，压应力是基底反抗镀层拉伸的收缩力。亦即，当沉积层的体积倾向于收缩时表现出张应力，而当沉积层的体积倾向于膨胀时表现出压应力。实验结果表明，镍、铬和铁等沉积层通常是张应力占优势，而锌、铅和镉等沉积层通常是压应力占优势。不过电沉积条件会改变产生张应力或压应力的趋势。内应力对镀层的力学性能影响较大。例如，当镀层的压应力大于镀层与基底之间的结合力时，镀层将起泡或脱皮；当镀层的张应力大于镀层的抗拉强度时，镀层将产生裂纹从而降低其抗腐蚀性。此外，内应力的存在还可能增大镀层的脆性和孔隙率等。经验表明，镀层的内应力与脆性有一定的关系，脆性随内应力的增大而增大。因此，影响内应力的因素一般也是影响镀层脆性的因素。

6.2.2　影响镀层质量的因素

　　（1）镀液的性能

　　镀层种类繁多，同时，沉积某种金属用的镀液又有不同类型，因此，各类镀种的镀液组成千差万别，但较理想的镀液应具有如下性能：①沉积金属离子阴极还原极化较大，以获得晶粒度小且致密、有良好附着力的镀层；②稳定且导电性好；③金属电沉积的速度较大，装载容量也较大；④成本低，毒性小。

　　镀液配方千差万别，但一般都由主盐、导电盐（又称为支持电解质）、络合剂和一些添加剂等组成。主盐是指进行沉积的金属离子盐，主盐对镀层的影响体现在：主盐浓度高，镀层较粗糙，但允许通过的电流密度大；主盐浓度低，允许通过的电流密度小，影响沉积速度。一般电镀过程要求在高浓度下进行，考虑到溶解度等因素，常用的主盐是硫酸盐或氯化物。导电盐（支持电解质）的作用是增加电镀液的导电能力，调节溶液的 pH 值，这样不仅可降低槽压、提高镀液的分散能力，更重要的是某些导电盐的添加有助于改善镀液的物理化学性能和阳极性能。

在单盐电解液中，镀层的结晶较为粗糙，但价廉、允许通过的电流密度大。而加入络合剂的复盐电解液使金属离子的阴极还原极化得到了提高，有利于得到细致、紧密、质量好的镀层，但成本较高。对于 Zn、Cu、Cd、Ag、Au 等的电镀，常见的络合剂是氰化物；但对于 Ni、Co、Fe 等金属的电镀因这些元素的水合离子电沉积时极化较大，因而可不必添加络合剂。在复盐电解液的电镀过程中，由于氰化物毒性较大，无氰电镀已成为发展方向。

添加剂在镀液中不能改变溶液性质，但却能显著改善镀层的性能。添加剂对镀层的影响体现在添加剂能吸附于电极表面，可改变电极-溶液界面的双电层结构，达到提高阴极还原过程超电势、改变 Tafel 曲线斜率等目的。同时，添加剂的存在对电沉积层的性能影响极大，通常使镀层的硬度增加，而内应力和脆性则有可能提高，也有可能降低，而且即使是同一种表面活性剂，随其浓度的不同，其影响情况也不一样。添加剂的选择是经验性的，添加剂可以是无机物或有机物，常用的添加剂有光亮剂、整平剂、润湿剂和活化剂等。对于 Zn、Ni 和 Cu 等的电镀，最有效的光亮剂是含硫化合物，如萘二磺酸、糖精、明胶、1,4-丁炔二醇等。

镀液的性能可以影响镀层的质量，而镀液是由溶质和溶剂组成的，溶剂对镀层质量也应有一定影响。电镀液溶剂必须具有下列性质：①电解质在其中是可溶的；②具有较高的介电常数，使溶解的电解质完全或大部分电离成离子。电镀中用的溶剂有水、有机溶剂和熔融盐体系等。

（2）电镀工艺参数对镀层的影响

电流密度对镀层的影响主要体现在：电流密度大，镀同样厚度的镀层所需时间短，可提高生产效率，同时，电流密度大，形成的晶核数增加，镀层结晶细而紧密，从而增加镀层的硬度、内应力和脆性；但电流密度太大会出现枝状晶体和针孔等。对于电镀过程，电流密度存在一个最适宜范围。

电解液温度对镀层的影响体现在：提高镀液温度有利于生成较大的晶粒，因而镀层的硬度、内应力和脆性以及抗拉强度降低。同时温度提高，能提高阴极和阳极电流效率，消除阳极钝化，增加盐的溶解度和溶液导电能力，降低浓差极化和电化学极化；但温度太高，结晶生长的速度超过了形成结晶活性的生长点，因而导致形成粗晶和孔隙较多的镀层。

电解液的搅拌有利于减少浓差极化，利于得到致密的镀层，减少氢脆。同时，电解液的 pH 值、冲击电流和换向电流等的使用对镀层质量亦有一定影响。

（3）阳极

电镀时阳极对镀层质量亦有影响。阳极氧化一般经历活化区（即金属溶解区）、钝化区（表面生成钝化膜）和过钝化区（表面产生高价金属离子或析出氧气）三个步骤。电镀中阳极的选择应与阴极沉积物种相同，镀液中的电解质应选择不使阳极发生钝化的物质，电镀过程中可调节电流密度以保持阳极在活化区域。如果某些阳极（如 Cr）能发生剧烈钝化则可用惰性阳极。

6.2.3　电镀生产工艺

电镀生产工艺流程一般包括镀前处理、电镀和镀后处理三大步。

（1）镀前处理

镀前处理是获得良好镀层的前提。镀前处理一般包括机械加工、酸洗、除油等步骤。

① 机械加工。是指用机械的方法，除去镀件表面的毛刺、氧化物层和其他机械杂质，使镀件表面光洁平整，这样可使镀层与基体结合良好，防止毛刺的发生。有时对于复合镀层，每镀一种金属均须先进行该处理。除机械加工抛光外，还可用电解抛光使镀件表面光洁平整。电

解抛光是将金属镀件放入腐蚀强度中等、浓度较高的电解液中，在较高温度下以较大的电流密度使金属在阳极溶解，这样可除去镀件缺陷，得到一个洁净平整的表面，且镀层与基体有较好的结合力，减少麻坑和空隙，使镀层耐蚀性提高，但电解抛光不能代替机械抛光。

② 酸洗。目的是除去镀件表面氧化层或其他腐蚀物。常用的酸为盐酸，用盐酸清洗镀件表面，除锈能力强且快，但缺点是易产生酸雾（HCl 气体），对 Al、Ni、Fe 合金易发生局部腐蚀，不适用。改进的措施是使用加入表面活性剂的低温盐酸。除钢铁外的金属或合金，亦可考虑用硫酸、乙酸及其混合酸来进行机械酸洗。需要说明的是，对于氰化电镀，为防止酸液带入镀液中，酸洗后还需进行中和处理，以避免氰化物的酸解。

③ 除油。目的是清除基体表面上的油脂。常用的除油方法有碱性除油和电解除油，此外还有溶剂（有机溶剂）除油和超声除油等。碱性除油是基于皂化原理，除油效果好，尤其适用于除重油，但要求在较高温度下进行，能耗大。电解除油是利用阴极析出的氢气和阳极析出的氧气的冲击、搅拌以及电解质的作用来进行的，但阴极会引起氢脆，阳极会引起腐蚀。需要说明的是，在镀前处理的各步骤中，由一道工序转入另一道工序前均需经过水洗步骤。

（2）电镀

镀件经镀前处理，即可进入电镀工序。在进行电镀时还必须注意电镀液的配方、电流密度的选择以及温度、pH 等的调节。需要说明的是，单盐电解液适用于形状简单、外观要求不高的镀层，络盐电解液分散能力高，电镀时电流密度和效率低，主要适用于表面形状较复杂的镀层。表 6.2 为一些常见的电镀用电解液。

表 6.2　电镀用的几种常见电解液

电解液		电镀金属
单盐电解质	硫酸盐电解液	Cu,Zn,Cd,Ni,Co
	氯化物电解液	Fe,Ni,Zn
	氟硼酸盐电解液	Zn,Cd,Cu,Pb,Sn,Ni,Co,In
	氟硅酸盐电解液	Pb,Zn
	氨基磺酸盐电解液	Ni,Pb
复盐电解质	氨基络盐电解液	Zn,Cd
	有机络盐电解液（如 EDTA,柠檬酸）	Zn,Cu,Cd
	焦磷酸盐电解液	Cu,Zn,Cd,黄铜和青铜合金
	碱性络盐电解液	Zn,Cd
	氰化络盐电解液	Zn,Cu,Sn,Ag,Au,黄铜和青铜合金

（3）镀后处理

镀件经电镀后表面常吸附着镀液，若不经处理可能腐蚀镀层。水洗和烘干是最简单的镀后处理。视镀层使用的目的，镀层可能还需要进行一些特殊的镀后处理，如镀 Zn、Cd 后的钝化处理和镀 Ag 后的防变色处理等。

6.2.4　几种典型的电镀过程

（1）单金属电镀

电镀一般分为单金属电镀、合金电镀、复合电镀和熔融盐电镀等几种类型，根据对镀层性能要求的不同，可选择不同类型的电镀方式。单金属电镀是最简单的电镀类型。表 6.3 列出了单金属电镀的一些应用。

表 6.3 单金属电镀的一些应用

电镀金属	应用
锡	用于食品包装等的保护性镀层,电接触的软焊等
镍	家用物品的保护和装饰;机械元件的保护和维修;作为镀铬层的衬底(即预镀层);化工设备的保护等
铜	作为电接触元件;镀铬-镍时的衬底;消费商品的装饰等
铬	家用物品、汽车元件等保护和装饰;机械零件、阀等的耐磨损表面等
镉、锌	钢铁基底的腐蚀保护
金、银	用于装饰镀层(如镜子)和反射器等

依据前面介绍的影响镀层质量的因素,单金属电镀同样受电镀液组成、电流密度、温度、pH 等的影响。大多数单金属电镀过程的电流密度在 $10\sim70mA/cm^2$ 之间,这一数值与电解过程相比是低的。单金属电镀的镀层厚度一般在 $0.01\sim100\mu m$ 之间,电镀持续时间从几秒到 30min 不等。在单金属电镀中,Ag 沉积的电流密度特别低,约 $3\sim10mA/cm^2$;而 Cr 沉积时大部分电流消耗于析氢反应,电流效率低,高的电流密度并不是镀 Cr 电流的真实反映。表 6.4 列出了几种单金属电镀的条件。注意镀铬时的阳极一般采用铝或铅锑合金或铝锡合金,而不用金属铬,其原因是阳极溶解的电流远大于阴极还原的电流密度,这样易导致溶液中 Cr^{3+} 的大量积累,使电解液变得不稳定,得不到满意的铬镀层。镀铬常用的阳极材料是含锑 6%~8% 的铅锑合金或含锡 7%~8% 的铅锡合金。这些材料力学性能好,在镀液中稳定,通电时表面会生成棕色的二氧化铅膜。

表 6.4 几种单金属电镀的条件

镀种	电镀液组成/(g/L)	温度/℃	电流密度/(mA/cm²)	电流效率/%	添加剂	阳极
Cu	$CuSO_4$(200~250),H_2SO_4(25~50)	20~40	20~50	95~99	环糊精,明胶	含 P 轧钢
	CuCN(40~50),KCN(20~30),Na_2CO_3(100)	40~70	10~40	60~90	Na_2SO_3	铜片
Ni	$NiSO_4$(250),$NiCl_2$(45),H_3BO_3(30),pH=4~5	40~70	20~50	95	香豆素、苯磺酸胺	镍片
	氨基磺酸镍(600),$NiCl_2$(5),H_3BO_3(40),pH=4	50~60	50~400	98	苯三磺酸	—
Ag	$KAg(CN)_2$(40~60),KCN(80~100),K_2CO_3(10)	20~30	3~10	99	含硫添加剂	Ag 电极
Cr	CrO_2(450),H_2SO_4(4)	45~60	100~200	8~12	氟化物以增加效率	含锑 6%~8% 的铅锑合金或含锡 7%~8% 的铅锡合金
	CrO_3(200),H_2SO_4(2)	40~55	100~200	10~15	氟化物以增加效率	

续表

镀种	电镀液 组成/(g/L)	温度 /℃	电流密度 /(mA/cm²)	电流效率 /%	添加剂	阳极
Sn	$SnSO_4$(40~60), H_2SO_4(100~200)	20~30	10~30	90~95	苯酚或 甲基酚	Sn
	Na_2SnO_3(50~100), NaOH(8~18)	60~80	15~20	70		
	$SnCl_2$(75), NaF(50), NaCl(45), pH=2.5	65	50~200	90	SCN^-, 苯酚二磺酸	
Zn	$ZnNH_4Cl_3$(200~300), NH_4Cl(30~50), pH=5	25	10~40	98	环糊精等	Zn
	ZnO(20~40), NaCN(60~120), NaOH(60~100)	15~30	10~50	70~90	丙三醇等	
	ZnO(6~10), NaOH(70~100)	20~40	10~30	60~80	有机添加剂	

（2）合金电镀

合金电镀能够赋予镀层一些特殊的力学性能和物理化学性能，但比通常的单金属电镀要复杂困难，电镀存在较大局限性，条件的控制更为苛刻。近几十年来，科学技术的迅速发展，对材料的表面性质提出了多种多样的新要求，如计算机存储磁盘上的钴合金磁性镀层，为了适应工业生产和科技发展的需要，合金电沉积的研究持续推进。需要指出的是，合金镀层的性能不是其组合金属性质的加和，也与熔炼制备得到的组成相同的合金不同。合金镀层与其组合金属镀层比较，常常具有更高的硬度，更强的耐蚀能力，较低的孔隙和较好的外观等。

对于合金电镀必须通过调节电镀液组成、电镀条件等使不同金属在电极上具有相近的析出电势，这样才能实现合金电镀。影响合金电镀的因素除前面已述及的外，还有镀液中不同金属离子浓度的比值。合金电镀电流密度的选择是趋于单金属电镀时电流密度范围的低限，同时，由于电镀时许多合金阳极并不溶解，因而常使用两种金属作为阳极，也有使用惰性阳极的。表6.5列出了几种合金电镀的条件。

Fe镀层可以用于玻璃钢模、记录式打印机、印刷版等耐磨性部件的电铸或钢铁部件的修补等。Fe-Ni合金镀层可用于连续铸造用铸型的表面镀层、磁头等的软磁性薄膜、磁屏蔽膜等；Fe-Co合金镀层可用于磁记录膜等制品。由此可见，Fe族合金镀层在工业上有着广泛的应用领域。下面简要介绍Fe族合金电镀的镀液组成、电镀工艺等。

Fe族合金镀液中含有Fe^{2+}盐、Ni^{2+}盐或Co^{2+}盐，特定的脂肪族羧酸以及还原剂等成分。适宜的Fe^{2+}盐有$FeSO_4$、$FeCl_2$、$Fe(NH_2SO_3)_2$等，可以单独或混合使用。Fe^{2+}盐浓度约为1~70g/L。

表 6.5　几种合金电镀的典型条件

合金	电解液组成/(g/L)	温度/℃	电流 /(mA/cm²)	电流效率/%	阳极
黄铜(70%Cu+30%Zn)	$K_2Cu(CN)_3(45)$，$K_2Zn(CN)_4(50)$，KCN(12)，酒石酸钠(60)	40~50	5~10	60~80	黄铜
青铜(40%Sn+60%Cu)	$K_2Cu(CN)_3(40)$，$Na_2SnO_3(45)$，NaOH(12)，KCN(14)	60~70	20~50	70~90	青铜或铜锡混合电极
65%Ni+35%Sn	$NiCl_2(250)$，$SnCl_2(50)$，$NH_4F \cdot HF(40)$，$NH_3 \cdot H_2O(30)$	60~70	10~30	97	分开的镍和锡电极
80%Ni+20%Fe	$NiSO_4(300)$，$FeSO_4(20)$，$H_3BO_3(45)$，NaCl(30)，(pH=3~4)	50~70	20~50	90	片状的镍和铁电极

适宜的 Ni^{2+} 盐有 $NiSO_4$、$NiCl_2$、$Ni(NO_3)_2$、$NiCO_3$、$Ni(CH_3COO)_2$、$Ni(NH_2SO_3)_2$、$Ni(CH_3SO_3)_2$ 等。适宜的 Co^{2+} 盐有 $CoSO_4$、$CoCl_2$、$Co(NO_3)_2$、$CoCO_3$、$Co(CH_3COO)_2$、$Co(NH_2SO_3)_2$、$Co(CH_3SO_3)_2$ 等，可以单独或混合使用。Ni^{2+} 盐或 Co^{2+} 盐浓度约为 1~70g/L。

镀液中加入脂肪族羧酸作为添加剂，旨在使镀层中共析出适量的碳，在后续镀层热处理时，获得高硬度的合金镀层。适宜的脂肪族羧酸有乙酸、丙酸、戊酸、酪酸等含有一个 COOH 的脂肪族单羧酸；苹果酸、丙二酸、琥珀酸、戊二酸、马来酸、富马酸等含有一个羟基或不含羟基的脂肪族二羧酸；柠檬酸等脂肪族三羧酸以及它们的 Na^+、K^+、NH_4^+ 盐，其浓度约为 0.5~2.0g/L。镀液中还需要加入还原剂，旨在抑制镀液中 Fe^{3+} 的生成，以便于稳定地连续电镀。适宜的还原剂有 L-抗坏血酸、没食子酸、肼、Na_2SO_4，$NaNO_2$ 等，其浓度约为 0.1~15g/L。

镀液温度约为 25~90℃，最好为 40~60℃。阴极电流密度约为 0.1~10A/dm²，最好为 2~5A/dm²。镀液为 pH=1~6 的酸性溶液，通常采用 KOH、NaOH、NH_4OH 等碱性溶液或与金属盐的阴离子相同的酸性溶液调节镀液的 pH。

可以采用钢板作为可溶性阳极，阳极溶解较为均匀，与此同时，根据分析结果适宜地补充 Ni^{2+} 盐或 Co^{2+} 盐，以便保持镀液组成的稳定性。此外还可以采用石墨、镀 Pt 的 Ti 等作为不溶性阳极，这时必须根据分析结果适时地补充 Fe^{2+} 盐、Ni^{2+} 盐或 Co^{2+} 盐和消耗的脂肪族羧酸，以便连续进行电镀作业。

关于 Fe 族合金镀层的组成，从 Fe 镀液中可以获得含有质量分数为 0.2%~3%Fe、5%~95%Ni 或 Co，0.2%~3.0%C 的 Fe-Ni-C、Fe-Co-C 或 Fe-Ni-Co-C 合金镀层。镀层的含碳量以 $w_B=0.3\%$ 以上为宜，以 $w_B=0.3\%~1.5\%$ 为佳。镀层厚度一般为 1~100μm。

为了提高 Fe 族合金镀层的硬度，可以在 100~800℃的温度下加热处理，最好为 200~

600℃。一般采用烘箱加热、高频加热、红外加热、激光加热等加热方式，可以在 N_2 或 Ar 等惰性气体、O_2、空气或真空等氛围中进行热处理。加热处理的时间取决于加热温度和镀层厚度，通常为 1min～12h。通过热处理，可以显著地提高镀层硬度，硬度在 600HV 左右的镀层经过热处理可以提高到 800～1200HV。

由上述可见，从含有 Fe 族盐类（Fe^{2+}、Ni^{2+}、Co^{2+}）、脂肪族羧酸和还原剂等组成的镀液中可以获得硬度 600HV 以上的 Fe 合金镀层，然后在 200～800℃ 的任何温度下加热处理，可以获得高硬度、耐磨、耐蚀和外观平滑等性能优良的 Fe 族合金镀层。与传统的各种提高耐磨性的处理方法比较，热处理温度较低，操作简便易行，可以取代传统的淬火、渗碳、氮化、硬 Cr 镀层、化学镀 Ni-P 合金、化学转化处理、喷镀金属、化学气相沉积（CVD）和物理气相沉积（PVD）等硬度处理方法，适用于金属或金属与塑料、陶瓷、纤维、纸/木材、玻璃等非金属组成的机械零部件、电机器具、机床附件、模具和刀具等工业制品的表面精饰和硬化处理。

（3）复合电镀

复合电镀是在电镀或化学镀的镀液中加入一种或多种非溶性的固体微粒，使其与主体金属（或合金）共沉积在基体上的镀覆工艺，得到的镀层称为复合镀层。已发现，固体粒子进入金属镀层可以显著增加镀层耐磨性，并赋予镀层一些特殊的性质。原则上可电镀的金属均可作为主体金属，但研究和应用最多的金属有 Ni、Co、Cr、Ag、Cu、Au 等。

作为复合电镀中的固体微粒主要有三类。第一类是提高镀层耐磨性的高硬度、高熔点、耐腐蚀的微粒，如 $\alpha/\gamma-Al_2O_3$、SiO_2、SiC、TiO_2、CrO_3、ZrO_2、TiC、WC、金刚石等。近几年以金属镍为主体金属的耐磨、耐腐蚀的复合镀层的研究引人注目。例如以 Ni-P 为基质的复合镀层，在添加 SiC 情况下，得到的复合镀层经 400℃ 热处理后，硬度得到显著提高，而耐磨性降至最低。第二类是提供自润滑特性的固体润滑剂微粒，这类颗粒有 MoS_2、聚四氟乙烯、氟化石墨（$CF)_m$、BN、石墨等。这里特别要指出的是，聚四氟乙烯微粒由于能均匀分散在主体镀层中，在表面磨损时提供润滑并具有良好的稳定性，近年来研究较多。例如，对 Ni-PTFE 复合镀层的研究表明，将复合镀层（PTFE $\varphi_B=10\%$）镀于聚氨酯橡胶成型加工模具上，并对该模具和电铸镍模同时进行注塑成型加工，发现复合镀处理的模具减少了脱模剂的用量，而且也大大改善了工作环境。同时对于 Ni-PTFE 干润滑复合镀层的研究表明，镀层的摩擦系数随 PTFE 含量的增加而减小，而硬度却随 PTFE 含量的增加而降低，因此最佳的复合镀层必须控制好镀层中 PTFE 的含量。一般来说，PTFE 含量控制在 10%～15%，这时硬度能达到使用要求，虽然润滑度较低，但磨损量减少，镀层的综合性能较好。第三类是提供具有电接触功能的微粒，如 WC、SiC、BN、MoS_2、La_2O_3 等，这类复合镀层通常以 Au、Ag 为基质材料。有关复合电镀中的固体微粒直径一般在 0.5～5μm 之间，由于这些固体微粒的嵌入，镀层性能发生了很大变化，有些性能是单金属电镀或合金电镀中难以得到的。

影响复合镀层质量的主要因素有：镀液的组成、电流密度及固体粒子的大小和浓度等。可以预见，随着复合电镀技术的提高，复合镀层将在润滑、催化、电和磁领域作为新材料得到广泛的应用。

（4）熔融盐电镀

熔融盐电镀是指在熔融盐介质中进行的一种电镀方式。熔融盐电镀和水溶液或有机溶液中的电镀一样可以实现单金属镀、合金镀和复合镀。电镀过程一般是指在水溶液和有机溶液中的电镀，但某些金属在水溶液或有机溶液中进行电镀时，电流效率低，沉积速度慢，还有些金属则不可能在水溶液中进行沉积，这时常采用熔融盐电镀。

熔融盐电镀具有以下优点：

① 熔融盐电解液分解电压高，稳定性好，电镀过程副反应少，电流效率高。

② 阴极还原超电势低，交换电流密度大，电沉积速度快，能在复杂镀件上得到较为均匀的镀层。

③ 熔融盐可溶解金属表面的氧化物，并能使沉积金属扩散进入金属基体，镀层与基底结合力强，同时镀层有较好的抗腐蚀性能等。

基于熔融盐电镀的上述优点，熔融盐电镀已在许多领域得到了应用。表 6.6 列出了熔融盐电镀的一些实例及应用。

表 6.6　熔融盐电镀的实例及应用

镀种	熔融盐电解液		熔融盐温度/K	电极		应用
	溶剂	电解质		基底	阳极	
Cr	LiCl-KCl	$CrCl_3$	623～643	低碳合金钢或不锈钢	石墨	炮管内膛镀铬以提高抗烧蚀寿命
Ti	LiCl-KCl	TiF_2, $TiCl_3$	758～768	低碳合金钢或不锈钢	石墨	防护或作为DSA阳极
Mo-W 合金	Na_2WO_4-K_2WO_4	Na_2MoO_4-Na_2WO_4	—	Ni 板	W 和 Mo	—
ZnSe	LiCl-KCl	Na_2SeO_3-ZnO	603～623	Ge 片	硅棒	半导体材料
CdSe	LiCl-KCl	TeO_2-$CdCl_2$	673～773	Cu 片	石墨	半导体材料
Nb_3Ge 合金	LiCl-KCl	K_2GeF_6-K_2NbF_7	—	Mo	Ge	超导材料

6.2.5　电镀实例——铁基上进行防护-装饰性镀铬

钢铁基底上的电镀一般采用多层电镀，如电风扇网罩上镀铬，需经过氰化镀铜、酸性镀亮铜、镀亮镍这些步骤，然后再进行镀铬。

（1）氰化镀铜

其目的是增加镀层与基底的结合力。氰化镀铜的镀液成分及工艺条件如表 6.7 所示。

表 6.7　氰化镀铜的镀液成分及工艺条件

因素	浓度或电流密度或温度	作用
CuCN	40～50g/L	主盐
NaCN(过量)	54～64g/L	络合剂
Na_2CO_3	30g/L	调节 pH
Na_2SO_3	5～10g/L	还原剂
温度	18～25℃	—
阴极电流密度	0.5～0.75A/dm^2	—

对于氰化镀铜，电解液配方中铜一般以 $[Cu(CN)_3]^{2-}$ 的形式存在，对应的阴极反应为：$[Cu(CN)_3]^{2-}+e^- \longrightarrow Cu+3CN^-$。研究认为氰化镀铜的阴极反应机理为：$[Cu(CN)_3]^{2-}$ 和基底之间存在较强的吸附作用，在电场的作用下，络离子正电荷的一头朝着阴极方向，负端向着溶液方向，这样在电场的作用下络离子逐渐变形，然后在阴极上放电还原为金属铜。

氰化镀铜的工艺较老，但得到的镀层质量好，减少了镀层空隙，提高了防腐蚀性能。由于镀液有毒，存在污染问题，因此无氰电镀为发展方向，如可采用焦磷酸盐镀铜，但镀层质量只能接近于氰化镀铜。

（2）酸性镀亮铜

其目的是采用厚铜薄镍镀层，以节约金属镍，并隔开镍层和铁基。镀液成分及工艺条件如表 6.8 所示。

表 6.8 酸性镀亮铜的镀液成分及工艺条件

因素	浓度或电流密度或温度	作用
$CuSO_4 \cdot 5H_2O$	$180 \sim 220g/L$	主盐，浓度低时，i 降低，光亮度下降
H_2SO_4	$50 \sim 70g/L$	提高导电性和电流效率
Cl^-	$0.02 \sim 0.08g/L$	利于得到光亮镀层，防止阳极极化
$KG_1(KG_2)$添加剂	$4 \sim 6mL$	起光亮、平整、细致的作用
温度	$10 \sim 35℃$	—
阴极电流密度	$2 \sim 4A/dm^2$	—
阴阳极面积比	$1:1 \sim 3$	—
搅拌	—	阴极移动或空气鼓泡
阳极	含磷 $0.05\% \sim 0.1\%$ 的铜	避免铜粉和 Cu^+ 生成，影响镀层质量

（3）镀亮镍

镀镍层具有较高的硬度，在铁基上镀铜后再镀镍，这样可把镍层和铁基底隔离。如在铁基上直接镀镍，由于镍的金属活泼性要高于铁，这样只有在镍层无空隙的情况下才能有效地保护基底，如镍层遭破坏，则 Fe-Ni 易形成原电池，从而会加速铁的腐蚀。光亮镀镍的镀液成分及工艺条件如表 6.9 所示。

表 6.9 光亮镀镍的镀液成分及工艺条件

因素	浓度或电流密度或温度	作用
$NiSO_4 \cdot 7H_2O$	$250 \sim 300g/L$	主盐，产生 Ni^{2+}
$NiCl_2 \cdot 6H_2O$	$20 \sim 30g/L$	主盐，分散能力较 $NiSO_4 \cdot 7H_2O$ 好，Cl^- 同时活化阳极
H_3BO_3	$35 \sim 40g/L$	作为缓冲剂，并能改善镍层和基底结合力（pH=2～3 时易析出 H_2）
$C_7H_5O_3NS$（糖精）	$0.6 \sim 1g/L$	初级光亮剂，显著降低晶粒尺寸，使镀层光亮、光泽均匀，同时使镍层延展性好
1,4-丁炔二醇	$0.2 \sim 0.5g/L$	次级光亮剂，具有增光和整平作用
$C_9H_6O_2$（香豆素）	$0.1 \sim 0.2g/L$	次级光亮剂，具有增光和整平作用，且整平作用较 1,4-丁炔二醇更显著

续表

因素	浓度或电流 密度或温度	作用
十二烷基磺酸钠	0.05～0.1g/L	润湿剂或表面活性剂,削弱电解液接触张力,加速 H_2 气泡从表面释放,防止产生针孔和麻点
温度	50～55℃	—
pH	4～4.5	阴极主要析出 Ni,抑制析氢反应,电流效率高
电流密度	1.52A/dm²	
阴极移动	25～30 次/min	起搅拌作用

（4）镀铬

铬是略带蓝色的金属,极易钝化,化学稳定性好,硝酸、乙酸、低于 30℃ 时的硫酸和有机酸等对它均不产生腐蚀,H_2S、碱和氨气等对 Cr 层也不腐蚀。而对于铁基上镀铬,由于镀铬层只是阴极性镀层,仅起机械保护作用,因此常采用多层电镀。

镀铬层硬度高,耐热,耐磨,反光性能好,已广泛应用于军用、汽车制造等以及日常生活用品的装饰性镀层。镀液组成:作为主盐的 CrO_3（铬酐）浓度为 360～380g/L,H_2SO_4 浓度为 2～2.5g/L。硫酸浓度高时,光亮度和致密性好,但电流效率和分散能力下降;硫酸浓度低时,分散能力提高,但光泽显著下降。加入的硫酸和铬酐比一般为 0.55～0.70:100,这样阴极上才能还原出铬。硫酸加入过量时常通过 $BaCO_3$ 来中和。镀铬液中铬酐是以铬酸和重铬酸形式存在的,转化关系为:

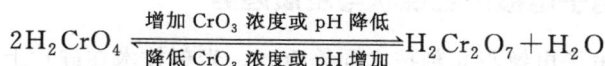

$$2H_2CrO_4 \xrightleftharpoons[\text{降低 }CrO_3\text{ 浓度或 pH 增加}]{\text{增加 }CrO_3\text{ 浓度或 pH 降低}} H_2Cr_2O_7 + H_2O$$

对于镀铬,其阴极反应为:$CrO_4^{2-} + 8H^+ + 6e^- \longrightarrow Cr + 4H_2O$,阳极反应为:$Cr^{3+} \longrightarrow Cr^{6+} + 3e^-$ 和析氧反应。电解时最佳温度范围为 54～58℃,采用的电流密度为 15～20A/dm²,电镀时间 10～15min。值得注意的是,镀铬时的阳极一般采用铝或铅锑合金或铝锡合金,而不用金属铬。

6.3　高端电子电镀 [5-10]

电子电镀作为芯片制造中唯一能够在全技术节点实现纳米级电子逻辑互连的技术方法,是国家高端制造战略安全的重要技术支撑。随着新兴电子战略性产业的快速发展,国防武器装备信息化智能化的高度融合,我国在当前国际形势深度调整的背景下,对芯片制造电子电镀技术的自主化需求日益迫切。但是,我国芯片制造电子电镀的发展面临专用化学品、电镀装备和技术工艺均受制于人的现状,亟需从基础研究的角度深入剖析电子电镀关键技术瓶颈背后的科学基础问题,凝聚产学研用各方力量开展合力攻关,推动电子电镀先进研究方法和创新研究范式的建立,开创芯片制造电子电镀自主化发展路线[5]。

电子电镀可以界定为用于电子元器件制造的电镀技术。有别于常规电镀,电子电镀的应用领域主要包括芯片大马士革互连、印制板（printed circuit board,PCB）电镀、引线框架电镀、连接器电镀、微波器件等其他电子元器件的制造。作为唯一能够实现纳米级电子逻辑互连和微纳结构制造加工成型的关键技术，电子电镀成为芯片制造、三维集成和器件封装、微纳器件制造、微机电系统（MEMS）、传感器、军用电子设备及元器件等高端电子产品生产中基础性、通用性、不可替代性技术。从芯片的铜互连技术、封装中电极凸点电镀技术、引线框架的电镀表面处理技术，到印制线路板、接插件的各种功能电镀，电子电镀技术应用贯穿高端电子制造的全部流程，并且在 MEMS、微传感器等微纳器件制造中的应用不断拓展。因此，与常规的装饰性、防护性电镀相比，芯片制造电子电镀在种类、功能、精度、质量和电镀工艺等方面具有极高的技术要求，其发展水平直接决定了高端电子制造业的技术水平。

但是，我国工业体系建设起步晚，制造业长期以价值链低端的制造加工为主，导致国内电子电镀技术发展相对缓慢，在电子电镀专用化学品、电子电镀装备及电镀工艺方面都长期依赖进口，尤其是 14nm 技术节点以下的芯片纳米沟槽高密度电子互连、三维硅通孔大深径比的互连以及三维封装必需的电子电镀添加剂、超高纯化学试剂等电子电镀专用化学品全部被欧美等国家的供应商垄断，成为制约我国高端芯片制造突破国外封锁、实现创新发展的关键瓶颈。

随着智能化时代的到来，"互联网＋"、网络强国、智能制造等国家战略将逐步深化落实，信息化和工业化深度融合、工业互联网网络建设、5G 技术逐步商用等将进一步激发电子信息制造业的繁荣发展，对电子电镀的需求和要求也将进一步加大。据工信部公布的统计数据，2022 年全国电子信息制造业实现营业收入 15.4 万亿人民币，电子信息产业的快速发展离不开电子电镀技术的支撑。

6.3.1　芯片制造电子电镀产业现状与发展趋势

在芯片制造中，电子电镀与光刻技术同等重要。光刻技术在硅片上制作出高度集成的晶体管，形成芯片的"脑细胞"；电子电镀技术制作晶体管之间逻辑互连的电子导线，形成芯片的"神经网络"。芯片制造电子电镀工艺的技术难点是要在保证小尺寸、大深径比结构填充能力的同时提高互连线电性能、可靠性和平坦化潜力。从工艺角度，需要筛选大量添加剂品类，并在低于 1mg/L 的浓度范围精细调控多种添加剂的配比；从材料角度，需要采用超纯镀液、添加剂等高端电子化学品，其杂质浓度要控制在 μg/L 级以下；从设备角度，需要合理设计电、热、液流等多场耦合作用以及高精度调控。

在新型电子电镀材料方面，我国还处于发展初期，主要还是根据国外先进思路进行学习和仿照。目前，随着芯片尺寸的缩小，孔尺寸也需要进行相应的缩小，导致单一金属材料电阻率急剧上升，如随着特征线宽尺寸降低到 14nm 以下，铜互连线路中的电阻率呈指数级增大，导致阻容延迟和焦耳热显著增加。高结晶度铜（单晶铜、纳米孪晶铜等）互连理论上可极大改善铜电迁移，解决铜锡合金化和柯肯达尔孔洞等问题，有望大幅改善铜互连性能、提高可靠性。根据理论计算，使用单晶铜，可以提高电导率，降低趋肤效应所造成的信号损失，有可能替代传统的焊接模式，直接进行同层互连。金属钴因具备短平均电子自由程（λ＝10nm）、优异的抗电迁移（扩散活化能小至 1eV）和扩散阻挡性能，成为芯片中备受青睐的新一代互连材料。大马士革电镀钴工艺用于 14nm 以下的互连层已有研究，但尚未获得商业上的广泛应用。新型金属合金（铜铝合金、镍合金等）、先进碳材料等也被提出应用于先进技术节点互连，是未来芯片互连的关键研究方向，目前正处于研发阶段。

6.3.2　电镀工艺在高端制造中的应用

（1）晶圆制造

随着制程越来越先进，芯片铜互连成为主流技术。芯片铜互连的制造工艺是在晶圆的沟槽上采用电镀的方法沉积、填充铜金属的工艺，铜互连工艺具有更低的电阻率、抗电迁移性，能够满足芯片尺寸更小、功能更强大、能耗更低的技术性能要求。

前端制造过程的电镀是指在芯片制造和封装过程中，将电镀液中的金属离子电镀到晶圆表面形成金属互连的工艺；后端封装的电镀是指在芯片封装过程中，在三维硅通孔、重布线、凸块工艺中进行金属化薄膜沉积的过程。图 6.4 显示了芯片制造前道镀铜互连电镀工艺示意图，图 6.5 为芯片制造后道先进封装电镀工艺示意图。

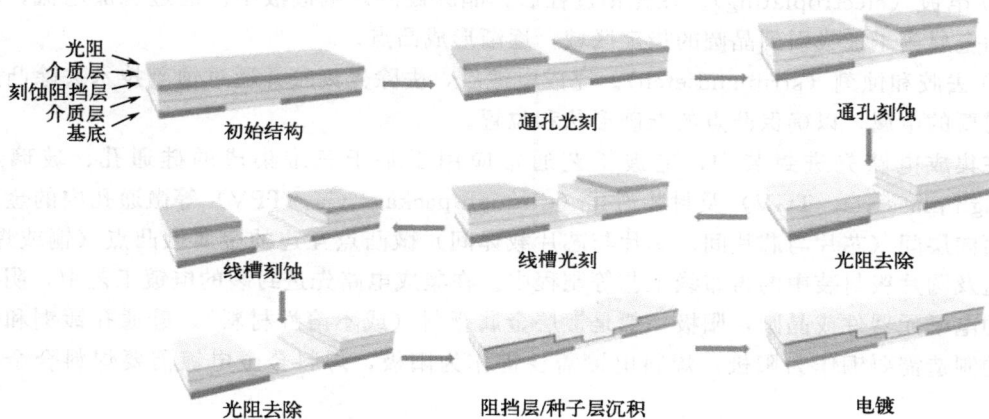

图 6.4　芯片制造前道铜互连电镀工艺示意图

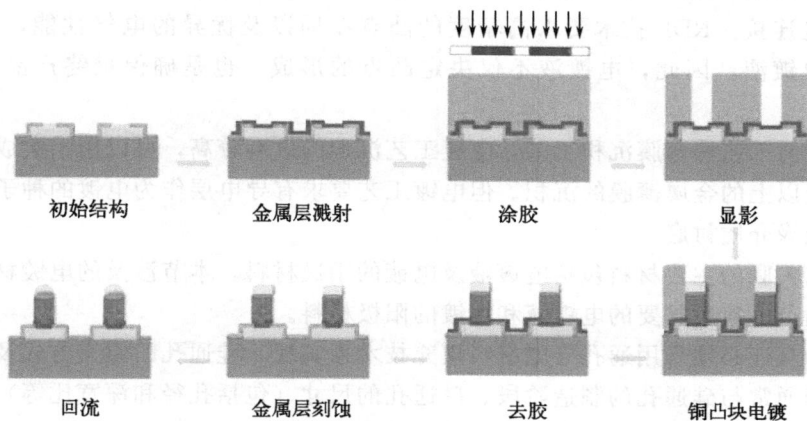

图 6.5　芯片制造后道先进封装电镀工艺示意图

（2）先进封装

凸块电镀（Bumping）、再分布线（RDL）、硅通孔（TSV）电镀等是超越摩尔定律的关键。为了进一步提高集成电路性能，需要缩短晶圆间与印刷电路板间连线的距离，因此超越摩尔技术变得越来越重要，三维硅通孔、重布线、凸块工艺等先进封装工艺也因此开始大规模使用。以 Bumping 为例，详细介绍电镀液在其工艺中的关键作用。

电镀液是 Bumping 中重要耗材，Bumping 技术的核心在于创建微小的金属凸点，用于在晶圆和封装间形成关键的电连接。凸点间距的精准控制在 Bumping 技术中至关重要，因为它直接影响芯片内部电气信号的传输效率以及整体封装的密度，是实现高性能和高密度集成电路的关键。

Bumping 工艺通常包含以下几个关键步骤：

① 溅射（sputtering）。Bumping 流程的初始步骤，它涉及使用高速粒子轰击目标材料（通常是金属），使其原子被散射并沉积到晶圆表面，从而形成一个薄薄的金属层，为电镀过程做准备。

② 光刻（photolithography）。在光刻步骤中，晶圆表面涂上一层光敏化学物质。通过曝光和显影处理，形成了微型模板，定义了凸点的准确位置。

③ 电镀（electroplating）。在光刻过程后，晶圆被浸入电镀液中。通过施加电流，电镀液中的金属离子被吸引到晶圆的指定区域，逐渐形成凸点。

④ 去胶和蚀刻（strip and etch）。完成电镀后，去除光刻胶并通过蚀刻技术去除凸点周围不需要的金属，以确保凸点的准确形状和位置。

在集成电路先进封装中，电镀工艺通常应用于基于三维集成的硅通孔、玻璃通孔（through glass via，TGV）及封装通孔（through package via，TPV）等微通孔内的金属填充、面向层间（芯片与芯片间、芯片与芯片载体间）微凸点互连的金属微凸点（铜或焊材）的制造及圆片级封装中的再布线工艺等制程中。在集成电路先进封装的电镀工艺中，阴极是待镀的电子元器件或晶圆，阳极一般是镀层金属靶材（或不溶性材料）。硅通孔镀铜和铜柱凸点的制造需要铜作为阳极；焊料电镀需要锡作为阳极，焊料合金电镀需要焊料合金作为阳极。

电镀液在 Bumping 流程中起到了关键作用。高品质的电镀液保证了金属凸点的均匀性和可靠性，特别是在 RDL（重布线层）工艺中，Bumping 技术用于实现芯片与封装基板间的精确电连接。RDL 技术要求高精度的凸点布局以及优异的电气性能，这些都离不开高性能的电镀液。因此，电镀液不仅决定凸点的形成，也是确保最终产品性能和稳定性的关键。

相对于溅射工艺等薄膜沉积工艺，电镀工艺沉积的效率较高，可以用于集成电路中厚度为亚微米级及以上的金属薄膜的沉积。但电镀工艺要求有导电层作为电镀的种子层，不适用于半导体或绝缘介质衬底。

电镀工艺关联的主要材料包括电镀液及电镀的阳极材料，本节涉及的电镀材料主要包括通孔电镀和凸点电镀所需要的电镀液和电镀的阳极材料。

硅通孔的互连必须采用通孔导电材料填充技术来实现，硅通孔的填充方式及可填充的导电材料的选择通常与硅通孔的制造阶段、硅通孔的尺寸（包括孔径和深宽比等）等相关，如图 6.6 所示。

目前，硅通孔的填充方式主要有两种：电镀和化学气相沉积（chemical vapor deposition，CVD）。一般来说，如果硅通孔的尺寸较小，那么化学气相沉积比电镀更适合用于填充硅通孔，如当硅通孔的孔径在 $2\mu m$ 以下时，液体不容易进入细小的微孔，需要完全通过化学气相沉积的方式进行硅通孔填充，化学气相沉积填充硅通孔的导电填充材料主要有铜、钨、多晶硅等。目前应用于先进封装的硅通孔的孔径通常都在 $5\mu m$ 以上，从工艺效率及工艺成本等角度进行综合考虑，主要采用的是电镀填充的方式。

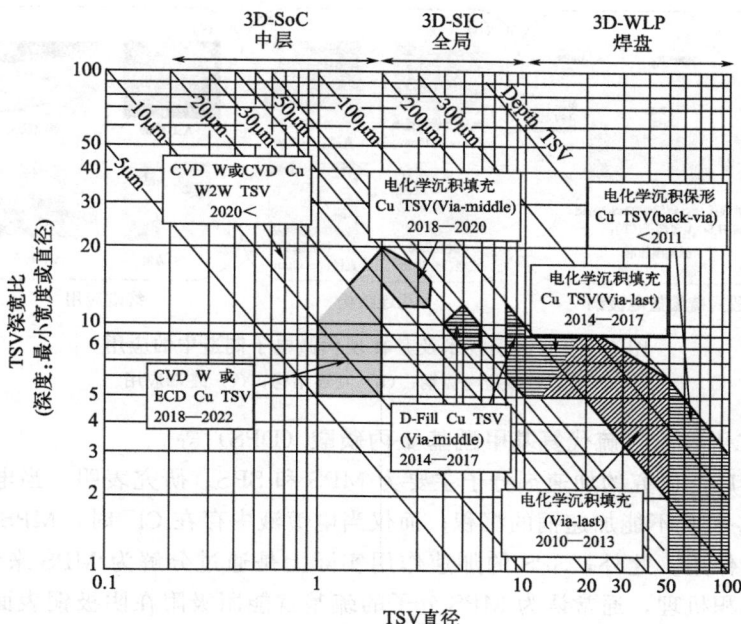

图 6.6　硅通孔填充方式与硅通孔尺寸的关系

6.3.3　金属铜电沉积在芯片制造中的应用 [7]

铜互连结构的制备主要使用湿法电化学沉积技术。酸性硫酸盐电镀铜体系因其电流效率高、稳定性好、功能易调控等优势而广泛应用于电子电镀领域，其镀液成分包括硫酸铜、硫酸、氯离子以及微量的有机添加剂。其中硫酸铜是主盐，在镀液中提供铜源；硫酸用以增强镀液的导电性，防止 Cu^{2+} 水解并提高镀液分散能力；氯离子既可以提高铜阳极的活性，防止阳极钝化，又可与其他添加剂发生协同作用。电镀铜添加剂是一类添加到镀液中用于改善和调控铜电沉积过程的物质，这些添加剂的使用能够起到调控铜的沉积速率、控制铜晶粒成核与生长，从而达到降低镀层粗糙度、改善铜镀层的均匀性等目的。在电子电镀领域内，酸性硫酸铜电镀添加剂通常根据实际需要进行复配，通过添加剂间的协同作用调控铜的沉积，进而达到所需电沉积效果。配方中添加剂的分子结构、使用浓度及其相互作用对铜离子的还原过程有至关重要的影响。

本节将从电镀铜调控用添加剂体系及其芯片制造中的应用两方面入手，系统介绍电子电镀中常用添加剂组分及其作用原理，并以大马士革电镀、硅通孔电镀、铜柱电镀及再布线层电镀四道核心工艺为例，总结介绍电镀铜在芯片制造中的技术需求、工艺流程及未来技术的发展趋势。

（1）酸性硫酸盐电镀铜添加剂体系

添加剂在酸式硫酸铜电镀中起着至关重要的作用。按其作用原理，常用电镀铜添加剂可分为：加速剂、抑制剂和整平剂三类（图 6.7）。

① 加速剂。

加速剂（accelerator）又称光亮剂（brightener），通常为小分子的有机含硫化合物。其在镀液中的主要作用是改善镀层颗粒的细腻度，提高铜面的光亮度。已报道的加速剂主要有 3-巯基-1-丙磺酸盐（MPS）、聚二硫二丙烷磺酸钠（SPS）、3,3-硫代双（1-丙磺酸）（TB-

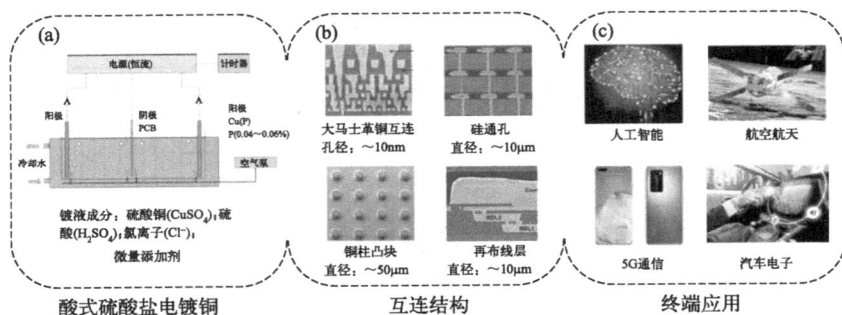

图 6.7　电镀铜技术及其在现代微电子制造中的应用
（a）酸式硫酸盐电镀铜；（b）互连结构；（c）终端应用

PS）、3-N,N-二甲氨基二硫代氨基甲酰基-1-丙磺酸（DPS）等。

目前，获得广泛研究的加速剂分子主要为 MPS 和 SPS。研究表明，当电镀液中不存在 Cl^- 时，MPS 或 SPS 不能加速铜的沉积；而仅当电镀液中存在 Cl^- 时，MPS 或 SPS 才能表现出明显的加速作用。此外，SPS 的加速作用实际上是通过分解为 MPS 来促进铜沉积的。针对其加速铜沉积机理，通常认为 MPS 分子的巯基官能团吸附在阴极铜表面，其另一端的磺酸基则与 Cu^{2+} 通过阴阳离子作用发生静电吸引，从而俘获镀液中的 Cu^{2+}，并在 Cl^- 的协同作用下，通过"内球电子转移"促进铜在阴极表面的沉积。随着电镀过程的进行，MPS 分子迁移到新的铜层表面，并继续发挥其加速作用。

② 抑制剂。

抑制剂（suppressor）又称载运剂（carrier），通常是聚醚类高分子化合物。该类分子易吸附在铜晶粒生长的活性位点上形成铜离子阻挡膜，增加铜离子还原难度；同时抑制剂还可以降低电镀液的表面张力，使电镀液更容易润湿微孔。目前，常用的抑制剂有聚乙二醇（PEG）、聚丙二醇（PPG）以及环氧乙烷（EO）与环氧丙烷（PO）的三嵌段共聚物。

抑制剂抑制铜沉积效果取决于其在铜面上所形成的吸附层。研究表明，Cl^- 浓度、分子结构、分子量和电极电位会影响抑制剂的抑制强度。与 SPS 类似，抑制剂也需要在 Cl^- 的协同作用下，才能强烈抑制阴极表面 Cu^{2+} 的还原。电镀液中不含 Cl^- 时，抑制剂 PEG 在铜面上形成 PEG-Cu^{2+} 或 PEG-Cu^+ 结构的吸附层，吸附能力弱，吸附层只会轻微影响界面电容以及电荷转移反应的速率，因此 PEG 表现出较弱的抑制铜沉积能力。电镀液中含 Cl^- 时，PEG 在铜面上形成 PEG-Cu^{2+}-Cl^- 或 PEG-Cu^+-Cl^- 结构的吸附层，通过 Cl^- 吸附到铜面上，有效抑制铜沉积。抑制剂的分子结构不同，会导致其阴极极化强度、表面吸附率有所改变。尽管抑制剂 PEG、PPG 和三嵌段共聚物具有相似的结构，但由于分子的空间效应以及 EO 基团与 PO 基团的疏水性和亲水性差异，导致铜面上抑制剂的吸附和脱附发生变化。在 PEG、PPG 和 EPE 这三种抑制剂中，通常 PPG 的抑制效果要更强。

③ 整平剂。

整平剂主要是一类含氮化合物，具有较强的正电性，能够吸附在阴极表面突起处，并强烈抑制此局部范围铜的沉积。整平剂一般可分为染料型和非染料型两种。目前研究较多的染料型整平剂有健那绿 B（JGB）、二嗪黑（DB）、亚甲紫（MV）、阿尔新蓝（ABPV）、藏红 O（SO）、碱性黄（BY）以及吡咯并吡咯二酮（DPP）衍生物等。染料型整平剂可以在较宽的电流密度范围内提供光亮细致的铜沉积效果。然而，其稳定性不佳，高温易分解，给应用带来不便。非染料型整平剂种类繁多，小分子整平剂，如十二烷基三甲基氯化铵（DTAC）、2-巯基吡啶（2-MP）和4,6-二甲基-2-巯基嘧啶（DPT）等；大分子量的聚合物，如咪唑与环氧氯丙烷共聚物（IMEP），1-乙烯基咪唑-聚-1,4-丁二醇二缩水甘油醚（VIBDGE）等。

（2）大马士革电镀铜

大马士革电镀铜（damascene copper electroplating）是当今芯片制造中不可或缺的工艺之一。与铝金属化不同，由于铜氯化物和铜氟化物等铜腐蚀副产物挥发性低，铜无法通过反应离子刻蚀（reactive ion etching，RIE）进行图案化。基于这一限制，新型"大马士革"电镀铜工艺被开发出来。大马士革电镀铜工艺与传统电镀工艺不同之处在于，普通电镀工艺涂覆了整个表面，而大马士革电镀铜技术只会将铜沉积到特定的微孔和槽中。大马士革工艺可分为"单大马士革"和"双大马士革"工艺（图6.8）。在"单大马士革"工艺中，沟槽或孔洞分步制作而成；而在双大马士革工艺中，微孔和沟槽的金属化铜填充步骤同步完成。目前，经济高效的双大马士革工艺已被广泛使用于铜互连结构制造，但单大马士革工艺仍然用于特定目的工艺流程，例如用于 M1 或用于全局互连的厚金属层制造。

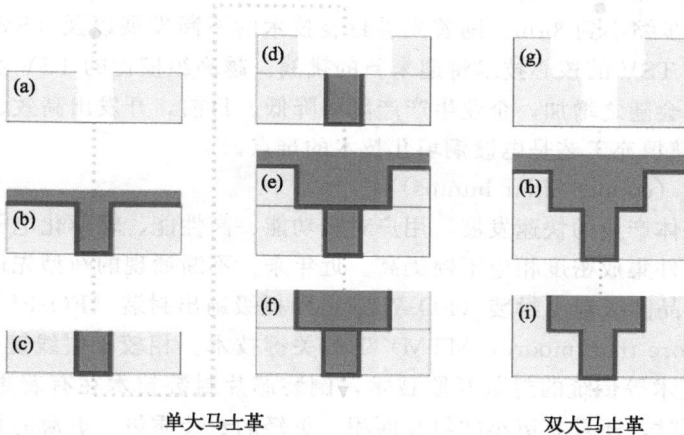

图 6.8　单大马士革电镀铜与双大马士革电镀铜工艺对比
（a）在内层介电材料（ILDs）上蚀刻通孔；（b）铜沉积填充；
（c）化学机械抛光；（d）在 ILD 上蚀刻凹槽；（e）铜沉积填充；
（f）化学机械抛光；（g）ILD 上蚀刻凹槽与通孔；（h）铜沉积填充；（i）化学机械抛光

双大马士革的基本工艺流程如下：首先在绝缘层（通常为多孔 SiO_2）中通过蚀刻形成纳米尺度的孔洞和沟槽［根据图案化顺序的不同，又可细分为"孔洞优先（via first）"和"沟槽优先（trench first）"的两种工艺流程］；接着通过物理气相沉积（physical vapor deposition，PVD）制备一层厚约 2～3nm 的钽氮化物扩散阻挡层（用以防止金属 Cu 向绝缘层扩散）和一层薄的铜种子层（seed layer）；然后通过电镀铜实现对复杂纳米图案的无空洞的金属化填充；最后，使用化学机械抛光（chemical mechanical polishing，CMP）去除电镀的过量铜。图案化、电镀铜填充和化学机械抛光的工序被顺序重复使用，以形成芯片多层铜互连结构。

（3）硅通孔电镀铜

随着电子产品向复杂化和小型化发展，对器件的性能要求越来越高，但需更小尺寸和更低功耗，因此集成电路的制备技术逐步逼近物理极限，多维封装因可同时容纳更多芯片逐步成为了半导体行业的主流。硅通孔技术是多维封装中堆叠芯片实现互连的关键技术，其通过铜的填充实现芯片和芯片、晶圆和晶圆之间的垂直堆叠并互连，使得互连距离最短，并且在信号损失最小的基础上实现最快的传播速度。

TSV 的制作工艺流程主要分为六部分：①对基片进行硬质掩模沉积。②刻蚀通孔。通常采用激光钻孔、电化学刻蚀、等离子体反应离子刻蚀或者湿法腐蚀等几种方法在基片上形成高纵横比的 TSV 微孔。目前业界广泛采用基于反应离子刻蚀技术的 Bosch 工艺，即刻蚀与保护交替进行，从而保证 TSV 微孔的各向异性和垂直度。③侧壁绝缘层。通过等离子体增强化学气相沉积（PECVD）等方法在深孔壁上沉积中间绝缘层，绝缘层材料一般为无机介质材料，如 SiO_2、Si_3N_4 或 SiO_2/Si_3N_4，目前优先选用 SiO_2。④侧壁阻挡层/种子层。一般通过 PVD 法沉积上阻挡层/种子层，种子层通过与电极电连接保证 TSV 电镀铜填孔的顺利进行。⑤TSV 电镀填充。通过电镀工艺将铜进行 TSV 微孔填充，填充效果直接影响后续器件的使用状态。⑥CMP。采用化学机械抛光技术研磨减薄镀铜层表面过量的铜，从而实现材料表面平坦化，主要用于 130nm 以下制程的工艺中。

根据国际半导体技术蓝图（ITRS）预测显示，TSV 的孔径将由 $4\mu m$ 缩小到 $1.6\mu m$，引脚间距将由 $10\mu m$ 缩小到 $3.3\mu m$，垂直方向上的堆叠层数将由 5 层上升到 12 层，晶圆厚度将由 $40\mu m$ 进一步缩小到 $8\mu m$。随着先进封装技术的不断发展以及 TSV 尺寸的缩小，电镀铜填孔技术作为 TSV 的核心技术将迎来新的挑战。越高纵横比的 TSV 实现自下而上填充所需的电镀时间也会随之增加，企业生产产能将降低。目前，开发出高效、低成本且满足高纵横比的 TSV 电镀填充工艺是电镀铜填孔技术的难点。

（4）电镀铜柱（copper pillar bumps）

随着全球半导体产业的快速发展，用户对多功能、高性能、轻薄化电子产品的需求越来越大，促使电子器件集成密度相应不断提高。近年来，不断涌现的新型先进封装技术，如系统级封装（SiP）、晶圆级扇出封装（FO-WLP）和板级扇出封装（FO-PLP）等，已成为实现"超越摩尔（more than moore，MTM）"的关键技术。相较于引线键合（WB）和载带自动焊（TAB）技术等传统的封装互联技术，倒装芯片封装技术在有着更高工艺成熟度和芯片黏结效率的同时，还具有更小的封装面积、更轻的封装质量、更薄的封装厚度、更小的互连节距、更多的 I/Os 数等优点。实现倒装芯片的关键技术是凸点（Bumping）工艺。

目前，凸点互连技术主要有四类，如图 6.9 所示，包括可控坍塌芯片互连（controlled collapse chip connect，C4）、铜柱凸点互连（chip connect，C2）、局部回流焊料帽铜柱凸点

互连技术	C4 FC	C2 FC	LR FC	TC FC
示意图				
节距/μm	>130	60~140	20~80	<30
连接方法	锡球回流	铜柱凸点焊料回流	铜-锡-铜热压键合	铜-铜热压键合
凸点金属	锡银/锡银铜	铜+锡/锡银	铜+焊料帽	铜
是否坍塌	是	否	否	否

图 6.9　凸点互连技术的分类

互连（local reflow，LR）和铜-铜键合凸点互连（thermal compression，TC）。

铜柱凸点的制备工艺流程如图 6.10 所示。①聚酰亚胺（polyimide，PI）涂覆和显影：在铜柱凸点和基底之间预先涂覆一层 PI 以减少应力；②凸点下金属层（under bump metal-lurgy，UBM）的制作：利用 PVD 技术在 PI 上溅射一层 Ti 或者 TiW 作为阻挡层，以减少硅和铜之间的相互扩散，同时增加铜种子层的结合力，随后在阻挡层上溅射一层铜作为电镀种子层；③光刻胶（photoresist，PR）涂覆及曝光显影：制作出需要电镀的图形；④铜柱凸块的电化学沉积：利用电镀法自下而上填充 PR 图形；⑤焊料的电镀：在铜柱顶部电沉积 Ni 隔离层及 Sn-Ag 焊料层；⑥后续工艺：PR 和 UBM 的去除、焊料高温回流等。若是应用于 Cu-Cu 热压键合的封装工艺，则在电镀铜柱工艺后，省去焊料电镀步骤，直接去除光阻层和种子层，即可进行热压键合工艺。

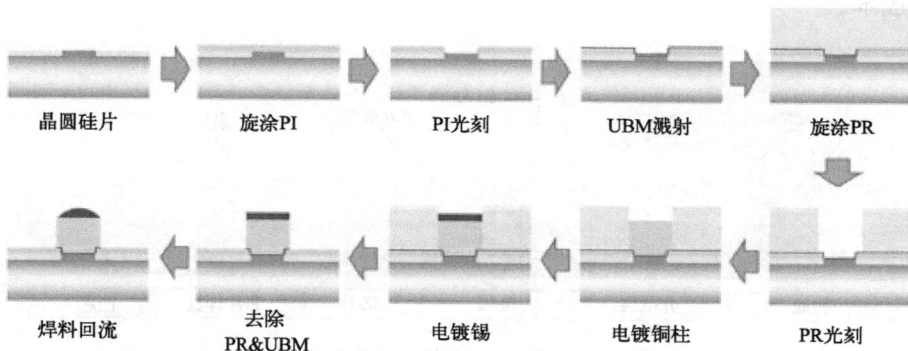

| 晶圆硅片 | 旋涂PI | PI光刻 | UBM溅射 | 旋涂PR |

| 焊料回流 | 去除 PR&UBM | 电镀锡 | 电镀铜柱 | PR光刻 |

图 6.10　铜柱凸点的制备工艺流程

和硅通孔的铜电镀液一样，铜柱凸点的电镀液体系主要包含硫酸铜和甲基磺酸铜两大体系。应用广泛的是硫酸铜体系，其材料价格较低，工艺易控制，同时电镀液本身对杂质不敏感；而甲基磺酸铜体系材料价格较高，但甲基磺酸铜体系中铜离子的含量较高，因此电镀效率会有一定的提高。

铜柱凸点电镀沉积的质量会受到铜盐浓度、添加剂成分、电镀液中的游离酸、电镀温度、阴极电流密度、搅拌状态及程度等的影响，不同于硅通孔电镀液的添加剂，铜柱凸点的添加剂体系主要包含平整剂和光亮剂，一般不需要抑制剂等。在公开发表的工艺文献中使用的添加剂主要有苯并三唑、酪蛋白、二硫化物、二硫苏糖醇、环氧乙烷、明胶、紫胶树脂、聚乙氧基醚、聚乙二醇、聚乙烯亚胺、硫脲等。

在铜柱凸点的电镀工艺中，需要优先考虑的情况是避免在工艺过程中长铜瘤。铜瘤的产生主要与阴极的质量有关，对电镀参数进行优化可以抑制铜瘤的产生。更重要的是需要选择适宜的添加剂，硫脲等添加剂可以获得光滑的电镀铜表面，消除铜瘤。

电镀铜柱凸块技术未来发展的最大挑战为如何在保持铜柱高度形貌均一性的同时，最大程度提升电镀电流密度。现有铜柱凸块高度通常在 $30\mu m$ 以上（高度为 $80\mu m$ 以及 $100\mu m$ 的铜柱凸块也常见），更高的施镀电流密度意味着更高的生产效率。目前，能够承受 $10\sim20A/dm^2$ 电流密度的电镀添加剂体系已在工业界得到应用，开发能够满足 $20\sim40A/dm^2$ 电流密度的新型高效电镀铜柱添加剂体系成为未来技术进一步突破的关键点。

（5）再布线层（redistribution layer，RDL）电镀

近年来，随着先进制程中特征尺寸的不断缩小，延续摩尔定律所需成本明显提升，研

发周期拉长，摩尔定律迭代速度放缓。后摩尔时代，先进封装成为提升芯片性能的重要手段，其中扇出型（Fan-Out）封装，更被认为是延续和超越摩尔定律的关键技术方案。以苹果公司 2022 年发布的 M1 Ultra 芯片为例，其通过台积电的本地硅互连技术（integrated fan-out-local silicon interconnect，InFO-LSI）将两颗 M1 Max 芯片封装在一起实现性能的翻倍。

再布线层是实现扇出型封装的关键工艺。如图 6.11 所示，RDL 通过晶圆级金属布线与金属凸点更改芯片设计的线路接点位置来实现。采用 RDL 技术，可以重新布局芯片 I/O，借助多层 RDL 互连技术，把几十微米的芯片接点拓展到几百微米的凸点进行处理。这样一来，就放宽了芯片对 I/O 节距的要求，从而可减少基板与元件之间的应力，提高元件的可靠性。此外，通过对 RDL 的设计，也可以替换部分芯片内部线路的设计，从而降低设计成本。

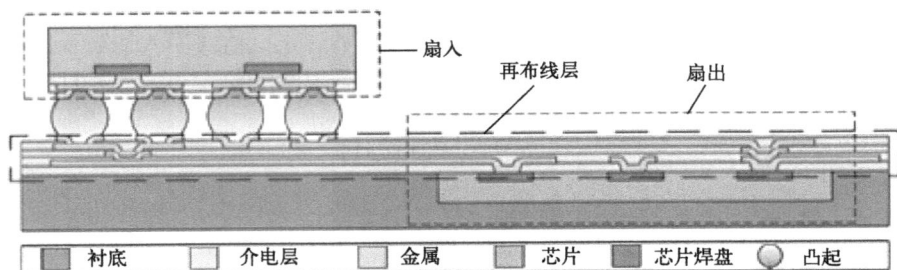

图 6.11　WLP 再布线层应用示意图

Cu-RDL 的制备工艺如图 6.12 所示。①铜种子层的制作：通过物理气相沉积法在绝缘层上沉积所需的阻挡层和导电种子层；②光阻图形的制作：在导电种子层上涂覆光敏聚酰亚

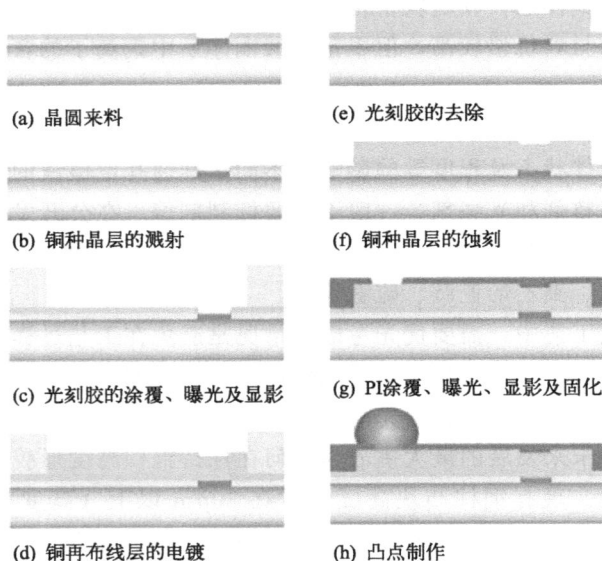

图 6.12　再布线层制备工艺流程示意图

（a）晶圆来料；（b）铜种晶层的溅射；（c）光刻胶的涂覆、曝光及显影；（d）铜再布线层的电镀；
（e）光刻胶的去除；（f）铜种晶层的蚀刻；（g）PI 涂覆、曝光、显影、固化；（h）凸点制作胺，曝光显影，制备所需图形；③RDL 的电沉积：通过电沉积技术，在种子层上沉积所需厚度的铜层；④光刻胶的去除与种子层的蚀刻：使用去胶液浸泡以去除光刻胶；⑤根据封装设计的要求，对 RDL 进行保护或者重复上述步骤进行多层 RDL 制作。

RDL 电镀需要遵循如下要求：首先，电镀层应具有均匀的厚度，并且不同区域之间的厚度差异应尽可能小，以确保电路功能和性能的稳定。其次，电镀层应与基材结合牢固，以提高力学性能，并且同时满足特殊环境下的需求，如耐腐蚀和耐高温等。再次，铜 RDL 电镀材料应具有高纯度，并且在电镀过程中应尽量减少杂质含量以确保最终电路的品质。此外，对于电镀 Cu-RDL 线路，拱形率通常被用作评估线路电镀质量的标准。

未来，随着互联网、物联网、5G 等领域的不断发展，对于微电子产品的要求越来越高，基于纳米孪晶铜的 RDL 技术将大有作为。它可以为微电子器件提供更高速率、更低功耗的数据传输，并可以保证器件的可靠性和长期稳定性。因此，纳米孪晶铜的 RDL 技术将会成为微电子产业中不可或缺的重要环节，其性能的不断提升也必然会引领微电子装备的技术进步和产业发展方向。

为尽可能地减少阳极泥的产生，在电镀铜的实际应用中，一般采用含磷 0.1%～0.3%（质量分数）的磷铜作为阳极。磷铜作为阳极，表面容易生成一层褐色的膜。这是包含 Cu、Cl 和 P 离子的多孔膜，一般称为磷铜阳极膜。磷铜阳极膜的存在可以加快 Cu^+ 的氧化，减少 Cu_2O 的产生，保证阳极的正常溶解。同时，磷铜阳极膜可以在一定程度上阻止铜阳极在电镀液中的快速溶解。在酸性电镀液中，一般采用聚丙烯（PP）材料制造的阳极袋装磷铜阳极，从而阻止阳极泥进入并污染电镀液。

6.3.4　焊料凸点电镀 [10]

6.3.4.1　凸点电镀材料类别和特性

焊料凸点的电镀成型过程是：首先采用电镀方法在焊盘上沉积焊料的各种成分，然后通过回流工艺形成焊料凸点。电镀方法适用于不同成分的焊料凸点成型，其基本工艺流程如图 6.13 所示。首先在芯片及焊盘上沉积凸点下金属层及电镀所需的必要种子层；然后通过光刻定义凸点所在的位置，通过电镀及回流获得焊料凸点，由于光刻掩模的限制，获得的焊料凸点为蘑菇形焊料凸点，回流后可以获得球冠状焊料凸点。

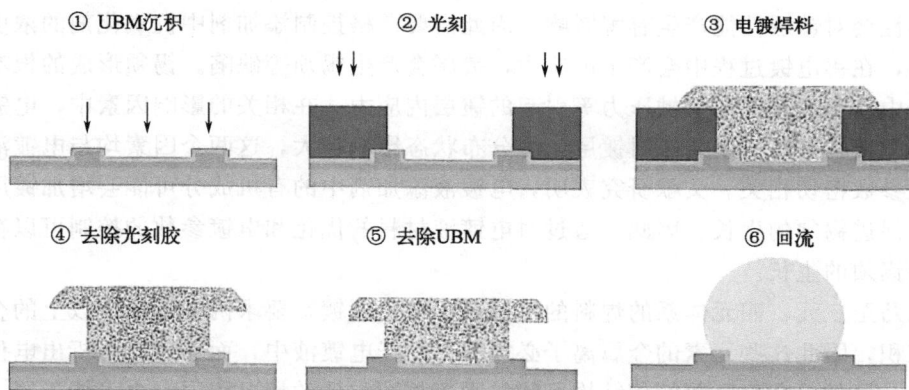

① UBM沉积　　　　② 光刻　　　　③ 电镀焊料

④ 去除光刻胶　　　　⑤ 去除UBM　　　　⑥ 回流

图 6.13　焊料凸点电镀制造基本工艺流程

传统的焊料是纯锡和铅锡，铅锡焊料系统稳定，熔点较低（63Sn37Pb 共晶焊料的熔点为 183℃），具有优良的焊接性能、加工性能和低廉的价格，因此被广泛应用于集成电路封装与组装中。

随着人类社会环保意识的增强，各国对电子产品提出了绿色电子制造和无铅化的要求，推动了无铅焊料的研发和使用，各国研发及使用的无铅焊料主要是锡基焊料，不考虑铅锡焊料，采用电镀方式制造的焊料凸点，一元金属的以纯锡焊料凸点为主；无铅焊料的多元合金凸点材料由于氧化还原电位、热力学及动力学等相关因素的限制较难实现，目前可实现电镀的二元合金焊料体系（无铅焊料）主要包括 Sn-Bi、Sn-Cu 和 Sn-Ag 等。在无铅电镀制造凸点的过程中，主要采用 Sn-Ag 焊料体系；三元体系主要为 Sn-Ag-Cu 焊料体系。

纯锡电镀的电镀液主要有以下几种酸性溶液体系：氟硼酸、硫酸、苯酚磺酸（PSA）、盐酸及甲基磺酸等。

氟硼酸体系是早期的电镀锡溶液体系，通常用于快速镀锡，其优点在于能在高电流密度下操作，具有高深镀能力和在阳极和阴极上具有高电流效率，缺点是该体系是所有酸性镀锡液中腐蚀性最强的，存在对环境的污染问题，而且电镀废液的处理成本较高。

硫酸体系的最大优点是较低的成本和相对较高的深镀能力，缺点是高电流密度下的阳极钝化、锡氧化（$Sn^{2+} \longrightarrow Sn^{4+}$）及对电镀设备的腐蚀。

PSA 体系和盐酸体系都可以在高电流密度下进行电镀工艺，但是 PSA 在电镀过程中释放的苯基具有毒性；而盐酸体系在电镀过程中会形成泥渣，超过 20%（质量分数）的锡会沉淀进入泥渣。

相对于其他酸性电镀液体系，由于镀锡的甲基磺酸电镀液可以在较宽的 pH 范围内保持稳定，而且可在宽电流密度范围内应用，可满足集成电路中多样化的深镀和覆盖能力要求，因此在集成电路相关行业中，以甲基磺酸为代表的有机磺酸盐体系成为最常用的焊料电镀液体系。

纯锡电镀液中的添加剂主要包括表面活化剂、晶粒细化剂和抗氧化剂等。在锡的电镀过程中，由于电镀液不断且大量地暴露在空气中，溶液中 Sn^{2+} 氧化为 Sn^{4+} 的现象很严重，因此需要在电镀液中添加抗氧化剂。抗氧化剂对 Sn^{4+} 形成的抑制机制包括：①形成稳定的 Sn^{2+} 络合物添加剂；②在电镀液中，抗氧化剂的存在降低了氧的可溶性；③抗氧化剂的存在"阻碍"了溶液中的可溶性氧，降低了氧化速率。

在甲基磺酸体系的电镀液中，对苯二酚及其衍生物是最常用的抗氧化剂，但由于此类化合物的活性会对镀层性能产生有害影响，因此需要严格控制添加剂中抗氧化剂的浓度。

另外，在锡电镀过程中会产生内应力，镀层会产生锡须等缺陷。锡须形成的根本原因是电镀过程中产生的或外部机械压力等引起的镀层内应力，在相关的影响因素中，电镀沉积的锡层的晶粒结构和有机杂质等对镀层应力分布状态影响较大，这两个因素均与电镀液材料本身和电镀参数密切相关。文献研究表明，电镀液添加剂中的有机成分可能会增加镀层的内应力，进而促进锡须的生长。因此，通过对电镀液材料的优化和电镀参数的控制可以在一定程度上抑制锡须的生长。

二元乃至三元、四元体系的焊料的电镀属于合金电镀，要求两个或两个以上的金属元素实现共沉积，因此这些元素的金属离子必须都存在于电镀液中，而且各自的析出电位必须相近或相等。另外，合金电镀的相结构可能与平衡相图得到的情况相同，也可能不同。

表 6.10 给出了金属在酸性溶液中的标准电位。与其他金属相比，Pb 与 Sn 的氧化还原电位非常接近，可以进行有效共沉积。

表 6.10　金属在酸性溶液中的标准电位

半反应	$E^{\ominus}/V$	半反应	$E^{\ominus}/V$
$In^{3+}+3e^{-}\longrightarrow In$	-0.338	$SbO^{+}+2H^{+}+3e^{-}\longrightarrow Sb+H_2O$	0.204
$Sn^{2+}+2e^{-}\longrightarrow Sn$	-0.137	$Bi^{3+}+3e^{-}\longrightarrow Bi$	0.317
$Pb^{2+}+2e^{-}\longrightarrow Pb$	-0.125	$Cu^{2+}+2e^{-}\longrightarrow Cu$	0.340
$Sn^{4+}+2e^{-}\longrightarrow Sn^{2+}$	0.150	$Ag^{+}+e^{-}\longrightarrow Ag$	0.799

　　只有在金属的析出电位相近或相等的条件下，才能在电镀过程中实现金属的共沉积并形成合金。通常可以通过以下方式减小金属间的析出电位差，实现不同金属的共沉积。

　　①调整金属成分的相对浓度。如限制电位较正的金属的浓度，以便在其完全消耗前析出电位较负的金属；②引入络合剂；③添加有机添加剂来延缓电位较正金属的电沉积。

　　目前较成熟的凸点二元无铅焊料体系为 Sn-Ag 焊料体系，因为相对于 Sn 来说，Ag 是一种电位较正的金属，所以可实现的方法是一方面限制溶液中 Ag^{+} 的浓度，另一方面采用络合剂，使 Ag 的还原电位接近 Sn。Ag 易与某些阴离子（如 CN^{-}、SCN^{-}、$S_2O_3^{2-}$、$S_2O_8^{2-}$ 等）形成络合物。

　　但是，在电镀时电镀液中的各种金属离子的损耗速率各不相同，为使沉积条件得到控制，金属离子的补充必须以与给定合金的析出速率成比例的方式来进行，从而保证电镀液中金属离子浓度不变，但溶液中金属离子损耗的实时监测是一个难点。

　　表 6.11 所示为日本石原药品株式会社（Ishihara Chemical）的 Sn-Ag 电镀液的成分，阳极材料为不溶性的表面镀铂钛电极。表 6.12 所示为美国 LeaRonal 公司的 Sn-Ag 电镀液的成分和电镀参数。表 6.13 所示为中国台湾交通大学的 Sn-Ag 电镀液的成分和电镀参数。

表 6.11　Ishihara Chemical 的 Sn-Ag 电镀液的成分和电镀参数

成分	单位	优化成分	控制范围
Sn(Ⅱ)	g/L	49.5	40～55
Ag(Ⅰ)	g/L	0.6	0.48～0.72
自由酸	g/L	120	100～200
UTB TS-40AD	mL/L	40	30～55
UTB TS-SLG	g/L	172	140～210

表 6.12　LeaRonal 公司的 Sn-Ag 电镀液的成分和电镀参数

成分/电镀参数	控制范围	成分/电镀参数	控制范围
Sn	40g/L	添加剂	20mL/L
Ag	7g/L	pH	7～8
电镀液	专营	温度	45℃

表 6.13　中国台湾交通大学的 Sn-Ag 电镀液的成分和电镀参数

成分/电镀参数	控制范围	成分/电镀参数	控制范围
$K_4P_2O_7$	337g/L	HCHO	4.8mL/L
KI	333g/L	PEG600	1.2mL/L
$Sn_2P_2O_7$	100g/L	温度	室温
AgI	0.4g/L	—	—

Sn-Ag-Cu 三元合金体系的焊料的电镀可以通过相同的方法来实现。

英国拉夫堡大学的 Yin Qin 等采用了如表 6.14 所示的电镀液进行 Sn-Ag-Cu 合金电镀。$Sn_2P_2O_7$、AgI 和 $Cu_2P_2O_7$ 分别在溶液中提供 Sn^{2+}、Ag^+ 和 Cu^{2+}。为了减小 Sn、Ag、Cu 三种金属间的析出电位差，加入 $K_4P_2O_7$ 作为 Sn 的络合剂，加入 KI 作为 Ag 的络合剂。

表 6.14　拉夫堡大学的 Sn-Ag-Cu 电镀液的成分和电镀参数

成分/电镀参数	控制范围	成分/电镀参数	控制范围
$K_4P_2O_7$	2mol/L	$Cu_2P_2O_7$	0.002ml/L
KI	1mol/L	添加剂	0.001~0.02mol/L
$Sn_2P_2O_7$	0.25mol/L	温度	室温
AgI	0.08mol/L	—	—

中国科学院深圳先进技术研究院的孙蓉等采用的电镀液成分为 Sn（CH_3SO_3）$_2$，0.15mol/L；AgI，5.0mmol/L；$K_4P_2O_7$，4.0mmol/L；Cu（CH_3SO_3）$_2$，1.0mmol/L；KI，1.0mol/L；TEA，0.2mol/L；对苯二酚，4g/L；肉桂醛，4.0mmol/L 等。

除了共沉积，合金电沉积的另一种途径是双层或多层结构镀层之间的扩散。在这种场合下使用两种不同的电镀液或在同一电镀液中使析出电位进行周期性的变化，以便交替电镀出不同金属材料的镀层，在电镀结构完成后再进行热处理，各镀层之间相互扩散直至形成合金镀层。例如，东芝公司的 Hirokazu Ezawa 等开发了分层电镀的方法，如图 6.14 所示，Ag 和 Sn 分两次电镀获得。厚度按照最后成分的比例计算获得。在电镀完成后去除光刻胶和种子层，回流得到相应成分的 Sn-Ag 焊料凸点。

采用电镀方法制造焊料凸点的主要方向是实现无铅多元合金的电镀凸点，包括 Sn-Bi、Sn-Cu、Sn-Ag 等二元合金及 Sn-Ag-Cu 等三元合金，甚至更多元的焊料合金凸点，二元体系的合金共沉积较容易实现，当涉及三元或四元合金时，由于需要考虑每种金属的相对氧化还原

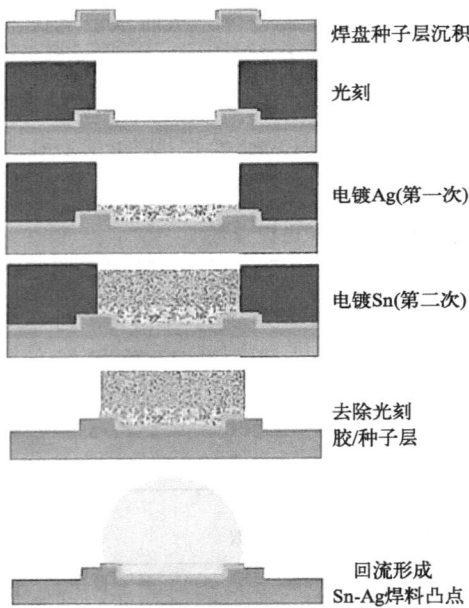

焊盘种子层沉积

光刻

电镀Ag(第一次)

电镀Sn(第二次)

去除光刻胶/种子层

回流形成 Sn-Ag焊料凸点

图 6.14　分层电镀获得 Sn-Ag 焊料凸点的工艺流程

电位，从而调整浓度或添加有机添加剂，电镀共沉积的情况会更加复杂，因此无铅合金电镀的相关研究进展比较缓慢。

面向窄节距倒装互连的凸点材料，采用电镀方法制造的铜柱凸点将是集成电路封装市场目前和未来一段时间的主流。

6.3.4.2　焊料凸点电镀阳极材料

在焊料凸点中，锡的电镀可采用可溶性或不溶性的阳极，可溶性阳极是指和镀层金属一

样的锡阳极，通常在酸性电镀液中使用；不溶性阳极一般在碱性电镀液中使用，锡的电沉积可以采用不同类型的不溶性阳极。

在集成电路相关行业中，以甲基磺酸为代表的环烃磺酸体系是最常用的焊料电镀液体系，通常采用可溶的高纯锡材料作为阳极，主成分 Sn 的含量为 $97.50\%\sim99.99\%$。

在实际生产中，更多采用不溶性阳极，如采用表面镀 Pt 的 Ti 靶作为 Sn-Ag 电镀的阳极。由于在合金电镀中多种金属离子的浓度差异太大，因此有时候会采用其中浓度最高的金属材料作为阳极材料，如采用纯锡作为 Sn-3.5Ag 和 Sn-Ag-Cu（成分比例为 96.4：3.0：0.6）电镀的阳极材料。

6.4 金属的阳极氧化[1]

处于一定介质条件下的金属，由于热力学上的不稳定性，总会自发地发生溶解或变为相应的钝化物，而为了防止金属腐蚀的发生，人们总是希望在金属表面生成钝化物。金属表面上钝化物的形成通常可通过化学方法或电化学方法氧化得到，亦可通过铬酸盐处理、磷酸盐处理和草酸盐处理得到。

金属的阳极氧化是指通过电化学氧化使金属表面生成一层氧化物膜的过程。这种生成的氧化物膜依靠降低金属本身的化学活泼性来提高它在环境介质中的热力学稳定性，从而达到作为金属制品防护层的目的。此外，阳极氧化得到的氧化物膜也可用于电解容器的制造、增加金属制品的耐磨性和提高金属制品的绝缘性等。

6.4.1 金属阳极氧化原理

金属的阳极氧化是以金属作为阳极，根据电解条件的不同，可能经历下列几个不同的过程：

① 金属的阳极溶解，如 $Fe \longrightarrow Fe^{2+} + 2e^-$。

② 阳极表面形成极薄的钝化膜。

③ 阳极表面形成钝化膜的同时，伴随着膜的溶解，金属以高价离子的形式转入溶液中；同时，如果达到了氧的析出电势，则阳极还要析出氧气。图 6.15 为铁在硫酸溶液中的阳极极化曲线。

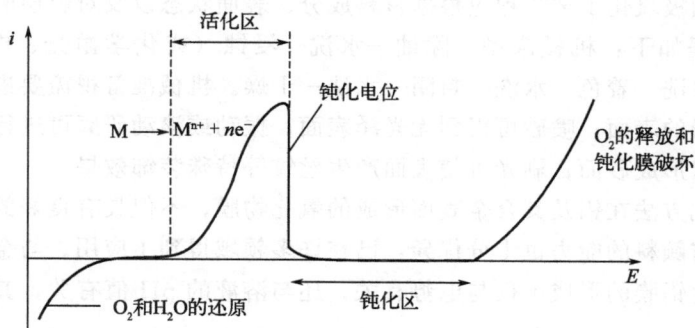

图 6.15　铁在硫酸介质中的阳极氧化曲线

金属表面氧化物膜的形成是一个复杂的过程，涉及物理、化学和电化学等诸方面的因素。首先是反应物种的传质问题。对于金属的阳极化处理，由于阳极表面被氧化物膜所覆盖，反应要继续进行，不仅取决于阳离子在固相氧化物膜中的传质，而且还涉及阴离子在液相中的传质。由于固相中离子传输要较液相中的更慢，因此，固相传质在整个金属阳极化过程中起着十分重要的作用。对于氧化物膜的形成，一般认为是在阳极条件下，金属离子和含氧离子在固相中迎头迁移时相互作用的结果。如对于铝的阳极氧化，将铝或铝合金浸泡在硫酸、草酸、高氯酸等溶液中，把铝试样作为阳极进行阳极氧化，就会在铝试样表面生成一层多孔的薄膜，经研究发现这层氧化膜的结构分为上下两层，下层为薄而均匀的无孔阻挡层，上层为厚的多孔层，如图 6.16 所示。铝的阳极氧化膜的形成机理，简单地说就是在电解液中铝作为阳极失去电子，与氧离子相结合生成了氧化膜，但实际上其形成机理非常复杂。总的说来，阴极上发生质子的还原反应，生成氢气析出：

$$2H^+ + 2e^- \longrightarrow H_2 \uparrow$$

阳极上生成氧，进而氧与铝作用形成无水氧化铝薄膜，即

$$2Al + 3H_2O - 6e^- \longrightarrow Al_2O_3 + 6H^+ + 热量$$

关于金属阳极氧化生成氧化物膜的理论很多，其中重要的有成相理论与吸附理论：前者认为是在阳极表面上形成了一层致密的氧化物膜，其厚度约为 $10^{-10} \sim 10^{-9}$ m；而后者则认为在阳极表面上形成了氧的吸附层，详细论述可参见有关书籍。

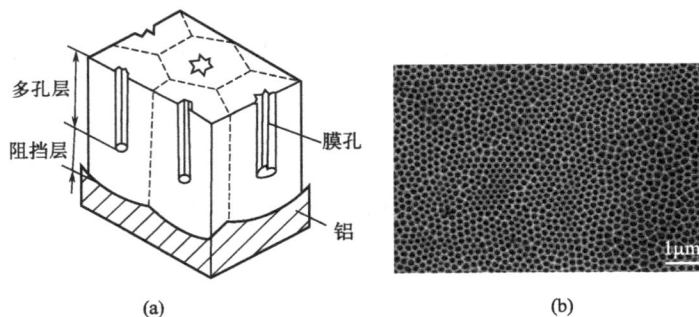

图 6.16 （a）铝的阳极氧化膜结构示意图；（b）典型的铝阳极氧化膜的表面扫描电镜照片

6.4.2 铝的阳极氧化

铝及铝合金阳极氧化工艺流程应根据材料成分、表面状态以及对膜层的要求来确定。通常采用的工艺流程如下：机械准备—除油—水洗—浸蚀（或化学抛光、电化学抛光）—水洗—阳极氧化—水洗—着色—水洗—封闭—水洗—干燥。机械准备视需要进行，如抛光轮抛光可得到光亮平滑的表面；喷砂可得到无光泽表面；振动或滚动研磨可进行成批处理，降低表面粗糙度或用以形成砂面；刷光可使表面产生丝纹等特殊装饰效果。

通过阳极氧化方法在铝及其合金表面形成的氧化物膜，不但具有良好的力学性能，耐蚀性，且吸附涂料与颜料的能力也十分优异，已在许多领域得到了应用。与金属表面氧化物膜的形成一样，氧化铝膜的形成不仅与电势有关，还与溶液的 pH 值有关，其有效的 pH 值范围为 4.45～8.58。

铝及其合金的阳极氧化视生成的氧化膜用途的不同，一般可分为防护装饰阳极化、电

绝缘性阳极化、抗磨性阳极化和氧化着色等。对于防护装饰型铝及其合金的阳极化，要求产生的氧化物膜达到一定厚度才能具有一定的防护性能。这类具有防护性能的厚氧化物膜的形成，一般是在溶解能力高的硫酸、铬酸、草酸或磷酸等电解液中实现的，在这些电解液中铝及其合金的阳极氧化厚度有时可达到 $500\mu m$。例如在 10％～20％的硫酸电解液中，铝及其合金的阳极氧化，一般电解条件为：电流密度 $190～250A/dm^2$，工作温度 15～25℃，电解时间 20～60min。阳极氧化时一般通直流电，施加电压视电解液的导电性、温度以及溶解于其中的铝的含量而定，大致为 12～28V。在铝及其合金的阳极化过程的所有影响因素中，起主导作用的是硫酸的浓度和工作温度。当阳极极化在较低的硫酸浓度和温度下进行时，可以得到较厚和较硬的膜层。若同时提高电流密度，则膜层硬度虽可进一步得到提高，但膜层易产生缺陷，导致氧化物膜防护性能下降。当电解液的浓度和温度一定时，氧化膜的厚度取决于所用的电流密度和氧化时间，即氧化电量，所以常用通过电量来控制膜层的厚度。需要指出的是，为了改善膜层性能和扩大工作温度范围，出现了改进型硫酸阳极化的方法。这些方法所用的电解液大都以硫酸为主，但添加了某些无机盐或有机盐。如在 20％～25％的硫酸介质中添加了 15％～20％的甘油，可以得到韧性较好的软膜层；加入硫酸铵、乙酸等亦有同样的效果。添加能使溶解能力降低的某些有机二元羧酸（如草酸），可得到较厚的和较硬的氧化物膜；同时由于添加剂的加入，电解液容许的工作温度亦有所提高。

对于电绝缘型铝及其合金的阳极化，要求产生的氧化物膜薄且致密，具有高的绝缘性，一般用作电解电容器的介电材料。这类氧化物膜的形成一般是在溶解能力十分低的电解液，如硼酸、酒石酸、柠檬酸和其他弱酸或它们的盐溶液中实现的。制造电解电容器用的铝薄板的阳极氧化有两种方法，即一步法和两步法。一步法普遍采用添加少量硼酸或氨水的硼酸溶液，其浓度视电容器的额定工作电压而定，额定工作电压高，则电解液的浓度要略小。电解液的温度为 85～105℃。阳极氧化的电流密度较低，为维持电流密度恒定，氧化过程中电压必须相应地逐渐提高，但最高不得超过电解电容器额定电压的 10％～15％。当阳极电压达到规定的最高值时，阳极氧化转变为恒压下进行，此时电流密度逐渐下降，直到降低到 $0.1～1.0mA/dm^2$（对于平滑表面）和 $1.5～2.0mA/dm^2$（对于粗糙化表面），则过程停止。两步法是铝板先在具有中等溶解能力的电解液（如 5％～10％的草酸）中阳极化，然后在低浓度的电解液（如 1％硼酸）中再次进行阳极化。需要说明的是，对于作为电解电容器用的铝板，为了使电解铝板具有一定的电容值，需在阳极化处理前使铝板先粗糙化，以增加其表面积；同时，对铝板和电解液的纯度要求亦十分严格，只有高纯度的铝板才能制得致密的膜层，对电解液的污染最为敏感的氯离子则不得超过 $2\mu L/L$。

对于抗磨型铝及其合金的阳极化，要求产生的氧化物膜硬度高，耐磨性好。这类氧化物膜一般可通过在低浓度的硫酸（或草酸）电解液和低的工作温度下阳极氧化而得到。较为传统的方法是用 20％硫酸电解液在 1～3℃下，电流密度为 $200～500A/m^2$，电压从 23V 增至 120V，在纯铝上经 4h 阳极化可以得到厚度达 $200\mu m$ 的硬膜。实验研究发现，氧化物膜的硬度与温度、电解液浓度和电流密度等有关，温度控制是影响膜层硬度的重要因素。铝在 15％硫酸介质中阳极化的研究发现，在 0℃附近所得膜层具有最高的硬度，同时，在相同温度条件下，较低浓度的电解液得到的膜层硬度较高，但如果浓度低于 10％，电解液的导电性则显著降低，电流效率显著降低。因此，目前较为盛行的硫酸浓度范围为 10％～15％。此外，在电解液浓度和温度恒定的条件下，若以获得相同厚度的膜层为条件，则采用高的电流密度有利于得到较硬的氧化物膜。

铝及其合金的阳极氧化着色是指通过阳极氧化方法得到多孔的氧化物膜后，利用膜表面的吸附性能，吸附无机颜料或有机染料，使膜表面染色。阳极氧化着色分为一步着色和两步着色两类。

6.4.3 钛的阳极氧化

钛及其合金是一种质轻、刚度大、硬度低、耐蚀性强的特殊金属材料，具有许多优良性能，在国防尖端科技领域和民用工业方面均广泛使用。尽管钛及其合金在许多独立的环境中具有极强的抗蚀性能，但在与其他金属接触共存时，会产生危害性很大的接触腐蚀。虽然钛材在空气中产生的自然氧化膜具有一定的抗蚀性，但其耐磨、硬度、厚度等各方面的综合性能都不能达到实际应用的需要。因此，必须对其表面进行改性处理，基本方法是电镀和阳极氧化。

钛及其合金的阳极氧化主要分两个方面：一是功能性阳极氧化，以提高基体耐蚀性能和力学性能（如耐磨、润湿等）为目的；二是装饰性阳极氧化，以改变材料外观，使其具有特殊的色调，起到高级装饰作用。

钛材的阳极氧化有其特殊性，因为它不像铝材那样具有优良的导电性，其氧化膜的产生需要更强的外来动力。阳极氧化的具体方法各有特色，而且还在进一步研究发展中。为实用起见，现介绍一种成熟的钛合金脉冲阳极氧化方法——钛合金脉冲阳极氧化法。

钛合金脉冲阳极氧化的目的是提高材料的抗摩擦性，预防铝合金、镁合金、镀镉或镀锌零件及其他负电性材料的接触腐蚀，提高基体的表面硬度，增加润滑作用。主要步骤分为：前处理→夹具准备→脉冲阳极化→后处理。现将各步骤分述如下。

前处理。除了有氧化皮的钛合金需要机械清理或专门酸洗外，一般钛合金零件经过除油以后即可以直接实施阳极氧化。除油后一定要用热水洗，然后冷水洗，使碱液彻底清洗干净。

夹具准备。夹具材料采用纯钛，制成所需形状后，先对其进行阳极化，以免夹具与零件一起被阳极化，降低被加工零件的有效负荷。但是必须注意，夹具阳极化后，一定要将与零件接触的导电部位的阳极化膜清理干净，以保证良好和足够的导电能力。可以用机械方法或在含亚硝酸和氢氟酸的混合溶液中以腐蚀的方法来去除氧化膜。

脉冲阳极化。脉冲阳极化的槽液组成及工艺条件如下：电解液为磷酸（$d = 1.7$）17～34g/L，硫酸（$d = 1.8$）368～386g/L，温度 0～10℃，电压 80～90V，电流密度 A5～10mA/dm^2，脉冲频率 40～120min^{-1}。

阳极化初始阶段以 A = 1～2A/dm^2 在 1～1.5min 内上升到氧化电流为佳，然后恒电流阳极化。进行阳极化的时间取决于材料成分和阳极氧化的电流密度。在各种具体情况下，达到最终阳极化膜厚度 2～3μm 所需要的时间，如表 6.15 所示。

表 6.15　膜厚达到 2～3μm 所需的氧化时间　　　　　　　　　　单位：min

项目	1A/dm^2	2A/dm^2	5A/dm^2
TA1	75～125	40～60	15～25
TC2，TA6	100～150	50～75	20～30
TC4	75～100	40～50	15～20

续表

项目	1A/dm²	2A/dm²	5A/dm²
TC8，TC9	50～60	20～30	10～15
TC6	45～65	25～35	10～15

以上是国产材料的阳极化情况。必须注意的是，阳极化电流密度越大，槽电压越高，对人身安全危害越大，必须有强有力的安全保护措施。

从上述阳极氧化的情况来看，必须具备一些必要的基础设备：①具备相应脉冲指数的整流电源。除电源的电流应符合生产要求外，电源的输出电压也必须达到很高的指数。如果按上述阳极化工艺要求来确定，可定为150V。而事实上钛合金的阳极氧化可在更高的电压下进行。当电流密度为5～10A/dm²时，输出电压可高达250V，这时阳极化的时间可在十几分钟内完成。最后电压为何值可根据设备情况及安全措施等来决定。②由于阳极化的温度为0～10℃，钛合金阳极化过程又是放热过程，所以必须有相应的制冷设备及槽液措施。通常采用无油压缩空气强烈搅拌，故还须配备空气压缩机。

值得指出的是，使用不同型号或品质的材料，阳极氧化的时间也不同，而且达到同样膜厚所需的电流密度也不完全相同，所以可根据具体情况来确定最佳工艺参数。电源输出电压高，可采用90～250V氧化10～15min；电源输出电压低时，可采用80～90V，按上述工艺条件氧化。由于安全电压为36V以下，而钛合金阳极化电压远远超出这一规定值，所以在阳极化过程中，严禁赤手触摸阳极化零件和设施，而且必须有一套严格保护隔离措施。阳极化后膜层呈各种深浅不同的灰色，视具体材料而定。阳极化膜不许有未阳极化部位、烧痕及擦痕，夹具部位除外。

拓展阅读

电子电镀不仅是硅基和第三代半导体，也是未来芯片封装集成和新兴电子元器件研发不可或缺的核心技术。我国亟需加强这一领域的基础研究，解决"卡脖子"难题，不断夯实科技自立自强根基。作为目前唯一能够实现纳米级电子逻辑互连和微纳结构制造加工成形的关键技术，电子电镀成为芯片制造、三维集成和器件封装、微纳器件制造、微机电系统（MEMS）、传感器、军用电子设备及元器件等高端电子产品生产中的基础性、通用性、不可替代性技术。

由于我国工业体系建设起步晚，制造业长期以价值链低端的制造加工为主，导致国内电子电镀技术发展相对缓慢，在电子电镀专用化学品、电子电镀装备及电镀工艺方面都长期依赖进口，尤其是14nm技术节点以下的芯片纳米沟槽高密度电子互连、三维硅通孔大深径比的互连以及三维封装必需的电子电镀添加剂、超高纯化学试剂等电子电镀专用化学品全部被欧美等国家的供应商垄断，成为制约我国高端芯片制造突破国外封锁、实现创新发展的关键瓶颈。作为新工科化学工程与工艺的大学生，希望我们一部分同学毕业后能在高端电子电镀领域作出我们的贡献，助力国家攻克芯片卡脖子技术。

◆ 思考题 ◆

1. 试述如何实现两种金属在阴极上的共沉积。
2. 简述影响镀层质量的因素有哪些，如何获得平整光滑的镀层。

3. 试述电镀生产的主要工艺对镀层质量的影响。

4. 简述铝件阳极氧化原理及不同功能氧化层的制备条件。

5. 在芯片制造中，金属铜电沉积有哪几道核心工序？

◆ 参考文献 ◆

［1］ 杨辉，卢文庆. 应用电化学［M］. 北京：化学工业出版社，2001.

［2］ Ding F，Xu W，Graff G L，et al. Dendrite-free lithium deposition via self-healing electrodstatic shield mechanism［J］. J. Am. Chem. Soc. ，2013，135：4450-4456.

［3］ Xiao J. How lithium dendrites form in liquid batteries［J］. Science，2019，366（6464）：426-427.

［4］ Qiu G R，Lu L，Lu Y，et al. Effects of pulse charging by triboelectric nanogenerators on the performance of solid-state lithium metal batteries［J］. ACS Appl. Mater. Interfaces，2020，12：28345-28350.

［5］ 高飞雪，陈军，任其龙，等. 前言：芯片制造电子电镀表界面科学基础［J］. 中国科学：化学，2023，53（10）：1801-1802.

［6］ 程俊，戴卫理，高飞雪，等. 芯片制造电子电镀表界面科学基础［J］. 中国科学：化学，2023，53（10）：1803-1811.

［7］ 廖小茹，李真，谭柏照，等. 金属铜电沉积调控及其在芯片制造中的应用［J］. 中国科学：化学，2023，53（10）：1989-2007.

［8］ 王翀，彭川，向静，等. 印制电路中电镀铜技术研究及应用［J］. 电化学，2021，27（3）：257-268.

［9］ 王赵云，金磊，杨家强，等. 高密度互连印制电路板孔金属化研究和进展［J］. 电化学，2021，27（3）：316-331.

［10］ 王谦，胡杨，谭琳，等. 集成电路先进封装材料［M］. 北京：电子工业出版社，2021.

第 7 章
无机物的电解工业

7.1 电解合成

本章介绍用电解合成法生产某些无机物的基础知识，先谈几个共性的问题[1]。

7.1.1 电解合成法的优点

① 许多用化学合成法不能生产的物质，往往可用电解合成法生产。它通过调节电位，给在电极上发生反应的分子提供足够的能量，因而可以生产某些氧化性或还原性很强的物质。若采用非水溶剂或熔融盐电解，阳极电位可达 $+3V$，阴极电位可达 $-3V$。

② 可在常温常压下进行。电合成主要通过调节电位去改变反应的活化能。据计算，超电势改变 $1V$，可使反应活化能降低 $40kJ/mol$ 左右，从而使反应速率增加约 10^7 倍。因此，一般的电化学工业过程均可在常温常压下进行。

③ 易控制反应的方向。通过控制电势，选择适当的电极等方法，易实现对于电解反应的控制，不仅原料消耗少，而且避免了副反应，从而得到所希望的产品，简化了反应后物料分离过程。

④ 环境污染少，产品纯净。电合成中使用的是电子——最清洁的试剂，一般不用外加化学氧化剂或还原剂，杂质少，产品纯，且化学工业易实现自动、连续、密闭生产，对环境造成的污染少。

7.1.2 电解合成的缺点

一般而言，电解合成工艺存在以下几个共同的缺点：

① 消耗大量电能。例如每生产 $1t$ 铝耗电 $18500kWh$，生产 $1t$ 氢氧化钠耗电 $3150kWh$，电解锌每吨耗电 $6000kWh$。故在电能供给不足的地区难以大规模发展电化学生产工艺。

② 占用厂房面积大。生产中需要同时使用许多电解槽，一些前处理还要占用厂房。另外，要实现各槽在相同条件下运行，需较高的技术水平和管理水平。

229

③ 有些电解槽结构复杂，电极间电器绝缘，隔膜的制造、保护和调换比较困难。

④ 电极易受污染，活性不易维持，阳极尤其易受到腐蚀损耗。

7.1.3 几个重要的基本概念和术语

（1）电流效率 η_i 与电能效率 η_E

为了衡量一个产品的经济指标，常需计算 η_i、η_E。电解时产物的实际产量往往小于理论产量，因为一部分电流消耗在副反应上，也有部分电流用于克服电阻发热，于是提出效率问题。电流效率 η_i 是制取一定物质所必需的理论消耗电量 Q 与实际消耗电量 Q_r 的比值：

$$\eta_i = (Q/Q_r) \times 100\% \tag{7.1}$$

式中，Q 可按法拉第定律计算：

$$Q = (m/M) \times zF \tag{7.2}$$

式中，m 为所得物质的质量；M 为所得物质的摩尔质量；z 为电极反应式中的电子计量数；F 为法拉第常数。实际消耗电量可通过下式计算：

$$Q_r = It \tag{7.3}$$

式中，I 为电流强度，t 为通电时间。

电能效率 η_E 是为获得一定量产品，根据热力学计算所需的理论能耗与实际能耗之比。电能 W 等于电压 V 和电量 Q 的乘积，即

$$W = VQ \tag{7.4}$$

理论能耗为理论分解电压 E_e 和理论电量 Q 的乘积，即

$$W = E_e (m/M) zF \tag{7.5}$$

实际能耗 W_r 为实际槽电压 V 与实际消耗电量 Q_r 的乘积，即

$$W_r = VQ_r \tag{7.6}$$

由式（7.1）和式（7.2）可得：

$$W_r = (zFV/\eta_i) \times (m/M) \tag{7.7}$$

$$\eta_E = (W/W_r) \times 100\% = (E_e Q/VQ_r) = (E_e/V) \times \eta_i = \eta_V \times \eta_i \tag{7.8}$$

式中，$\eta_V = E_e/V$，称为电压效率。

（2）槽电压 V

要使电流通过电解槽，外电源必须对电解槽的两极施加一定的电压（或称为电势），这就是槽电压 V。理论分解电压 E_e 即没有电流流过电解槽时的槽电压 $E_e = \varphi_+ - \varphi_-$，而实际电解时，一定有电流流过电解槽，电极发生极化，出现了超电势 η_i，还有溶液电阻引起的电位降 IR_{sol} 和电解槽的各种欧姆损失，其中包括电极本身的电阻、隔膜电阻、导线与电极接触的电阻等。所以，实际的槽电压大于理论分解电压，计算槽电压的一般公式为：

$$V = E_e + |\eta_A| + |\eta_C| + IR_{sol} + IR \tag{7.9}$$

（3）时空产率（space time yield，STY）

指单位体积的电解槽在单位时间内所生产的产品数量，通常以 mol/(Lh) 为单位。时空产率与流过单位体积反应器的有效电流呈正比，因此它与电流密度（超电势、电活性物质的浓度和质量传输方式）、电流效率和单位体积电极的活性表面积有关。电解槽的时空产率比其他化学反应器的时空产率要低，例如典型的铜电解沉积槽的时空产率仅为 0.08kg/

（Lh），而一般化学反应器的时空产率在 $0.2\sim1.0kg/(Lh)$ 之间。因此，在电化学工程研究中常常通过改进电解槽的设计（例如引入流化床电极）来提高时空产率。

7.2　氯碱工业

中国氯碱工业起步于 1930 年的上海天原电化厂，日产烧碱 2t。到 1949 年时，全国只有少数几家氯碱厂，烧碱年产量仅 1.5 万 t，氯产品只有盐酸、液氯、漂白粉等几种。2018年，我国烧碱生产企业 160 家，产能达 4141 万 t，占世界比例为 44%。生产烧碱主要采用石墨阳极隔膜电解法和苛化法。随着电解生产技术的进步，生产工艺发生了一系列变化。20世纪 70 年代，世界离子膜制碱工艺逐渐实现工业化，我国于 1986 年引进首套离子膜电解生产线。

氯碱工业[2] 是以原盐作为原料，生产烧碱、氯气和氢气的基础原材料工业。氯碱产品的种类很多，主要有烧碱、钾碱、液氯、盐酸、氯化聚合物系列（包括聚氯乙烯）、漂白消毒剂系列、甲烷氯化物、C_2 氯化物、氯化苯系列、环氧化合物系列、水合肼系列、农药中间体等，衍生产品达上百种，具有较高的经济延伸价值，每万吨氯碱产品可带动国内生产总值达 10 亿元以上。氯碱产品广泛应用于农业、石油化工、轻工、纺织、电力、冶金、国防军工、建材、食品加工等国民经济命脉领域，在经济发展中具有举足轻重的地位。由于氯碱工业所具有的特殊地位，我国一直将主要氯碱产品产量及经济指标作为国民经济统计和考核的重要指标。

7.2.1　氯碱电解生产方法

当前世界氯碱电解生产主要有三种方法，分别为水银法电解、隔膜法电解和离子膜法电解。

（1）水银法电解

产品质量好，但能耗高，对环境污染严重。此工艺在中国已被淘汰。

（2）隔膜法电解（包括石墨阳极电解槽和金属阳极电解槽）

电解槽碱液浓度低，含有大量氯化钠，不能直接作为产品使用，尚需经过蒸发、浓缩、除盐后方能作为产品销售，且只能用于一般的纺织、造纸等工业，不能用于人造纤维等需要高纯烧碱的工业。

① 电解反应。

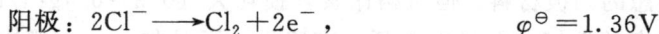

阳极：$2Cl^- \longrightarrow Cl_2 + 2e^-$，　　　　　　$\varphi^\ominus = 1.36V$

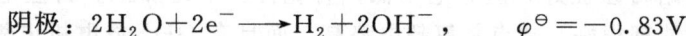

阴极：$2H_2O + 2e^- \longrightarrow H_2 + 2OH^-$，　　　$\varphi^\ominus = -0.83V$

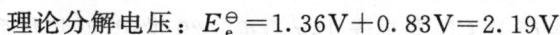

理论分解电压：$E_e^\ominus = 1.36V + 0.83V = 2.19V$

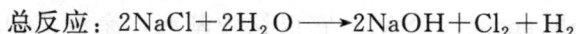

总反应：$2NaCl + 2H_2O \longrightarrow 2NaOH + Cl_2 + H_2$

电解时，阴极溶液约含 NaCl 4.53mol/L，NaOH 2.5mol/L，在阳极可能放电的离子有 Cl^- 和 OH^-，在阴极可能放电的离子有 Na^+ 和 H^+，以下分别计算其平衡电极电位和析出电势。

$$\varphi_{Cl_2/Cl^-} = 1.36V - 0.0592Vlga_{Cl^-}$$
$$= 1.36V - 0.0592Vlg4.53 \times 0.672$$
$$= 1.33V$$

设阳极液为中性，$p_{O_2} = 101.3kPa$，则

$$\varphi_{O_2/OH^-} = 0.401V - 0.0592Vlg10^{-7} = 0.82V$$

$$\varphi_{H_2O/H_2} = -0.828V - 0.0592Vlga_{OH^-}$$
$$= -0.828V - 0.0592Vlg2.5 \times 0.73 = -0.843V$$

溶液中 Na^+ 的浓度：$c_{Na^+} = c_{NaCl} + c_{NaOH} = 4.53mol/L + 2.5mol/L = 7.03mol/L$

故 $\varphi_{Na^+/Na} = -2.73V + 0.0592Vlg7.03 = -2.68V$

再考虑超电势，若电解时采用铁阴极，石墨阳极，则可查知，当 $I = 1000A/m^2$ 时，$\eta_{H_2,Fe} = 0.39V$，$\eta_{Cl_2,石墨} = 0.25V$，$\eta_{O_2,石墨} = 1.0V$

各物质的析出电势为：$\varphi_{H_2,析} = -0.843V - 0.39V = -1.233V$

若 $\varphi_{Na,析} < -2.68V$，考虑 Na 在阴极上的超电势，则析出电势更负；

$$\varphi_{O_2,析} = 0.82V + 1.0V = 1.82V$$

根据以上计算可知，在阳极上先析出 Cl_2，阴极上放出 H_2，即 Na^+ 不放电，而是浓度极小的 H^+ 放电，从而破坏 H_2O 的解离平衡，使 OH^- 在阴极积聚起来，成为 NaOH 溶液。

另外，考虑可能的副反应，主要是在阳极室发生，析出的 Cl_2 与水反应：

$$Cl_2 + H_2O \longrightarrow HCl + HClO$$

部分碱从阴极扩散过来发生反应：

$$HClO + NaOH \longrightarrow NaClO + H_2O$$

并可进一步反应生成氯酸盐：

$$NaClO + 2HClO \longrightarrow NaClO_3 + 2HCl$$

此外，ClO^- 在阳极发生氧化反应：

$$6ClO^- + 6OH^- \longrightarrow 2ClO_3^- + 4Cl^- + 3[O] + 3H_2O + 6e^-$$

所生成的中间态氧可氧化石墨阳极生成 CO 或 CO_2，从而使石墨损耗。副反应的结果是使 Cl_2 和 NaOH 两种主要产品白白地消耗，既费电又降低电流效率，还使产品纯度下降，故在生产中要尽可能地抑制副反应的发生。

② 电解槽。

阳极材料的选择。由于阴极室有氯气、新生态氧、盐酸和次氯酸等存在，故要求阳极材料具有很高的耐腐蚀性，同时要有较低的氯超电势、较高的氧超电势及良好的导电性和机械加工性能。铂是理想的阳极材料，但价格昂贵，损耗大（$0.2 \sim 0.4gPt/t$ Cl_2）。也曾使用过磁铁矿电极，其耐腐蚀性好，但导电率低，有脆性，不易加工。石墨电极用得最长，导电性、机械加工性能都很好，缺点是氯超电势高，而且有 OH^- 放电析出氧，从而使石墨电极本身受氧化而损失，通常生产 1t Cl_2 要损失 1kg 石墨。20 世纪 60 年代后，研制出一种形稳阳极（dimensionally stable anode，DSA），它以钛为基底，涂镀 TiO_2、RuO_2 加催化剂（Pt、Ir、Co_3O_4、PbO_2 等）构成，其电极可表示为：$Ti/TiO_2\text{-}RuO_2 +$ 催化剂，其最大特点是不易腐蚀，尺寸稳定，寿命长，氯超电势很低，而氧超电势却很高，因而所得 Cl_2 很纯，而且槽电压也较低，降低电能消耗达 10%，提高设备生产能力达 50%。

阴极材料一般都采用软钢，上面穿孔或采用钢网阴极。如使用得当，寿命可超过两年。喷砂处理软钢使其表面粗糙，可降低超电势 100mV。用各种方法在电极表面涂上活性镍合金，可使氢超电势降低到 150mV 左右。从析氢活性阴极研究进展来看，有希望把氢超电势减小到 20～50mV。

电极的物理结构也很重要，常应用扩张的金属网电极或在金属板上开通气缝，使气体按规定方向迅速逸出。气流在溶液中的大量积聚，会减少导电溶液的体积，增加溶解的欧姆极化引起的损耗。

③ 隔膜。

为防止 OH^- 进入阳极室，减少副反应，通常在阳极和阴极之间设置隔膜，一般采用几毫米厚的石棉隔膜，以减小电阻率，阻止两极的电解产物混合，但离子可以通过，食盐水从阳极室注入，并以一定流速通过隔膜进入阴极室，以控制 OH^- 进入阳极室。垂直隔膜式电解槽示意图如图 7.1 所示，隔膜法生产流程图如图 7.2 所示。

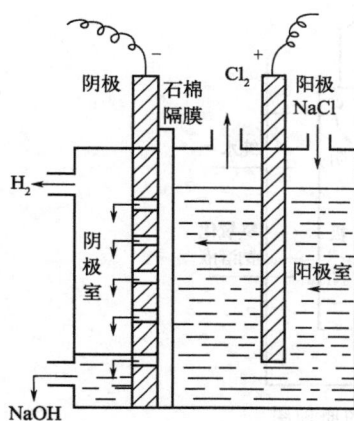

图 7.1 垂直隔膜式电解槽示意图

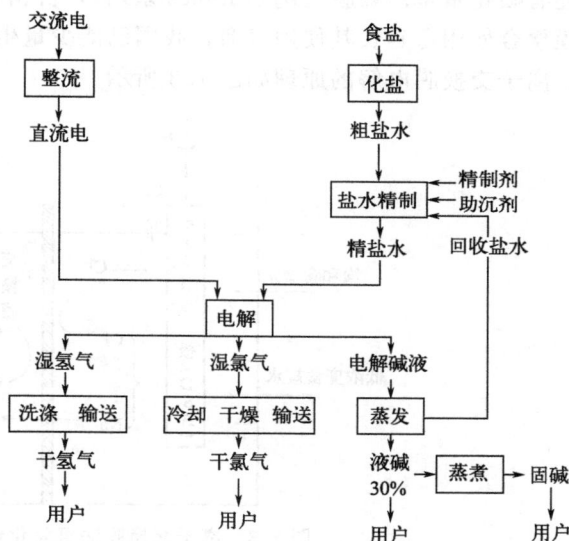

图 7.2 隔膜法生产的流程图

隔膜槽电解法的不足主要表现在：a. 所得碱液稀，浓度约 10%，需浓缩至 50% 才能出售；b. 碱液含杂质 Cl^-，经浓缩后约达 1%；c. 电解槽电阻高，电流密度低，约 $0.2A/cm^2$；d. 石棉隔膜寿命短，通常只有几个月至一年左右，因此常需更换。

（3）离子膜法电解

当今世界最新制碱技术。该法碱液浓度高、含盐量低、质量好、能耗低、无汞害、无石棉绒污染，代表着氯碱工业的发展方向。

离子膜法原理和电极材料等皆和隔膜相同，所不同的是以离子交换膜（或称离子选择性透过膜）代替隔膜。石棉隔膜只是一种机械的隔离膜，可防止液体的自由对流和电解产物混合，但不能阻止离子的相互扩散和迁移。离子交换膜由离子交换树脂压制而成，国外已生产出能适用于氯碱电解槽的全氟化高聚物离子交换膜，此类膜的特点是只允许 Na^+ 透过，而 Cl^-、H^+ 和 OH^- 不能透过。

例如，Nafion 膜（全氟磺酸膜）的分子结构含强酸根：

$$(CF_2-CF_2-CF-CF)_x$$
$$| $$
$$(OCF_2-CF)_y-OCF_2CF_2-SO_2OH$$
$$| $$
$$CF_3$$

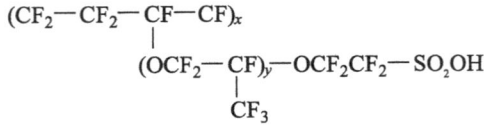

Flemion 膜（全氟羧酸膜）的分子结构含弱酸根：

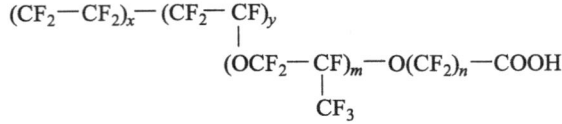

$$(CF_2-CF_2)_x-(CF_2-CF)_y$$
$$| $$
$$(OCF_2-CF)_m-O(CF_2)_n-COOH$$
$$| $$
$$CF_3$$

式中，一般 $m=0$ 或 1，$n=1\sim5$。

此两种膜均采用聚四氟乙烯基的离子交换树脂，故既能耐强碱，又能耐酸和有机物侵蚀，但价格昂贵。用强酸膜时，阳极室 NaOH 浓度限于 20％以下；用弱酸膜时，NaOH 浓度可达 40％，最大电流密度可达 $6kA/m^2$。

还有磺化聚苯乙烯膜（例如 Ionics 系列），价格低廉，但在有机介质中易老化，必要时两层膜叠合使用可延长其使用寿命，我国已能少量生产以上各种膜，但在性能和尺寸上尚有差距。离子交换膜电解的原理如图 7.3 所示。

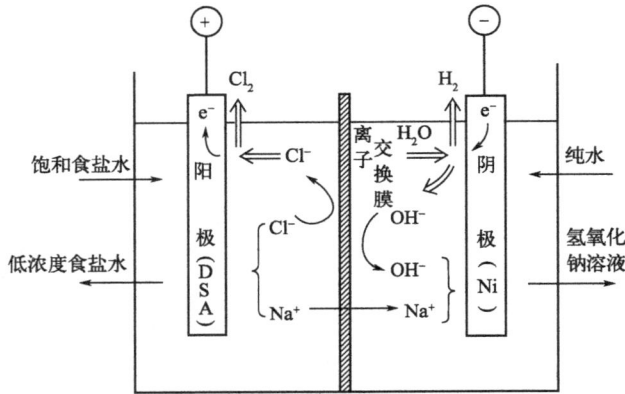

图 7.3　离子交换膜法氢氧化钠电解的原理图

电解槽是电解法制烧碱技术的核心设备[2]。氯碱工业使用的电解槽由槽体、电解液、阳极和阴极组成，用隔膜将阳极室和阴极室分开。离子膜电解槽是随着离子膜应用于电解烧碱而发展的特殊设备，其基本功能是在阴极和阳极之间安装离子选择性交换膜，保持阳极、阴极和膜正常平稳运行。这样电解槽需要对单张膜进行逐一固定和密封，组成有一个阳极、一个阴极和一个离子膜的单元槽，多个单元槽组成一台离子膜电解槽。为保证阴极、阳极、膜的工作条件，需要对电解过程供电、使阴阳极溶液循环和控制电极间距离。因此，电解槽从开发之日起，人们就不断开展研究和进行改进工作，主要集中在电解槽供电方式、溶液循环方式、电极有效面积、电极间距离等方面。

离子膜电解槽技术的进步主要表现在节能降耗方面[2]。电解槽的阴阳极间距（极距）是一项非常重要的技术指标，其极距越小，单元槽电解电压越低，相应的生产电耗也越低。当极距达到最小值时，即为"膜极距"，也称之为"零间隙"。用该技术制造或改造的离子膜电解槽与普通极距电解槽相比，每吨碱可节电 $70\sim100kW\cdot h$，使离子膜法制碱技术达到更先进的水平。离子膜法电解槽已由普通的有极距电解槽发展到窄极距电解槽，再到目前的零极距电解槽，尤其是 2008 年以后新建的烧碱装置均为膜极距电解槽，吨产品耗电逐渐降低，节电效果非常明显。

7.2.2　节能降耗

目前氯碱行业的节能降耗水平已基本达到一定水平，现有的技术完全使用后基本不再具有节能空间。

① 隔膜法电解槽经过了普通阳极到扩张阳极＋改性隔膜技术改造，再加上一次盐水过滤技术的不断提高，使得烧碱单位产品综合能耗不断降低。

② 离子膜膜极距电解槽等相关节能技术的不断应用以及离子膜法电解槽不断替代隔膜法电解槽技术，使得节能降耗趋势比较明显。

③ 自 2008 年起，离子膜电解槽均为膜极距电解槽，同时部分有极距电解槽被膜极距电解槽取代的比例逐年提高。2016 年，隔膜法电解制碱已全部退出市场，膜极距电解槽产能已占到总产能的 55% 左右。

氯碱技术从发明以来并没有根本的方法创新，只有膜法和水银法。水银法逐步被淘汰，膜法进化到离子膜时代，未来技术将以离子膜法为基础，围绕氧阴极技术进行创新。长期以来，人们一直探索氧阴极技术用于氯碱生产，其原理是膜电解原理与燃料电池原理的结合，在盐酸电解中实现了氧阴极技术工业化。盐酸氧阴极电解技术的大规模工业化应用，可以大幅度节电，适用于 MDI、TDI 等生产工厂的副产盐酸回收。

7.3　氯酸盐和高氯酸盐的电合成[1]

7.3.1　氯酸钠

工业上氯酸钠主要用于造纸工业的纸浆漂白。氯酸钠主要用电合成法生产，在缩小电极间隙、加速电解液流动、增加一个分开的化学反应器及电极材料的改进等方面均取得显著成果。

（1）原理

已知电解食盐水时，两个电极上的主要反应为：

$$阳极：Cl^- \longrightarrow 1/2Cl_2 + e^-$$

$$阴极：H_2O + e^- \longrightarrow OH^- + 1/2H_2$$

若两极间无隔膜，则溶解氯的水解作用将被 OH^- 促进，生成次氯酸盐，次氯酸盐可进一步生成氯酸盐。溶液中的主要反应有：

$$Cl_2 + H_2O \longrightarrow HClO + H^+ + Cl^-$$

$$Cl_2 + 2OH^- \longrightarrow ClO^- + H_2O + Cl^-$$

随后完成一慢反应步骤：

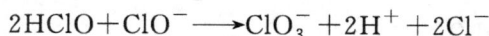

$$2HClO + ClO^- \longrightarrow ClO_3^- + 2H^+ + 2Cl^-$$

此反应宜在低的温度和微酸性的溶液中进行。总反应为：

$$NaCl + 3H_2O \longrightarrow NaClO_3 + 3H_2$$

此外，ClO^- 在阳极还会发生氧化反应：

$$6ClO^- + 3H_2O \longrightarrow 2ClO_3^- + 6H^+ + 4Cl^- + 3/2O_2 + 6e^-$$

从而引起电能浪费，故一般维持电解液中 ClO^- 浓度不能太高，以减少此反应的进行。

（2）工业电解槽

图 7.4 是氯酸钠电解槽系统的一种。电解槽产生的气体（主要为氢气）把电解液向上提升，进入化学反应器。分离掉气体后，电解液再流回电解槽，节省了过去曾用过的液体循环泵。电极为平板式，冷却器用来除去稳定操作条件下系统所产生的热量，阳极由钛基材涂贵金属或其氧化物制成。涂层极薄，约 $1\mu m$，涂层的损失已减小到每吨 $NaClO_3$ $0.1 \sim 0.5g$，因为钛基材料不易被腐蚀，故电极间距可保持恒定，尺寸稳定阳极 DSA 的名称由此而来。采用小的电极间距可使电解槽紧凑，并增大电流密度。DSA 的最大优点是释氯超电势低，并可在较高温度下操作。高温有利于化学反应合成 $NaClO_3$，并随后把它结晶析出。目前，氯酸钠电解槽工业进展的特点是：①应用了 DSA 阳极；②减少了电极间距；③采用了高的电解液流速；④采用了另外设置的化学反应器。

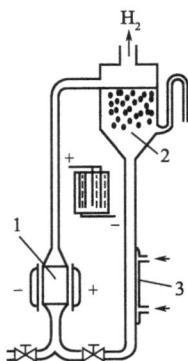

图 7.4 氯酸钠电解槽系统示意图
1—电解槽；2—反应器；3—冷却槽

阴极常用软钢制成，因它的氢超电势较低。电解液中加入 $3 \sim 7g/L$ 重铬酸盐，可防止 ClO^- 在阴极上还原，若采用铬或镀铬的钢作为阴极，则可省掉加重铬酸盐这一步。过去认为不能用钛作阴极底材，因为氢会扩散到涂层内的钛基底中，生成氢化钛，使阴极脆裂，破坏涂层。鉴于复极式电极的重要性，已研制成功没有腐蚀危险的钛阴极，使复极式钛电极在工业上得到应用，但涂层的损失仍比较大。

图 7.4 所示装置的主要特点是：ClO^- 转化为 ClO_3^- 的反应在电解槽外进行，转化率高；在化学反应器中生成的 Cl^- 可循环使用；在充分低的 ClO^- 浓度下进行电解池操作，以防止 ClO^- 放电，氯酸钠基本上是在连接电解池至化学反应器的管道中生成的，这样的循环操作允许 ClO_3^-：Cl^- 的值为 2.5，而没有循环时此值为 0.2。

7.3.2 高氯酸盐

主要用于军事工业制造炸药或喷气推进剂。1895 年第一个电解法生产 NH_4ClO_4 和 $KClO_4$ 的工厂投入运转。

制备原理：一般均采用氯酸盐溶液进行电解，阳极反应：

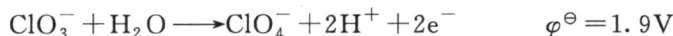

$$ClO_3^- + H_2O \longrightarrow ClO_4^- + 2H^+ + 2e^- \qquad \varphi^\ominus = 1.9V$$

此反应的机理曾有两种看法，一种认为是 ClO^- 在阳极先放电：

$$ClO_3^- \longrightarrow ClO_3 + e^-$$

$$2ClO_3 \longrightarrow O_2Cl-O-O-ClO_2 \xrightarrow{H_2O} ClO_4^- + ClO_3^- + 2H^+$$

$$ClO_3^- \xrightarrow{H_2O} ClO_4^- + 2H^+ + e^-$$

第二种认为水首先在阳极被氧化：$H_2O \longrightarrow O + 2H^+ + 2e^-$

生成的吸附氧将 ClO_3^- 氧化：$ClO_3^- + O \longrightarrow ClO_4^-$

阴极：$2H^+ + 2e^- \longrightarrow H_2$

电解槽的总反应可写成：$ClO_3^- + H_2O \longrightarrow ClO_4^- + H_2$

电解槽设计简单，因为不存在氯酸盐生产中副反应问题，因而电解液的流速不必太快。为了防止产物在阴极还原，电解液中加入少量 $Na_2Cr_2O_7$ 可使阴极表面生成一层保护膜，减少产物还原所造成的损失。

阳极材料有 Pt、镀贵金属的 Co 和 PbO_2；阴极材料有青铜、碳钢、CrNi 钢或 Ni。

7.4　锰氧化物的电解合成 [1]

7.4.1　二氧化锰

锌锰干电池及其相关电池的性能主要取决于所用 MnO_2 的来源及其制造方法，这是因为 MnO_2 的活性及其性质随晶粒大小、晶格缺陷的密度和水合程度而变化。在溶液中通过阳极氧化二价锰制得的 MnO_2 具有很好的活性，当然价格要比天然 MnO_2 贵 4～5 倍。故电解 MnO_2 大多被用于制造高质量锌锰电池和碱性 MnO_2 电池。但人们已认识到可将具有较高活性的电解 MnO_2（EMD）用于同其他物质的化学反应，特别是将刚电解得到的 MnO_2 立即用于化学反应效果更好。因此，电解 MnO_2 在精细化工和制药工业中作为氧化剂，其用量在日益增加。

用惰性阳极电解氧化 $MnSO_4$ 溶液可制得活性 MnO_2，可能的阳极反应：

$$2Mn^{2+} \longrightarrow 2Mn^{3+} + 2e^-$$

$$2Mn^{3+} \longrightarrow Mn^{4+} + Mn^{2+}$$

$$Mn^{4+} + 2H_2O \longrightarrow MnO_2 + 4H^+$$

阳极总反应为：$\quad Mn^{2+} + 2H_2O \longrightarrow MnO_2 + 4H^+ + 2e^-$

阴极：$\quad\quad\quad\quad 2H^+ + 2e^- \longrightarrow H_2$

总反应为：$\quad\quad MnSO_4 + 2H_2O \longrightarrow MnO_2 + H_2 + H_2SO_4$

电解液采用 $MnSO_4$（300～350g/L）和 H_2SO_4（180～200g/L）混合溶液，阳极材料为石墨、Pb 及其合金或 Ti。若以 Pb 为阳极，电解条件为：阳极电流密度 $500A/m^2$，槽电压 3.0～3.5V，温度 20～25℃；电流效率 80%～85%。电解所得的 MnO_2 如要作为电池材料，还需在 80℃ 干燥。

7.4.2　高锰酸钾

高锰酸钾被广泛用作氧化剂，特别是作为精细有机化学品工业的氧化剂。电解锰酸钾溶液可制得 $KMnO_4$。锰酸钾用化学方法制备，原料为软锰矿（大约含 60% MnO_2），浸入 50%～80% 的 KOH 溶液加热至 200～700℃，由空气氧化为 K_2MnO_4。

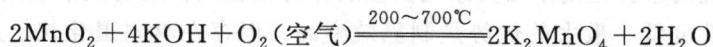

$$2MnO_2 + 4KOH + O_2(空气) \xrightarrow{200～700℃} 2K_2MnO_4 + 2H_2O$$

以水浸提可得电解液，电解时采用 Ni 阳极或 Ni/Cu 阳极，阴极用铁或钢，反应如下。

阳极：
$$2MnO_4^{2-} \longrightarrow 2MnO_4^- + 2e^-$$

阴极：
$$2H_2O + 2e^- \longrightarrow H_2 + 2OH^-$$

总反应：
$$2MnO_4^{2-} + 2H_2O \longrightarrow 2MnO_4^{2-} + H_2 + 2OH^-$$

阳极反应要求在一个非常低的电流密度范围（$5 \sim 150mA/cm^2$）内进行，而且通常在此范围的低端进行。即便这样仍会放出一些氧气，电流效率在 $60\% \sim 90\%$ 之间，产率一般超过 90%。

电解槽一般不用隔膜，电解在搅拌下进行，因而在阴极将发生 $KMnO_4$ 被还原的副反应，从而降低电流效率。

$30\% K_2MnO_4$ 被氧化时，电流效率为 70%，当 50% 和 70% 的锰酸钾被氧化时，电流效率分别降为 50% 和 25%，即锰酸钾被氧化得越多，高锰酸钾被还原的可能性越大，从而降低电流效率。

$KMnO_4$ 在浓 KOH 溶液中的溶解度不大，故大多数以结晶形式沉入槽底。

7.5　水的电解 [3-5]

氢储能作为长时储能技术之一，已经被纳入官方支持新型储能范畴。2024 年 4 月，氢能被正式列入《中华人民共和国能源法（草案）》，氢能的能源属性得到进一步明确。此外，《氢能产业发展中长期规划（2021—2035 年）》《"十四五"新型储能发展实施方案》明确提出，氢储能发电是重要的氢能应用领域之一。

广义氢储能指的是"电-氢"模式，电解制氢之后，氢气可用于交通、化工和钢铁等多个领域。狭义氢储能是指"电-氢-电"的转换，即制氢储能发电，包括电解制氢子系统、储氢子系统和氢能发电子系统，涉及两次能量转换。

氢储能具有长周期、大规模、可跨季节和空间储存的特点，在新型电力系统的"源-网-荷"中具有多维度、多空间的应用场景。目前氢储能发电在用电侧的示范应用较为广泛，包括园区/居民区/建筑、离网场景（海岛/基站）、化工企业等。

电解水制绿氢是"双碳"背景下实现能源转型的重要技术之一，主要包括碱性电解水制氢（AWE）、质子交换膜电解水制氢（PEM-WE）和阴离子交换膜电解水制氢（AEM-WE）以及固体氧化物电解水制氢（SOEC）；其中 AEM-WE 集合了 AWE 和 PEM-WE 的优点，被认为是最有可能实现低成本、高效率制绿氢的工艺。然而至今 AEM-WE 未实现大规模工业化，主要原因之一是电极材料难以在大电流密度下（$\geq 1000mA/cm^2$）长期、稳定运行，尤其是涉及氧气析出反应（OER）的阳极侧催化剂材料。

目前主流的电解制氢技术为碱性电解水制氢，质子膜电解水制氢，固体聚合物电解水制氢以及固体氧化物电解水制氢。四种电解水制氢技术路线的对比见表 7.1，四种电解水制氢技术中，碱性电解水制氢技术最为成熟，当前单电解槽容量可达到 $1000Nm^3/h$，设备成本最低，但设备低功率运行以及快速响应能力弱。固体聚合物电解水制氢技术相对成熟，设备响应速度快，系统简单，但由于需要采用贵金属作为催化剂，设备成本较高。固体氧化物电解水制氢技术成熟度低，最大的优势是制氢效率高，但存在材料退化快、启动速度慢等问题。研究表明，随着温度升高，水分解所需的电能减少，热能增加。固体聚合物电解水制氢技术较成熟，但使用贵金属催化剂，所以成本较高。固体氧化物电解池工作时处于高温环境下，能够利用热能显著降低电能消耗，最终降低制氢成本。

表 7.1　电解水制氢四种技术路线对比

电解技术	AWE	PEM	AEM	SOEC
发展阶段	>1GW	>100MW	<10MW	>1GW（燃料电池） <10MW（电解池）
电解质	液体:25%～40% KOH	固体:质子交换膜(Nafion)	液体-固体混合物：1% KOH/阴离子交换膜	固体:陶瓷氧化锆或氧化铈基电解质
工作温度/℃	70～90	50～80	40～80	500～900
工作压力/bar	传统的:大气压；现代:高达 30（启动时高达 50）	高达 80（启动时高达 350）	高达 35（未来可能更高）	0～2
典型的电流密度/(A/cm²)	0.4～1.0	0.2～4.0	0.2～2.0	0.5～1.5
系统能量消耗/(kWh/kg H₂)	50～78	50～83	57～69	38(有蒸汽输入) 48(没有蒸汽输入)
电堆成本/(2020 美元/kW)	270～450	400～870	200	250～2000
含 BoP 的电解槽系统/(2020 美元/kW)	800～1500	1400～2100	3333	917～4000
电堆寿命（全负载小时）	60000～100000	50000～90000	5000～40000	20000～50000
衰退/(1000h)%	0.13	0.25	0.4	0.55%～1%
将热急速增加到标称功率时间/s	60	10	1800	600
冷启动时间/min	30～60	5	20	>600
最小负载	10%～40%	5%～10%	10%～20%	>3%

7.5.1　碱性电解水（AWE）

碱性电解水以 KOH、NaOH 水溶液为电解液，在阳极和阴极分别发生以下化学反应，即

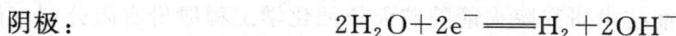

阳极：$\qquad\qquad 4OH^- \Longrightarrow 2H_2O + O_2 + 4e^-$

阴极：$\qquad\qquad 2H_2O + 2e^- \Longrightarrow H_2 + 2OH^-$

如图 7.5 所示，碱性电解水制氢（AWE）装置由电解槽和辅助系统构成，电解槽主要由极框、极板、电极、隔膜、密封材料、端板等组成。

碱性电解水阴极、阳极主要由金属合金组成（如 Ni-MO 合金等），采用多孔膜作为隔膜，在直流电的作用下将水电解生成氢气和氧气，产出的气体需要进行脱碱雾处理。通常碱性电解液的质量分数为 20%～30%，电解槽操作温度为 70～90℃，工作电流密度为 0.2～

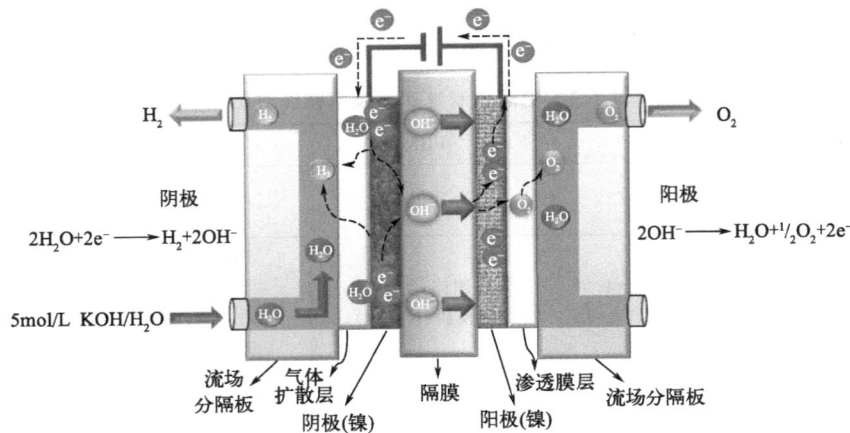

图 7.5　碱性水电解工作原理示意图

$0.8\mathrm{A/cm}^2$，产生气体压力为 $0.1\sim3.0\mathrm{MPa}$，总体效率为 $62\%\sim82\%$。

　　碱性电解水制氢的优点是不需要贵金属作为催化剂，成本相对较低，装备技术成熟，产品耐久性好，寿命可达 20 年左右。早期碱液电解槽普遍使用了石棉膜作为隔膜，随着石棉的致癌性被发现，欧美等先进国家先后弃用了石棉膜，开始使用更为环保的离子膜或者无机有机复合膜，而且电流密度增大，效率更高。

　　碱液电解槽的槽体结构简单，操作方便，生产使用的原材料也没有垄断性问题，且便宜易得，因此整体的造价相对便宜，价格比较容易被制氢机用户接受。目前，碱性槽制氢机的技术已经非常成熟，碱液氢气发生器在各行各业都有非常多的应用实例，连续稳定运行、维护、寿命等工程实际需要层面都有大量的实际案例可供参考。但其缺点也很明显。首先，效率低，即使有隔膜的存在，阳极生成的氧气也会扩散到阴极，扩散到阴极的氧气又被还原成水，使得电解效率变低，而且穿越到阴极的氧气会带来很严重的安全隐患。其次，电解器能承受的电流密度有限，液体电解质和隔膜的存在，使得电解器难以在高电流密度条件下运行。在液体电解质体系中，所用的碱性电解液（如 KOH）会与空气中的 $\mathrm{CO_2}$ 反应，形成在碱性条件下不溶的碳酸盐（如 $\mathrm{K_2CO_3}$），导致多孔的催化层发生阻塞，从而阻碍产物和反应物的传递，大大降低电解槽的性能。再次，由于采用液体电解质，高压条件下运行难以实现，不利于运行管理。此外，碱性液体电解质电解槽启动准备时间长，负荷响应慢，还必须时刻保持电解池的阳极和阴极两侧上的压力均衡，防止氢气氧气穿过多孔膜混合，进而引起事故；在低电流密度下运行的碱性电解槽较难与具有快速波动特性的可再生能源配合。虽然碱性电解水技术有明显的不足，但是其应用成本低，仍是工业应用中的重点。

　　国内电解槽单体规模加快向大标准立方迈进，单体 $5000\mathrm{Nm}^3$ 碱性电解槽在双良集团有限公司下线。最近，中国运载火箭技术研究院火箭院航天长征化学工程股份有限公司（简称"航天工程"）在氢能领域取得了重大突破，正式发布了 HTJS-ALK-2000/1.6 型号碱性电解制氢装备（图 7.6），设计产氢量达 $2000\mathrm{Nm}^3/\mathrm{h}$，额定产氢量下的直流能耗仅为 $4.28\mathrm{kW/Nm}^3\ \mathrm{H_2}$，优于行业同等水平。已成功完成了一键启停机、变负荷运行、连续 72h 运行等多个项目测试。电解槽各小室电压一致性好（不一致性小于 5%），产品运行表现出良好的稳定性。这一创新产品的发布是航天工程积极响应国家"双碳"战略目标，基于多年在氢能领

域的深厚积累与技术创新成功打造的新一代高效制氢装备，能够满足大化工和新能源等应用
场景的广泛需求，制氢效率与运行稳定性均达到行业领先水平。

图 7.6　HTJS-ALK-2000/1.6 型号碱性电解制氢装备

7.5.2　质子交换膜（PEM）电解水

质子交换膜电解水工作原理如图 7.7 所示。质子交换膜（PEM）电解水技术具有能耗
低、设备紧凑的优势，能适应可再生能源电力输入，但存在电解槽使用寿命较短、设备成本
高等问题。

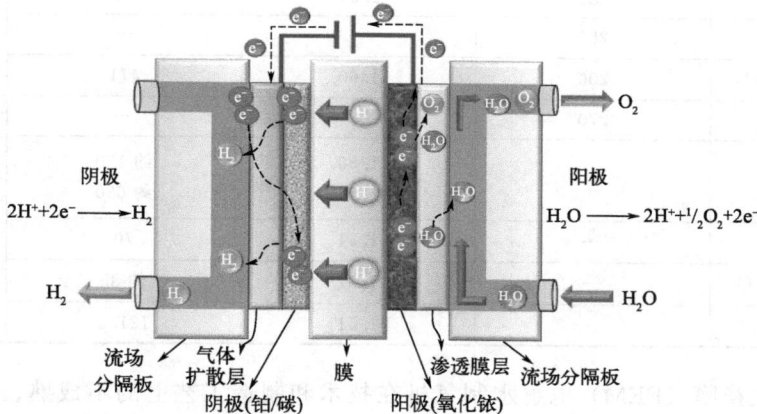

阴极　　　　　　　　　　　　　　　　　　　　　　阳极

$2H^+ + 2e^- \longrightarrow H_2$　　　　　　　　　　　$H_2O \longrightarrow 2H^+ + \frac{1}{2}O_2 + 2e^-$

流场　气体　　　　膜　　　渗透膜层　流场分隔板
分隔板　扩散层
　　　阴极（铂/碳）　　阳极（氧化铱）

图 7.7　质子交换膜水电解工作原理示意图

质子交换膜电解水装置的核心是质子交换膜。质子交换膜应具备优异的化学、热力学
稳定性和良好的质子传导性，同时，膜表面与催化剂的适配性要好，便于有效阻止气体
扩散，阻隔氢气和氧气混合接触。目前，使用最为广泛的是全氟磺酸聚合物（Nafion）
膜，Nafion 膜具有很多优点，但是价格昂贵，增加了 PEM 电解水技术的成本。在 PEM
电极结构中，受限于电解液的酸性，要求电极材料必须有好的耐蚀性和稳定性，现在催
化剂金属几乎完全限制在贵金属及其合金上，目前广泛使用的析氢催化剂为铂系金属及
其合金；阴极通常使用铂（Pt）作为析氢反应（HER）的催化剂，阳极使用铱（Ir）氧化
物作为析氧反应（OER）的催化剂。尽管近年来研究者使用涂覆法在多孔电极上涂覆铂
金属催化剂薄层以提高催化剂活性表面积并降低铂金属的使用量，已经大大降低了成本，
但受限于 PEM 膜与铂金属催化剂的昂贵，质子交换膜制氢机造价仍然远远高于碱性槽水
解制氢机。目前，在同等产气量的基础上，一台质子交换膜氢气发生器的售价约为碱性

槽水解制氢机的四倍甚至更多。

金属电极上的氧析出反应不是氧还原反应的逆反应。氧析出反应需要在较正的电位区进行，这就对催化材料的催化活性以及稳定性提出了非常高的要求。目前酸性体系中研究最多的阳极催化剂是贵金属铱（Ir）、钌（Ru）及其氧化物，价格较高昂。此外，Ru 及其氧化物虽然表现出较高的催化活性，但是稳定性较差，通常在工作 400h 后迅速失活。而 Ir 及其氧化物虽然稳定性较好，但是过电位较大，催化活性仍有待提高。非贵金属催化剂方面，无论催化性能还是稳定性，都与贵金属催化剂之间存在巨大差距。因此，同时具有高催化活性、高稳定性的阳极催化剂以及低贵、非贵金属催化剂的进一步开发，是该领域所面临的重要挑战，也是急需解决的重要问题。另外，钙钛矿类、尖晶石类以及过渡金属合金材料作为碱性条件下阳极催化剂材料的研究也广泛开展，但是性能及稳定性与实际应用的要求仍存在一定距离，需要对该类催化剂的结构、组成等因素进行更加深入的研究分析，以期有效提高该类催化剂的催化活性。表 7.2 列出了国内外水电解阳极氧析出催化剂发展情况[2]。

表 7.2 国内外水电解阳极氧析出催化剂研发情况

催化剂	过电位(vs. RHE)/mV	电势(vs. RHE)/V	质量比活性(Ir)/(A/g)	区域
3D Ir	270	—		
CuIr	286	1.51	73	国内
$Ir_{0.7}Co_{0.3}O_x$	260	—		
$IrO_2/Nb_{0.05}Ti_{0.95}O_2$	200	1.60	471	
$IrO_x/SrIrO_3$	270	—		
IrNi@IrO_x	—	1.50 1.53	约 130 约 630	国际
Ir-ND/ATO	—	1.51	70	
$IrNiO_x$/Meso-ATO	—	1.51	约 85	
Ir/SnO_2:Sb-mod-V	—	1.51	121.5	

由于质子交换膜（PEM）电解水制氢机在技术和制造工艺上的不成熟、实际工程经验的欠缺以及运行时电流波动较大，在电解槽中进行的电化学反应过程中会产生更多的杂质，杂质的存在使贵金属催化剂活性降低，降低了电解效率的同时缩短了电解槽的使用寿命。目前阶段 PEM 电解槽的寿命一般为 2～3 年以上（大标准立方产品普遍还未得到实际工程案例的验证），而技术相对成熟的碱液电解槽的寿命为 20 年左右，甚至更久。

PEM 电解水制氢技术相对成熟，适用于需要高纯度氢气的场景，如燃料电池的氢源，已经商业化应用于燃料电池和电解水制氢等领域。现在商业出售的 PEM 电解水制氢机产气量大约在 1～250m³/h，压力为 0～3MPa。目前，更大规模的 MW 级商用 PEM 电解水制氢机也有少数研究单位和一些公司合作在示范应用。

PEM 电解槽和碱液电解槽都需要对自来水进行去离子化净化后才能使用，现在市场上的 PEM 电解水制氢机对纯水的要求是电导率达到 1μS/cm（对应电阻率 1mΩ·cm），而碱液制氢机对纯水的要求是电导率一般达到 10μS/cm（对应电阻率 0.1mΩ·cm）即可，由此可见 PEM 电解水制氢机对水质的要求略微苛刻一些。

目前两种方式理论上每标准立方米氢气电耗基本一致，综合电耗 4.5～5.5 度/标准立方米。但由于 PEM 电流密度较高，故 PEM 类设备理论上较碱性制氢机略有优势。两种设备主要的体积差异在电解槽部分，以 PEM 电解水制氢 $2A/cm^2$、碱性槽电解水制氢 $400mA/cm^2$ 来论，看起来会有些差异。此外，PEM 电解槽依赖昂贵的铂族金属（PGMs）作为催化剂，也是其商业化应用的一个挑战。

7.5.3　阴离子交换膜（AEM）电解水

阴离子交换膜（AEM）电解水技术作为一种新兴的氢气生产方式，具有潜在的低成本、高效率和环境友好性等特点。AEM 电解池（图 7.8）使用的是阴离子交换膜，这种膜传导阴离子（OH^-），通常由带有正电荷基团的聚合物制成，如聚苯乙烯磺酸盐（PSSA）、聚砜磺酸盐（PSA）、聚醚砜磺酸盐（PES-SA）、聚四氟乙烯磺酸盐（PTFSA）、聚酰亚胺磺酸盐（PI-SO_3H）、聚醚醚酮磺酸盐（PEEK-SO_3H）。AEM 电解池可以使用稀碱性溶液或纯水作为电解液，这使得它们在材料选择上更加灵活。

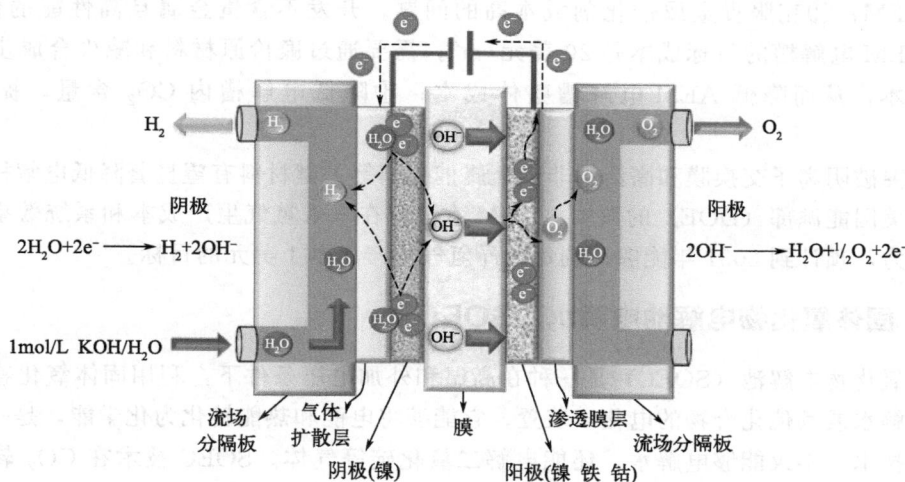

图 7.8　阴离子交换膜（AEM）水电解工作原理示意图

阴离子交换膜电解槽（AEM-WEs）结合了 PEM 电解槽和碱性电解槽的优点，能使用低成本、非铂族金属催化剂，同时支持更高的电流密度和能量转换效率。相比 PEM 水电解，AEM 水电解选用固体聚合物阴离子交换膜作为隔膜材料，膜电极催化剂、双极板材料可选范围更宽广，从而进一步降低了系统的复杂性和运行成本。AEM 电解池因其低成本和与可再生能源耦合的易操作性，展现出在大规模可再生能源制氢方面的潜力。

决定阴离子交换膜水电解槽使用寿命的一个关键参数是阴离子交换膜（AEMs）的碱性稳定性，阴离子交换膜是阴离子交换膜水电解槽的核心部件。在过去十年中，人们在开发碱性稳定的阴离子交换膜方面投入了大量精力。对于聚合物主链，人们已经认识到杂原子键（如醚基）容易受到氢氧根离子（OH^-）的攻击，因此应避免使用。据报道，不含杂原子键的聚合物，如对位聚苯基阴离子交换膜、聚亚芳基阴离子交换膜和聚乙烯基阴离子交换膜，比含醚的阴离子交换膜表现出更好的化学稳定性。阴离子交换膜材料在化学耐久性、导电性和机械强度方面的提高，对于长寿命 AEM-WEs 的开发至关重要。

为了解决这些问题，日本早稻田大学的宫武贤治教授与山梨大学的研究人员合作，研发出了一种带有耐用疏水成分的新型阴离子交换膜（AEM）[6]。该膜的一个特点是具有高氢氧根离子导电性，这对于阴离子交换膜电解槽（AEM-WEs）实现卓越性能至关重要，且这种膜能够承受极端的碱性条件。将 3,3″-二氯-2′,5′-双（三氟甲基）-1,1′:4′,1″-三联苯（TFP）单体引入膜的对位聚苯撑主链是这一突破的关键。由于其成分提高了稳定性，它能够在 80℃ 下承受高浓度氢氧化钾长达 810h 以上的浸泡，这显示了其在工业应用中的耐久性。在电解槽测试过程中，该膜表现出了稳定的性能，在电流密度恒定为 1.0A/cm² 的情况下持续运行超过 1000h，电压变化极小。此外，该膜在 80℃ 时的氢氧根离子电导率达到了 168.7mS/cm，超过了此前研究报告中提及的值。这种高导电性对于实现高效制氢所需的高电流密度至关重要。

目前，AEM 电解槽面临的主要挑战是缺少高电导率和耐碱性的 AEM 以及贵金属催化剂增加了制造电解装置的成本。同时，CO_2 进入电解槽薄膜会降低膜电阻和电极电阻，从而降低电解性能。

未来 AEM 电解槽发展的主要方向是：①发展具有高电导率、离子选择性，长期碱性稳定的 AEM；②克服贵金属催化剂成本高的问题，开发不含贵金属且高性能的催化剂；③目前 AEM 电解槽的目标成本是 20 美元/m²，需要通过廉价原材料和减少合成步骤来降低合成成本，从而降低 AEM 电解槽整体成本；④降低电解槽内 CO_2 含量，提高电解性能。

未来突破阴离子交换膜和高活性非贵金属催化剂等关键材料有望显著降低电解槽制造成本。根据美国能源部（DOE）的数据，AEM 水电解在未来氢气生产成本和系统效率方面具有显著潜力，预计到 2031 年能够达到每公斤氢气生产成本 1 美元的目标。

7.5.4　固体氧化物电解池电解水（SOEC）

固体氧化物电解池（SOEC）是一种在高温和外加电压条件下，利用固体氧化物作为电解质来电解水或其他化合物的电化学装置。它能够将电能和热能转化为化学能，是一种高效且强大的技术，不仅能够电解水，还能电解二氧化碳等气体。SOEC 技术在 CO_2 转化和可再生清洁电能存储方面展现出极大的潜力。通过 SOEC，可以将 CO_2 和 H_2O 转化为合成气、烃类燃料，并将电能和热能以化学能的形式储存起来，同时也可以进一步制取甲醇、汽油及其他工业燃料，具有高效、低污染的优点，是一种很有前景的能源转化和储存技术。在能源结构调整和碳减排背景下，SOEC 共电解所耗能源可来自多余或废弃的可再生能源，在节约成本的同时降低系统运行产生的污染。

与 SOFC 类似，SOEC 的结构主要分为平板式和管式。SOEC 共电解 H_2O 和 CO_2 制气的反应单元由电解质燃料极（阴极/氢电极）和氧电极（阳极）组成，根据传导的载流子类型可分为氧离子传导型电解质和质子传导型电解质。以平板式氧离子传导为例，反应过程为：常压和高温（600～1000℃）下，对电极两侧施以直流电压，将一定比例的 CO_2 和水蒸气通入燃料极通道，H_2O 和 CO_2 在燃料极多孔电极内部通过质量扩散到达离子导体、电子导体和气孔交界处，分别发生电化学还原反应，消耗电子生成 H_2、CO 和 O^{2-}，H_2 和 CO 通过扩散到达电极表面经收集后形成气流流出；O^{2-} 穿过电解质层到达氧电极的三相界面，发生氧化反应生成 O_2，反应过程如图 7.9 所示。

氢电极反应：

$$CO_2(g) + 2e^- \longrightarrow CO(g) + O^{2-}$$

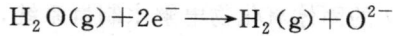

$$H_2O(g)+2e^- \longrightarrow H_2(g)+O^{2-}$$

氧电极反应：

$$2O^{2-} \longrightarrow O_2(g)+4e^-$$

总反应：

$$H_2O(g)+CO_2(g) \longrightarrow H_2(g)+CO(g)+O_2(g)$$

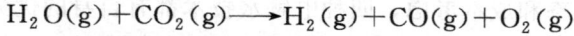

电解过程还伴随逆向水气变换反应（RWGS）、甲烷合成反应、积碳反应。

RWGS：

$$H_2+CO_2 \underset{WGS}{\overset{RWGS}{\rightleftharpoons}} H_2O+CO$$

甲烷的合成反应：

$$CO+3H_2 \rightleftharpoons CH_4+H_2O$$
$$C(s)+2H_2 \longrightarrow CH_4$$

积碳反应使电极催化活性降低，破坏电池结构，缩短电池寿命。质子传导型 SOEC 共电解机理和氧离子传导型不同。由于质子传导型电解质在 CO_2 中晶体结构不稳定，质子传导型 SOEC 用于 H_2O 和 CO_2 共电解的相关研究较少。

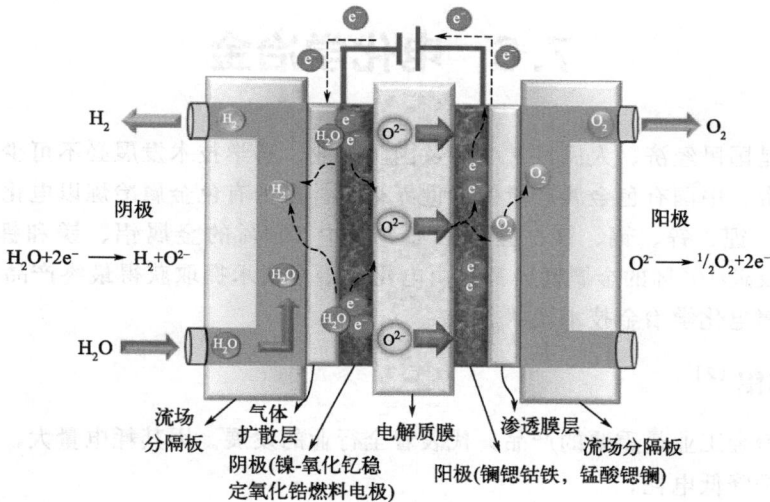

图 7.9　固体氧化物水电解工作原理示意图

固体氧化物电解水制氢技术应用场景广泛，其可与核能结合，利用核能高温余热蒸汽进行电解水制氢，提高核电利用率；也可以布置于合成氨工厂，利用工艺余热与清洁电力进行高效制氢，替代传统的化石燃料重整制氢，降低碳排放；或者布置在钢铁厂就地制氢，替代焦炭进行氢冶金。

近年来固体氧化物电解制氢技术不断取得进步，电解池方面，电解电流密度已从 2006 年的 $0.4A/cm^2$ 提升至 $1.4A/cm^2$，衰减率从 2005 年的约 2%/1000h 降至 0.4%/1000h。电堆方面，单堆容量已达到 $3Nm^3/h$，衰减率可控制在 1%/1000h 以下。

在固体氧化物电解水制氢系统方面，目前国内外已推出了不同功率的制氢装置，并进行了应用示范。德国的 Sunfire 公司推出了 150kW 的固体氧化物电解水制氢装置，该装置氢气产率为 $40Nm^3/h$，输入工质为 150℃蒸汽，系统电耗为 $3.7kWh/Nm^3$，运行范围为 0～125%，分别在欧洲的钢铁厂与可再生燃料厂进行了氢冶金与电解合成燃料的应用示范。美国的 Idaho 实验室开发了 20kW 的固体氧化物电解水制氢系统，在美国能源部的支持下，开展核能耦合制氢应用示范。国内的中国科学院上海应用物理研究所于 2018 年开展了 20kW 级的固体氧化物电解制氢加氢站装置研制，并于 2021 年建成国际首个基于熔融盐堆的核能制氢验证装置，设计制氢速率达到 50Nm³/h。

从材料、性能、效率和成本考虑，四种电解水技术都有自身的优势和挑战。相比碱性电解槽，在特定应用场景（如车规级氢能、波动性可再生能源）中 PEM 的优势日渐明显，国际上许多新建项目已开始选用 PEM 电解槽，其市场渗透率预期会逐步扩大。SOEC 和 AEM 作为新兴技术都有巨大潜力，也是欧美研发的重点，但前者在规模量产前在耐久性、制造工艺上还有待提升，后者目前还处在基础材料研发阶段。

从上述讨论中可以得出结论：SOECs 中涉及的所有组分通常具有以下典型特征：易得性、在高温和含碳气氛下结构稳定性和性能稳定性。这些特性不仅有助于未来 SOEC 技术的大规模推广，也使器件适用于相对复杂的化学合成系统。通过将 SOEC 高温电解工艺与多种化学合成工艺集成，可以生产各种燃料（甲烷、甲醇、氨等）或化学品原材料，这是利用 SOECs 优势的一条有前景的路线。

7.6　电化学冶金

有色金属是国民经济、人民日常生活及国防工业、科学技术发展必不可少的基础材料和重要的战略物资，中国有色金属产量位居世界第一。多种有色金属冶炼以电化学冶金技术为主，如铝、镁、锂、锌、铜、镍、锰、钴等，其中 100% 的金属铝、镁和锂，90% 的锌，30% 的铜，以及近 100% 的金属锰，都是由电化学冶金技术提取获得最终产品。以下介绍主要几种有色金属电化学冶金技术现状。

7.6.1　电解铝[2]

电解铝是冶金工业最重要的产品，代表着全行业的发展。因其耗电量大，所以电解铝工业节能的核心是降低电耗。

现代电解铝工业生产采用冰晶石-氧化铝熔融盐电解法。其中，熔融冰晶石是溶剂，氧化铝是溶质，以碳素体作为阳极，铝液作为阴极，通入强大的直流电后，于 950～970℃下在电解槽内的两极上进行电化学反应：

阳极：$$2O^{2-}+C-4e^-\longrightarrow CO_2\uparrow$$
阴极：$$Al^{3+}+3e^-\longrightarrow Al$$
总反应：$$2Al_2O_3+3C\longrightarrow 4Al+3CO_2\uparrow$$

阳极产物主要是二氧化碳和一氧化碳气体，其中含有一定量的氟化氢等有害气体和固体粉尘。为保护环境和人类健康，需对阳极气体进行净化处理，除去有害气体和粉尘后排入大气。阴极产物是铝液，铝液通过真空抬包从槽内抽出，送往铸造车间，在保温炉内经净化澄清后，浇铸成铝锭或直接加工成线坯、型材等。

我国是全球第一大电解铝生产国，近年来产量一直保持高速增长态势，2010～2015 年年均复合增长率为 14.45%，而同期全球其他地区的年均复合增长率为 -0.31%。2018 年，全球电解铝产量约为 6433.6 万吨，中国产量为 3648.5 万吨，占比 56.7%，中国依旧是电解铝主产国。在今后相当长的时间内，提产提质、节能降耗、节约资源、保护环境将成为电解铝技术发展的主旋律。降低铝电解综合能耗是行业发展的关键。

7.6.2　电解锰[2]

锰的用途广泛。在钢铁工业中，锰的用量仅次于铁。85%～90% 的锰消耗于钢铁工业，10%～15% 的锰消耗于有色冶炼、化工、电子、电池等部门。锰在电池材料中已广泛使用。锰行业在近二十年期间的发展变化巨大。中国锰的产量从 20 世纪 90 年代中期的十几万吨发展到现在的一百多万吨，高峰时期接近两百万吨，现产量已占到全球 95% 以上，技术水平已处于全球最高端。

锰与钢铁工业相关，所以价格变化巨大。近十年，锰价曾高达 3.7 万元/t，最低为 0.8 万元/t。锰尤其与不锈钢行业息息相关。在有些不锈钢系列中，锰可以代替镍，使不锈钢成本大幅下降，所以镍价高时，锰的需求量大，反之则需求量小。锰行业是高耗能行业，目前吨锰耗电为 5000～6000kWh，所以节电对锰企业至关重要。目前国内除新疆外已无高品位矿源，大企业较依赖进口矿源，所以提高设备效能意义重大。

中国现有锰生产企业一百六七十家，电解产能约为二百六七十万吨，单家企业产量规模从几千吨到数十万吨不等。近年呈整合之势，无矿、无电的企业自然被淘汰，装备水平低、管理水平低的企业逐步退出或被兼并，常年生产的企业大约有三四十家，产量保持在 120 万～150 万吨之间，约有 1/5 的产量出口。企业为了生存发展，都在不停更换、更新效率更高的生产设备。

7.6.3　电化学提锂[7]

锂作为电池工业的重要材料，因其高的能量密度，在支持电动车与可再生能源储能系统方面发挥了关键作用。然而，传统锂提取方式依赖于硬岩矿石和高品位卤水资源，不仅能耗高，碳排放大，还导致地下水枯竭和生态环境破坏。随着锂需求的不断增长和储量的日益紧张，开发从低品位卤水中提取锂的高效技术成为解决这一问题的关键。

锂离子筛（LIS）材料主要来源于脱锂的锂离子电池阴极，可选择性捕获低品质盐水中的 Li^+。然而，Li^+ 自发结合进入 LIS 晶格是耗时的，并且接下来的酸脱附工艺可能会损坏 LIS 的晶格结构。与吸附方法类似，通过利用晶格能和脱水能的差异，基于电化学的技术可以分离 Li^+ 和其他阳离子。与依赖自发化学反应的基于 LIS 的吸附过程不同，基于电化学的分离有助于通过调节电极电势，将 Li^+ 嵌入电极晶格，提供更精确的控制驱动力，不仅提高了提取率，而且可通过调整操作电势来提高选择性，以排除不需要的离子，如 Mg^{2+} 和 Na^+。为了澄清，电化学分离被定义为 Li^+ 通过下面的方程（7.10）嵌入工作电极而分离 [图 7.10(a)]。这有别于膜基电渗析，通过离子穿透膜而实现分离。提锂后，更换初始的电解液（进料溶液），通过反向过电势驱动 Li^+ 从工作电极脱嵌，转化为新的电解质（富集溶液），从而在随后的循环中使电极再生。在此过程中不需要酸：

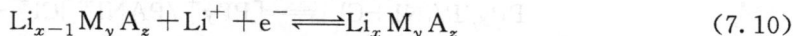

$$Li_{x-1}M_yA_z + Li^+ + e^- \Longleftrightarrow Li_xM_yA_z \tag{7.10}$$

选择合适的工作电极至关重要，因为它们的操作电势必须落在水性进料溶液的电化学稳定窗口内，以避免不必要的反应，如氧气析出反应（OER）和析氢反应（HER）。如图 7.10(b) 所示，只有一些电极材料符合这一标准。此外，电极在几个 Li^+ 提取/回收周期的电池稳定性是另一个关键的考虑因素。目前，$LiMn_2O_4$ 和 $LiFePO_4$ 是研究最广泛的电化学基分离方法的电极材料。尖晶石正极材料 $LiMn_2O_4$ [图 7.10(c)]，特别是其完全脱锂状态（$\lambda\text{-}MnO_2$），显示了从恶劣条件中高效的锂回收能力，例如海水淡化。尽管超低的 Li^+ 浓度（0.0043g/L）和 Mg/Li（2107）比，这些材料依然显示出锂提取能力 7.34mg/g，比基于吸收和基于电渗析方法的速率快得多。然而，与 LMO 型 LIS 吸附剂非常相似，由于 Mn 的损失，$LiMn_2O_4$ 工作电极也存在低循环稳定性问题。用于提高电极亲水性 LMO 型 LIS 吸附剂的有效策略，例如表面涂层和杂原子掺杂的方法，促进了 Li^+ 输运，被证明可以显著地增强 $LiMn_2O_4$ 电极性能。

$LiFePO_4$ [图 7.10(c)] 因其稳定的多阴离子橄榄石结构、成本效益和环境友好性而受到称赞。$FePO_4/LiFePO_4$ 耦合的两相反应具有稳定的氧化还原电位（约 3.45V）[相对于 Li^+/Li 或 0.4V，相对于标准氢电极（NHE）]，提供平均 28mg/g 的大量容量 [图 7.10(d)]，可用于从低质量卤水中提取锂，没有不希望的 OER/HER 发生。最近的一项研究表明，通过使用 $LiFePO_4$ 基方法，伊力坪盐湖卤水（锂浓度为 0.0975g/L）中 Mg/Li 比可以从 134.4 降低到 1.2。这种对锂出色的选择性是由于共溶解的阳离子嵌入（尤其是 Mg^{2+}）所需的大的过电势，$FePO_4$ 晶格内具有更高的脱水能和较低的扩散率（较大的排斥力）。因此，通过控制电极电位，大多数共溶解离子可以被有效地排除。值得注意的是，$FePO_4$ 的钠化电势（0.21V，相对于 NHE），在所有的共溶离子中是最接近其锂化电势的，使得 $LiFePO_4$ 方法中 Na^+ 成为 Li^+ 嵌入主要的竞争离子，而不是 Mg^{2+}。此外，溶液中 Na^+ 的浓度过高导致形成 Na^+ 主导的双电层，影响 Li^+ 的电荷转移，并使过程进一步复杂化。进一步改进 $FePO_4$ 的 Li^+/Na^+ 选择性，可以通过脉冲电化学实现在颗粒中 Li/Na 更均匀地分布，或通过形成固溶体相锂籽晶，增加 Na^+ 嵌入能量势垒。$LiMn_2O_4$ 和 $LiFePO_4$、钒和钴化合物也正在成为具有竞争力的锂提取有前景的电极材料 [图 7.10(d)]。

选择合适的辅助电极至关重要，因为它会影响整个系统的能耗和可逆性。在锂提取期间，辅助电极捕获阴离子或释放带相等电荷的阳离子以保持电中性。最初，阴离子捕获型辅助电极，如 Pt 和银有利于气态或固态电极反应产物 [式（7.13）~式（7.14）]，无须分离膜防止可溶性产物扩散到工作电极。然而，由于成本高和副反应，已被禁用，如银与 SO_4^{2-} 反应造成电极溶解。为了应对这些挑战，研究人员开发了聚合物基氯离子捕获电极等替代电极 [式（7.14）] 和活性炭电容电极，以其成本效益和电容去离子化增强的循环稳定性而出名。

Pt 电极：

$$4OH^- \longrightarrow 2H_2O + 4e^- + O_2 \uparrow \tag{7.11}$$

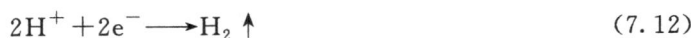

$$2H^+ + 2e^- \longrightarrow H_2 \uparrow \tag{7.12}$$

Ag 电极：

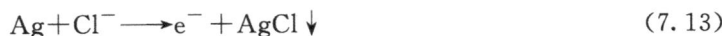

$$Ag + Cl^- \longrightarrow e^- + AgCl \downarrow \tag{7.13}$$

聚吡咯（PPy）/聚苯胺（PANI）电极：

$$PPy/PANI + Cl^- \Longleftrightarrow [PPy^+/PANI^+]Cl^- + e^- \tag{7.14}$$

离子交换膜的发展使得低成本辅助电极的应用成为可能，如 Zn/Zn^{2+} 和 I^-/I_3，这些电极在锂提取装置中产生可溶性物质。这些膜可以防止辅助设备上产生的可溶性离子进入进料溶液，避免干扰 Li^+ 嵌入过程 [图 7.10(a) 中的双室系统]。在双室系统中，分离膜用于阻止可溶性产品的穿梭。对于对称装置,在锂提取过程中,进料溶液中的 Li^+ 进入工作电极,而辅助电极中的 Li^+ 脱嵌后进入回收溶液。在完全锂化/脱锂后,电极被切换,导致回收溶液中锂的富集。这种设置也促进了"对称电池"的概念,即工作电极和辅助电极使用相同的 LIS 材料(处于不同的锂化状态),例如 $Li_{1-x}Mn_2O_4/LiMn_2O_4$ 系统和 $FePO_4/LiFePO_4$ 系统,由 AEM 分隔开,展现出卓越的循环稳定性。

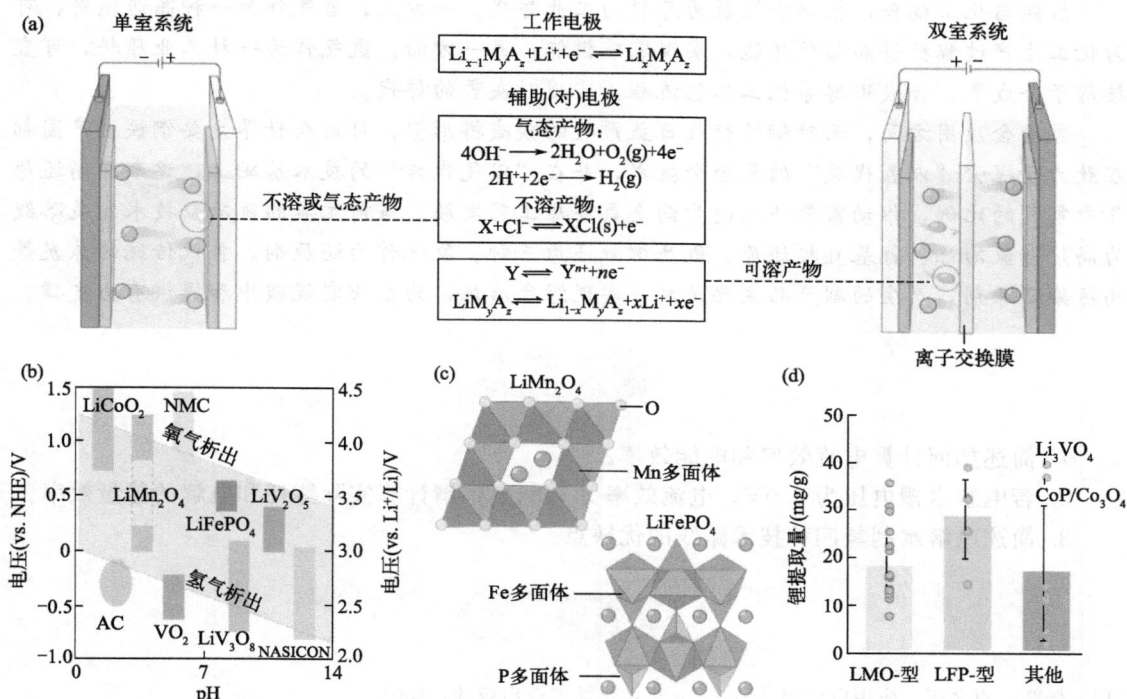

图 7.10　基于电化学方法的锂提取[7]

(a) 单室和双室系统示意图以及相应的电化学反应(M、A、X 和 Y 分别代表金属,氧/聚阴离子、聚合物和 Zn/I⁻);
(b) 电极材料的工作电位以及 HER/OER 过程在不同 pH 值水溶液中的电势;
(c) $LiMn_2O_4$ 和 $LiFePO_4$ 电极材料的晶格结构;(d) 不同电极材料的锂提取量
(柱状高度表示平均值;误差条表示标准偏差)

拓展阅读

为了实现中国政府提出的"碳达峰、碳中和"目标,需要大力发展可再生能源。目前,太阳能、风能、地热能等可再生能源存在很多问题,例如,时空分布不均匀、呈间歇性和波动性特点、并网能力差,西部存在弃风弃光现象,造成能源很大的浪费。为了提高可再生能源的并网能力,有效地调节电网输配,发展合适的电池储能技术显得尤为重要。可逆固体氧化物电池(reversible solid oxide cells,RSOCs)有可能解决季节性长时储能的挑战。当电网剩余电能可用时,RSOCs 在固体电解池(SOEC)模式下运行,将 H_2O 和/或 CO_2 转化为 H_2 和/或 CO 以及附加值更高的碳氢化合物燃料;在用电高峰期,或需要额外电能来补充太阳能和风能时,可逆燃料电池可以在固体氧化物燃料电池(SOFCs)模式下运行发电。因为化学燃料可以容易地长期储存(或立即用作各种工业的可再生原料),RSOCs 可以缓解化学电源的自放电以及相关的存储成本的挑战,将可再生电能转化为化学燃料,进而实现完全可持续能源经济。

将氢能应用于储能（风光消纳）、化工（原料替代）、交通（燃料替代）、供能（零碳供能）等领域，可助力各领域的深度脱碳，是实现碳中和最终目标的重要途径。氢储能可解决大规模离网电力就地消纳问题，氢化工助力化工工艺体系重构实现零碳化工产品输出；氢交通实现传统化石燃料替代构建零碳交通运输体系。

氢能与化工耦合，推动以绿氢为原料的工业替代。一方面，氢气作为一种高能燃料，可为化工生产过程提供高品位热能，实现零碳供能；另一方面，氢气作为一种工业原料，可直接用于合成氨、合成甲醇等化工工艺流程，实现对灰氢的替代。

氢冶金应用方面，面对钢铁行业日益严峻的碳减排形势，目前全世界主要钢铁生产国都在致力于探索"以氢代碳"的氢冶金技术，并在"以气代焦"的技术基础上，逐渐提高还原气中氢气的比例，推动富氢还原逐步向全氢还原工艺发展。当前主流的氢冶金技术发展路线为高炉富氢冶炼、氢基直接还原、氢基熔融还原三种。氢气作为还原剂，替代传统的焦炭等高污染还原剂，产生的副产品主要是水，实现绿色冶炼，为企业实现碳中和提供有力支撑。

◆ 思考题 ◆

1. 简述如何计算电流效率和电能效率。
2. 若电解水槽电压为 2.0V，电流效率 $\eta_I = 80\%$，请计算实际能耗和电解的能量效率。
3. 简述电解水制氢四种技术路线的优缺点。

◆ 参考文献 ◆

[1] 杨辉，卢文庆. 应用电化学 [M]. 北京：化学工业出版社，2001.

[2] 中国科学院. 中国学科发展战略：电化学 [M]. 北京：科学出版社，2021.

[3] 位召祥，张淑兴，刘世学. 固体氧化物电解制氢技术现状及面临问题分析 [J]. 科技创新与应用，2021，35：36-39.

[4] Zheng Y，Chen Z，Zhang J. Solid oxide electrolysis of H_2O and CO_2 to produce hydrogen and low-carbon fuels [J]. Electrochem. Energy Rev.，2021，4：508-517.

[5] Kumar S S，Lim H. An overview of water electrolysis technologies for green hydrogen production [J]. Energy Reports，2022，8：13793-13813.

[6] Liu F H，Miyatake K，Mahmoud A M A，et al. Polyphenylene-based anion exchange membranes with robust hydrophobic components designed for high-performance and durable anion exchange membrane water electrolyzers using non-PGM anode catalysts [J]. Adv. Energy Mater.，2024，14：2404089.

[7] Li Y F，Zhang L G，Yu B，et al. CO_2 high-temperature electrolysis technology toward carbon neutralization in the chemical industry [J]. Engineering，2023，21：101-114.

[8] Sun C W. Advances in nanoengineering of cathodes for next-generation solid oxide fuel cells [J]. Inorganic Chemistry Frontiers，2024，11：8164-8182.

[9] Yang S X，Wang Y G，Pan H，et al. Lithium extraction from low-quality brines [J]. Nature，2024，DOI：10.1038/s41586-024-08117-1.

第 8 章

有机物的电解合成

8.1 概　述

　　有机电合成的第一个实验可以追溯到 19 世纪中期。1834 年法拉第发现，当电解乙酸钠溶液时有乙烷生成，从而实现了第一个电有机合成转换实验。系统的研究是在 1849—1854 年，柯耳伯（Kolbe）发现有机羧酸化合物电氧化聚合生成烷烃（$2RCOO^- \longrightarrow R-R + 2CO_2 + 2e^-$，被称为柯耳伯反应）。直到 20 世纪 80 年代，该反应已被很多国家（苏联、日本、印度和联邦德国）用于工业化生产。另一个重要的反应出现在 1960—1970 年，丙烯腈电氢化二聚生成聚己二酰己二胺（尼龙 66）中间体己二腈工艺。这是第一个成功商业化的、最杰出的电合成反应，它表明有机电合成工艺真正能用于工业生产[1]。

　　有机电合成是一种新型而有效的有机化合物合成方法。与传统的有机合成法相比，有机电合成避免了使用其他还原剂或氧化剂，可在常温常压下进行，环境友好，还可以借助调节电压和电流（电流密度）控制反应速率，便于整个过程的自动化控制。因此，有机电合成技术不仅是实现传统有机合成工艺绿色化的一条重要途径，也是解决传统合成工艺降低能耗、减少污染、提高产品质量等重大问题的有效方法。各工业发达国家，特别是英国、美国、日本、德国，在该领域的开发和应用相当活跃，专利数和工业化的实例也越来越多。

　　根据国际电化学的发展趋势，从经济、市场、产品的选择性和其他因素考虑，有机电合成技术更适合用于医药、香料、农药以及中间体等高附加值的精细化学品合成，其关键作用在于"官能团的转化"。主要原因如下。

　　① 许多有机电合成方法可以缩短反应路径，是其他方法难以取代的；
　　② 精细化学品的附加值高，电费在成本中所占比例极小（不超过 10%）；
　　③ 产品纯度高，其他方法办不到；
　　④ 精细化学品产量小，生产时涉及的工程问题较少，对强化生产的要求不那么迫切。

　　有机电合成过程的经济性与产品的附加值、生产成本和生产设备等因素有关。由于电费及电解槽、整流器等费用较高，精细化学品虽然价格高，但需求量一般较小且不稳定，设备费所占比例很高，因此必须考虑电解设备的多用性，即采用只改变电源、电解液和溶剂就可以实现产品转换的设备。这对于提高有机电合成技术的竞争力至关重要。

8.2　己二腈的电合成 [1, 2]

己二腈（ADN）是一种重要的化工原料，广泛用作尼龙工业生产的中间体，2022 年全球市场规模达 326 亿美元。最近，由于其独特的电化学性能和热性能，ADN 也被研究作为改善储能器件性能的有吸引力的溶剂或添加剂。由于其工业重要性，已经开发了几种工业生产合成路线，包括己二酸的脱水胺化、丁二烯的直接和间接氢氰化以及丙烯腈的电加氢二聚（EHD-AN）。

由于其独特的优势，EHD-AN 已成为这些已开发合成路线中一种环境友好和可持续的合成方法。首先，通过 EHD-AN 生产 ADN 是一个一步合成过程，而己二酸的胺化和丁二烯的氢氰化涉及多个反应步骤。此外，在存在电势/电流波动的情况下，通过 EHD-AN 生产 ADN 的选择性保持不变，这使得 EHD-AN 系统能够与可再生的绿电集成，以实现 ADN 的低碳足迹生产。最后，EHD-AN 使用水作为氢供体，这允许其在环境条件下运行。与之相反，己二酸的胺化和丁二烯的氢氰化都需要高温和加压以及使用爆炸性、腐蚀性、有毒的化学物质（即氨、氰化氢和氯气），这对环境和公共安全构成威胁。

下面介绍丙烯腈电解偶联法制己二腈。

（1）工艺原理

丙烯腈电解偶联法又称丙烯腈直接电解加氢二聚法，电化学反应如下：

阳极：
$$H_2O - 2e^- \longrightarrow 1/2 O_2 + 2H^+$$

阴极：
$$2CH_2=CHCN + 2H^+ + 2e^- \longrightarrow NC(CH_2)_4CN$$

总电解反应为：

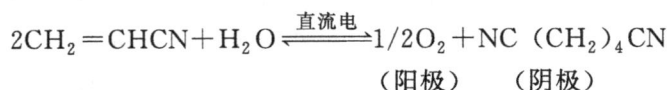

$$2CH_2=CHCN + H_2O \xrightarrow{\text{直流电}} 1/2 O_2 + NC(CH_2)_4CN$$
$$\text{（阳极）} \quad \text{（阴极）}$$

丙烯腈在阴极上氢化二聚分为三步。

第一步，丙烯腈结合二个电子和一个质子，生成丙烯腈阴离子：

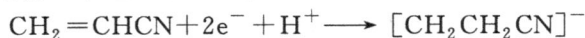

$$CH_2=CHCN + 2e^- + H^+ \longrightarrow [CH_2CH_2CN]^-$$

第二步是形成的丙烯腈阴离子与丙烯腈反应生成二聚阴离子：

$$[CH_2CH_2CN]^- + CH_2=CHCN \longrightarrow [NCCH(CH_2)_3CN]^-$$

第三步为二聚阴离子与质子反应生成己二腈：

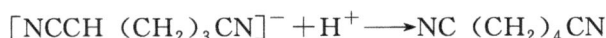

$$[NCCH(CH_2)_3CN]^- + H^+ \longrightarrow NC(CH_2)_4CN$$

此外，电解中还发生生成丙腈和重组分等的副反应。

（2）电解槽

生产己二腈采用带有电解液强烈循环的压滤式电解槽，结构如图 8.1 所示。这种电解槽的主要部件是由耐有机溶剂的塑料（聚丙烯、氟塑料等）制成的电极板 1。板的侧面凹口内分别安装阴极 2 和阳极 3，两电极用金属销钉 4 相连接。电极板体内有溶液进出沟 5 用于导进或导出溶液至阳极和阴极室。溶液进出沟具有分配孔洞 6，溶液沿孔洞均匀分布在电极室。每个电极板夹在两个隔膜架 7 之间，后者也是用塑料制成。隔膜架的中部压装隔膜 8，电解槽两端安装面板 9，且各有一个电极。

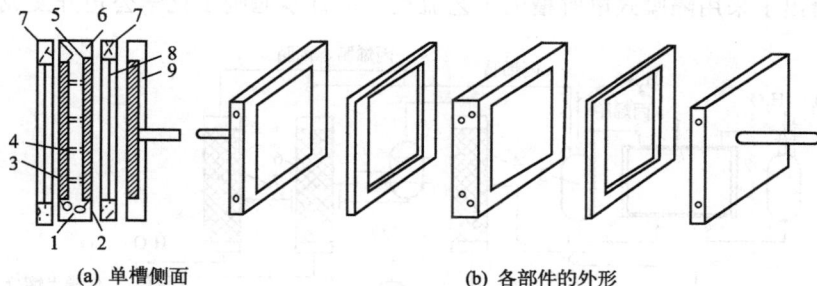

(a) 单槽侧面　　　　　　　(b) 各部件的外形

图 8.1　电解液具有高循环速度的压滤式电解槽的单槽

1—电极板；2—阴极；3—阳极；4—连接销钉；5—溶液进出沟；
6—分配孔洞；7—隔膜架；8—隔膜；9—具有接线的端面板

工业电解槽由 25～30 个单槽组装而成，每个单槽大小约 $1m^2$。电解槽用隔膜现在多采用阳离子交换膜。阴极要求采用具有较高氢过电势的材料，如铅、镉和石墨等。目前大多采用镉阴极，因为它可以在较长的使用期内获得较高且稳定的己二腈产率。阳极在隔膜式电解槽中采用含 1%～2% 银的铅合金，在无隔膜电解槽中，采用具有较低析氧过电势的材料，例如磁铁矿或铁。此外，为阻止铁被腐蚀，电解液中需加入少量乙二胺四乙酸，铁阳极的损耗为 0.8～1.0mm/a，丙烯腈在这些阳极上的氧化不明显。

上述电解槽不仅适用于丙烯腈的电解偶联，也适用于电化学方法合成其他有机化合物。

(3) 工艺条件

① 电解液组成。采用 10%～15% 磷酸钾溶液作为丙烯腈进行电解偶联的基础电解液，此外还需加入磷酸使溶液的 pH 保持在 9.0～8.5 范围内。为获得高产率的己二腈，操作应在给质子能力较差的介质中进行，为降低双电层中质子的浓度，溶液中还需加入四烷基铵阳离子（最有效的是四乙基铵阳离子），它会更紧密地覆盖在电极表面，从双电层中取代出水分子，从而抑制水电离出过多的质子。丙烯腈加入量要过量很多（丙烯腈在溶液中的饱和浓度约为 5%），电解液因而形成本体溶液和丙烯腈两相。在复相介质中实现己二腈的制备，不仅可以增大己二腈的质量产率和电流效率（图 8.2），而且丙烯腈具有萃取己二腈的功能，可使生成的己二腈及时转移到有机相丙烯腈中，从而省去从水相（本体溶液）中分离己二腈的工序。

② 电流密度。最佳电流密度取决于使用的电极材料。己二腈在石墨和铅阴极上获得最高产率时的电流密度为 $0.6～0.8kA/m^2$，在镉阴极上则可达 $2kA/m^2$。

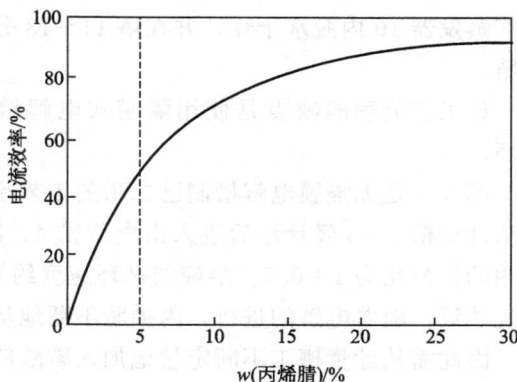

图 8.2　水相中丙烯腈含量对己二腈产率的影响
（虚线表示丙烯腈的溶解度）

③ 电解温度。电解在 30~50℃下进行，温度不能高于 50℃，高于此温度副反应加剧，会影响己二腈的产率和产品纯度。

（4）工艺流程

图 8.3 给出了采用隔膜式电解槽的工艺流程，由日本旭哨子化学公司开发成功。

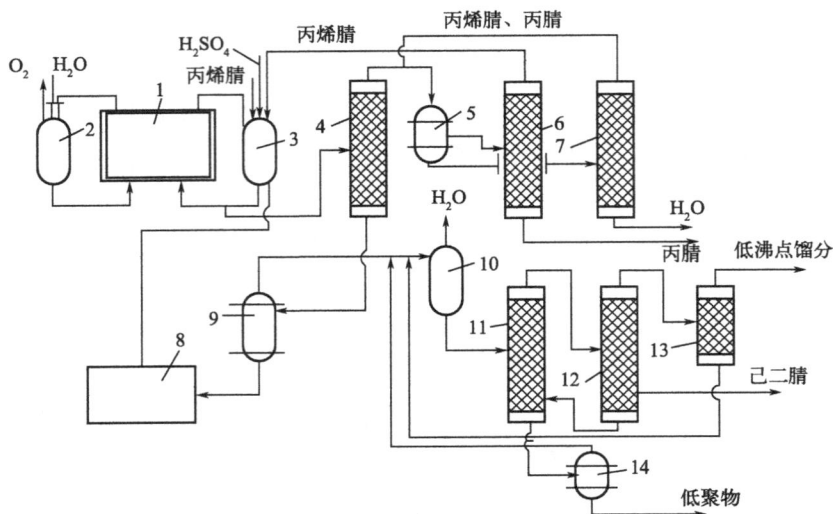

图 8.3　隔膜式电解槽制造己二腈工艺流程——日本旭哨子化学公司工艺
1—电解槽；2—阳极液容器；3—阴极液容器；4—气提塔；5，9—弗洛连斯容器；
6—丙烯腈蒸出塔；7—挥发物自水层蒸出塔；8—阴极液纯化装置；10—蒸发器；
11—低聚物析出塔；12—自己二腈除去挥发物的塔；13—己二腈自轻馏分中析出塔；14—低聚物收集器

由本体电解液与丙烯腈形成的乳化液在电解槽和阴极电解液槽之间进行不断的循环，一部分溶解在阴极电解液中的丙烯腈通过阴极表面发生电解加氢二聚反应生成己二腈。一部分阴极电解液送入汽提塔 4，蒸出低沸点馏分，内含丙烯腈、丙腈和水的共沸物，在弗洛连斯容器（又称倾析器）5 中加以分离，上面有机层在塔 6 分出丙腈和丙烯腈，后者返回电解系统。倾析器下层水相排入水汽提塔 7，蒸出溶于水的有机物，后者返回倾析器 5。汽提塔 4 釜液流入沸洛连斯容器（倾析器）9。将己二腈半成品与阴极水溶液加以分离，己二腈半成品在蒸发器 10 内脱水干燥，并在塔 11~13 分别分出低聚物和低沸点物后，制得高纯度的己二腈。

该工艺流程的缺点是使用隔膜式电解槽，它需要兼顾两个循环，即阳极循环和阴极循环。

图 8.4 是无隔膜电解槽制己二腈的工艺流程。磷酸钾水溶液、磷酸四乙基铵和丙烯腈分别从计量槽 1~3 经计量后进入由电解槽 4、冷却器 5 和离心泵组成的循环回路。水相和有机相的体积比为 1∶0.5。溶液的循环速度约 0.2m/s，以保证丙烯腈与水相在电极间隙间呈细乳浊液。随着电解的进行，丙烯腈不断地从计量槽 3 流入电解塔，电解过程中部分水被分解，因此需从计量槽 1 不断定量地加入磷酸四乙基铵溶液。磁铁矿阳极腐蚀形成磷酸铁，消耗磷酸，因此对电解槽内循环的水相要定期（五昼夜至少一次）分析其含磷量，并及时从计量槽 2 补入磷酸钾。借助相分离器 7 从循环液流中分出含己二腈 30%、丙腈 0.5%~3.0%、四乙基铵盐约 0.1%和丙烯腈约 67%的有机相。有机相在洗涤塔中用水洗涤以分离出季铵盐

（它溶于水），后者返回电解系统。洗涤水先经过淋洗塔 6，吸收来自电解槽的气体产物，特别是丙烯腈蒸气。然后再流入洗涤塔（为填料塔）8 洗涤有机物。自该塔上部流出的有机相在精馏塔 9 进行精馏，并在收集器 10 中分离出未参与电化学反应的丙烯腈（含量约为 96%），后者返回电解系统。因为电解在水介质中进行，故返回的丙烯腈无须脱水。此外返回的丙烯腈中还存在少量（约 3%）丙腈，它对电解过程也不会产生不良影响，因而也不必将它们分离。收集器 10 下层为水相，含约 7.0% 的丙烯腈，送往洗涤塔 8 以提取季铵盐。精馏塔 9 塔釜液除己二腈及其低聚物外，还含有约 9% 的丙腈，在精馏塔 11 中，在 54kPa 下，将丙腈从塔顶蒸出，塔釜液（含己二腈约 94%）流入蒸馏釜 13，在 1.3kPa 的真空条件下将高纯己二腈蒸出，己二腈纯度大于 99%。

采用隔膜式电解槽工艺每吨己二腈消耗丙烯腈 1.1t，电能 4000kWh，蒸汽 5t，阳离子交换膜寿命为 1 年以上；无隔膜电解槽工艺，每吨己二腈消耗 1.15t 丙烯腈，电能 3000kWh，因此两种工艺都具有商业竞争能力。丙烯腈电解加氢二聚法制己二腈，在美国、英国和日本都已建有工业装置。

EHD-AN 是目前工业上最大、最成功的有机电合成工艺，但它仍然面临着许多挑战，这些挑战源于其复杂的反应方案，其中涉及丙烯腈（AN）的直接电还原以产生 AN 自由基阴离子（AN⁻），然后 AN⁻ 与另一个 AN 分子的质子耦合二聚化以及额外的质子耦合电子转移过程。例如，EHD-AN 动力学缓慢，需要非常高的过电势来实现与工业相关的电流密度。

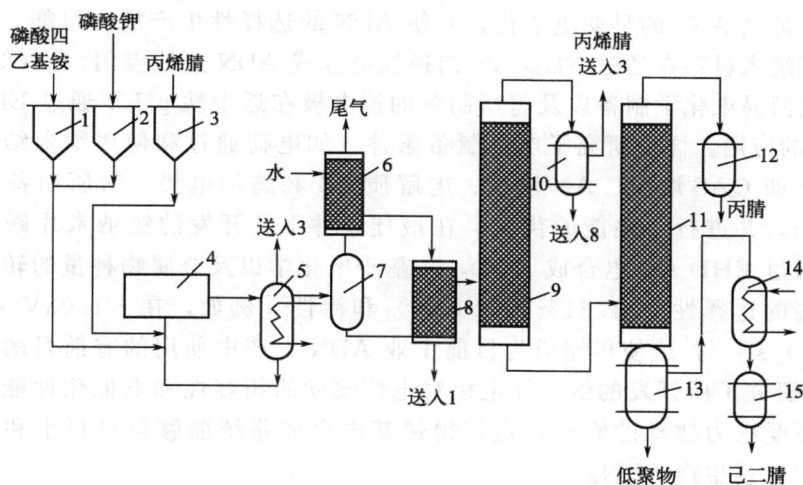

图 8.4　无隔膜电解槽制备己二腈的工艺流程

1~3—量槽；4—电解槽；5，14—冷却器；6，8—洗涤塔；7—相分离器；9，11—精馏塔；
10—丙烯腈-水共沸物收集器；12—丙烯腈收集器；13—蒸馏釜；15—己二腈收集器

值得注意的是，丙烯腈的电加氢二聚（EHD-AN）使用的镉箔和旋转铅棒电极保持施加 -60mA/cm^2 和 -100mA/cm^2 的电流密度，过电位分别达到 3.32V 和 2.75V。此外，由于各种竞争反应，包括析氢反应（HER）、AN⁻ 的早期质子化形成丙腈（PN）、AN 的三聚形成 1,3,6-三氰基己烷和 AN 的还原低聚，因此 EHD-AN 也存在产品选择性低的问题。为了尽量减少这些副反应的干扰，从而实现对 ADN 生成的满意选择性，已经提出了几种策略，包括使用季烷基铵盐（QAS）作为电解质添加剂，使用具有高 HER 过电位的电极材料以及具有适当吸附结构的 AN 吸附表面。使用具有合适取代烷基的 QAS 作为电解质添加剂被证明有利于提高 AN 的溶解度，并最大限度地减少 HER 和 AN$^-$ 的早期质子化。此外，使用具有高 HER 过电位的电极材料有望减少电极表面 H 原子的形成，从而最大限度地降低 HER 和 AN$^{\cdot-}$ 的早期质子化程度。研究还发现 AN 分子的吸附构型取决于阴极材料，并已被证明在决定 S_{ADN} 值方面起着重要作用。例如，AN 分子可以以平行构型 ($\pi_{CC}\sigma_N$) 和垂直构型 (σ_N) 吸附在 Pb (111) 表面上。前者涉及 C=C 双键的 π 轨道 (π_{CC}) 和 AN 分子的—C≡N：上 N 原子上孤对电子与 Pb 表面的连接，提供了电极上吸附的 H 原子和 AN 的 C=C 双键直接接触的可能性，这促进了 AN$^-$ 的早期质子化，从而形成 PN 副产物。后者仅涉及 AN 分子经过—C≡N：上 N 原子上孤对电子与 Pb 表面的连接，这阻碍了 AN$^{\cdot-}$ 的早期质子化。然而，目前用于合成 ADN 的阴极材料仅限于剧毒重金属（如铅和镉）。在操作过程中，这些重金属离子从电极浸出到电解质中会导致二次污染，从而对环境构成威胁。为了减轻重金属污染对环境的影响，探索低毒的高性能阴极材料具有重要意义。

铋因其独特的电子结构和表面性质，最近被发现是一种有前景的无毒电催化剂，用于催化水溶液中的一些重要电化学还原反应（如电化学 CO_2 还原和电化学 N_2 还原）。具体来说，铋具有适中的 HER 过电位，可以在 HER 干扰最小的情况下催化感兴趣的反应。此外，铋能够提供 p 电子，与氮气氮原子上的孤对电子形成 π-键，这有助于氮的还原吸附和活化，从而提高电化学 N_2 还原的氨产率。这一特性也适用于铋表面垂直构型的 AN 吸附，这可以抑制 AN$^-$ 的早期质子化，并使 ADN 的选择性生产成为可能。然而，以前尚未发现铋基纳米材料在通过 EHD-AN 选择性电合成 ADN 上的应用。Lin 等[2] 研究了铋修饰电极的简易电化学制备以及将所制备的铋电极在近中性 pH 下通过 EHD-AN 高效电合成 ADN 的应用。详细研究了电极制备条件（如电荷通过和使用纳米结构模板）和电合成条件（如 QAS 浓度、AN 浓度、电解质 pH 和施加电势）对所制备铋电极电催化性能的影响，并进行了性能的优化。在最佳条件下，开发的铋纳米片修饰电极首次被证明用于通过 EHD-AN 电合成 AND，在基于电化学以及金属物种量的转换频率方面表现出非常高的选择性（81.21%±1.96%）和活性 [例如，在 -1.03Vvs. RHE 下为 (1.65 ± 0.01) s^{-1}]，这使得铋成为目前工业 ADN 生产中使用的有前景的替代品。此外，Lin 等还研究了所开发的纳米铋电极对电位波动的相容性和电催化性能。他们发现纳米铋电极不受电力波动的影响，这使得铋基电合成系统能够与可再生和绿色电源集成，用于低碳足迹生产 ADN。

8.3　电合成尿素[3, 4]

尿素 [$CO(NH_2)_2$] 不仅是农作物生长过程中最重要的氮肥，也是生产重要化工产品（例如脲-三聚氰胺-甲醛树脂、脲甲醛和巴比妥酸盐等）的关键化学原料，在农业、工业、医学领域扮演着重要的角色。然而作为目前最主要的人工尿素生产工艺——Bosch-Meiser 工艺通过高温（约 200℃）、高压（约 210bar）的条件将氨（NH_3）和二氧化碳（CO_2）耦合生成尿素，造成了大量化石燃料的浪费和严重的碳排放。电催化合成尿素能够利用绿色能源，在常温常压的温和条件下分解水提供质子，将廉价的 CO_2 和含 N 化合物（N_2、NO、NO_2^-、NO_3^- 等）在系统里实现吸附、活化、键解离，生成尿素分子，并发生解吸，其中可观的经济性和友好的可持续性使其成为了替代 Bosch-Meiser 工艺可行的方案之一（图 8.5）。

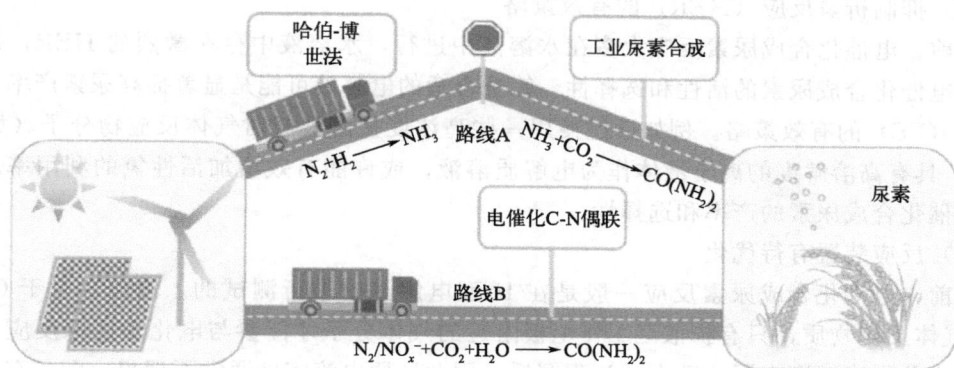

图 8.5　尿素电合成的路径
哈伯-博世法合成氨耦合工业尿素合成工艺（路线 A）；直接电催化 C-N 偶联工艺（路线 B）

近年来，尽管研究人员推动了电催化氮还原反应（eNRR）的发展，但依然存在反应效率低、氨产率低、选择性差和反应时间长等缺点。与 eNRR 相比，电催化硝酸盐还原反应（eNO_3RR）也是一种有前途的氨合成策略。首先，NO_3^- 在水中的溶解度比 N_2 高并且 N=O 键的键能（204kJ/mol）较低，从而避免了 N_2 的活化问题。其次，eNO_3RR 过程是固液界面反应，比气液固界面的 eNRR 反应更有利于传质。此外，eNO_3RR 转化为氨的结构紧凑，产品合成能力可控，有利于将其无缝集成到现有工艺中，从而降低投资成本并消除污泥的产生。最后，电催化硝酸盐合成氨在处理水中硝酸盐污染的同时也实现了氨的生产，提供了双重效益。因此，eNO_3RR 合成 NH_3 符合可持续绿色发展的理念，已成为一个热点研究领域。

eNO_3RR 合成氨是九个质子耦合的八电子转移过程（$NO_3^- + 9H^+ + 8e^- \longrightarrow NH_3 + 3H_2O$）。除了与析氢反应发生竞争，$NO_2^-$、$N_2$、$NO_x$、$N_2H_4$ 等副产物或中间体也会使 NH_3 的选择性合成复杂化，这进一步降低了 NH_3 生成的能量利用效率。同时，eNO_3RR 的选择性受过电位和电流密度的影响，只有在低电位条件下，才能获得良好的 FE 和选择性。因此，为了满足高电流密度和低电位下的 FE 等工业要求，深入研究 eNO_3RR 合成 NH_3 的机理并设计出具有高活性和选择性的电催化剂势在必行。目前，电合成尿素生产活性、选择性和效率较低，距离实际应用尚有一段距离。

电合成尿素未来的研究方向如下。

（1）催化剂的合理设计

由于同一金属材料对两种不同的反应物种（含碳和含氮物种）的还原效率很难同时达到最优。因此，设计双金属中心催化剂可能是一种通过不同金属催化位点之间的协同效应来提高性能的有效途径。目前，构建表面缺陷、金属合金，金属纳米异质结、杂原子掺杂、双或多金属单原子催化剂等是优化电催化合成尿素性能的有效方法。

与单独的 CO_2 还原和含 N 化合物还原相比，共还原形成尿素有着更加复杂的反应物吸附模式和中间体耦合阶段，进而影响反应途径。多电子质子参与过程的多样性从根本上决定了要设计提高 C—N 耦联能力、提升识别反应位点能力的多样化电催化剂。针对目前应用于尿素生产的电催化剂，可以大致总结为 6 种：①金属及其合金材料；②单位点材料；③金属氧化物、金属氢氧化物、金属氧氢氧化物材料（如 NiOOH）；④异质结材料；⑤非金属材料；⑥其他材料。

（2）抑制析氢反应（HER）的有效策略

目前，电催化合成尿素反应大多在水溶液中进行，水溶液中存在激烈的 HER，极大地限制了电催化合成尿素的活性和选择性。筛选合适的电解液可能是显著提高尿素产率和法拉第效率（FE）的有效策略。例如通过使用一些高浓度盐溶液或对气体反应物分子（如 CO_2 和 N_2）具有高溶解度的离子液体作为电解质溶液，或许能有效增加活性氢的利用率，进而提高电催化合成尿素的产率和选择性。

（3）反应装置有待优化

目前，电催化合成尿素反应一般是在 H 型电解池中进行测试的。然而，对于 CO_2 和 N_2 等气体反应物质，只有扩散至工作电极附近的气体分子才能参与电化学还原反应。由于气体反应分子溶解度有限，动力学过程缓慢，因此还原电流密度通常不理想。配备有气体－扩散电极的流动池被认为是气-固界面催化反应的最佳场所。气体扩散电极使气体反应分子与催化剂表面有了充分的接触，能有效地提高包括 CO_2 和 N_2 在内的气体反应分子的溶解度和扩散速率，从而增强电化学尿素合成过程。因此，建议在电催化合成尿素的反应中采用流动池法进行测试。

（4）电催化 C—N 耦联反应机理有待明晰

明晰的电化学合成尿素反应机理对后续高效电催化剂的设计具有重要指导意义。然而，电化学尿素合成领域的反应机理至今仍存在争议，许多具体反应路径仍不清晰。目前电催化合成尿素反应机理主要通过原位光谱表征技术以及理论计算等方法进行研究。然而，原位光谱表征仅能捕捉到有限几种中间体的信号，在具体的反应路径探究中较难发挥出最佳效果。采用先进的原位同位素标记表征技术并结合对照实验以及理论模拟计算，研究反应中间体的生成和转化过程，或许是研究电催化合成尿素反应机理的有效方法。

8.4　电合成乙醇 [5-7]

在 CO_2RR 可还原的众多产物中，乙醇（C_2H_5OH）具有较高的市场价值和较大的市场规模，是一个极具吸引力的目标产物。它具有比天然气产品更高的能量密度，更容易储存和运输，在许多应用中被认为是替代或补充化石燃料的最佳候选燃料之一。乙醇还是汽油中使用最多、用量最大的添加剂，可被广泛的能源基础设施无缝接入。此外，乙醇也是有机化学品和医用消毒剂的重要化学原料。到目前为止，大规模的乙醇生产主要是基于农业碳水化合物的发酵，如甘蔗糖和玉米淀粉。然而，在不久的将来，大自然似乎不能同时为不断增长的世界人口提供食物和燃料。因此，可再生能源驱动的由二氧化碳转化乙醇是一个必要选择（图 8.6）。

虽然乙醇产物有很多优势，但是在电化学转化上依然存在一些客观问题有待解决。

① 选择性差。二氧化碳转化为乙醇是一个涉及 12 电子的过程，即 $2CO_2(g)+12H^+ +$

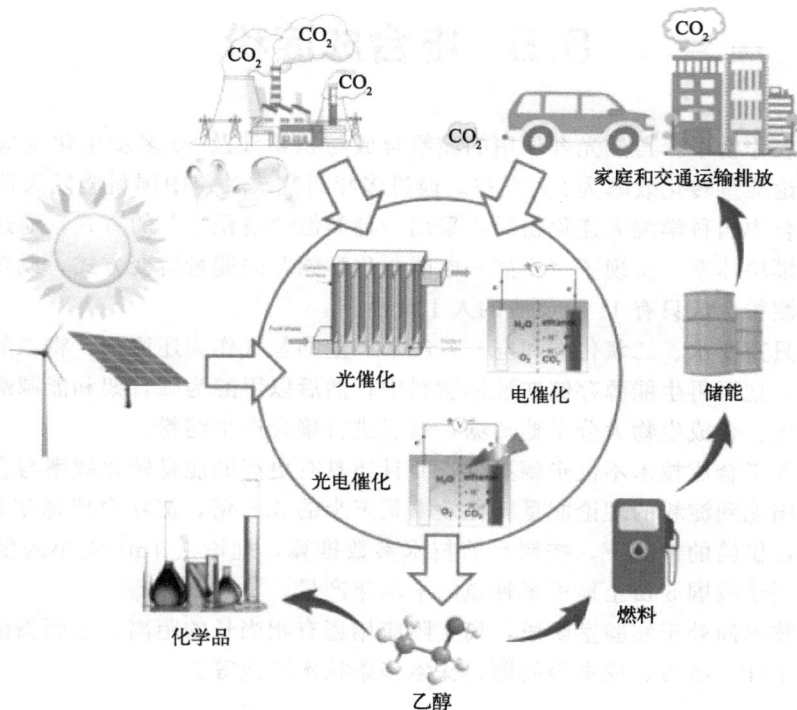

图 8.6 太阳能和风能等可再生能源驱动的由二氧化碳转化为乙醇的碳循环示意图

$12e^- \longrightarrow CH_3CH_2OH$ (l) $+3H_2O$ (l)。对于一般的催化剂来说，还原产物主要集中为 C_1 产物，对乙醇几乎没有选择性。铜基非均相材料在所有催化剂中占有独特的地位，能够将 CO_2 还原为具有两个或两个以上碳原子（C_{2+}）的产物。然而，在之前的研究中，乙烯的选择性是乙醇的 2～4 倍。因此，乙醇的选择性是长期以来一直存在的问题。

② 过电势高（约 1V）。在 Cu 基催化剂上，研究表明，速率限制步骤是 CO 氢化成 CHO，这一步很难发生，因此需要高的过电势将能垒降下来，以提高反应速率，促进反应进行。

③ 产率低。与其他多碳（C_{2+}）产物类似，文献中报道的大多数乙醇催化剂都以铜（Cu）为主，因为铜金属电催化剂可以进行 C—C 耦联，这是产生多碳分子的关键步骤。然而，由于其他 C_{2+} 产品的竞争，特别是乙烯，目前很少有电催化剂能产出法拉第效率超过 30% 的乙醇。

④ C—C 耦联机理尚不明确。大量的实验和理论研究集中在了解 CO_2RR 过程中的 C—C 耦联机制。目前已经有两个路径被确定：其一，在低电势下 *CO 聚合形成 *COCO 物种；其二，在高过电势下，*CO 氢化形成 *CHO，再进行耦合形成 *COCHO 物种。然而对于乙醇的选择，不同的催化剂有不同的 C—C 耦联方式，要具体问题具体分析。

⑤ 竞争的析氢反应。由于生成乙醇的平衡电势跟析氢反应非常接近，所以乙醇生成的同时，无法避免 H_2 的产生。

为了解决上述问题，开发对乙醇具有高活性、高选择性和高转换效率的电催化剂仍然是一个悬而未决的重大挑战。

8.5 电合成淀粉

在玉米等农作物中，自然光合作用的淀粉合成与积累涉及 60 多步生化反应以及复杂的生理调控，理论能量转化效率为 2% 左右。通过多年研究攻关，中国科学院天津工业生物所马延和团队联合中国科学院大连化物所，采用一种类似"搭积木"的方式，通过耦合化学催化和生物催化模块体系，实现了"光能—电能—化学能"的能量转变方式，成功构建出一条从二氧化碳到淀粉合成只有 11 步反应的人工途径[8]。

这个过程只需要水、二氧化碳和电—分解水产生的氢气作为还原剂，将二氧化碳加氢转化为甲醇分子，把可再生能源存储在液体燃料中；然后以甲醇为碳骨架和能源载体，进一步通过酶催化反应，合成生物大分子葡萄糖，最后进行聚合产生淀粉。

这一淀粉人工合成技术不仅步骤更少，而且还具有更高的能量转化效率与合成速度。该人工途径从太阳能到淀粉的理论能量转化效率是玉米的 3.5 倍，淀粉合成速率是玉米的 8.5 倍。在充足能量供给的情况下，按照目前技术参数推算，理论上 $1m^3$ 大小的生物反应器年产淀粉量，相当于我国 5 亩土地玉米种植的平均年产量。

目前这项技术尚处于实验室阶段，离实际应用还有相当长的距离，还面临诸多挑战，例如解决酶的稳定性、活力、成本等问题，探索多条技术路线等。

8.6 人工光合作用

1972 年日本科学家 Fujishima 和 Honda[9] 首次利用金红石二氧化钛单晶光电极实现了光电催化分解水制氢（称为 Honda-Fujishima 效应）。随后，科研人员又利用粉体半导体材料实现了光催化分解水制氢。无论光电催化还是光催化分解水制氢都是将太阳能转化成氢能，上述过程既实现了对可再生能源太阳能的利用，获得的氢能在使用过程中又避免了化石能源利用过程所带来的环境问题，因而被认为是最理想、最清洁的能源利用方式。

8.6.1 光电催化水分解原理 [10, 11]

水分解为 H_2 和 O_2 分子是一种能量上坡反应，要求标准吉布斯自由能变化（$\Delta G^{\ominus}$）为 237.2kJ/mol，或每个电子电势为 1.23eV。根据式（8.1）和式（8.2）需要两个电子产生一个 H_2 分子，四个空穴产生一个 O_2 分子：

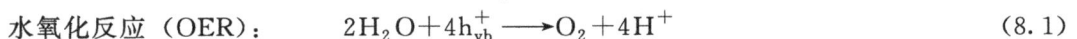

光吸收：$$SC + h\nu (> E_g) \longrightarrow e_{cb}^- + h_{vb}^+$$

水氧化反应（OER）：$$2H_2O + 4h_{vb}^+ \longrightarrow O_2 + 4H^+ \tag{8.1}$$

质子还原（HER）：$$2H + 2e_{cb}^- \longrightarrow H_2 \tag{8.2}$$

总的水分解：$$2H_2O \longrightarrow 2H_2 + O_2, \quad \Delta G^{\ominus} = 237.2kJ/mol \tag{8.3}$$

SC 表示一个具有光吸收功能的半导体。因此，为了进行水分解，需要能量 $>1.23eV$（对应于波长 $\lambda < 1010nm$）的光子，产生光激发的电荷载流子，并在光催化剂的各自表面位点进行氧化还原反应，如图 8.7 所示。实践中，提供光子的太阳光光谱如图 8.7（a）所示。

因此，光催化剂必须具有足够大的带隙（$E_g = E_{CB} - E_{VB}$）分解水，并且在光激发时通过光生电子（e_{cb}^-）和空穴（h_{vb}^+）到达适合的能带位置驱动两个半反应。由于两个半反应需要足够的动力学过电势，实用的光催化剂应当具有 1.6～2.4eV 的带隙，驱动总的水分解。

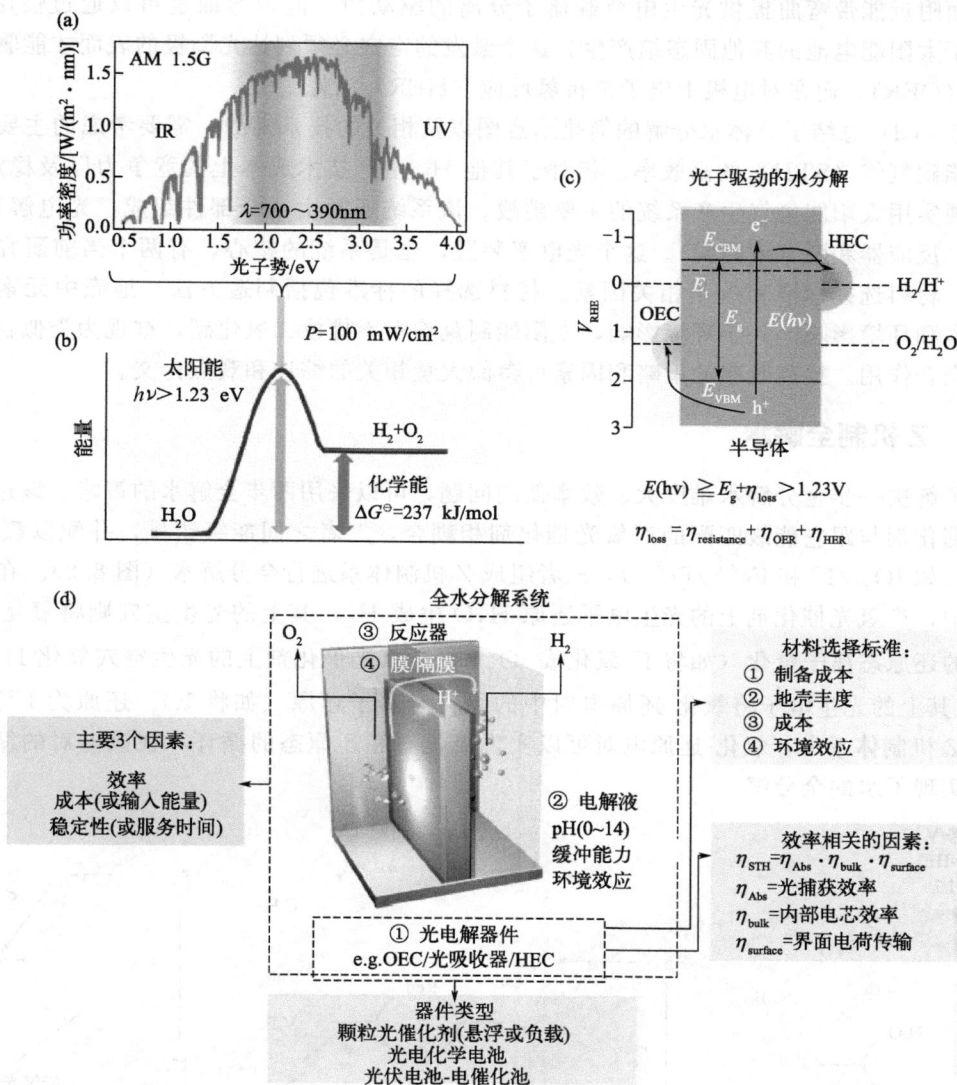

图 8.7 使用光吸收器的太阳能驱动水分解（如果使用单个光吸收体，光子的能量（$h\nu$）应大于 1.23eV。否则，需要多个光吸收体来驱动整体水分解）

（a）AM1.5G 的光谱（即 1 个太阳条件，100mW/cm² 功率密度）；（b）水的光电解是一种能量上坡反应；（c）由足够能量的光（$h\nu > E_g$）激发电子/空穴对驱动的整体水分解光化学氧化还原反应 [$E(h\nu)$ 是能量为 $h\nu$ 的光子可实现的电压，E_g 是光吸收体使用光子可实现的电压，η_{loss} 包括内部电阻的电势损失（材料自身的迁移率和电荷转移效率）、光子能量的淬灭以及氧和氢析出反应的过电位（η_{OER} 和 η_{HER}）]；（d）光子驱动的整体水分解技术的挑战[11]

如果总的水分解发生在由光阳极（n 型半导体）和光阴极（p 型半导体）制成的 PEC 电池中，如图 8.7(c) 所示，该过程继续逐步进行：①光诱导产生电子-空穴对，诱导作为光阳极的 n 型半导体材料的光电流，导致电子电荷载流子的形成（激发的电子和空穴）；②水在光阳极处通过空穴被氧化；③H^+ 从光阳极通过电解质传输到光电阴极以及电子经外电路传输到光电阴极；④光阴极上的 H^+ 被电子还原。如果半导体浸入水系电解液中，半导体/电解质界面附近能带弯曲提供光生电荷载流子分离的驱动力。能带弯曲也可以通过使用 p/n 或类似于太阳能电池的其他固态结产生。这个激发的空穴必须到达光阳极的表面才能驱动析氧反应（OER），而在对电极上电子被析氢反应（HER）消耗。

图 8.7(d) 总结了整体水分解的简化示意图以及相关的技术挑战。需要考虑的主要因素为太阳能到氢气（STH）的高效率、相对于其他 H_2 生产技术成本上的竞争力以及稳定性，这是实现实用太阳能氢气生产系统的主要挑战。该系统通常由 4 个部件组成：光电解装置、电解液、反应器和膜（或隔膜）。这个光电解装置，也是系统的核心，有两个当前研究的主要问题：材料选择标准和效率相关因素。材料选择的标准包括制造方法、地壳中元素的丰度、成本和环境影响。关于环境影响，太阳能制氢确实不排放二氧化碳，被视为类似自然的环保型光合作用。提高效率的策略和因素可参阅大量相关的综述和观点论文。

8.6.2　Z 机制全解水

为了解决一步全分解水难度大、效率低的问题，可以采用两步全解水的策略，该过程将产氢光催化剂与跟它能级匹配的产氧光催化剂相耦合，二者之间能级错排，并配以氧化-还原电对（如 IO_3^-/I^- 和 Fe^{3+}/Fe^{2+}），三者组成 Z 机制体系进行全分解水（图 8.8）。在 Z 机制体系中，产氢光催化剂上的光生电子还原 H_2O 生成 H_2，其上的光生空穴则将氧化-还原电对中的还原态离子氧化（如将 I^- 氧化成 IO_3^-）；产氧光催化剂上的光生空穴氧化 H_2O 生成 O_2，其上的光生电子将氧化-还原电对中的氧化态离子还原（如将 IO_3^- 还原为 I^-）。由此，在 Z 机制体系中，氧化-还原电对可以实现氧化态和还原态的循环，在该电对的循环过程中，实现了水的全分解。

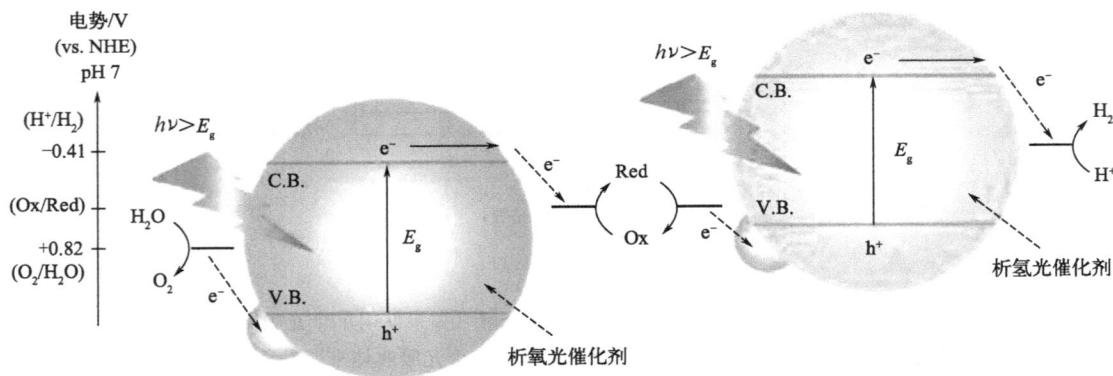

图 8.8　催化剂颗粒上的全水分解 Z-方案

8.6.3　液态阳光

氢能发展的前景在于大规模应用。在我国提出"双碳"目标前，氢能应用的焦点集中在交通领域（主要是氢燃料电池），为了解决碳排放问题，绿氢的应用领域大大拓展，可以从各种刚性排放 CO_2 工业过程的源头上和终端利用绿氢方面解决问题。例如，冶金过程由于使用焦炭作为还原剂，排放大量 CO_2，而采用绿氢作为还原剂，则可从源头上解决冶金领域 CO_2 排放问题，水泥、电力等行业的终端排放可以通过绿氢还原 CO_2 制取化学品而得到解决。

利用绿氢还原 CO_2 制取的甲醇称为"液态阳光甲醇"（也可称为电-甲醇、绿甲醇），因为其氢能来自太阳能（风光电制氢），而甲醇在室温、常压下为液体，易于存储和运输，所以这种甲醇等效于将阳光存储为液态燃料，称为"液态阳光"（图 8.9）。"液态阳光"也可是由 CO_2 还原制得的其他燃料，如乙醇、汽油、航空煤油等。

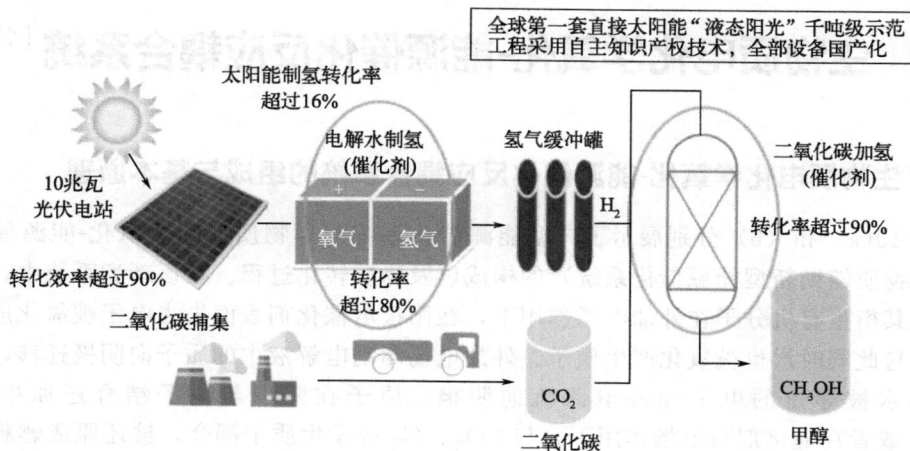

图 8.9　"液态阳光甲醇"合成工业化中试技术路线图

"液态阳光甲醇"之所以在氢能发展中受到越来越多的重视，主要原因在于以下 3 个方面：①它是一种储氢技术，如前述在众多化合物储氢技术中，甲醇易于储存和运输，其通过与水汽重整易于把氢释放出来，且储氢量比大多数储氢化合物的量都大；②它是一种高效储能技术，可以将风光电经氢储存在甲醇中，可用于电网调峰，又可离网大规模消纳可再生能源，每吨甲醇储能约 4760kWh，10 万吨"液态阳光甲醇"可消纳 $600 \sim 700MW$ 光伏/风电；③直接资源化转化 CO_2，每吨甲醇可转化 1.375 吨 CO_2，生产 10 万吨"液态阳光甲醇"则可转化近 14 万吨 CO_2。同样，"液态阳光甲醇"的成本与绿氢成本相关联，当可再生电力电价低于 0.15 元/(kWh) 时，"液态阳光甲醇"的成本与煤制甲醇相当，甚至更低（尚没有考虑碳税）。

8.6.4　人造树叶——水分解和合成气生产

人工光合作用是一种受植物光合作用启发的过程，将温室气体二氧化碳转化为高能量密度的含氧化合物，如多碳醇，以化学能的形式储存在产品中。目前，人工叶片上直接利用太阳能将含水二氧化碳转变成多碳醇的环保方法备受关注，但其可持续性尚未得到证明。因此，研究人造树叶实现可持续的"人工光合作用"是光催化领域最活跃的研究方向之一，以期发展出可持续生产多碳液体燃料的方法。剑桥大学 Erwin Reisner 教授等报道了通过使用薄而柔软的基底和碳质保护层，制备产氢的人造树叶，如图 8.14 所示。卤化铅钙钛矿沉积在涂覆氧化铟锡的聚对苯二甲酸乙二醇酯上作为光电阴极，使用铂催化剂，达到 $4266 \mu mol$ $H_2/(gh)$ 的活性；而使用分子共催化剂进行 CO_2 还原的光电阴极获得高 $CO:H_2$，在较低（0.1 太阳）照射下，选择性为 7.2。相应的轻量级钙钛矿 $BiVO_4$ 光电化学（PEC）器件分别显示了 0.58%（H_2）和 0.053%（CO）的太阳能-燃料效率。它们的可放大性潜力体现在 100cm² 的独立人造树叶上，其性能和稳定性（约 24h）与 1.7cm² 对比器件相当。运行条件下气泡的形成进一步使 30~100mg/cm 浮式装置工作，而轻质反应器在河流上进行户外测试时，有助于气体收集。这种叶子状 PEC 设备跨越传统太阳能燃料方法之间的质量鸿沟，展示了每克光催化悬浮液与植物叶片相当的活性。所提出的轻质浮式系统可实现在开阔水域上工作，从而避免与土地使用竞争。

8.7　生物质电化学氧化-能源催化反应耦合系统[11, 12]

8.7.1　生物质电化学氧化-能源催化反应耦合系统的组成与基本原理

图 8.10(a) 和 (b) 分别展示了典型能源催化系统与生物质电化学氧化-能源催化耦合系统（生物质辅助新型能源催化系统）的构成以及物质转化过程。在该新型系统中，廉价的生物质及其衍生有机分子在外加电场作用下，在阳极电催化剂表面失去电子被氧化成高附加值产物，与此同时水也被氧化产生质子。外加电场驱动电解液中的质子向阴极迁移，同时有机分子和水被夺走的电子经外电路流向阴极。质子在阴极与电子结合还原生成氢气（HER），或者在催化剂与电场作用下，与 CO_2、N_2 等发生质子耦合，被还原成燃料或高附加值化学品。

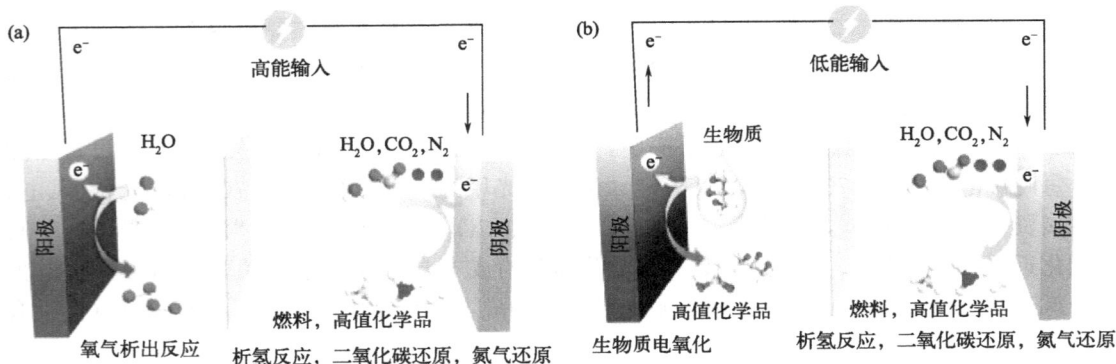

图 8.10　(a) 典型能源催化体系；(b) 生物质能辅助的新型能源催化体系

由于生物质或其衍生有机分子一般含有多个 OH 亲水基团，氧化热力学势垒要低于水分子，因而比水更容易被氧化，这使得该系统有一个最显著的优势就是能有效降低阳极电能消耗，从而降低体系总能耗，进而降低成本。此外，通过对生物质有机分子的合理选择以及催化剂的合理设计，可将生物质分子选择性氧化转化为高附加值产物，相对于 OER 的产物 O_2 而言，该策略能有效提升阳极产物的附加值，从而改善系统技术经济学，促进新能源转化技术的规模化应用。此外，从能量转化角度而言，由于驱动体系运行的电能可由太阳能、风能等可再生能源转化而来，因此该系统最终预期将太阳能、生物质能等可再生能源转化为化学能存储在清洁燃料与高附加值化学品中，从而实现可持续发展。

8.7.2　耦合的 PEC 系统用于增值化学品生产

用生物质氧化反应（BOR）取代阳极的 OER 反应可以实现对升级的生物质衍生化合物（如醇、醛、呋喃和烃类化合物）的选择性合成，并可以进一步与阴极还原或偶联反应（例如，CO_2RR 或 NiRR）耦合，构建双功能 PEC 电池，用于高效共生产多种增值化学品。

8.7.2.1　BOR 与 HER 耦合

太阳能驱动的 HER 与热力学上更有利的 BOR 耦合是一种环境友好的氢气生产和增值化学品制备方法，显示出较好的生物质光（电）重整潜力。然而，当前还有几个 PEC 电池中的问题（例如需要外部偏压和低的析氢效率）需要解决。因此，许多研究都聚焦在提高 PEC 活性上、反应物和电解质的匹配以及设计 PEC 反应体系上，旨在构建高度匹配的 PEC 电池，用于增强氢气的生产。

考虑到阳极 BOR 的反应效率在很大程度上取决于光阳极的催化活性，有必要进一步提高光收集能力和光阳极的电荷分离效率，例如通过掺杂、敏化和异质结形成等策略，从而提高氢气产量。

电解质和基底的固有特性通过影响衬底对反应物的吸附特性、施加电势和电荷转移，显著影响 PEC 性能。相关研究表明，电解质 pH 值对产物选择性和析 H_2 效率有重要的影响。在合适的 pH 范围 6~7，氢气产生的法拉第效率（FE，100%）和甘油转化为甲酸酯的选择性（41%）之间存在着较好的平衡，然而在酸性介质中，Bi_2WO_6 光阳极对甘油的强吸附抑制了界面电荷的转移，导致光电流降低；在碱性介质中，由于甘油的过度氧化引起光电流的增加，产物选择性较差。

8.7.2.2　BOR 与 ORR 相耦合

BOR 也可以与 ORR 耦合，构建耦合的 PEC 燃料电池，能够将太阳能和生物质转化为电能。然而，PEC 燃料电池的性能主要受限于缓慢的 ORR 动力学和半导体有限的吸收光谱范围的限制。因此，多数研究一直聚焦于光电极优化（例如染料敏化、异质结形成、金属/非金属掺杂和惰性涂层）和 PEC 电池设计（例如双光电极串联结构）以提高发电效率上。据报道，BOR-ORR 耦合的 PEC 燃料电池用于发电的性能评价基于开路电压（V_{oc}）、短路光电流密度（J_{sc}）和最大值功率密度（P_{max}）。

目前，研发高效的光电极是提高阴极 ORR 动力学的合理方法。此外，PEC ORR 通过两电子途径合成 H_2O_2 是一种理想的太阳能转换技术。作为一个好的氧化剂，H_2O_2 被广泛应用于化学合成、工业漂白和废水处理。通过传统蒽醌氧化方法工业生产过氧化氢存在严重的能源消耗和环境污染，BOR 与 ORR 耦合提供了一种更可持续的替代传统合成 H_2O_2 的方法。通常，生物质衍生物（如乙醇和甘油）用作光阳极的牺牲剂，实现高效空穴消耗、抑制电子-空穴复合的消耗，增加了光电流，从而促进合成 H_2O_2 的阴极 ORR。

生物质通常用作燃料来提供电能或作为牺牲剂来提高光电流并最终氧化为 CO_2。电芬顿催化的一项研究表明，线性耦合的电化学过程用于在 $NiSe_2$ 阴极和 Pt 阳极上同时将甘油转化为相同的 C_3 产物，可以通过控制电产生的 OH 实现。结合上述概念和活性氧物种（ROS）介导的机制，可能是通过 PEC 将生物质共增值为相同附加值产物的一种有效方式，通过耦合光阳极生物质氧化和阴极芬顿反应 ROS（如 OH 和 O_2^-）的产生来调节氧化产物的选择性。

8.7.2.3　BOR 与 CO₂RR 耦合

利用太阳能驱动阳极 BOR 生产增值化学品可以与阴极 CO_2RR 耦合，通过 C—C 偶联或有机化合物（如尿素）C—N 偶联生成 CO、HCOOH、CH_3OH 和 CH_4，甚至 C_{2+} 化合物（如 C_2H_4 和 C_2H_5OH），这有利于地球上的碳循环。$BOR\text{-}CO_2RR$ PEC 电池与传统的人工光合作用（$OER\text{-}CO_2RR$）有显著的不同，该系统具有缓慢的动力学和高过电位，导致能量转换效率有限。因此，通过热力学上有利的 $BOR\text{-}CO_2RR$ PEC 电池同时生产增值化学品和绿色燃料更符合能源和环境的可持续发展。

8.7.2.4　BOR 与 NiRR 耦合

氨作为氮肥的基本原料和氢燃料零碳能源载体，目前由能源密集型哈伯-博世（Haber-Bosch）工艺生产。在这方面，PEC 工艺被认为是非常理想的 NH_3 合成替代工艺，包括 N_2 还原反应（NRR）和氮氧化物 NO_x（如硝酸盐和亚硝酸盐）还原反应（NiRR）。N_2 还原反应面临 N_2 在水溶液电解质中溶解度低和 N≡N 键高的解离能的固有缺点，而通过 NiRR 合成 NH_3，其 N=O 裂解能较低，提供了一个更理想的选择。

目前，PEC NiRR 系统主要的挑战是设计具有宽光吸收特性的光阴极，实现有效载流子分离和高的催化效率，因此已经开发了用于 PEC NiRR 合成 NH_3 系统的各种光阴极，例如 $p\text{-}GaInP_2$、$TiO_x/CdS/CZTS$、$O\text{-}SiNW/Au$、$ZnIn_2S_4/BiVO_4$、$Cu/C/Si$ 和 $CoCu/TiO_2/Sb_2Se_3$。

拓展阅读

回望历史，电化学合成之路源远流长。1800 年，尼克尔森和卡莱尔利用伏打电堆首次电解水获得氢气和氧气，揭开了水分子由电驱动的神秘面纱。两个多世纪后的今天，借助新材料、新理论、新设计，电化学合成技术再次站到了舞台中央，肩负着破解人类发展困局的重大使命。从电解水的起点，到如今驱动"人造树叶"和"液态阳光"走向现实，电化学的绿色之梦，正逐渐清晰。

在辽阔的河西走廊，在这片看似荒凉的土地上，一座由中国科学家团队打造的"奇迹装置"正悄然改变着阳光的命运。这是中国科学院大连化学物理研究所李灿院士团队领衔的"液态阳光"千吨级合成示范项目。巨大的光伏阵列将炽热的阳光转化为汹涌的电流，电流奔流进入反应器——在这里，一个精妙的电化学合成过程正在上演：空气中的"温室气体"二氧化碳（CO_2），在水（H_2O）的陪伴下，被这股"绿色"电流推动着，在特制的催化剂表面，经历精密的"电子舞蹈"（阴极：$CO_2 + 6H^+ + 6e^- \longrightarrow CH_3OH + H_2O$），最终蜕变成清澈的液体——甲醇（$CH_3OH$）。这并非炼金术，而是赋予阳光以液态形态的魔法——液态阳光。它被誉为"人造的光合作用"，其核心正是电化学合成的力量。

"实验室里漂亮的数据，能扛得住工业规模的考验吗？国外的技术封锁，我们能突破吗？"这些疑问，沉甸甸地压在李灿团队每一位科研人员的心头。为了攻克"液态阳光"的核心——高效稳定转化 CO_2 制甲醇，他们必须直面催化剂的难题。传统的催化剂要么效率低，要么寿命短。团队另辟蹊径，大胆提出并成功开发了独特的"氧化锌-氧化锆固溶体催化剂"（$ZnO\text{-}ZrO_2$）。这是一个充满智慧和坚韧的过程：他们犹如雕塑家，在原材料的原子尺度上精雕细琢，反复调整锌锆比例、优化制备工艺，历经无数次合成、表征、测试与失败的循环。

汗水浇灌梦想。经过持续不断的优化，固溶体催化剂最终展现出优异的催化活性和令人振奋的长周期稳定性！但这只是第一步。将实验室的小瓶甲醇"放大"到工业吨级规模，才是真正的硬骨头。从电极结构设计、反应器传质传热优化，到全系统的智能控制与能量管理，每一步都是巨大的挑战。团队紧密协作，工程专家与基础研究科学家并肩作战。终于，在甘肃这片曾经只是风沙和阳光共舞的土地上，全球首个直接利用太阳能液态燃料的千吨级工业示范项目拔地而起！这里的光伏板捕捉太阳，电解槽生产氢气，最终在反应器里让"废气"CO_2与"绿氢"结合，源源不断地流出液态清洁能源——甲醇。它证明了中国人完全有能力将前沿的实验室构想转化为现实的生产力。那一刻，看着汩汩流出的液态阳光，李灿院士和团队成员们的脸上洋溢着笑容，眼中却可能闪着泪光——这是对中国科学家自主创新能力的坚定回答！

◆ 思考题 ◆

1. 简述丙烯腈电解偶联法制己二腈的工艺原理。
2. 目前电化学合成尿素有哪些挑战？
3. 简述光电催化分解水的工作原理。
4. 试述有机电合成在实现"双碳"目标中可发挥哪些作用。

◆ 参考文献 ◆

[1] 肖友军，李立清．应用电化学［M］．北京：化学工业出版社，2021．

[2] Su J S, Huang S C, Tsai M C, et al. Efficient and selective electrosynthesis of adiponitrile by electro-hydrodimerization of acrylonitrile over a bismuth nanosheet modified electrode ［J］. Green Chem.，2024，26：8220-8229.

[3] Chen C, He N H, Wang S Y. Electrocatalytic C—N coupling for urea synthesis ［J］. Small Science，2021，1：2100070.

[4] Jiang M H, Zhu M F, Wang M J, et al. Review and perspective on electrocatalytic coreduction of carbon dioxide and nitrogenous species for urea synthesis ［J］. ACS Nano，2023，17 (4)：3209-3224.

[5] Song Y, Chen W, Wei W, et al. Advances in clean fuel ethanol production from electro-，photo-and photoelectron-catalytic CO_2 reduction ［J］. Catalysts，2020，10：1287.

[6] Karapinar D, Creissen C E, Cruz J G R D L, et al. Electrochemical CO_2 reduction to ethanol with copper-based catalysts ［J］. ACS Energy Lett.，2021，6 (2)：694-706.

[7] 白晓婉．电催化二氧化碳还原制乙醇和析氢反应的理论研究［D］．南京：东南大学，2021．

[8] Cai T, Sun H B, Qiao J, et al. Cell-free chemoenzymatic starch synthesis from carbon dioxide ［J］. Science，2021，373 (6526)：1523-1527.

[9] Fujishima A, Honda K. Electrochemical photolysis of water at a semiconductor electrode ［J］. Nature，1972，238：37-38.

[10] Wang Z, Li C, Domen K. Recent developments in heterogeneous photocatalysts for solar-driven overall water splitting ［J］. Chem. Soc. Rev.，2019，48：2109-2125.

[11] Kim J H, Hansora D, Sharma P, et al. Toward practical solar hydrogen production-an artificial photosynthetic leaf-to-farm challenge ［J］. Chem. Soc. Rev.，2019，48：1908-1971.

[12] 柯尊健．生物质有机分子选择性电氧化及其与能源催化反应的耦合研究［D］．武汉：武汉大学，2021．

第9章

电化学传感器

9.1 概 述

电化学传感器是基于待测物的电化学性质，并将待测物的化学量转换成电学量进行传感检测的一类传感器。其工作原理就是将待测物质以适当形式置于电化学反应池中，测量其电化学性质（如电流、电位、电量等）的变化，则可实现物质组成及痕量的测定。典型的电化学传感器由传感电极（即工作电极）和反电极组成，并由一个薄电解层隔开。按检测对象可分为气体传感器、离子传感器和生物传感器；按工作方式可分为电势型传感器和电流型传感器、电导型传感器。

（1）电势型传感器[1]

电势型传感器是把化学量转化为电势的装置，测定电势就可以测定化学量，如浓度。它是应用最广泛的电势传感器，除用途很广的离子选择电极外，用固体电解质制成的传感器也非常有用。对于被测物处于较高温度的环境时，水溶液不适宜做传感器的电解质，通常使用固体电解质。对气体敏感的固体电解质，例如碳酸盐（CO_2）/硝酸盐（NO_x）和氧化物（O_2）。固态传感器坚固、耐腐蚀，并可小型化。测氧传感器除用 $ZrO_2 \cdot CaO$ 作固体电解质的传感器外，也可用 $RbAg_4I_5$ 作电解质，主要反应为 $4AlI_3 + 3O_2 \longrightarrow 2Al_2O_3 + 6I_2$，所产生的游离碘向多孔石墨电极扩散，形成电池 $Ag \mid RbAg_4I_5 \mid I_2$，石墨，总反应为 $2Ag + I_2 \longrightarrow 2AgI$，从连接电压表的读数中分析气体中的氧含量。同理更换活性物质，可以分析氟、臭氧、一氧化碳、一氧化氮、二氧化氮、四氧化二氮、乙炔、氨和氯化氢等气体。

用高温质子导体作固体电解质，制成蒸气浓差电池可以测定烃类化合物，这就是烃类化合物传感器。当不同湿度的气体通进两个电极室，电池的电势为：

$$E = \frac{RT}{2F} \ln \frac{p_{H_2O(1)} p^{\ominus}}{p_{H_2O(2)} p^{\ominus}} \left(\frac{p_{O_2(2)} p^{\ominus}}{p_{O_2(1)} p^{\ominus}} \right)^{\frac{1}{2}} \tag{9.1}$$

电动势便取决于两个电极室的 p_{O_2} 之比。烃类化合物传感器的

当 $p_{O_2(2)} \approx p_{O_2(1)}$ 所示固体电解质的两边分别装上电极，电极 1 不会引起碳氢化合物的燃

原理如图 9.1 所示有催化作用，通入含有碳氢化合物的空气时，在电极 2 进行碳氢

烧，而电极 2 对物为水和 CO_2。由于空气中氧占 1/5，而所含的碳氢化合物通常为

化合物的燃烧合物燃烧后，在固体电解质两边氧的浓度差别不大，主要形成水蒸

1%左右。因用有催化作用的 $La_{0.6}Ba_{0.4}CoO_3$ 作被测电极，$CaZr_{0.9}In_{0.1}O_{3-x}$ 为固体

气浓差电池用对$Ba_{0.4}CoO_3$（2）｜$CaZr_{0.9}In_{0.1}O_{3-x}$｜Au（1）。往电极 1 通入干燥

电解质orr，1torr＝133.322Pa）。在 973K 下，测得电池电动势与碳氢化合物浓

的稳所示。从图可见，对于 C_2H_6 和 C_3H_8，电动势与浓度有良好的线性关系。

度而且从电池出来的气体已经没有 C_2H_6 和 C_3H_8。

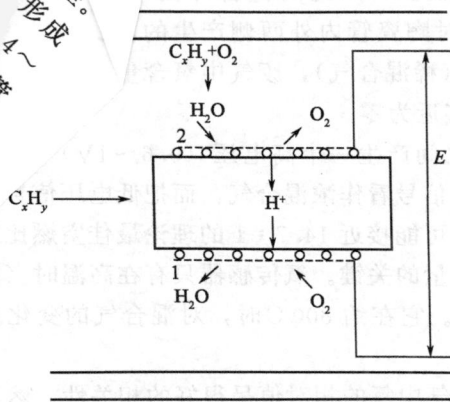

图 9.1　以质子导体为电解质的烃传感器原理图

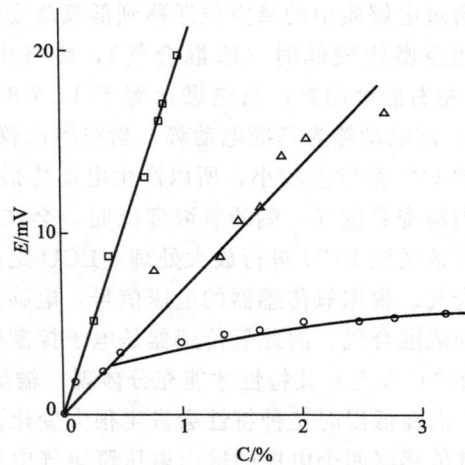

图 9.2　$La_{0.6}Ba_{0.4}CoO_3$｜$CaZr_{0.9}In_{0.1}O_{3-x}$｜Au 的电动势和烃浓度的关系

（2）电流型传感器[1]

安培/库仑传感器（属于电流型传感器）是把化学量转化为电流或电量的装置，通过测量电流或电量就可以测定浓度。在安培传感器中，通常把电势控制在传质控制的电势平台区。近年来这类传感器与液相色谱（LC）和流动注入分析（FIA）体系连用，发挥更大的作用。库仑传感器在耗尽电解下工作，这有别于安培传感器，但两者的测量方法基本相同。质子型安培传感器可以检测 O_2、CO 和 SO_x。与 FIA 连用时，用安培法检测水中的阴离子，如碳酸根、亚硝酸根。原则上，任何无机、有机或生物电活性物都可以用安培/库仑法来检验之，但至今多数未能实现。这是因为存在电极污染、电化学可逆性、对干扰物交叉敏感性等问题尚未解决。

（3）电导型传感器

电导型传感器是把化学量转化为电导的装置，测量被测物的电导率就可确定浓度。近年来电导法应用于液相色谱和毛细管电泳，取得了较好的效果。基于电导率测定的生物传感器有纤维测试计、血球计数器。比起上述两类传感器，电导型传感器应用较少。

为降低固体电解质氧气传感器的工作温度，研究人员又提出了氟化物电解质。这样的传感器由下列电池组成（Sibert、Fouletier 和 Vilminot，1983）：

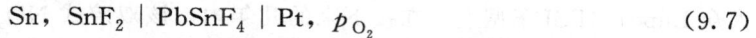

$$Sn, SnF_2 \mid PbSnF_4 \mid Pt, p_{O_2} \tag{9.7}$$

式中，$Sn \mid SnF_2$ 为参比电极，$PbSnF_4$ 为良好的氟离子导体。氧气通过 $PbSnF_4$ 和 Pt 电极界面的准平衡条件能够得出 Nernst 电动势。电位差 E 可以根据氧气的分压来测量：

$$E = E^{\ominus} + \frac{kT}{2e} \ln p_{O_2} - \frac{1}{e}(\delta\mu_{O^{2-}} - \delta\mu_{F^-}) \tag{9.8}$$

式中，$\delta\mu_{O^{2-}}$ 和 $\delta\mu_{F^-}$ 分别表示在 $PbSnF_4$/Pt 界面附近的氧离子和氟离子的化学势的可能变化。

对于管式结构的氧浓差型氧传感器目前国内已经有数十家公司和研究所能生产，而片式结构氧浓差型氧传感器目前国内已经有近十家公司和研究所能生产，这是近年来汽车传感器的发展方向之一。

9.3　NO 电化学传感器 [3]

NO_x 是机动车排放的尾气中不可忽视的主要污染成分之一。NO_x 传感器是一种关键的环境监测器件，用于测量被测环境中 NO_x 的浓度。NO_x 的检测按照原理可分为化学检测法、光学检测法和传感器检测法等。化学检测法主要是将 NO_x 与其他成分发生化学反应生成产物，然后根据产物的特定成分或者将其与标准的试剂进行对比，从而对 NO_x 进行定量检测分析。光学检测法主要是基于 NO_x 的能级激发或光吸收，从而通过特定的光谱信息对 NO_x 进行定量检测分析。传感器检测法是基于 NO_x 与 O_2 在电极表面发生氧化还原反应，产生电子和离子，从而在传感器电极上产生电压或电流，并通过电路进行测量以确定 NO_x 的浓度。

电化学型 NO_x 传感器因开发时间早、成熟度高，在检测 NO_x 领域具有核心地位。电化学型 NO_x 传感器通常可分为以溶液为电解质的液体电解质型 NO_x 传感器和以固体材料为电解质的固体电解质型 NO_x 传感器。

液体电解质型 NO_x 传感器主要有两种：第一种是恒电位电解式，主要工作原理为在电解质溶液和敏感电极间施加一个特定的电压，使 NO_x 发生氧化还原反应，从而实现检测目的；第二种是原电池式，主要工作原理与恒电位电解式类似，但无须外加电压，NO_x 通入时传感器电池自身能产生一个电势，通过检测该电势即可反推 NO_x 的浓度。

固体电解质型 NO_x 传感器的固体电解质通常是离子导体，或为质子导体，只有特定的离子或质子能在固体电解质中被传导。固体电解质型 NO_x 传感器按照工作原理大体上可分为三类：电流型、阻抗型和混合电位型。电流型 NO_x 传感器工作时需要在传感器上施加一定的电压使 NO_x 在敏感电极上发生氧化还原反应，通过测量该氧化还原反应产生的电流即可表征 NO_x 浓度；阻抗型 NO_x 传感器工作时需要在传感器上施加一个频率连续变化的正弦波电压，传感器的阻抗会随着 NO_x 浓度的变化而变化，通过检测该阻抗的大小即可表征 NO_x 浓度；混合电位型 NO_x 传感器工作时无须外加电压，由于 NO_x 在其敏感电极上发生氧化还原反应以及 O_2 等气体产生浓差电势，在传感器的电极上会产生一个混合后的电势差，即混合电位，该混合电位值大小即表征了 NO_x 的浓度。固体电解质型 NO_x 传感器近年来发展迅速，成为主要的研究热点之一。

21世纪初，日本NGK公司开发了第一代基于泵氧电流的双腔式NO_x传感器并应用于大众Lupo1.4FSI车型上。在接下来的几年内，该双腔式NO_x传感器因卓越的性能和出色的表现迅速占领了全球市场，和德国大陆集团一起几乎垄断了全球的机动车NO_x传感器的前装市场。但国内外对NO_x传感器的研究与研发并未因此停滞，主要是因为该双腔式NO_x传感器会受到环境中O_2浓度波动干扰而导致精度下降。由于双腔式NO_x传感器的工作原理并不是直接对NO_x敏感而是基于泵氧电流，这也就导致了O_2成为该NO_x传感器最大的干扰源。此外，复杂的结构和昂贵的成本也进一步激发了科研人员研制新一代NO_x传感器的决心。随后，基于WO_3、ZnO、NiO、ITO等材料的NO_x传感器进入了人们的视线，极大地丰富与促进了NO_x传感器的发展。

综上，随着对NO_x传感器研究的不断深入，研究者将探索稳定的固体电解质，高性能、高载流子传导的电极敏感材料，追求精度高、灵敏度高、响应速度快、选择性好且稳定性好作为NO_x传感器的主要发展指标。同时，为了降低传感器成本和技术复杂度又使得研究方向走向以简单的结构和技术为主。总之，固体电解质型NO_x传感器是极具潜力的一种传感器，在国内外得到了广泛的研究和应用。

9.4 电化学生物传感器[6]

先进的医疗保健需要能够实时传感的新技术来监测急性和长期健康状况。挑战在于将实时定量的生物和化学信号转换为所需的可测量输出。鉴于葡萄糖检测的成功和血糖仪的商业化，电化学生物传感器继续成为学术和工业研究活动的支柱。

9.4.1 电化学生物传感器的基本原理

电化学生物传感器的基础是氧化还原反应，其中一种物质获得电子而另一种物质失去电子。在氧化还原术语中，获得电子的物质被还原，失去电子的物质被氧化，参与电子转移的一对物质被称为氧化还原对。还原和氧化物质之间的比例使用能斯特方程描述：

$$E_{cell} = E^{\ominus} - \frac{RT}{zF} \ln \frac{[Red]}{[Ox]} \tag{9.9}$$

式中，R是气体常数；F是法拉第常数；T是温度；z是转移电子的数量；$E^{\ominus}$是标准的还原电位；E_{cell}为施加在反应上的外部电压；[Red]和[Ox]分别表示还原态和氧化态物质的浓度。

在没有施加外部电压的情况下，给定温度下氧化态物质与还原物态物质的比值由$E^{\ominus}$决定。重要的是，根据能斯特方程，施加外部电位（E_{cell}）改变了氧化态与还原态物质的比例。因此，施加的外部电压E_{cell}会使氧化/还原对之间的电子流发生变化。电化学生物传感器的原理就是利用施加一定的外部电压，检测还原态和氧化态物质浓度的变化。

电化学生物传感器通过关联反应池中的几个过程来利用氧化还原反应的电子流（图9.7）：①分析物扩散到氧化还原反应的位点，在氧化还原反应中，分析物作为氧化还原对的一种物质参与并转移电子。利用氧化还原酶催化这种转移并赋予该反应特异性。②在连续传递的溶液基体中可能有附加的耦合氧化还原反应。③溶液/电极界面上的电子转移（通常称为法拉第电流）。④电荷在溶液/电极界面上的互补转移，以平衡溶液中的电荷。⑤在电池中施加外部电位来调控电子流和扩散。

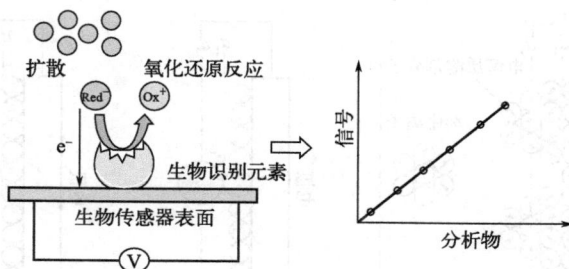

图 9.7　生物传感系统中的过程、生物传感系统线性范围的示意图

这些过程的组合定义了外部施加电压和电子流之间的复杂阻抗，该阻抗由分析物的浓度调控（图 9.7）。图 9.7 显示了生物传感器线性范围的示例。然而，在较高的分析物浓度下，由于饱和效应，输出信号平台会趋于稳定。

生物传感包括施加不同模式的外部电压和测量电流来探测整个反应电池的阻抗。这种测量可推断出目标分析物的存在或浓度。虽然可以施加许多不同的外部电压模式，但最常见的有下面三种。

① 安培法。电压作为阶跃函数施加到恒定水平，分析作为时间函数的电流。

② 伏安法。电压在两个不同的电位之间来回扫描，并分析作为电压函数的电流。

③ 阻抗谱。施加频率变化的正弦电压，并分析作为频率函数的复平面阻抗。

9.4.2　电化学生物传感器的电极

电极的选择对电化学生物传感器的性能影响很大。动力学，热力学、电子转移机理、电极间隔距离、形状和大小等决定了与本体溶液接触的表面积、场均匀性，并且由此产生的电流密度都会影响传感器的性能。当选择电极时，应当选择便宜的，可回收/可降解以及温度、压力和溶剂稳定且耐腐蚀的。电极的选择取决于使用的情形，短期或长期生物相容性也是一项关键的设计要求。在具有较高电阻的有机溶剂体系中，优选具有较高表面积的电极，因为电极表面积越大，所得电流密度越低。由于欧姆降，具有较高阻抗的电极需要施加较高的电势，这可能会导致温度升高以及对生物识别元件的损伤。常用的电极材料包括碳、石墨、玻璃碳、金和铂。玻璃碳是碳的富勒烯同素异形体，是最常用的碳基电极，具有高热稳定性、高导电性和低的电阻。石墨电极导电性更好，化学惰性更低，并且作为替代方案更便宜。金电极则具有高导电性和耐腐蚀性，使用巯基化分子易于功能化。最后，铂电极具有高的惰性和高的耐腐蚀性以及高的催化活性。

在一电极两端存在电势的电解质溶液中，会形成双电层 [图 9.8(a)]。这个双电层由两个区域组成，即内亥姆霍兹平面（IHP）和外亥姆霍兹平面（OHP）。IHP 在电场方向由一层紧凑的电解质溶剂分子组成。OHP 通过电解质溶液中溶剂化离子的中心，在 IHP 之外。与体相溶液相比，扩散层以溶剂化离子的形式存在，它们聚集在电极表面。图 9.8（b）为电极表面有氯离子和铁离子参与电子交换的情况，电极大量参与内球电子转移。

由于电极与电子传递密切相关，所以材料的选择实质上决定了生物传感器的信号。内球中的电子传递是通过具有强电子耦合的化学桥实现的；或者电极保持惰性，充当衬底的源或电子集流体，距离其表面一定距离，参与外层电子转移 [图 9.15(c)]。在这种情况下，一个典型的例子是电极和铁/亚铁氰化物之间的电子转移。

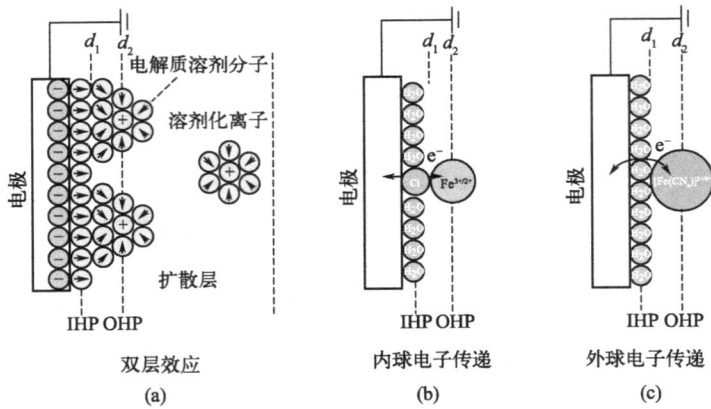

图 9.8　参与电化学反应的电极

（a）双层效应；（b）与内球电子转移密切相关的电极材料；（c）极少参与外球电子转移的电极材料

9.4.3　葡萄糖电化学生物传感器[7]

电流型葡萄糖传感器以葡萄糖氧化酶电极作为分子识别及信号转换器件，通过检测酶反应产物 H_2O_2 的氧化电流可以定量测定样品中的葡萄糖。这类传感器的性能与固定化葡萄糖氧化酶膜的性质有关，同时也受检测电信号的电化学测量系统的影响。在两电极测量体系中，酶电极作为阳极，常用的阴极包括饱和甘汞电极和 Ag/AgCl 电极（饱和 KCl 溶液）以及金、铂、镀铂材料等，前两种阴极含有内参比溶液，不仅使用不方便，而且不容易改变电极的尺寸和形状，后几种阴极属于贵金属，价格较高。葡萄糖传感器一般用于血液、尿液及发酵液中葡萄糖的检测。由于实际样品中除葡萄糖外还含有其他组分，某些组分还会通过酶膜污染及干扰 H_2O_2 电极反应，从而影响葡萄糖的检测以及传感器的稳定性和使用寿命，特别是对于重复多次测量用的葡萄糖传感器，这种影响更为突出，限制了传感器的应用。如果构成葡萄糖传感器的电极材料来源广泛，且价格低廉，从工艺上实现酶电极和阴极一体化，那么该一体化的传感器探头可在完成一次测定后废弃，便可以避免酶膜污染及酶电极储存过程中性质变化导致的传感器性能不稳定等问题。酶电极上的固定化酶用量很少，葡萄糖传感器探头的成本主要取决于电极材料，从实用化的目的出发，希望降低电极材料的成本，以利于葡萄糖传感器的推广与应用。研究者曾经研制一种制备简单、成本低廉的石墨与环氧胶黏剂混合物电极材料用作葡萄糖氧化酶阳极，于秀娟等[9] 通过对不锈钢、石墨等 9 种非贵金属固体导电材料进行阴极极化曲线研究，比较了它们的析氢行为，认为钛基 RuO_2/TiO_2 涂层可以取代贵金属铂作为葡萄糖传感器阴极。研究发现，石墨-环氧胶黏剂混合物-钛基 RuO_2/TiO_2 涂层组成的电化学体系可以在 0.6～0.8V 电位范围检测 H_2O_2 的电氧化反应，该电化学体系适用于构造以 H_2O_2 为检测对象的电化学式葡萄糖传感器。采用浸渍涂膜法将葡萄糖氧化酶固定在石墨-环氧胶黏剂混合物电极表面、以钛基 RuO_2/TiO_2 为阴极组成新的葡萄糖传感器。钛基 RuO_2/TiO_2 阴极既不含有内参比溶液，价格又较贵金属低，而且容易改变电极的尺寸和形状，显示出一定的优越性。该传感器的相关参数及对葡萄糖的响应性能列于表 9.1，同时给出了以铂为阴极的葡萄糖传感器性能。与铂阴极相比，以钛基 RuO_2/TiO_2 为阴极时，葡萄糖传感器的灵敏度降低约一半，检测电压和线性响应范围变化不大，响应时间及酶电极的使用寿命没有变化，说明钛基 RuO_2/TiO_2 材料可以取代铂作为葡萄糖传感器的阴极。

表 9.1　葡萄糖传感器的参数及性能

传感器参数	Pt 阴极	RuO_2/TiO_2 涂覆的钛阴极
检测电势/V	0.6	0.7
灵敏性/{nA/[(mmol/L)·cm^2]^a}	58.3	25.3
线性响应范围/(mmol/L)	0.02～7.0	0.01～3.0
响应时间/s	20～40	20～40
寿命^b/d	15	15

ª 灵敏度单位中"cm^2"指阴极面积；^{b} 响应值不变化的时间。

9.4.4　酶传感器、微生物传感器和酶免疫传感器 [1]

基础电极的选择性对生物传感器的性能影响很大，首先设法排除现有基础电极可能受到的干扰。例如，以 pH 电极为基础的青霉素电极，由于酶吸附在玻璃电极上，而＋1 价离子又会吸附在酶的负电荷中心上，故该感受器受到＋1 价离子的严重干扰。采用渗析膜将酶与玻璃电极表面隔离，从而消除干扰。研制新的电极也是很重要的工作。NH_3 和 CO_2 气敏电极的出现曾对生物传感器的发展起了很大的促进作用，由它们构成的生物传感器可直接在成分复杂的流体中使用。以离子选择场效应晶体管或化学修饰电极作为基础电极的研究，促使新型生物传感器的出现。

由于电化学生物传感器多种多样，所以对于电化学生物传感器的分类方法也有很多。大致可将其分为酶传感器、免疫传感器、DNA 传感器以及对于一些生物小分子进行检测的电化学生物传感器。随着传感领域的飞速发展，利用传感技术获取生物信息是生物信息科学发展的必然趋势。电化学生物传感器作为生物传感器中研究最广泛的一个部分，具备高效、灵敏、快速、简单、检测等优势，目前已在工业分析、环境监测、医学监测等领域广泛运用。生物电化学传感器的结构与传感器种类和检测体系有关，图 9.9～图 9.11 分别为酶传感器、微生物传感器和酶免疫传感器的结构示意图。

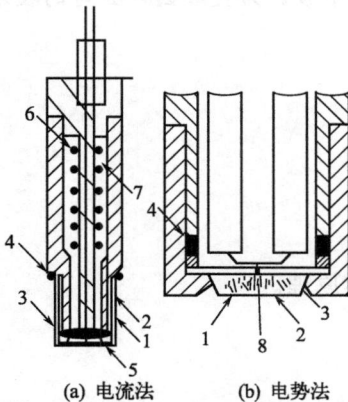

(a) 电流法　　　(b) 电势法

图 9.9　酶传感器的结构示意图

1—渗透膜；2—固定化酶层；3—透气电极；
4—O 形环；5—铂阴极；6—银阳极；
7—内电解液；8—气敏电极

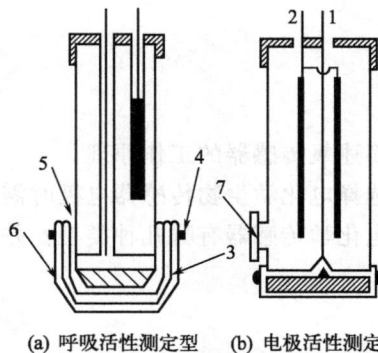

(a) 呼吸活性测定型　　(b) 电极活性测定型

图 9.10　微生物传感器的结构示意图

1—铂电极；2—铅或银电极；3—固定化微生物膜；
4—O 形环；5—聚四氟乙烯膜；6—尼龙网；
7—阴离子交换树脂膜（液接部分）

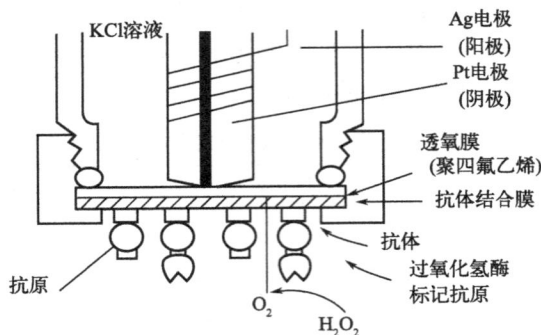

图 9.11　酶免疫传感器的结构示意图

目前，国内外传感器的研究热点集中在提高选择性、灵敏度、多目标同时测定以及将纳米材料与电化学仪器结合等方面，主要面临的问题有灵敏度低，成本高，商业化、商品化领域的电化学传感器相对少见，远不能满足现如今社会发展对于电化学生物传感器的要求。这就使得更多的研究者通过引入纳米材料达到信号放大的目的，纳米电极的小尺寸和高比表面积使得检测灵敏度大大提升，从而构建更高效、更灵敏的电化学生物传感器用于检测。

拓展阅读

气体传感器是一种用于检测和测量环境中特定气体浓度的设备。这些传感器可以用于监测空气中的各种气体，如有害气体、污染物、气味、气体浓度等。气体传感器在许多领域中有广泛的应用，包括环境监测、工业安全、医疗设备、汽车控制等。

汽车氧传感器在全球已经有 40 多年的发展历史，从 20 世纪 60 年代末到 80 年代初，德国的博世（Bosch）、美国的德尔福（Delphi）、日本的 NGK 公司先后进入汽车氧传感器领域，基本上垄断了汽车氧传感器市场。

目前传感器的发展趋势是向响应速度更快、集成化程度更高、检测气氛种类更多发展。国内民营企业常州联德电子有限公司承担了工信部强基工程项目，在车用氧传感器研发生产制造方面突破了多项关键技术，包括陶瓷关键材料研发、芯片制备、总成封装以及智能控制应用；同时与华中科技大学建立了长期稳定有效的产学研平台，为突破国外公司的技术垄断作出了贡献。

思考题

1. 简述氧传感器的工作原理。
2. 选择电化学生物传感器电极时需要考虑哪些因素？
3. 电化学传感器有哪几种类型？并请分别说明其工作原理。

参考文献

[1]　肖友军，李立清．应用电化学［M］．北京：化学工业出版社，2021.

[2]　Fischer S，Pohle R，Farber B，et al. Method for detection of NO$_x$ in exhaust gases by pulsed discharge measurements using standard zirconia-based lambda sensors［J］. Sensors and Actuators B，2010，

147：780-785.

［3］　钱显威. 氮氧化物气体传感器及其工作原理的研究［D］. 宁波：宁波大学，2023.

［4］　Fergus J W. Materials for high temperature electrochemical NO_x gas sensors［J］. Sens. Actuators B，2007，121：652-663.

［5］　Wiedenmann H M，Hötzel G，Neumann H，et al. Automotive electronics handbook［M］. 2nd ed. New York：McGrawHill，1999.

［6］　Sankar K，Kuzmanovic U，Schaus S E，et al. Strategy，design，and fabrication of electrochemical bio-sensors：A tutorial［J］. ACS Sens，2024，9（5）：2254-2274.

［7］　于秀娟，周定. 电流型葡萄糖传感器阴极的研究［J］. 电化学，2000，6（2）：233-237.

第 10 章
电化学腐蚀与防护

10.1　金属腐蚀与防护的意义

　　金属腐蚀现象在日常生活中随处可见。例如，老旧的汽车、自行车、洗衣机产生的红锈；海边钢结构建筑物的破坏；用铝锅装盐会穿孔；夏日旅行归来，自来水管里流出的红水等。金属被腐蚀后显著影响了它的使用性能，其危害还不仅仅是金属本身受损，更严重的是金属结构遭到破坏。有时，金属结构的价值比起金属本身要大得多，例如汽车、飞机及精密仪器等，制造费用远远超过金属的价格。据估计，全世界每年因腐蚀而不能使用的金属制品重量相当于金属年产量的 1/4 到 1/3。我国每年因腐蚀造成的经济损失至少达 2 万亿元。而在这些损失中，如能充分利用腐蚀与防护知识加以保护，有近 1/4 是完全可以避免的。此外，由于金属设备受腐蚀而引起的停工减产、产品质量下降、爆炸以及大量有用物质（例如地下管道输送的油、水、气等）的渗漏等造成的损失也是非常惊人的。因此，做好腐蚀的防护工作，不仅是技术问题，更是关系到保护资源、节约能源、节省材料、保护环境、保证正常生产和人身安全、发展新技术等一系列重大的社会和经济问题。

　　金属的腐蚀与防护是涉及广泛领域的复杂问题，那么为什么在电化学中要讨论金属腐蚀问题呢？主要是因为大部分的金属腐蚀现象是由于电化学的原因引起的。例如锅炉壁和管道受锅炉水的腐蚀，船壳或码头台架在海水中的腐蚀，桥梁钢架在潮湿大气中的腐蚀，地下管道在土壤中的腐蚀；金属在熔融盐中的腐蚀等，这些腐蚀现象都是由于金属与一种电解质（水溶液或熔盐）接触，因此有可能在金属/电解质界面发生阳极溶解过程（氧化）。这时如果界面上有相应的阴极还原过程配合，电解质起离子导体的作用，金属本身则为电子导体，因此就构成了一种自发电池，使金属的阳极溶解持续进行，产生腐蚀现象。这就是金属的电化学腐蚀过程。本章利用电化学知识来分析各种腐蚀现象，了解其发生的机理，从而拟定合适的防腐蚀措施。

10.2 金属的电化学腐蚀[1]

金属表面由于外界介质的化学或电化学作用而造成的变质及损坏的现象或过程称为腐蚀。介质中被还原物质的粒子在与金属表面碰撞时取得金属原子的价电子而被还原，与失去价电子的被氧化的金属"就地"形成腐蚀产物覆盖在金属表面，这样一种腐蚀过程称为化学腐蚀。由于金属是电子的良导体，如果介质是离子导体，金属被氧化与介质中被还原的物质获得电子这两个过程可以同时在金属表面的不同部位进行。金属被氧化成为正价离子（包括配合离子）进入介质或成为难溶化合物（一般是金属的氧化物或含水氧化物或金属盐）留在金属表面。这个过程是一个电极反应过程，叫作阳极反应过程。被氧化的金属所失去的电子通过作为电子良导体的金属材料本身流向金属表面的另一部位，在那里由介质中被还原的物质所接受，使它的价态降低，这是阴极反应过程。在金属腐蚀学中，习惯把介质中接受金属材料中的电子而被还原的物质叫作去极化剂。经这种途径进行的腐蚀过程，称为电化学腐蚀。在腐蚀作用中最为严重的即是电化学腐蚀，它只有在介质中是离子导体时才能发生。即便是纯水，也具有离子导体的性质。在水溶液中的腐蚀，最常见的去极化剂是溶于水中的氧（O_2）。例如在常温下的中性溶液中，钢铁的腐蚀一般是以氧为去极化剂进行的：

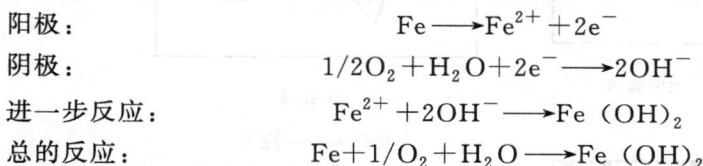

阳极： $\qquad Fe \longrightarrow Fe^{2+} + 2e^-$

阴极： $\qquad 1/2O_2 + H_2O + 2e^- \longrightarrow 2OH^-$

进一步反应： $\qquad Fe^{2+} + 2OH^- \longrightarrow Fe(OH)_2$

总的反应： $\qquad Fe + 1/2O_2 + H_2O \longrightarrow Fe(OH)_2$

如果氧供应充足的话，$Fe(OH)_2$ 还会逐步被氧化成含水的四氧化三铁 $Fe_3O_4 \cdot mH_2O$ 和含水的三氧化二铁 $Fe_2O_3 \cdot nH_2O$。钢铁在大气中生锈，就是一个以 O_2 为去极化剂的电化学腐蚀过程，直接与金属表面接触的离子导体介质是凝聚在金属表面上的水膜，而最后形成铁锈是成分很复杂的铁的含水氧化物，有时还有一些含水的铁盐。一般氧最易到达铁锈的最外层，其中铁是三价；铁锈最里层，铁是二价；中间层有可能是含水的四氧化三铁。

在水溶液中电化学腐蚀过程的另一个重要的去极化剂是 H^+。在常温下，对铁而言，在酸性溶液中可以以 H^+ 离子为去极化剂而发生腐蚀，其过程如下：

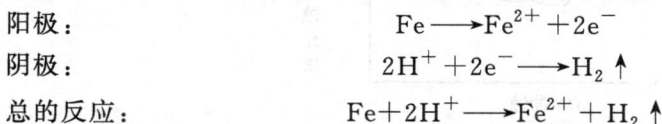

阳极： $\qquad Fe \longrightarrow Fe^{2+} + 2e^-$

阴极： $\qquad 2H^+ + 2e^- \longrightarrow H_2 \uparrow$

总的反应： $\qquad Fe + 2H^+ \longrightarrow Fe^{2+} + H_2 \uparrow$

故此时腐蚀反应的产物是氢气和留在溶液中的二价铁离子。

除了氧离子和氢离子这两种主要的去极化剂外，在水溶液中往往还有由其他物质作为去极化剂引起的电化学腐蚀。例如，酸性溶液中有 Fe^{3+} 时，它可以作为电化学腐蚀过程的去极化剂而被还原成 Fe^{2+}：

$$Fe^{3+} + e^- \longrightarrow Fe^{2+}$$

在用酸清洗钢铁表面的铁锈，即所谓"酸洗"时，锈层溶于酸中，形成一定量的 Fe^{3+} 和 Fe^{2+}。Fe^{3+} 就可以作为去极化剂使钢铁腐蚀。如果酸液面上有空气，Fe^{2+} 可以在液面附近被空气中的 O_2 氧化成 Fe^{3+}，成为去极化剂。这就形成了一个循环过程：Fe^{3+} 在钢铁表面作为去极化剂还原成 Fe^{2+}，再到液面附近被 O_2 氧化成 Fe^{3+}，继续作为去极化剂使钢铁腐蚀，起"氧的输送者"的作用。虽然溶解在溶液中的氧本身就是有效的去极化剂，但由于常温常压下 O_2 在水溶液中的溶解度很小，由其去极化而引起的腐蚀速度不大。有"氧的输送者"存在时，腐蚀速度就会大大增加。

上述金属腐蚀现象，都是假设阳极反应和阴极反应是在金属表面相同的位置发生的，这样引起的金属腐蚀是均匀的，称为均匀腐蚀［图 10.1(a)］。实际上，金属中总是或多或少含有杂质，是不均匀的。有些金属中还有目的地加入其他成分以改善其力学性能或耐腐蚀性，例如合金，但也因此引进了一定程度的不均匀性。有些金属构件在加工过程中产生了内应力，同样造成不均匀性。另外，腐蚀介质也可能因浓度差等原因产生局部的不均一性。这种金属/溶液界面的不均一性是产生局部腐蚀的原因。局部腐蚀的危害比均匀腐蚀要严重得多，由于金属/溶液界面的不均一而产生了空间分离，阳极反应往往在极小的局部范围内发生，此时总的阳极溶解速率虽然仍旧等于总的共轭阴极反应速率，但是阳极电流密度（单位面积内的反应速率）却大大增加了，即局部的腐蚀强度大大加剧了。例如一根均匀腐蚀的铁管可以连续使用很长时间而无大碍，但如局部腐穿就只能报废。典型的局部腐蚀有孔蚀［图 10.1(b)］、晶间腐蚀［图 10.1(c)］、应力腐蚀破裂［图 10.1(d)］和脱成分腐蚀、冲蚀［图 10.1(e)］等。

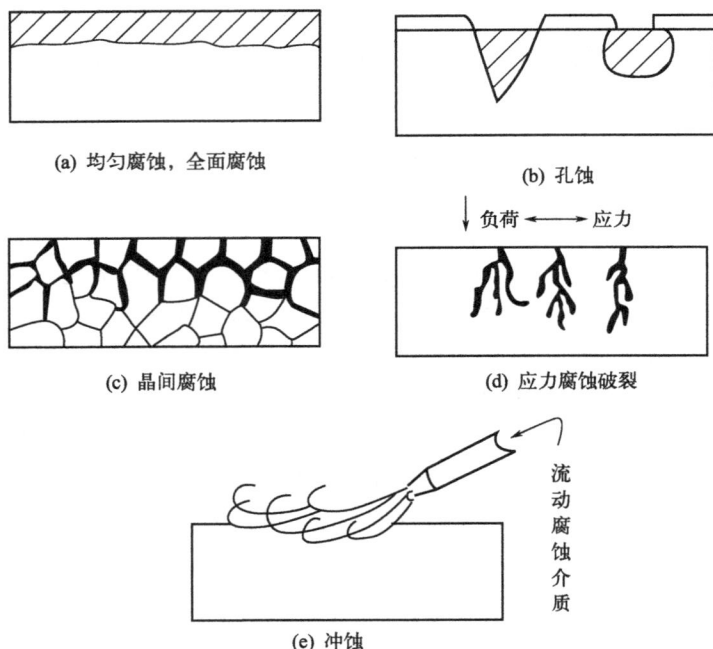

(a) 均匀腐蚀，全面腐蚀　　(b) 孔蚀　　(c) 晶间腐蚀　　(d) 应力腐蚀破裂　　(e) 冲蚀

图 10.1　不同类型腐蚀示意图

孔蚀是在材料表面形成直径小于 1mm 并向板厚方向发展的孔。介质发生泄漏，大多是孔蚀造成的，而且它的发展速度也是很快的，大多为每年数毫米。

晶间腐蚀是沿着金属材料的晶界产生的选择性腐蚀，尽管晶粒几乎不发生腐蚀，但仍然导致材料破坏。例如，不锈钢贫铬区产生的晶间腐蚀，是由 $Cr_{23}C_6$ 等碳化物在晶界析出，使晶界近旁的铬含量降到百分之几以下，故这部分材料耐蚀性降低。铝合金、锌、锡、铝等，也存在由于晶界处不纯物偏析导致的晶界溶解速度增加的情况。

合金中某特定成分由于腐蚀溶解而减少被称为脱成分腐蚀。例如，黄铜脱锌腐蚀，它容易发生在含有氯离子的高温水中，机理究竟是锌溶解而铜不被腐蚀，还是 Zn 和 Cu 同时溶解，然后铜又析出，尚未搞清楚。家用热水器所用的黄铜制龙头，经几年使用后变成铜色，这就是我们身边发生的这种腐蚀的实例。

冲蚀是在冲击的机械作用下，材料表面发生磨损的同时又叠加腐蚀作用，两者相互促进，产生的严重侵蚀。气相流体中的液滴、液相流体中的固体粉末、液体中旋涡产生的空穴、弯管等部位发生的涡流等，都能破坏表面膜，加速腐蚀。

应力腐蚀破裂是一种在特定环境组合下，如铝合金和不锈钢与氯化物水溶液、铜合金与氨水、碳钢和碱性水溶液等，由低的拉应力引起的金属材料破裂的现象。破裂有沿晶（晶界破裂）和穿晶（晶粒破裂）两种。它们对于受应力的器械危害最大，如高压锅炉、飞机上侧面薄壁、钢索、机器的轴等，如果发生这类腐蚀就可能突然崩裂而酿成事故。

金属腐蚀的程度根据腐蚀破坏形式的不同有各种各样的评定方法。对于全面腐蚀，常用平均腐蚀速度来衡量。腐蚀速度可用失重法（或增重法）和深度法来计算，也可用电流密度来表示[2]。

① 失重法或增重法。失重法是根据腐蚀后单位面积单位时间的重量损失来计算腐蚀速度的，其单位为 $g/(m^2h)$。我国选定的时间单位除小时（h）外，还有天（d）和年（a）；质量的单位除 g 外，也用 mg 或 kg。如果腐蚀后试样质量增加且腐蚀产物完全牢固地附着在试样表面时，则可用增重法。

② 深度法。以质量变化表示腐蚀速度的缺点是无法反映腐蚀深度。腐蚀深度直接影响金属部件的寿命，因而实际意义更大。在衡量不同密度的金属的腐蚀程度时，用深度法更合适。把失重腐蚀速度除以金属的密度，便可得到单位时间的腐蚀深度，常用的单位为 mm/a。

③ 以电流密度表示。在电化学腐蚀中，阳极溶解导致金属腐蚀。根据法拉第定律，可把失重腐蚀速度 $v_失$ 换算为以腐蚀电流密度 i_{corr} 表示的腐蚀速度，各种腐蚀速度的关系式为

$$v_失 = i_{corr}M/nF \tag{10.1}$$

式中，M 为金属的原子量，n 为电荷转移数。若 i_{corr} 的单位取 $\mu A/cm^2$，则

$$v_失 = 3.73 \times 10^4 \times i_{corr}M/n \tag{10.2}$$

$v_失$ 的单位为 $g/(m^2h)$。若金属密度（ρ）的单位取 g/cm^3，则以腐蚀深度表示的腐蚀速度 $v_深$ 为

$$v_深 = 3.27 \times 10^3 \times i_{corr}M/n\rho \tag{10.3}$$

$v_深$ 的单位为 mm/a。

局部腐蚀速度及其耐腐蚀性的评定比较复杂，一般不能用上述方法表示。

任何事物都有两面性，腐蚀也可被人类所利用。例如，含多种金属的合金，通过腐蚀发生去合金化反应可以制备出具有高催化活性的催化剂[3-5]；半导体工业用的刻蚀法也是利用腐蚀过程来实现的。

10.3　腐蚀电池 [1]

从整个腐蚀反应来说，无论是化学腐蚀还是电化学腐蚀都是金属的价态升高而介质中某一物质中元素原子价态降低的反应，即氧化还原反应。在电化学腐蚀过程中，这种氧化还原

反应是通过阳极反应和阴极反应同时分别进行的。这种情况酷似将化学能直接转变为电能的原电池。但金属本身起着将原电池的负极和正极短路的作用。一个电化学腐蚀体系（金属和腐蚀介质）可以看作是一个短路的原电池，其阳极反应使金属材料破坏，由于金属本身已起短路作用，不能输出电能，腐蚀体系中进行的氧化还原反应的化学能全部以热能的形式散失。这种导致金属材料破坏的短路原电池称为腐蚀电池。当金属表面含有一些杂质时，由于金属的电势和杂质的电势不尽相同，可构成以金属和杂质为电极的许多微小的短路电池，称为微电池（或局部电池），从而引起腐蚀。

不管腐蚀电池的阳极反应和阴极反应是随机地均匀分布在整个金属表面上进行的，还是不均匀地分布在"阳极区"和"阴极区"上进行的，阳极反应都是金属从零价被氧化到正价的氧化反应，阴极反应都是去极化剂被还原的反应。

腐蚀电池电动势的大小影响腐蚀的倾向和速度。两种金属一旦构成腐蚀电池，有电流通过电极，电极就要发生极化，而极化作用则会改变腐蚀电池的电动势。因而需要研究极化对腐蚀的影响。一般用电化学方法研究金属腐蚀可以迅速得到金属在溶液中的腐蚀速度数据，并找出各种因素对腐蚀的影响；另外，用电化学方法探讨腐蚀机理比其他方法容易，弄清了腐蚀反应机理后，就可采取措施将腐蚀速度降至可忽略或可接受的程度。

当金属浸入溶液中按电化学机理被腐蚀时，在金属和溶液界面上，即使没有净电流流过，仍有净的化学反应在进行，这时所建立起来的电极电位称为腐蚀电势。在腐蚀着的金属与溶液界面上同时进行着两对或者更多的、不同的氧化还原反应。例如，某金属浸在酸溶液中有：

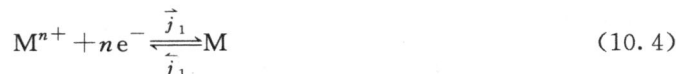

$$M^{n+} + ne^- \underset{\overleftarrow{j_1}}{\overset{\overrightarrow{j_1}}{\rightleftharpoons}} M \tag{10.4}$$

和

$$H^+ + e^- \underset{\overleftarrow{j_2}}{\overset{\overrightarrow{j_2}}{\rightleftharpoons}} \frac{1}{2} H_2 \tag{10.5}$$

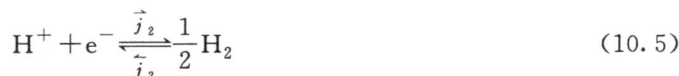

这样两对氧化还原反应同时进行。没有净电流通过，就意味着电荷在两相的转移是平衡的，即有：

$$\overrightarrow{j_1} + \overrightarrow{j_2} = \overleftarrow{j_1} + \overleftarrow{j_2} \tag{10.6}$$

但是往往：

$$\overrightarrow{j_1} \neq \overleftarrow{j_1}, \overrightarrow{j_2} \neq \overleftarrow{j_2}$$

也就是说，物质的转移是不平衡的，金属溶解和氢气产生的净速度分别为 $j_1 = \overrightarrow{j_1} - \overleftarrow{j_1}$ 和 $j_2 = \overleftarrow{j_2} - \overrightarrow{j_2}$。一般情况下，金属离子的放电速度和氢气分子的电离速度都很小，可忽略不计，即：

$$\overleftarrow{j_1} \gg \overrightarrow{j_1} \text{ 和 } \overrightarrow{j_2} \gg \overleftarrow{j_2}$$

则有：

$$\overleftarrow{j_1} \approx \overrightarrow{j_2}$$

因此将有金属不断溶解，氢气不断析出。这就导致了金属不断被腐蚀的情况，在酸溶液中金属溶解（j_1）和氢气析出（j_2）的总速度与电极电位关系如图 10.2 所示。图中 φ_M 是金属在酸溶液中的可逆电势，φ_{H_2} 是氢的可逆电势，φ_C 是腐蚀电势（也称稳定电势或混合电势），在此电势时，$\varphi_M = \varphi_{H_2} = \varphi_C$，$j_1 = j_2 = j_C$，$j_C$ 即是金属在酸溶液中的自发溶解速度或称腐蚀速度。影响金属表面腐蚀速度的因素主要有金属极化性能、金属的可逆电极电位和氢在金属表面上的超电势。

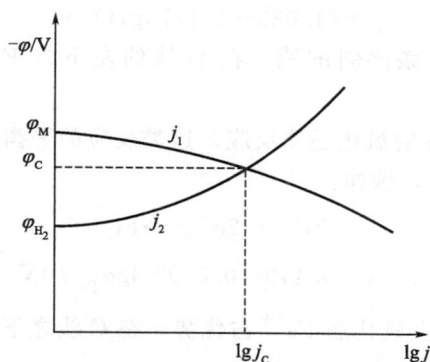

图 10.2　在酸溶液中金属溶解（j_1）和氢气析出（j_2）的总速度与电极电位的关系

10.4　电势-pH 图及其在金属防护中的应用

为了解和防止金属腐蚀，首先应了解金属本身的可溶性离子以及各种氧化物和难溶盐的稳定存在条件，电势-pH 图就是了解这些条件的有力工具，因此它在腐蚀研究中有着广泛的应用。

众所周知，很多氧化还原反应不仅与溶液中离子的浓度有关，而且与该溶液的 pH 值有关，如果指定浓度，则 φ 仅与 pH 有关。由此可画出一系列的等温、等浓度的 φ-pH 线（这些线可以用热力学数据计算）汇成的图，即 φ-pH 图。它相当于研究相平衡时使用的相图，但所用参数不只是 T、p 和组成，还包括了控制氧化还原反应的电极电位和控制溶液中溶解、离解反应的 pH 这两个参数。故 φ-pH 图是一种电化学平衡图，最早用于研究金属腐蚀问题，极有成效，随后在电化学、无机、分析、湿法冶金和地质科学等领域都有广泛应用。这里通过一些典型的实例介绍 φ-pH 图的构成及其应用。

10.4.1　Fe-H$_2$O 体系的 φ-pH 图的构作

构作 φ-pH 图通常包括下列步骤。

① 确定体系中可能发生的各类反应，列出各反应（或主要反应）的平衡方程式。

② 根据参与反应的各组分的热力学数据计算出各反应的 $\Delta_r G_m^\ominus$，从而求出反应的 $\varphi^\ominus$ 和 K_a 值。

③ 导出体系中各反应的 φ 及 pH 的计算式，再根据指定的离子活度（或气体分压）、温度等计算出各个反应的 φ 及 pH 值。

④ 将每个反应的计算结果表示在以 φ 为纵坐标、pH 为横坐标的 φ-pH 图上。

φ-pH 的对应关系归纳起来有 3 种类型的直线，以 Fe-H$_2$O 体系 298K 的 φ-pH 图（图 8.3）为例。

a. 有 H$^+$ 或 OH$^-$ 参加的氧化还原反应，这类反应的平衡电势 φ 与 pH 有关，例如：

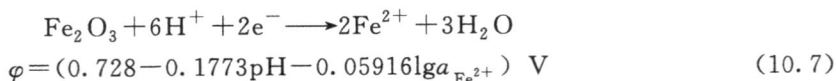

$$Fe_2O_3 + 6H^+ + 2e^- \longrightarrow 2Fe^{2+} + 3H_2O$$

$$\varphi = (0.728 - 0.1773pH - 0.05916\lg a_{Fe^{2+}})\ V \tag{10.7}$$

指定 $a_{Fe^{2+}} = 10^{-6}$ 时，

$$\varphi = (1.083 - 0.1773pH)\ V \tag{10.8}$$

在图中为 D 线，这是一条倾斜的线，在 D 线的左下方 Fe^{2+} 占优势，右上方 Fe_2O_3 占优势。

b. 没有 H^+ 和 OH^- 参加的氧化还原反应，这类反应的平衡电势 φ 与 pH 无关，因此是平行于横轴（pH 轴）的直线，例如：

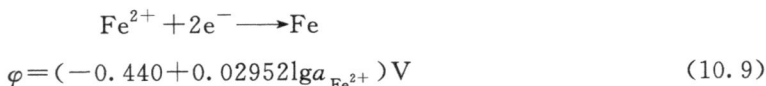

$$Fe^{2+} + 2e^- \longrightarrow Fe$$

$$\varphi = (-0.440 + 0.02952\lg a_{Fe^{2+}})V \tag{10.9}$$

即图中 C 线。在 C 线之上氧化态 Fe^{2+} 占优势，在 C 线之下还原态 Fe 占优势。

对于氧化还原反应：

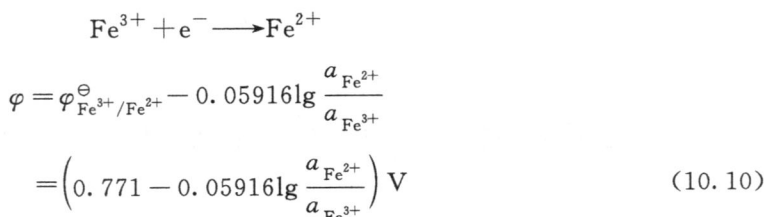

$$Fe^{3+} + e^- \longrightarrow Fe^{2+}$$

$$\varphi = \varphi_{Fe^{3+}/Fe^{2+}}^{\ominus} - 0.05916\lg \frac{a_{Fe^{2+}}}{a_{Fe^{3+}}}$$

$$= \left(0.771 - 0.05916\lg \frac{a_{Fe^{2+}}}{a_{Fe^{3+}}}\right)V \tag{10.10}$$

设 $a_{Fe^{2+}} = a_{Fe^{3+}} = 10^{-6}$，则

$$\varphi = 0.771V - 0.0592V = 0.712V \tag{10.11}$$

此即图 10.3 中平行于 pH 轴的 B 线。在 B 线以上，氧化态 Fe^{3+} 占优势，在 B 线以下，还原态 Fe^{2+} 占优势。

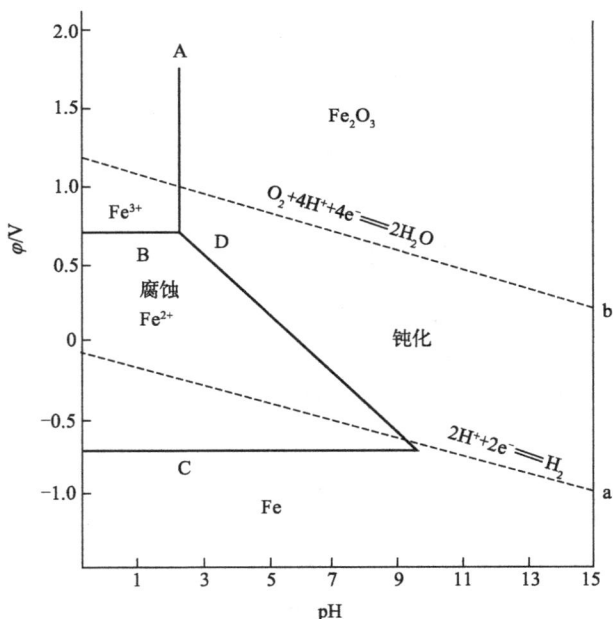

图 10.3　298K 下，$Fe-H_2O$ 体系的部分 φ-pH 图

c. 有 H^+ 和 OH^- 参加的非氧化还原反应，这类反应只和反应物的浓度及 pH 值有关，而不受电势的影响，故是平行于纵坐标的直线。例如：

$$Fe_2O_3 + 6H^+ \longrightarrow 2Fe^{3+} + 3H_2O$$

平衡常数

$$K_a = a_{Fe^{3+}}^2 / a_{H^+}^6 \tag{10.12}$$

$$\lg K_a = 2\lg a_{Fe^{3+}} + 6pH \tag{10.13}$$

该反应的 $\Delta_r G_m^\ominus$ 可由热力学数据求得：

$$
\begin{aligned}
\Delta_r G_m^\ominus &= 2\Delta_f G_{m(Fe^{3+})}^\ominus + 3\Delta_f G_{m(H_2O)}^\ominus - \Delta_f G_{m(Fe_2O_3)}^\ominus \\
&= [2 \times (-10.59) + 3 \times (-273.2) - 741] kJ/mol \\
&= 8.22 kJ/mol
\end{aligned}
\tag{10.14}
$$

由此可求 $K_a = 0.0362$，故得：

$$\lg a_{Fe^{3+}} = -0.7203 - 3pH \tag{10.15}$$

此式与 φ 无关，当 $a_{Fe^{3+}}$ 有定值时，pH 也有定值，故在 φ-pH 图中是一条垂直的直线，即 A 线。

设 $a_{Fe^{3+}} = 10^{-6}$，则代入上式后可得 pH $= 1.76$，即图 10.3 中垂直线 A；在垂直线的左方 pH < 1.76，为酸性溶液。根据反应式可知，Fe^{3+} 占优势；在垂直线右方为 pH > 1.76，Fe_2O_3 占优势。

因为很多情况下是水溶剂体系，H_2O 分子和 H^+ 和 OH^- 总是存在，并可能参加反应，因此 φ-pH 图上总要绘出水的 φ-pH 图，即同时画出下列两个反应的平衡关系：

(a)

$$2H^+ + 2e^- \longrightarrow H_2 \tag{10.16}$$

$$\varphi = (-0.0592pH - 0.0295\lg p_{H_2})V$$

(b)

$$O_2 + 4H^+ + 4e^- \longrightarrow 2H_2O \tag{10.17}$$

$$\varphi = (1.23 - 0.0592pH + 0.0148\lg p_{O_2})V$$

在图 10.3 中分别用虚线 a 和 b 表示。

当电势低于 a 线时，有利于 $H_2(g)$ 的存在，是 $H_2(g)$ 的稳定区。H^+ 或 H_2O 将被还原成 H_2；a 线的上方有利于 H^+ 的存在，是 H^+ 的稳定区。原因是如果反应体系的 φ 离开上述平衡关系而降低时，有：

$$\varphi = 0 + \frac{0.0592}{2}\lg \frac{a_{H^+}^2}{p_{H_2}} \tag{10.18}$$

从式 (10.18) 可以看出，为了达到新的平衡，m_{H^+} 要减小，而 p_{H_2} 要增大，故线 a 的下方有利于 H_2 存在，称为 H_2 稳定区。反之，a 线的上方有利于 H^+ 的存在，称 H^+ 的稳定区。故在 φ-pH 图上，在曲线的上方是氧化态的稳定区，下方是还原态的稳定区。

当电势高于 b 线，H_2O 或 OH^- 将被氧化成 O_2，因此，b 线以上是 O_2（氧化态）的稳定区，b 线以下为水（还原态）的稳定区，多余的氧还原生成水。

曲线 a 和 b 将整个水的 φ-pH 图划分成三个区域，上部为氧的热力学稳定区，下部为氢的热力学稳定区，中间是水的热力学稳定区。

10.4.2　Fe-H_2O 体系的 φ-pH 图在金属防护上的应用

金属因其表面与周围环境（介质）发生化学或电化学作用而遭受破坏的现象称为金属的

腐蚀。当与金属或其覆盖物平衡的可溶性离子浓度总和小于 10^{-6} mol/L 时，认为没有腐蚀；而当可溶性离子总和大于 10^{-6} mol/L 时，则认为被腐蚀。这样的规定，以图 10.3 为基础，图 10.4 对应于 10^{-6} mol/L 的曲线，把 φ-pH 图分成下面几个区域。

腐蚀区：在此区域内，稳定的是可溶性的 Fe^{2+}、Fe^{3+} 或 $HFeO_2^-$，所以这区域对铁而言是热力学不稳定的，即可被腐蚀的。

稳定区（免蚀区）：该区内铁处于热力学稳定状态，不被腐蚀。

钝化区：在该区域内，处于热力学稳定状态的是把金属和介质隔开的氧化物（如 Fe_2O_3 和 Fe_3O_4）或氢氧化物的保护膜。

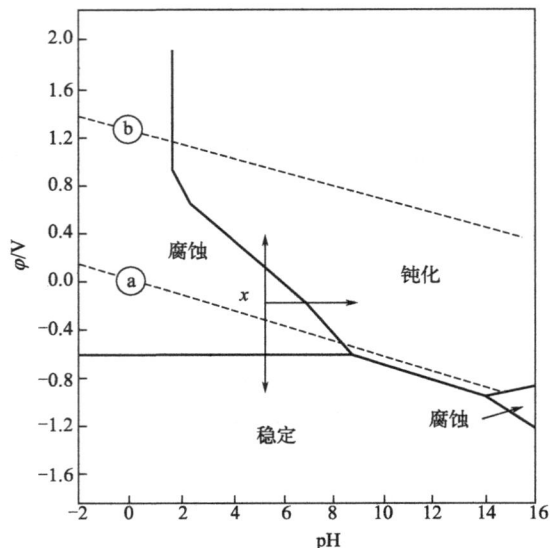

图 10.4　铁的腐蚀 φ-pH 图

从图 10.4 可知，铁在 pH＝5～9 之间的中性介质中是会发生腐蚀的，因为它处于腐蚀区内。同样也可根据该 φ-pH 图作出铁防腐的措施，即找出一定 pH 和电势的条件，使它落在腐蚀区之外或加入有关添加剂来缩小腐蚀区的范围，以防止铁的腐蚀。例如在中性溶液中，铁试片的电势处在图 10.4 的 x 处。显然，由于此时铁处在腐蚀区内，铁将发生腐蚀而生成 Fe^{2+}。如果能将铁所处的位置移出腐蚀区，就能达到防止腐蚀的目的。从 φ-pH 图来看，可采取下列措施：

① 调节介质的 pH 值。由图 10.4 可知，若将介质的 pH 调整在 9～13 之间，铁就不会发生腐蚀了，因在此情况下，当电势较低时落在稳定区；电势较高时，由于铁表面生成 Fe_2O_3 或 Fe_3O_4 钝化膜而进入钝化区。根据这一原理，为了防止钢铁在工业用水中腐蚀，常常加入一些碱，使水的 pH 在 9～13 之间。但也要注意，介质的碱性不能过高，以免生成可溶性 $HFeO_2^-$，导致进入图中右下方的小三角形腐蚀区而遭到腐蚀。

② 阴极保护。当介质的 pH 在 0～9 之间时，可采取将铁的电势降低到 Fe^{2+}/Fe 平衡电势的 -0.6 V 以下，则可进入稳定区，就可使铁免遭腐蚀。操作方法是将要保护的金属构件与直流电源的阴极相连，使被保护金属的整个表面变成阴极，以达到保护金属的目的。阴极保护用来防止金属设备在海水或河水中的腐蚀非常有效。

③ 金属钝化。当将铁的电势沿正方向升高到可以进入钝化区时，此时金属表面被一层

氧化物保护膜所覆盖，即可达到防护目的。方法之一可将铁作为阳极，通一定的电流使其发生阳极极化反应来实现，这常称为阳极保护法。但更常用的方法是在溶液中加入阳极缓蚀剂或氧化剂（如铬酸盐、重铬酸盐、硝酸钠、亚硝酸钠等），使金属表面生成一层钝化膜。如将铬酸盐加入溶液中时，由于产生反应：$6Fe^{2+} + 2CrO_4^{2-} + 4H_2O \longrightarrow 3Fe_2O_3 + Cr_2O_3 + 8H^+$，使金属表面不仅产生 Fe_2O_3，还形成新的、具有保护作用的 Cr_2O_3 水合物固相，这样就扩大了钝化区，使本来是 Fe^{2+} 稳定的腐蚀区大为缩小。

当铁中加入特定的金属（如铬）形成金属铬钢后，抗腐蚀性能将大增，其原因可通过对合金组成元素的 φ-pH 图的叠加分析得到。图 10.5 是铬的腐蚀图。图 10.6 是 Fe-H_2O 与 Cr-H_2O 两体系 φ-pH 的叠加图。从图 10.5 可看出，由于铬的钝化电势较铁低，它是比铁更容易钝化的金属，只要铁中含有 12%～18% 的铬，其钝化性能就类似于铬，从而使铁的腐蚀区缩小（图 10.6），抗腐蚀性能因而增强。

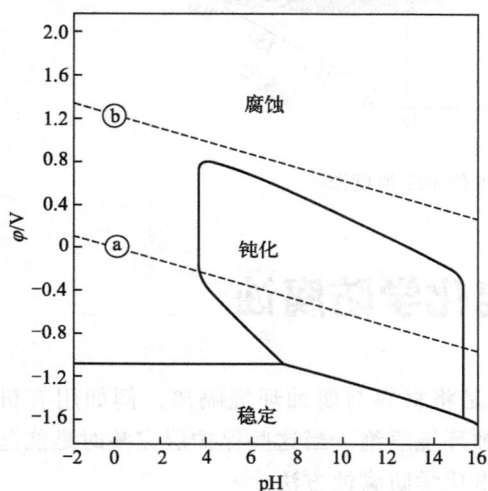

图 10.5 铬的腐蚀图

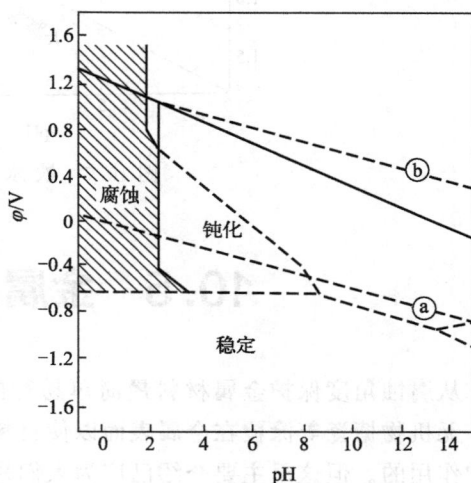

图 10.6 Fe-H_2O 与 Cr-H_2O
两体系的 φ-pH 叠加图

在使用 φ-pH 图时，必须注意以下事项。

① φ-pH 图只是从热力学的角度分析铁和其他金属发生腐蚀的可能性，并可帮助寻找防止腐蚀的各种热力学条件，但它不包含与速度有关的信息，因此它不能作出对腐蚀速度和防止腐蚀的确切可能性（如形成的固相膜是否是完整的、非多孔性的致密表面膜是否能起防腐蚀作用）的判断，这是在使用 φ-pH 图时必须注意的。

② 要注意温度、电解质的影响。因为用于计算平衡反应的热力学常数是温度的函数，温度不同，φ-pH 图不同。图 10.7 用三维关系表示铁-水体系的 φ-pH-温度关系，温度升高，碱性腐蚀区域扩大。

③ 假如电解质中含有与金属离子形成络合物的离子（如 CN^-、NH_4^+、Cl^- 等）时，氧化物和金属的稳定区变窄，腐蚀区扩大。特别是当含有 Cl^- 时，氧化物变得局部不稳定，发生孔蚀等局部腐蚀。但是，从 φ-pH 图的热力学稳定性上很难预测它的发生。

④ 合金元素的影响。由于存在合金中各元素的活度、复合氧化物形成等复杂问题，各合金元素稳定性叠加的结果大都以合金整体的稳定性加以讨论。

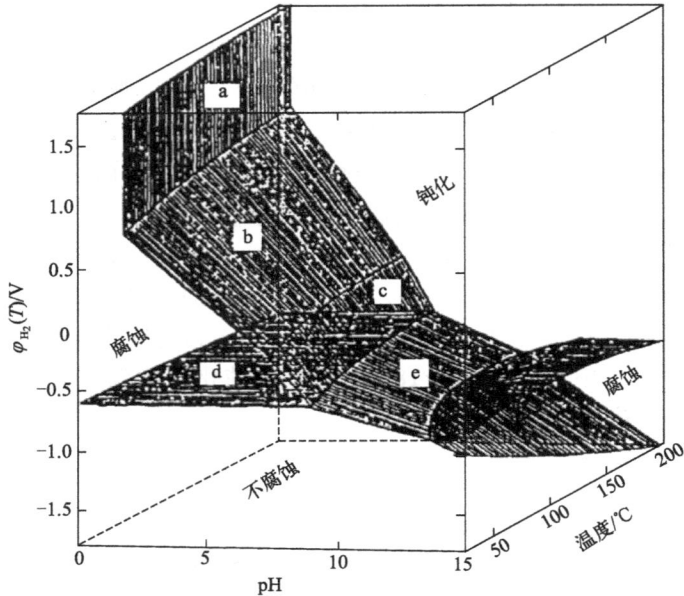

图 10.7　铁-水体系的电位-pH-温度图

10.5　金属的电化学防腐蚀

从腐蚀角度保护金属材料最简单易行的方法是将材料与腐蚀环境隔离。例如用有机涂料、无机物搪瓷等涂覆在金属表面以使材料与腐蚀环境隔绝。当这些保护层完整时是能起到保护作用的。但这里主要介绍已广为人们采用的电化学防腐蚀方法。

10.5.1　金属镀层

用电镀法在金属表面涂一层其他金属或合金作为保护层。例如自行车上镀铜锡合金当底，然后镀铬；铁制自来水管镀锌以及某些机电产品镀银或金等都可以达到防腐蚀目的。电镀包括镀前处理（除油、去锈）、镀金属层和镀后处理（钝化、去氢）等过程。电镀时，将金属制件作为阴极，所镀金属作为阳极，浸入含有镀层成分的电解液中，并通入直流电，经过一段时间即可得沉积镀层。

10.5.2　阳极保护

它是指用阳极极化的方法使金属钝化，并用微弱电流维持钝化状态，从而保护金属。此法是基于对金属钝化现象的研究提出的。因此，要弄清阳极保护的原理，首先要明白金属钝化的原理。

金属阳极溶解时，在一般情况下，电极电位愈正，阳极溶解速度愈大。但在有些情况下，当正向极化超过一定数值后，由于表面某种吸附层或新的成相层的形成，金属的溶解速度非但不增加，反而急剧下降。

在金属被化学溶解时也有类似情形。例如铁浸在硝酸溶液中，随着硝酸浓度的升高，铁的溶解速度加快。但当硝酸浓度超过某一临界值后，铁的溶解速度反而显著降低。这种在强化条件下金属正常溶解反而受到阻抑的现象叫作金属的钝化。

　　用控制电势法测定阳极极化曲线，可以清楚地了解金属的钝化过程。图 10.8 就是典型的恒电势阳极极化曲线。曲线分为四个区域：AB 段为活性溶解区，金属进行正常的阳极溶解。当电势达到 $\varphi_{钝}$ 时，金属发生了钝化过程。金属的溶解速度剧烈降低，此时为临界钝化电势。BC 段是过渡钝化区，金属表面由活化状态过渡到钝化状态。CD 段是稳定钝化区，这一区域电势通常达 1～2V，有的金属甚至可达几十伏，在此电势范围内金属的钝化达到稳定状态，金属的溶解速度达到最低，在整个 CD 段溶解速度几乎保持不变。DE 段是过钝化区，当 φ 进入 DE 段，这时金属溶解速度又重新加快。造成这一现象有两种可能的原因，一是金属的高价态溶解，另一种可能是发生了其他的阳极反应，例如氧的析出。

　　根据以上分析可知，如果把浸在介质中的金属构件和另一辅助电极组成电池，用恒电位仪把金属构件的电势控制在 CD 段内，则可以把金属在介质中的腐蚀降低到最小程度。这种用阳极极化使金属得到保护的方法叫阳极保护法。具体实施时，可把准备保护的金属器件作为阳极，以石墨为阴极，通入大小一定的电流，并使阳极电位维持在钝化区间，这样金属器件就得到了保护。在钝化态，金属的溶解速度一般是 10^{-6}～10^{-8}A/cm^2，是活化态溶解速度的 10^{-6}～10^{-3}，因而可以认为金属得到了保护。

　　我国很多化肥厂对碳酸铵生产中的碳化塔实施阳极保护，获得了显著效果。塔内阴极布置和电路如图 10.9 所示，即把整个塔体、塔内的冷却水箱、角钢、槽钢等作为阳极，接到整流器的正极上；在塔内合理地布置一定数量的碳钢阴极，接到整流器的负极。阳极与阴极的面积比约为 13：1。当碳化氨水缓缓输入塔内时，通以大电流。随溶液液位的上升，碳钢逐步地建立钝化。当碳钢进入钝化区后，降低电流维持在钝化区间，并将阳极电势控制在 +700mV 左右，不超过 +900mV。

　　化学工业主要利用金属或各种合金制作反应器和储罐，因此，阳极保护法在化工生产中的应用十分广泛。

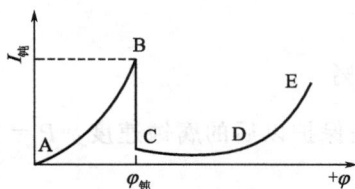

图 10.8　恒电势阳极极化曲线

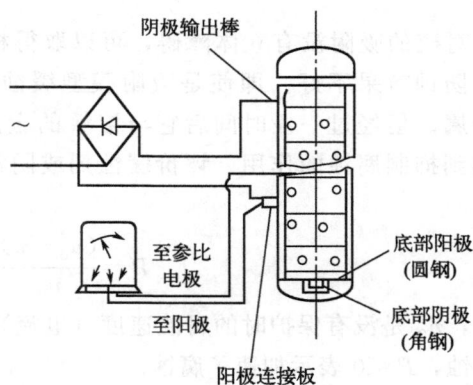

图 10.9　碳化塔阳极保护示意图

10.5.3　阴极保护

　　它是使金属基体阴极被极化以保护其在电解液中免遭腐蚀的方法。若阴极电势足够负，金属就可以不氧化（溶解），即达到完全保护。阴极极化可用两种办法实现：①外加电流法。

在电解液中加入辅助电极，连接外电源正极，将需要保护的金属基体连接外电源负极，然后调节所施加的电流，使金属基体达到保护所需的阴极电势。更多的是用大功率恒电势仪控制被保护金属的电势。②牺牲阳极法。在金属基体上附加更活泼的金属，在电解液中构成短路的原电池，金属基体成为阴极，而活泼金属则成为阳极，并不断被氧化或溶解掉。例如，钢板在含 $2\%\sim3\%$ NaCl 的海水中很容易腐蚀，为了防止船身的腐蚀，除了涂油漆外，还在轮船的底下每隔 10m 左右焊一块锌的合金作为防腐蚀措施。船身淹在海水里，形成了以锌为负极、铁为正极、海水为电解液的局部电池，此电池受腐蚀时溶解的是锌而不是铁。在这样的腐蚀过程中，锌作为阳极牺牲了，但却保护了船体。

10.5.4 缓蚀剂保护

加入到一定介质中能明显抑制金属腐蚀的少量物质称为缓蚀剂。例如在酸中加入千分之几的磺化蓖麻油、乌洛托品、硫脲等可阻滞钢铁的腐蚀和渗氢。由于缓蚀剂的用量少，既方便又经济，是一种最常用的方法。缓蚀剂的防蚀机理可分为促进钝化、形成沉淀膜、形成吸附膜等。钝化促进型的缓蚀剂有铬酸盐、亚硝酸盐，由于它们有强的氧化能力，可促进钢铁材料的钝化。为了维持钝化，使用时浓度达 $100\sim200\mu g/g$，而且铬酸盐污染环境，近年来几乎已停止使用。形成沉淀膜的典型缓蚀剂有聚磷酸盐、聚硅酸盐、有机磷酸盐等，它们与腐蚀生成物或环境中存在的 Ca^{2+}、Mg^{2+} 等离子形成沉淀膜，从而抑制腐蚀。形成吸附膜的缓蚀剂多数是有机物，物理吸附或化学吸附在金属表面形成单分子层或多分子层吸附膜，将金属表面与腐蚀环境隔开。这类缓蚀剂分子是由含有能吸附于金属表面、电负性大的 N、O、P、S 的阴性基和阻碍腐蚀性介质与金属接触的非极性基（烃基）所组成，并且缓蚀剂的分子结构不同，其防蚀效果差别很大。例如，2-正丁基硫醚和 2-叔丁基硫醚具有如下结构：

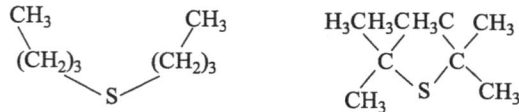

前者对硫的吸附没有立体障碍，可以取得相当理想的防蚀效果；后者的烷基成了吸附的障碍，防蚀效果不好。即使是吸附膜型缓蚀剂，刚开始使用时，也是依靠吸附膜的作用保护金属。但经过一段时间后它与溶解的金属离子反应生成不溶性螯合物，并形成沉淀膜，起到抑制腐蚀的作用。评价缓蚀剂或阴极保护的防蚀效果时，用防蚀率（保护率）P 表示：

$$P=\frac{(v_0-v)}{v_0}\times100\%\qquad(10.19)$$

式中，v_0 是没有保护时的腐蚀速度（电流），v 是保护以后的腐蚀速度，$P=1$ 表示达到完全防蚀，$P<0$ 表示加速了腐蚀。

10.5.5 氧化物涂层

相比于目前的轻水反应堆（LWR），先进的第四代核反应器（Gen Ⅳ）在水的热力学临界点（374℃，22.1MPa）以上运行，它具有许多优势，例如使用高焓的单相冷却剂，去除了蒸汽发生器、蒸汽分离器、干燥器和低质量的冷却剂等部件，从而使反应器具有更高的热效率（约 45%，LWR 的效率约 33%）以及更好的燃料使用率。此外，超临界水（SCW）

在超临界水氧化（SCWO）、超临界水汽化（SCWG）和化石燃料燃烧发电站中都有广泛的应用[6]。但是，随着效率的提高，组件在超临界水环境下运行，堆芯内和堆芯外部件的工作温度和压力要比目前的水冷反应器高得多，特别是在氧化环境下。随着温度的升高和溶解氧浓度的增加，金属或合金的氧化速率也显著增强。

在金属或合金的表面涂覆或反应生成一层氧化物陶瓷保护层，是改善超临界反应器寿命的一条有效途径。例如，通过喷雾热解工艺在新型马氏体耐热钢 P91（10Cr9Mo1VNbN）基板上以及通过等离子体电解氧化工艺在锆合金（Zr-2.5Nb）基板上制备了一系列陶瓷涂层。实验结果表明，不同溶液成分和工艺获得的涂层可以使脱气条件下、500℃和25MPa的超临界水中保持500h的样品氧化增重降低为未处理样品的½～⅒。其中，涂覆氧化铝（Al_2O_3）涂层的 P91 样品的增重是未涂覆样品的⅒[7,8]。

总之，防止金属腐蚀根据具体情况可以采用多种方法，但是，最根本的还是要多研制新的各种各样的耐腐蚀材料，如特种合金、陶瓷材料等，以满足各种需要。

拓展阅读

2022 年 4 月 24 日，在广州黄埔举行的"科普进校园 湾区百校行"科普讲坛现场，广东腐蚀科学与技术创新研究院院长、国家金属腐蚀控制工程技术研究中心主任韩恩厚院士指出，在我国，每年为材料腐蚀付出的经济代价占我国 GDP 的 3.4%～5.0%，远大于所有自然灾害损失的综合。

腐蚀无处不在，是世界各国共同面临的问题，被人们称为金属的癌症、无焰的火灾、隐蔽的杀手。从日常生活到交通运输、建筑、机械、电力、石油化工、冶金、国防等众多领域都存在各种各样的腐蚀问题。

我国的腐蚀问题 44% 集中在高速公路、桥梁、建筑等基础设施领域，其余则覆盖了石油化工、交通运输、能源和机械行业等领域。桥梁、管道等工程受腐蚀影响，可能导致桥梁断裂、管道泄漏等问题，从而酿成重大灾难事故，直接威胁到人们的安全。

腐蚀控制是一门很重要的学科，研究材料腐蚀发生的原因及其控制措施是腐蚀控制的目的。各类腐蚀控制技术的应用是保障重大工程实施、降低腐蚀损失和节约资源的重要手段，应予以高度重视。

但腐蚀也不全是危害，同样可以为人类所用。工业上可以利用铜刻蚀技术来制作电路板；医学中可利用腐蚀技术制作可降解的骨内固定器件和可降解的镁合金心血管支架等；生活中热水器内通常会加入镁棒，镁棒会优先被腐蚀从而保护热水器内胆不被腐蚀。我们可以通过很多方法来控制腐蚀，其中涂料涂装、耐腐蚀材料和表面处理是最常用的防腐蚀手段。

◆ 思考题 ◆

1. 化学腐蚀与电化学腐蚀的主要区别是什么？
2. 为什么说局部腐蚀的危害比均匀腐蚀要严重得多？
3. 画出 Fe-H_2O 体系的 φ-pH 图，并提出几种防腐蚀的措施。

◆ 参考文献 ◆

［1］ 杨辉，卢文庆. 应用电化学［M］. 北京：化学工业出版社，2001.

［2］ 杨绮琴，方北龙，童叶翔. 应用电化学［M］. 广州：中山大学出版社，2001.

［3］ Ding Y，Chen M W，Erlebacher J. Metallic mesoporous nanocomposites for electrocatalysis［J］. J. Am. Chem. Soc.，2004，126（22）：6876-6877.

［4］ Ding Y，Kim Y J，Erlebacher J. Nanoporous gold leaf："Ancient technology"［J］. Adv. Mater.，2004，16（21）：1897-1900.

［5］ Hu Y C，Wang Y Z，Cao C R，et al. A highly efficient and self-stabilizing metallic glass catalyst for electrochemical hydrogen generation［J］. Advanced Materials，2016，28：10293-10297.

［6］ Sun C W，Hui R，Qu W，et al. Progress in corrosion resistant materials for supercritical water reactors［J］. Corrosion Science，2009，51：2508-2523.

［7］ Hui R，Cook W，Sun C W，et al. Deposition, characterization and performance evaluation of ceramic coatings on metallic substrates for supercritical water-cooled reactors［J］. Surface & Coatings Technology，2011，205：3512-3519.

［8］ Sun C W，Hui R，Qu W，et al. Effects of processing parameters on microstructures of TiO_2 coatings formed on titanium by plasma electrolytic oxidation［J］. Journal of Materials Science，2010，45：6235-6241.